第2版

新 野菜つくりの実際

誰でもできる
露地・トンネル・
無加温ハウス栽培

軟化・芽物

ナバナ類・アスパラガス・ショウガ科・山菜など

川城英夫 編

農文協

はじめに

『新 野菜つくりの実際』（全5巻、76種類144作型）は、2001年に直売向けの野菜生産者を主な対象として発刊されました。現場指導で活躍している技術者に、各野菜の生理・生態と栽培の基本技術などを初心者にもわかりやすく解説していただきました。おかげで各方面から好評を得て、生産者はもちろん、研究者や農業改良普及員、JA営農指導員などの必携の書となりました。

発刊後、増刷を重ねてきましたが20年余り経ち、野菜生産の状況も変わってきました。専業農家の中に少量多品目を生産して直売所専門に出荷する方が現われ、農外からの若い新規就農者も増えました。国は2022年5月に「みどりの食料システム法」を制定し、2050年までに化学農薬の50％低減、化学肥料の30％低減、有機農業の取り組みを全農地の25％にあたる100万haに拡大させることを目標に掲げました。米余りが続く中で水田の作物転換が進み、加工・業務用野菜が拡大し、イタリア野菜やタイ野菜などの栽培も増えてきました。

こうした変化を踏まえて改訂版を出版することにしました。新たな版では主な読者対象は変えず、凡例を入れるなど、予備知識の少ない新規就農者にも配慮して編集しました。また、読者の要望を踏まえて各作型の新規項目として「品種の選び方」を加えました。取り上げる野菜の種類は、近年、直売所やレストランでよく見かけるようになったものを新たに加えました。さらに新しい作型や優れた栽培技術も積極的に加えました。

こうして新版では、野菜87種類171作型を収録して全7巻とし、判型はA5判からB5判に大判化し、文字も一回り大きくして読みやすくしました。今後20年の野菜つくりの土台となることをめざし、現場の第一線で農家の指導にあたっておられる研究者や農業改良普及員などに執筆をお願いしました。各野菜の生理・生態、栄養や機能性、利用法といった基礎知識、栽培の基本技術から最新の技術・知見までをわかりやすく、しかもベテランの生産者にとっても十分活用できる濃い内容に仕上げていただいており、執筆者各位に深謝いたします。また、本書ができたのは企画・編集された農山漁村文化協会編集部のおかげであり、記してお礼申し上げます。

本シリーズは、「軟化・芽物」のほか、「果菜Ⅰ」「果菜Ⅱ」「葉菜Ⅰ」「葉菜Ⅱ」「根茎菜Ⅰ」「根茎菜Ⅱ」の7巻からなり、本「軟化・芽物」では13種類24作型を取り上げています。他の巻とあわせてご活用いただき、安全でおいしい野菜生産と活気あふれる直売所経営に、そして人と環境にやさしいグリーン農業の推進と野菜産地活性化の一助としていただければ幸いです。

2024年2月

川城英夫

目　次

この本の使い方

◆各品目の基本構成

本書では、各品目は「この野菜の特徴と利用」と「○○栽培」（各作型の特徴と栽培技術）からなります。以下は基本的な解説項目です。一部の品目では、産地の実情や技術体系を踏まえて、項目立てが異なる場合があります。各種資材や経営指標など掲載情報は執筆時のものです。

この野菜の特徴と利用

(1) 野菜としての特徴と利用
(2) 生理的な特徴と適地

○○栽培

1 この作型の特徴と導入

(1) 作型の特徴と導入の注意点
(2) 他の野菜・作物との組合せ方

2 栽培のおさえどころ

(1) どこで失敗しやすいか
(2) おいしく安全につくるためのポイント
(3) 品種の選び方

3 栽培の手順

(1) 育苗のやり方（あるいは「畑の準備」）
(2) 定植のやり方（あるいは「播種のやり方」）
(3) 定植後の管理（あるいは「播種後の管理」）
(4) 収穫

4 病害虫防除

(1) 基本になる防除方法
(2) 農薬を使わない工夫

5 経営的特徴

◆巻末付録

初心者からベテランまで参考となる基本技術と基礎データです。「農薬を減らすための防除の工夫」「各種土壌消毒の方法」「被覆資材の種類と特徴」「主な肥料の特徴」を収録しました。

栽植様式の用語（1ウネ2条の場合）

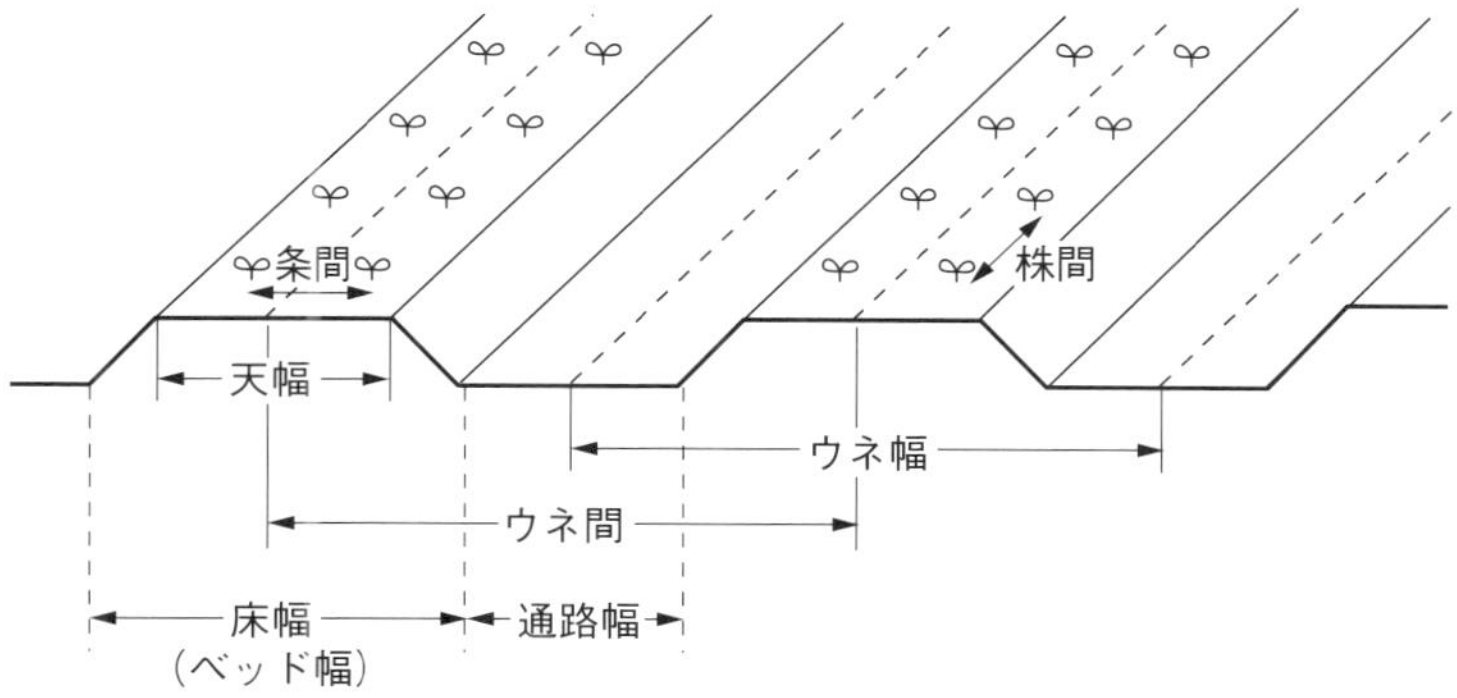

※栽植密度は株間と条数とウネ幅によって決まります

◆栽植様式の用語

本書では、栽植様式の用語は農業現場での本来の用法に従い、次の意味で使っています。

ウネ幅　ウネの間を通る溝（通路）の中心と中心の間隔、あるいは床幅と通路幅を合わせた長さのことです。

ウネ間　ウネの中心と中心の間隔のことです。ウネ幅とウネ間は同じ長さになります。

条間　種子を等間隔で条状《すじ》に播く方法を条《じょう》播《は》と呼び、播いた条《じょう》と条の間隔を条間といいます。苗を複数列植え付ける場合の列の間隔も条間といいます。1ウネ1条で播種もしくは植え付けた場合、条間とウネ間は同じ長さになります。

株間　ウネ方向の株と株の間隔のことです。

◆苗数の計算方法

10a（1000㎡）当たりの苗数（栽植株数）は、次の計算式で求められます。

1000（㎡）÷ウネ幅（m）÷株間（m）×条数＝10a当たりの苗数

ハウスの場合

1000（㎡）÷ハウスの間口（m）÷株間（m）×ハウス内の条数＝10a当たりの苗数

ただし、枕地や両端のウネの余裕をどのくらいにするかで苗数は変わります。

近年、家庭菜園の本では床幅を「ウネ幅」と表記している例が見られますが、床幅をウネ幅として計算してしまうと面積当たりの正しい苗数は得られませんので、ご注意ください。また、1ウネ2条の場合は2倍した苗数、3条の場合は3倍した苗数になります。

◆農薬情報に関する注意点

本書の農薬情報は執筆時のものです。対象となる農作物・病害虫に登録のない農薬の使用は、農薬取締法で禁止されています。使用にあたっては、必ずラベルに記載された登録内容をご確認のうえ、使用方法を遵守してください。

ナバナ

表1　ナバナ（露地，和種ナバナ）の作型，特徴と栽培のポイント

主な作型と適地

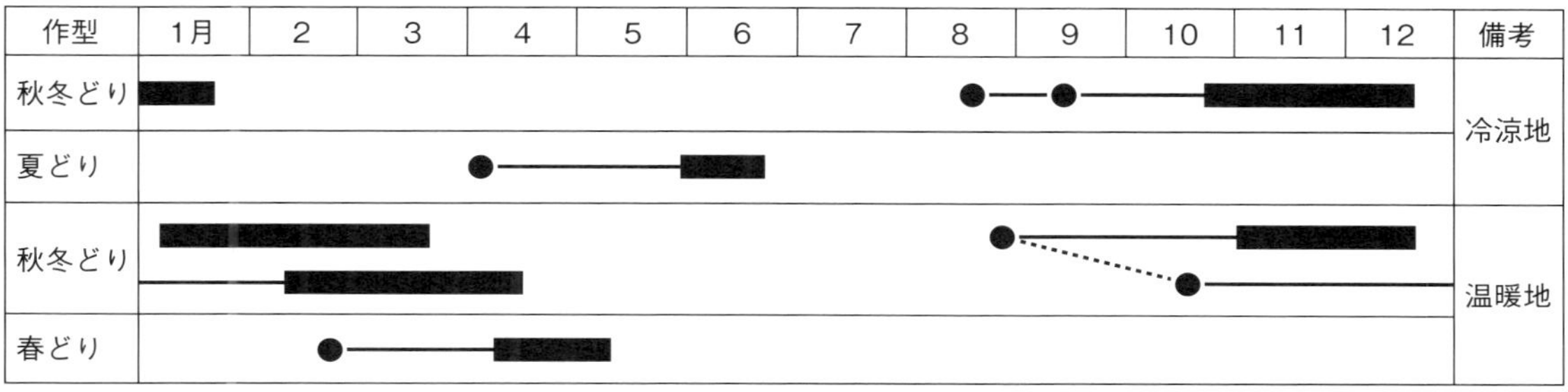

●：播種，▬：収穫

特徴	名称	ナバナ（アブラナ科アブラナ属）
	原産地・来歴	原産地は地中海沿岸地域である。日本への伝来は，弥生時代から縄文時代ともいわれ，古くから栽培されていた野菜の一つで，「古事記」にアオナとして記述されている
	栄養・機能性成分	ビタミンC，カロテン，カリウム，カルシウム，マグネシウム，鉄を豊富に含む緑黄色野菜。中でもビタミンCは野菜の中でトップクラス，カルシウムは冬どりホウレンソウの3倍ほど含む。風邪などの病気に対する免疫力を高め，貧血の予防効果もある
生理・生態的特徴	発芽適温	18～22℃で，適温下では，2～3日で発芽する
	生育適温	18～20℃前後，比較的冷涼な気候を好む。耐寒性は比較的強いが品種間差異がある
	土壌適応性	好適pHは，6～6.5。土壌適応性は広いが，耕土が深く，有機質に富み，排水性に優れている土壌が適している。排水対策を実施すれば水田での栽培が可能である
	花芽分化	一定期間低温に置かれると花芽分化する種子感応型であるが，品種により感応する温度幅が異なる
栽培のポイント	主な病害虫	根こぶ病，白さび病，べと病，キスジノミハムシ，ヨトウムシ類，アブラムシ類，コナガなど
	他の作物との組合せ	水稲や飼料作物の裏作や，インゲン，カボチャなど8月までに収穫を終了する春夏野菜との組み合わせができる

この野菜の特徴と利用

(1) 野菜としての特徴と利用

ナバナは、アブラナ科アブラナ属に属し、抽台前後の花茎と蕾、若葉を食用とするもので、地域によって呼び名がさまざまである（図1）。園芸上の分類ではツケナ類に属し、在来ナタネに由来する「和種」と、西洋ナタネに由来する「西洋種」とに大別される。

ナバナが野菜として注目されだしたのは昭和30年代の後半からで、同じ時期に現在の主力産地である三重県でも茎立菜（西洋種）のナバナが野菜として栽培・出荷されている。

ナバナの仲間は、古くから各地で栽培されており、蕾・若芽・若葉などが食されている。栃木県や群馬県の「かき菜」、東京都や埼玉県などの「のらぼう菜」、宮城県の「三陸つぼみ菜」が地域特産野菜として知られている。

これらのナバナは、お浸しや漬物、和え物などにされ、「春の皿には苦みを盛れ」ということわざがあるように、冬から春への転換を感じる苦みのある野菜の一つとして食されてきた。

近年、ナバナは品種改良が進み、独特な苦みがうすれ、食べやすくなってきている。加えて「手軽に手に入るようになった」「栄養価が高い」「調理に時間がかからないので料理が楽」「茹でても炒めても使える」ことなどが注目され、サラダや炒めもの、各種洋食のトッピング野菜としての利用も拡大している。スマホなどで「菜の花・料理」と検索すれば、多くのレシピが紹介されているので、こうしたレシピも参考にして食べて欲しい。あわせて新たなレシピ提案も産地は期待している。

ナバナは、栄養価の高い野菜で、和種ではビタミンCが可食部100g当たり130㎎も含まれている。さらに免疫力を高めるβ-カロテンや、カリウム・カルシウム・鉄などのミネラル類も豊富である。

図1　収穫期のナバナ

(2) 生理的な特徴と適地

ナバナの発芽適温は18～20℃で、比較的冷涼な気候を好む。土壌水分が比較的少なくても発芽できる。生育温度幅は広く、耐寒性は比較的強いが品種間差異がある。耐寒性の弱い品種は、氷点下になると葉や蕾の白化などの障害が発生する。耐寒性の強い品種でも凍害を繰り返すと茎が空洞化し、生育が停滞することがあるので注意する。

一方、高温には弱く、25℃を超えると徒長し、葉色や蕾の色が淡くなる。収穫期以降、春先の温度上昇時には花蕾の緩みや蕾の開花が進行し、商品価値が低下しやすい。

種子春化型植物で、種子が催芽した段階から低温に感応して花芽分化する。催芽種子を冷蔵庫などで低温処理をして花芽分化させ、その後に播種することで出蕾期を早めることができる。

土壌は有機質に富んで排水性がよく、中性からやや酸性の土壌が適している。土壌適応性が広いので砂土でも栽培できるが、養分が抜けやすい砂土では早生種が適している。水田裏作にも導入できるが、とくに播種後から生育初期に冠水害を受けるとその後の生育回復が難しくなるので、水田では排水対策と高ウネ栽培が基本となる。順調な生育には適度な土壌水分が必要で、土壌水分不足になると微量要素欠乏などが発生して生育が停滞し、反対に湿害をうけても黄化症状となり生育が停滞する。

（執筆：宮原秀一）

秋冬どり栽培

この作型については、千葉県でのナバナ（和種ナバナ）の束出荷の事例を紹介する。

1 この作型の特徴と導入

(1) 作型の特徴と導入の注意点

ここでは、千葉県でのナバナ（和種ナバナ）の束出荷の事例を紹介する。この作型のナバナは、露地栽培で水田、畑ともに栽培ができる。播種期は8月下旬から10月中下旬で、早生、中生、晩生と品種を組み合わせることで、11月～4月中旬にかけて連続的に収穫・出荷できるのが特徴である（図2）。

ナバナは比較的低温に強い野菜ではあるが、凍害を繰り返し受けると生育停滞や枯死することもあるので、寒冷地ではこの作型

図2　ナバナの秋冬どり栽培　栽培暦例（千葉県）

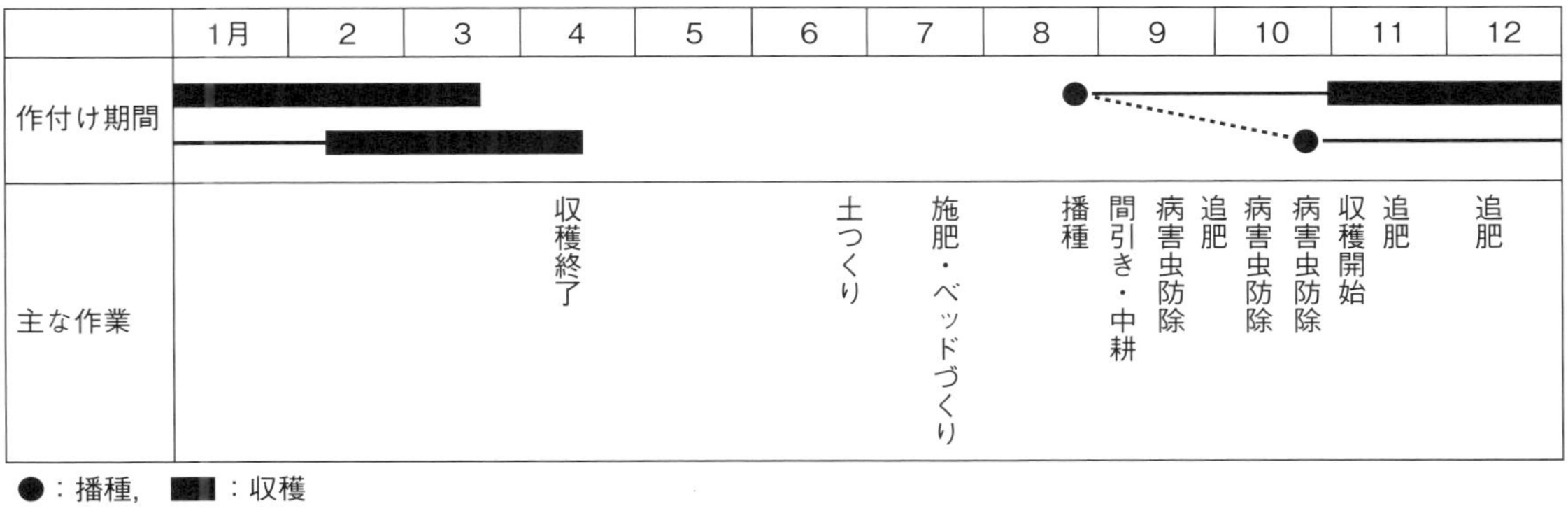

の栽培は難しい。一方、ナバナは高温に弱く、秋口には害虫の発生も多いため、早出しを狙った極端な早まきは避けることが望ましい。温暖地以外では初期生育の確保が難しいため、10月中旬以降の遅まきは避ける。

ナバナは、主茎から発生する側枝と花蕾を、そして側枝の付け根から続いて発生してくる腋芽や花蕾を一定の長さで収穫し連続的に出荷していく。出荷する花茎は一定の長さが求められるため、主産地である千葉県内においても冬季温暖な地域と気温が低い地域では10a当たり収量に格段の差が生じている。生産にかかる経費は、ほぼ同程度となるため、地域や時期にあった品種を選定するとともに、より冬季温暖な地域に圃場を求め、かつ日当たりが良い圃場を選定することが所得増加のためのポイントとなる。

(2) 他の野菜・作物との組合せ方

この作型の播種期は、8月下旬から10月下旬となる。このため水田では、水稲や飼料用稲の後作としての栽培が可能である。畑で栽培する場合は、春~夏に栽培する野菜（カボチャ、スイートコーン、インゲン、エダマメ、飼料作物など）の後作に導入できる。なお、ナバナの後作に作付ける水稲は倒伏しやすいので、水稲の品種選択、施肥量、栽植密度などに注意する。近年では、適期にナバナの管理作業を実施するためにナバナ作付け前の春~夏に緑肥を栽培する事例や、水稲の作付けをやめナバナのみの年1作として栽培する事例なども多く見受けられる。

2 栽培のおさえどころ

(1) どこで失敗しやすいか

① 湿害の発生

この作型は、低温期に向かっていく栽培となるため、生育初期になんらかの障害をうけて一度生育の停滞が発生するとその後生育を回復させることは容易ではない。初期生育を阻害するものの一つとして湿害がある。

ナバナの生産安定には、発芽を順調にさせ、初期の生育量を確保することが重要である。とくに播種期が長雨や台風の時期にあたるため、水田では、暗渠・補助暗渠・明渠の設置など、圃場に滞水させないための排水対策を実施するとともに高ウネで栽培することが基本となる。

② 根こぶ病の発生

根こぶ病は、アブラナ科作物共通の病害で、激発すると収穫皆無になることもある。栽培に当たっては根こぶ病が発生したことのない圃場を選ぶようにする。

根こぶ病発生の恐れのある場合は、土壌酸度の矯正（pH7・2以上）、排水対策の実施、抵抗性品種の利用、薬剤の利用（フロンサイド粉剤、ネビジン粉剤などの土壌混和）、早まきの回避（高温期の播種をさけ、気温が低下してから播種を実施）などの総合的な防除対策を実施する。なお、隣接圃場や周辺圃場に根こぶ病が発生している場合も、総合的な防除対策を実施することを心掛ける。

③ 初期生育の不足

とくに中生・晩生品種では、花蕾収穫前に株を充実させることが収量向上に欠かせない。①、②に注意したうえで、収穫始期に条間が葉でうまる程度の充実した株作りをするため、早めの管理作業によって初期生育を促進させることが望ましい。

表2　秋冬どり栽培に適した主要品種の特性

品種名	販売元	早晩性	根こぶ病抵抗性	特性など
CR 春華	カネコ種苗	早生	有	側枝の発生がよい多収の早生品種。蕾の色もよく，束ねやすい
早陽1号	サカタのタネ	早生	無	蕾の色はやや淡いが，生育旺盛で分枝性に優れ，早どりできる多収品種
CR 京の春	丸種	早生	有	播種後60日程度で収穫できる早生種。年内収穫に適している。早生種としては，蕾の色・形状も優れているので調製しやすい
CR 花かんざし	丸種	中生	有	播種後90日程度で収穫できる中生種。蕾の色・揃いもよく，長期間にわたって収穫が可能
花飾り	サカタのタネ	中生	無	茎が太く，強い側枝が連続収穫でき，耐寒性も強い中生種。蕾の色が濃く，束出荷の場合は，とくに調製しやすい
サカタ88号	サカタのタネ	晩生	無	耐寒性もあり, 蕾の大きい晩生種で多収。花菜としても栽培され，生花市場にも出荷される
CR 花まつり	丸種	晩生	有	生育旺盛で耐寒性に優れた極晩生種。播種後約120日で，収穫開始となる。ウイルス病を回避するため極端な早まきはしない

(2) おいしく安全につくるためのポイント

ナバナ栽培の成否は、初期生育をいかにスムーズにさせるかで決まるといっても過言ではない。そのためには、良質な堆肥の施用によって土つくりをしっかり行ない、保水性・排水性にも優れた圃場で栽培を実施する。そのうえで、地域・作型にあった品種を選択し、適期管理を実施することがポイントとなる。

秋口、大雨が予測される場合には、事前に排水路の確認を行なっておく。さらに生育中のナバナの観察をていねいに行ない、初期防除を徹底することも重要である。

(3) 品種の選び方

主な品種は表2のとおりである。このほかにも多くの品種が販売されているので、ＪＡや普及指導センターなどに相談するとともに種苗カタログなどで品種特性を確認するとよい。

出荷期間を通じて同一品種で対応することは不可能ではないが、収量や品質低下、さらに収穫・調製作業に時間を要することが想定される。このため長期間にわたって安定的に収穫・出荷ができるよう、地域にあった品種の選択を行なったうえで、早生・中生・晩生と品種を組み合わせて作付体系を組むことが望ましい。

なお、厳寒期は低温や乾燥によって生育停滞や収量低下が発生しやすい。このため主力となる中生種は耐寒性に強い品種を選択するとともに、多めに作付けすることが厳寒期の安定出荷のポイントとなる。

3 栽培の手順

(1) 畑の準備

保水性が高く、排水のよい圃場を選定し、作付け2週間以上前に良質な堆肥（10ａ当たり2ｔ程度）と土壌酸度矯正のため苦土石灰（10ａ当たり100kg程度）を施用する。

施肥量は表4を参照し、播種1週間前を目安に施用する。図3のようにウネを上げてベッドを作成するが、降雨によって圃場に入ることができず、圃場準備ができないことも想定されるので、早めの作業を心掛ける。

表3　秋冬どり栽培のポイント

	技術目標とポイント	技術内容
播種準備	◎圃場選定 ◎排水対策	・排水性がよく，日当たり良好な圃場を選定し，良質な堆肥を2t程度施用する ・水田では20cm以上の高ウネとし，圃場の表面排水をするための排水路を整備する
播種方法	◎播種方法 ◎播種量	・移植栽培もできるが，直播を基本とし，条播きまたは点播きとする ・播種量の目安は，10a当たり0.2〜0.4dℓ。播き過ぎないよう注意する
播種後の管理	◎除草 ◎追肥 ◎病害虫防除	・播種直後に除草剤を散布する。生育中は，土寄せを兼ねて中耕する ・播種後1カ月を目安に追肥を開始する。1回当たりの施肥量は，窒素成分で10a当たり5kg程度とする。その後は，生育を見ながら適宜行なう ・早期防除に努めること。とくに秋口は虫の発生が多いので，注意を要する
収穫・調製	◎収穫 ◎調製	・蕾が腐りやすいので，雨天時の収穫は避けること。春先は取り遅れにも注意する ・束出荷では，調製後に品温が上がりやすいので，出荷まで予冷庫などで低温管理する

(2) 播種のやり方

直播　播種は、直播栽培が基本となる。水田においては2条播きとする。2条播きの場合、条間45〜60cm、株間30〜40cm（早生種は30cm、晩生種は40cmを目安）で1カ所4〜5粒の点播きが行なわれるが、条播きも可能である。1条播きも株間30cm〜40cmで点播きか条播きとする。

播種方法は、栽培規模が小さい場合は手まきでもよいが、図4のようなペットボトルを改良した播種具を使って1カ所4〜5粒ほど種を落とし、種子が隠れる程度に軽く覆土を行なうこともできる。当地域では、市販の手押しタイプの播種機（「ごんべえ」など）を利用した播種が増えており、条播用のエンドレスベルトを利用している。また、袋出荷などを主体とする大規模経営体は、トラクター牽引タイプのアタッチメントを活用して機械播種を実施している。

表4　施肥例　（単位：kg/10a）

	肥料名	施用量	成分量			備考
			窒素	リン酸	カリ	
元肥	堆肥 苦土石灰 菜花16（16-20-14）	2,000 100 100	 16	 20	 14	
追肥	燐硝安加里S604 （16-10-14）など	30kg/回 3回程度	4.8 4.8 4.8	3 3 3	4.2 4.2 4.2	播種1カ月後 収穫始め 収穫中期
施肥成分量			30.4	29	26.6	

図3　ウネのつくり方

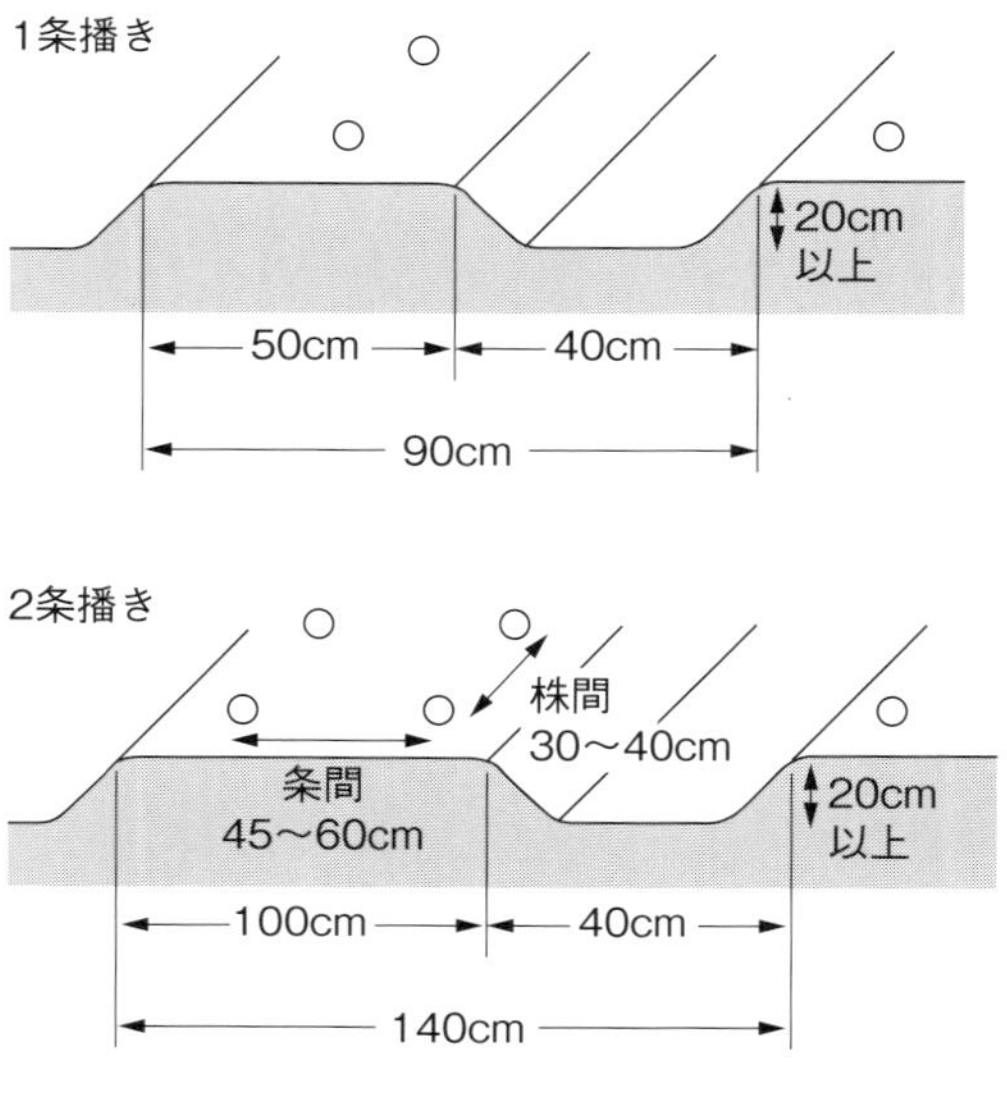

イネ科雑草の発生が予想される圃場では、播種後にトレファノサイド粒剤2・5を散布しておく。

育苗　生育初期にあたる8月下旬から9月は、台風などの影響をうけて湿害が発生することが多い。そこで、この時期は直播をさけ、128穴のセルトレイを利用した育苗・移植栽培が早生種を中心に行なわれている。セル成型育苗のやり方は、後述の洋種ナバナに準じる。移植栽培では、植え遅れにならないよう早めの移植を心掛ける。

(3) 播種後の管理

①間引き

点播きでは、播種2週間後を目安に2～3本立ち、4週間後（本葉5枚程度）を1本立ちとする。条播きでは2週間後までに株間15cm、4週間後までに株間30cmとする。なお、中生・晩生種では、株間を40cm程度確保すると良い。

近年では、点播き後、間引きを一切実施しない経営も増えている。こうした経営では、間引きにかかる労力を早めの中耕・土寄せ・防除などの管理作業に向け、早めの土寄せで埋まらずに残った生育の優れた株を育てることを重視するとともに、播種面積を増やすことで、経営としてトータルの収穫量を確保している。

②追肥

1回目の追肥は、播種1カ月後を目安に施用し、以後はナバナの草姿や葉色を見ながら1カ月おきに1回当たり窒素成分で5kg程度を目安に追肥する。1回目の追肥は、条間に行ない、管理機による中耕・土寄せの時期に合わせて実施する。

③防除

生育初期には害虫の発生が多いので、定期的に圃場を観察し、初期防除を徹底する。初期には害虫の発生が多く被害を受けやすい。

図4　ペットボトル利用の播種具

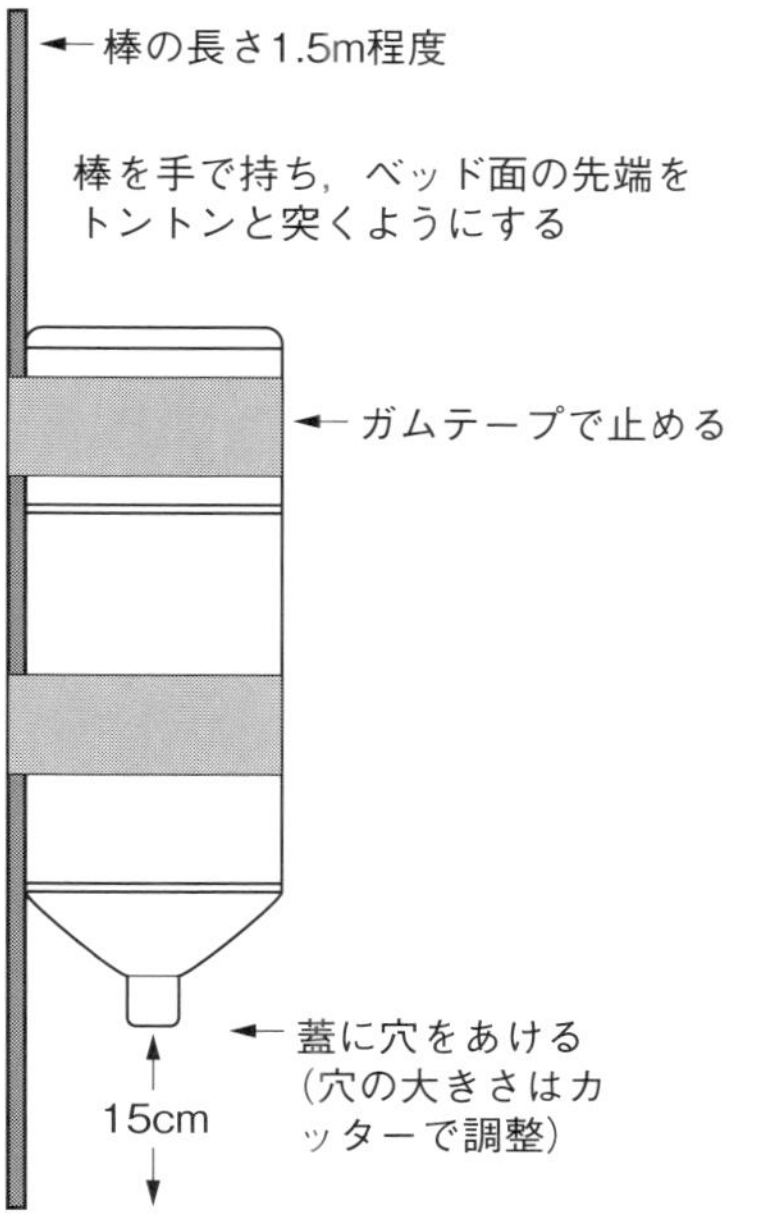

10月～11月頃からは白さび病やべと病などが発生してくる。暖かい雨のあとなどは病気が拡大しやすいので、降雨前後の防除を心掛ける（病害虫防除の項も参照）。

(4) 収穫

①収穫時期と方法

収穫は主枝の摘み取りから始まる。早生種の場合、主枝は花蕾から20cm前後とやや長めに摘み取る。早生種は上部の節から発生する側枝が細くなりやすく、下部からの太い側枝発生を促すためである。一方、上部の節からも太めの側枝が発生しやすい中・晩生種は、主枝を15cm前後で摘み取る。

側枝の収穫は、主枝収穫後1～2週間前後から順次行なう。充実した株を作れば1株当たり10本前後の側枝が収穫できる。側枝を収穫する際、枝元を1～2節残して収穫することで孫枝の発生を促す。気象条件や生育状態がよければ、太い孫枝の収穫も可能である。なお、気温が高くなってきたら、枝を整理するように深めに収穫することで、次の収穫までの時間を稼ぐことが必要である。

収穫は天気のよい日に行なう（図5）。収穫は、手で直接茎を折る方法と、小刀などで切り取る方法があるが、〝花飾り〟のように、茎の硬い品種は刃物を使用して収穫する。収穫するものは開花前の蕾のしまった茎であるが、すでに数輪開花している場合も側枝や孫枝の発生を促すために枝を切り取る。春先は、収穫が遅れると消費者に届く前に蕾が開花してしまうことがあるので、咲き花の混入は厳に避けなければならないので、収穫が遅れないようにする。

図5　収穫中のナバナ圃場

②調製（束出荷）

収穫後、圃場から作業場に搬入し、予冷庫で保管する。予冷庫がない場合は、蒸れないよう管理する。

人形巻きといわれる調製は、収穫後の作業で最も時間を要する作業である。蕾を上にし、上からのぞいて葉が見えないよう余分な葉を落としたり、折りたたむなどしながら束の表面に蕾が平らに並ぶようにし、7cm四方の四角に束ねる。一束当たりの本数は、通常10本～20本であるが、細い孫枝などでは30本を超える場合もあり、調製に要する時間が著しく長くなることになる。束ねた後で長さ11・5cmに切り揃えて、既定の重さ（200gが一般的）にフィルムで包装する。

この際、作業場をできる限り明るくし、蕾の状況をていねいに確認することが重要である。とくに外気温の高い時期や束出荷は、調製後に品温が上がりやすいので、早めに予冷庫などに入庫し、品温の上昇を防止する。

③調製（袋詰め）

FG袋に詰める袋出荷も行なわれる。袋詰め出荷では、蕾を上にして蕾の位置を揃えて一定の長さに切り戻し、計量後に袋詰めを行なう。袋詰めは、長方形のフィルムなどで揃えた枝を崩さないよう全体をくるみ、フィルムごと包装袋に投入し、フィルムを引き出して、袋の下部まで茎が収まるようにする。市販の野菜類袋詰め機を用いる場合も多くなっており、大規模な経営体ではピロー包装機も導入されている。

開花前の蕾のしまったものを収穫すること。花咲の混入を避けることが絶対であり、とくに春先は、収穫が遅れると市場や店頭で蕾が開花してしまうこともあるので、収穫が遅れないように注意する。

収穫後は、作業場で、出荷規格（束・袋・バラ）に準じて調製作業を実施する。この際、作業場をできる限り明るくし、蕾の状況をていねいに確認することが重要である（図6）。とくに外気温の高い時期や束出荷の場合は、調製後に品温が上がりやすい。そのため、予冷庫などに早めに入庫し、品温の上昇防止を心掛ける。

4 病害虫防除

(1) 基本になる防除方法

主に発生する病害虫は、表5のとおりである。生育初期が病害虫の発生が多い初秋にあたるため、薬剤による初発防除に努める。とくに早まきの8月～9月播種では、根こぶ病、ウイルス病、キスジノミハムシ、ヨトウムシ類などの被害を受けやすいので、発生に

図6　調製作業での望ましい作業環境

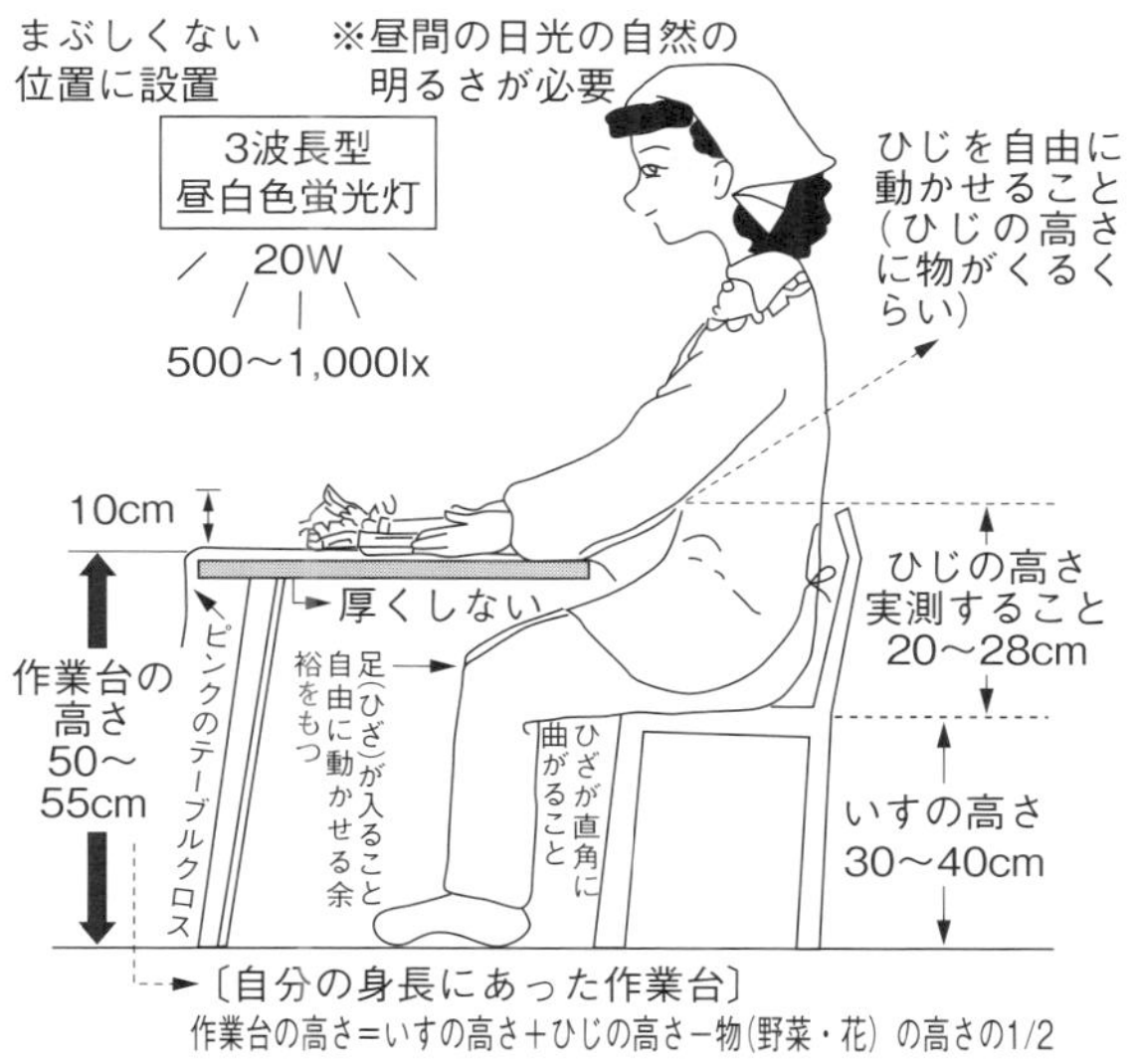

表5　病害虫防除の方法

	主な病害虫名	症状と防除対策
病気	根こぶ病	・罹病すると，根からの養水分吸収が阻害され生育が停滞する。高温・多湿・酸性土壌などでは発病が助長されるので，pH を調整するとともに排水対策を行なう ・ネビジン粉剤，フロンサイド粉剤などを播種前に土壌混和する
	白さび病	・10月下旬から11月以降に気温が下がり始めると発生が増えてくる。葉や茎に立体的な白色の病斑が発生し，その部分が肥大したり，硬化したり湾曲する ・連作をせず，できる限り疎植にして蒸れを防止する。とくに降雨後に被害が拡大するので，発生圃場では，降雨前後の防除を徹底する ・発病初期にランマンフロアブル，ストロビーフロアブル，ダコニール1000などを散布する
	べと病	・べと病の分生子は，7～13℃が発育適温とされており，春先や晩秋など冷涼な時期にべと病の発生が拡大する。ナバナでは，葉に不規則な病斑を発生する ・水はけの悪い圃場などでは発生が助長される ・発生初期にダコニール1000などを散布する
	黒腐病	・土壌中の細菌が風雨などによってナバナに付着して発病する。9月～10月頃，とくに多雨の年に発生が多い ・アブラナ科野菜の連作をさけるとともに，密植にしない ・感染が拡大すると防除が難しい。カスミンボルドーなどを発病前から予防散布する
	花腐細菌病	・初めは小花が淡黄から褐色に変色し，次第に水浸状となり，後に黒褐色を呈して腐敗する ・多雨や肥料過多が発生を助長する ・2週間間隔で3回程度，コサイド3000，Zボルドーを予防散布する
害虫	キスジノミハムシ	・成虫は葉を，幼虫は根を食害する ・播種前にフォース粒剤などを土壌混和する ・発生をみたら，スタークル顆粒水溶剤，モスピラン顆粒水溶剤などを散布する
	アブラムシ類	・ウイルス病を媒介するので，播種時にスタークル粒剤などを施用する。発生が多い場合は，薬剤防除を実施する
	ハスモンヨトウ	・9月～10月に発生が多いので，初期防除を徹底する ・発生初期にアファーム乳剤，コテツフロアブルなどを散布する
	コナガ	・初発が確認されたら薬剤防除を実施するが，薬剤抵抗性が発達しやすいので作用機構の異なる薬剤によるローテーション散布を実施する ・発生初期にパダン SG 水溶剤，アファーム乳剤，アディオン乳剤などを散布する

注）防除にあたっては，最新の情報を確認する

表6　秋冬どり栽培の経営指標（束出荷）

項目	
収量（kg/10a）	620
単価（円/kg）	850
粗収入（円/10a）	527,000
農業経営費（円/10a）	413,412
種苗費	7,650
肥料費	51,995
農薬費	24,700
動力光熱費	1,775
小農具費	1,846
機械・施設費	136,976
雇用労働費	84,000
資材費	46,500
販売手数料など	57,970
農業所得（円/10a）	113,588
労働時間（時間/10a）	381

注意する。

(2) 農薬を使わない工夫

根こぶ病発生地では、抵抗性品種を作付けするが、常発地では防除効果があがりにくいので、作付けを回避することが望ましい。

9月下旬以降の播種では、各種病害虫の発生が軽減されてくるので、労働力面などで初期からの繰り返し防除が難しい場合は、播種期を9月下旬以降に遅らせることで防除の回数を減らすことができる。

また畑で栽培する場合は、前作で栽培終了時まで雑草を発生させない、害虫を発生させないように管理することが害虫による被害を軽減することにつながる。

5　経営的特徴

当地域のナバナ栽培は、10a当たり収量増加を目指し、ていねいな圃場管理作業を行ない、1株からより多くの側枝を確保することを目指してきた。さらに調製作業にも時間をかけて芸術的な荷造りを行なっている。

ナバナは収穫・調製作業に労力を要し、とくに束出荷では労働力が経営の制限要因となっている（表6）。そこで、圃場が確保できるのであれば、品種を組み合わせて作付け面積を増やすことも考えたい。一定程度の太さをもつ側枝をより多く確保できるよう十分な株間を取り、初期からの株づくりを重視することで、収穫・調製労力の大幅な軽減につながることが期待できる。

また、近年、ナバナは、FGフィルムなどでの袋詰め、パック詰めなど、スーパーなどで見かける荷姿が多様化している。地域によっては季節的に食されている伝統的な在来品種も多数ある。

ナバナの仲間は、その時々の季節を感じることができる野菜として認知されてきており、「調理時間もかからない」「栄養価が富んでいる」なども評価されてきている。市場出荷だけでなく、直売所向けの野菜として流通拡大していくことが今後も期待できる品目である。

（執筆：宮原秀一）

洋種ナバナ

表1　洋種ナバナの作型，特徴と栽培のポイント

主な作型と適地

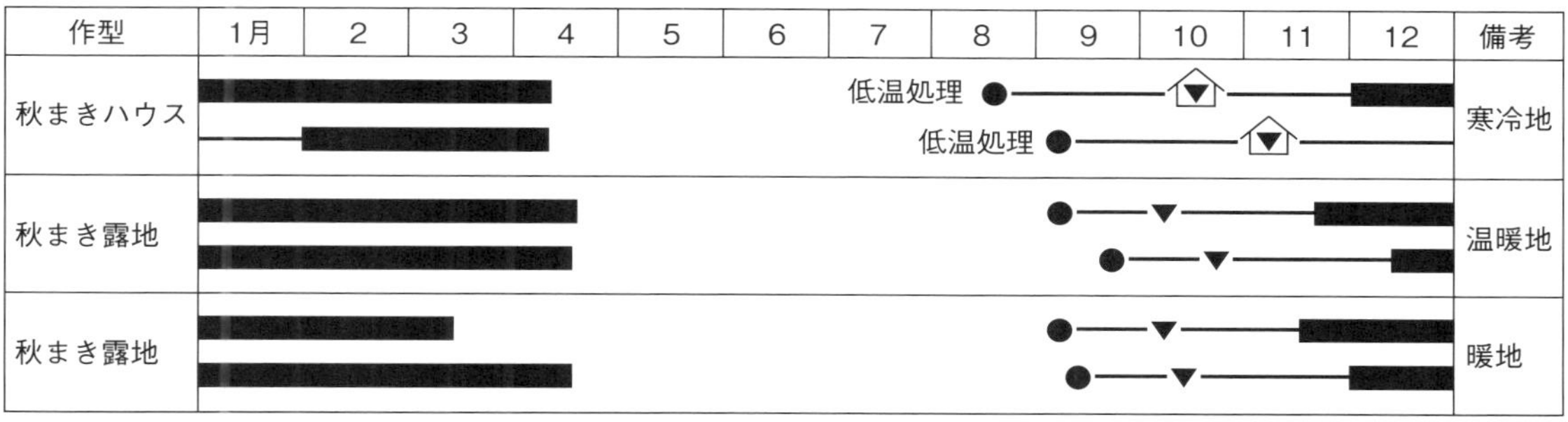

●：播種，▼：定植，⌂：ハウス，■：収穫

特徴	名称	ナバナ（アブラナ科アブラナ属）
	原産地・来歴	北ヨーロッパ，来歴は不明
	栄養・機能性成分	カルシウム，ビタミン B_1，ビタミン B_2，ビタミン C が豊富
	機能性・薬効など	抗酸化食品，ルテインを含み眼病予防
生理・生態的特徴	発芽条件	発芽適温20℃前後，4～40℃の広い温度範囲で発芽
	温度への反応	生育適温20℃前後，冷涼な気候を好むが適応幅は広い
	日照への反応	長日植物，光飽和点は40,000lx
	土壌適応性	好適 pH は6～6.5，耕土が深く，排水性のよい有機質に富む土壌が最適
	開花習性	一定期間の低温に遭うと花芽分化（春化）して，長日・高温条件下で抽台開花する。品種により低温要求量が異なる
	休眠	種子の成熟後，短い休眠期間があるが，問題はない
栽培のポイント	主な病害虫	根こぶ病，根朽病，べと病，アブラムシ類，ヨトウムシ類，アオムシ，コナガなど
	他の作物との組合せ	水稲，夏野菜など

この野菜の特徴と利用

(1) 野菜としての特徴と利用

ナバナは、ツケナの一種でアブラナ科アブラナ属に属する野菜である。植物分類学上は、ブラシカ・キャンペストリス（いわゆる在来ナタネ）とブラシカ・ナプス（いわゆる西洋ナタネ）に分類される。ナバナは、これらナタネの花蕾や花茎を食材として利用する際に、油糧用のナタネと区別するために名付けられたと考えられている。

洋種ナバナ（西洋ナタネ）の来歴は不明であるが、在来ナタネに替わる油糧用のナタネとして、明治時代以降に欧米諸国から導入され、自然交雑による雑種の中から野菜として食味や栽培特性に優れるものを選抜したものと考えられている。

ナバナの出荷形態は、抽台後に伸長した花茎と蕾を主に食用とする花蕾タイプと、抽台前後の葉と花茎を食用にする葉茎タイプがある。一般的には、和種ナバナは花蕾タイプ、洋種ナバナは葉茎タイプとして利用されるが、産地によってさまざまである。

洋種ナバナの生産量は、三重県が最も多く、続いて福岡県、新潟県、栃木県、岐阜県、宮城県である。春先の季節を感じられる野菜として、お浸し、和え物、炒め物、揚げ物、浅漬けおよび鍋物素材などに用いられている。

栄養面では、野菜の中でもカルシウム、カロテン、ビタミンB_1、ビタミンB_2、ビタミンCが豊富に含まれた緑黄色野菜である。また、眼病予防に効果が期待されるルテインを含んでいる。

(2) 生理的な特徴と適地

ナバナの発芽適温と生育適温は20℃前後であり、比較的冷涼な気候を好むが、温度条件の適応幅は広く、耐寒性はツケナのなかでも強いほうである。

開花習性は、発芽直後から一定期間の低温に遭うと春化し、その後の長日と高温条件で抽台・開花する。花芽分化と抽台誘起に要する低温遭遇期間は品種で大きく異なる。

土壌の適応性は広いが、耕土が深く肥沃な土壌を好む。乾燥状態では生育が停滞するが、土壌水分が多い水田裏作では生育が良好である。湿田では高ウネにすれば栽培が可能である。土壌の好適pHは6～6.5である。

主な作型は、露地栽培が多く、温暖地や暖地では9月に播種育苗して10月に定植し、12月から翌春まで長期収穫する作型である。一方、寒冷地ではハウス栽培で3月から収穫する作型が一般的である。一部の地域では苗の低温処理で花芽誘導（春化）し、12月から早期出荷している。栽培されている品種は、出荷形態（主に利用する部位の違い）によってさまざまである（表2）。

（執筆：田中良幸）

表2　品種のタイプ，用途と品種例

品種のタイプ	用途	品種例
抽台前後の葉および花茎を葉物として利用する葉茎タイプ	軽く湯に通してお浸し，和え物，炒め物，揚げ物，浅漬け，みそ汁の具，鍋物素材	宮内菜，かき菜，芯切菜，三陸つぼみ菜，春立ち，川流れ菜，はるの輝き，みえ緑水2号，瀬戸の春，はるかな

露地栽培

福岡県での洋種ナバナ栽培（「博多な花おいしい菜」）の事例を中心に紹介する（図1、図2）。

1 この作型の特徴と導入

(1) 作型の特徴と導入の注意点

この作型は、9月上旬に播種して10月上旬

図1　定植20日後の洋種ナバナ

図2　収穫後の洋種ナバナ

図3　洋種ナバナの露地栽培　栽培暦例

月	8			9			10			11			12			1			2			3			4		
旬	上	中	下	上	中	下	上	中	下	上	中	下	上	中	下	上	中	下	上	中	下	上	中	下	上	中	下
作付け期間				●			▼					■	■	■	■	■	■	■	■	■	■	■	■	■	■	■	
主な作業			育苗準備	播種		定植圃場の準備	定植	病害虫防除	摘心	病害虫防除		収穫開始	追肥開始											追肥終了		収穫終了	

●：播種，▼：定植，■：収穫

表3　露地栽培のポイント

	技術目標とポイント	技術内容
育苗方法	◎育苗準備 ・日当たりと風通しの良い場所を選定 ◎播種・播種後管理 ・発芽するまでは乾燥させない ・灌水過多は徒長を助長 ・病害虫の初発に注意	・128穴セルトレイ，水稲育苗箱，育苗培土，種子，寒冷紗，防虫ネット等を準備 ・1穴1粒，覆土は種子が隠れる程度 ・灌水は，朝灌水して昼は夕方に培土表面が乾く程度 ・育苗後半に葉色が薄くなったら液肥施用
定植準備	◎圃場の選定 ・排水良好で日当たりの良い場所を選定 ◎定植準備 ・定植後の活着促進のため細かく砕土 ・雑草対策のためマルチ被覆	・根こぶ病が発生していない圃場を選定 ・堆肥と石灰資材は早めに投入して土つくり ・ウネ立ては，降雨前の乾いている時に細かく砕土してつくる ・ウネ幅150cm，排水不良田は高ウネ
定植	◎定植 ・活着促進のためセル成型苗と床土を密着 ・強風対策のため株元まで土を寄せる	・株間40cm，条間60cmの2条植え ・栽植密度は3,300株/10a ・活着が遅れた時は液肥灌注
定植後の管理	◎主茎の摘心と摘葉 ・早めに摘心すると側枝の揃いが良い ◎追肥 ・ウネ中央のマルチを切り開き，追肥を開始，少雨年は乾燥の助長に注意 ・厳寒期は葉のアントシアン発生に注意	・本葉8～10枚で摘心 ・株元が陰となるような親葉を摘葉 ・追肥は，収穫が始まったら，生育を見て月2回程度施用 ・厳寒期は，追肥間隔があかないようにこまめに追肥
収穫・調製	◎収穫 ・収穫時に1株当たり8～12本の腋芽を残すように株整理 ・葉（腋芽）を多く残すと茎が細くなる ・袋詰め時の作業環境と作業手順	・1次側枝の葉を1～2枚残して収穫 ・2次側枝は1枚残して収穫 ・葉が混み収穫が間に合わない時は深切り ・収穫物は萎れないように注意 ・長さ23～25cmに切り揃え袋に詰める

に定植する露地栽培の作型である（図3）。秋に定植して、主茎を摘心後、腋芽から伸長する1次側枝、2次側枝、3次側枝を収穫する。

　出荷時期は、11月下旬～4月中旬で、安定出荷のため播種時期をずらし栽培する。作付面積は、袋詰め作業に要する労力の点から、1人当たり10a程度が適当である。

(2) 他の野菜・作物との組合せ方

　春夏野菜や水稲の後作として組み合わせる。転作田については、土つくりのため早めに堆肥を投入し、耕うんしておく。

2 栽培のおさえどころ

(1) どこで失敗しやすいか

発芽むら　播種後に高温が続く場合、培土が乾燥して発芽むらが生じやすい。このため、こまめな灌水や寒冷紗などを被覆する。

根こぶ病の発生　定植後1カ月位して葉がしおれ根にコブが発生する。発生していない圃場での作付け、高ウネなどの排水対策、土壌pHの矯正、9月下旬定植の作型の回避、農薬による予防などを行なう。

厳寒期の肥料切れ　厳寒期は、低温や少雨のため肥料の効きが遅くなり、葉色が薄くなったり、側枝の伸長が鈍くなる。月2回程度、追肥を施用する。極端に生育が悪い場合は液肥を施用する。

側枝が細くなる　収穫が遅れ、葉が混み腋芽数が多くなると側枝が細くなる。この場合、一度細い側枝を基から除去し、1株当たり腋芽数を8～12本にする。

表4　露地栽培に適した主要品種の特性

品種名	販売元	特性
宮内菜	カネコ種苗	葉色は淡緑色，葉縁は浅い切れ込みがあり内側に湾曲，葉柄は長い，食味は甘味に富む，再生力が旺盛，晩生多収品種
かき菜 芯切菜	トーホク	かき菜は栃木県南西部から群馬県南東部の両毛地方で栽培される伝統野菜，地方によってナバナ，芯切菜，宮内菜などの呼び名がある，秋冬の葉は硬くて食用に不向き，早春に伸びる「とう」を食べる
三陸つぼみ菜	渡辺採種場	抽台が早く側枝の発生が多い，耐寒性が強く生育旺盛，緑鮮やかで甘味がある
春立ち	渡辺採種場	花茎が太く株張りが良い，茎は甘くてくせがない，耐寒性が強く寒冷地でも栽培できる
川流れ菜	ウタネ	葉と茎がやわらかく美味，寒さに強く生育旺盛，冬期は順次収穫可能で，春先は抽台したものを食用
あまうまやわらかかき菜さちうら	サカタのタネ	蕾つき茎葉を収穫，甘味とコクがある，茎葉色は鮮やかで葉にフリルがある，耐寒性が強く，再生力も旺盛，早春から晩春まで収穫できる

注）特性は種苗会社資料より引用

(2) おいしく安全につくるためのポイント

日当たりが良く，排水性の良い圃場を選定して，土つくりのため牛糞堆肥などの有機物の投入や石灰資材による土壌pHの矯正を毎年行ない，物理的，化学的に土壌改良を図る。

病害虫防除の農薬は予防散布に努め，収穫開始までとし，収穫中は無農薬栽培に心がける。

(3) 品種の選び方

洋種ナバナは，抽台前は葉と茎が，抽台後は葉と茎および蕾が食されており，種子は数社の種苗メーカーから販売されている（表4）。

葉色，葉形，葉縁の切れ込み，葉柄の長さ，抽台の早晩などの特性に違いはあるが，食味が良く，苦味が少なく，側枝の重量が重く，厳寒期は葉にアントシアンが発生しにくい品種を選ぶ。

3　栽培の手順

(1) 育苗のやり方

①育苗準備

日当たりと風通しの良い育苗場所を選定する。セル成型育苗の場合は，128穴セルトレイ，水稲育苗箱，育苗培土（灌水しても固くしまりにくいもの，窒素含量は1ℓ当たり150mg），種子（10a当たり4000粒），寒冷紗（乾燥防止用），防虫ネットなどを準備する。

②播種方法

セルトレイ1穴に1粒播種し，種子が隠れる程度に覆土する。発芽するまでは，乾燥させないようこまめに灌水する。培土の乾燥防止のため寒冷紗などの遮光資材を被覆する場合は，7割程度子葉が見え始めたら遮光資材を夕方除去する。除去が遅れると胚軸が長くなる。

③灌水管理・施肥管理

子葉展開後の灌水は，夕方に培土表面が乾く程度とし，徒長防止のため夕方のやり過ぎに注意する。育苗後半に葉色が薄くなってき

表5　施肥例

（単位：kg/10a）

	肥料名	施肥量	成分量			備考
			窒素	リン酸	カリ	
元肥	堆肥	3,000				
	鶏ふん（2-9-5.6）	200	4.0	18.0	11.2	
	苦土石灰	140				
	CDU 化成 s555（15-15-15）	40	6.0	6.0	6.0	
	硫加燐安250（12-15-10）	60	7.2	9.0	6.0	
追肥	硝燐加安 s646（16-4-16）	20×8回	25.6	6.4	25.6	収穫開始後生育に応じて
施肥成分量			42.8	39.4	48.8	

図4　栽培様式

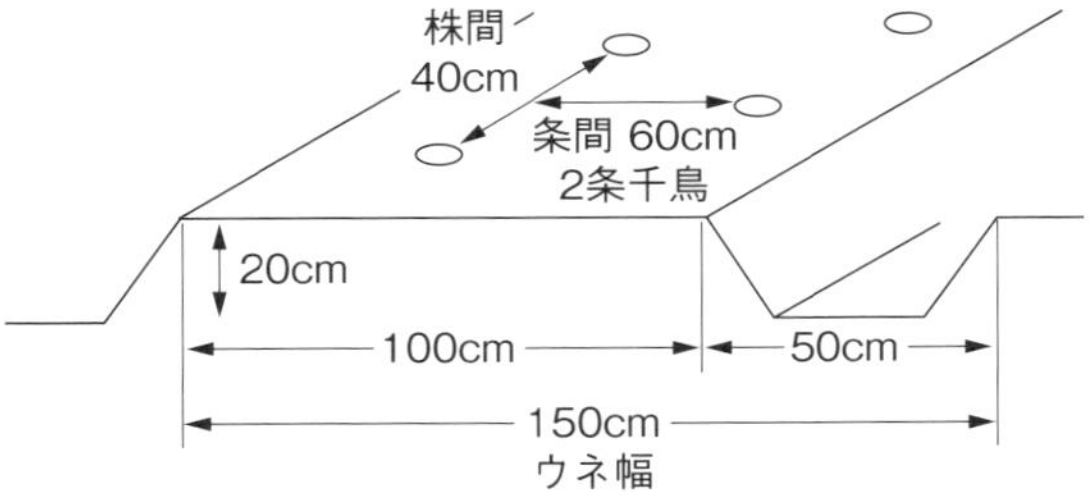

たら液肥を施用する。定植苗の目安は、播種後25～30日の本葉3～4枚になった頃で、定植が近づいたら灌水量を控え順化させる。

(2) 定植のやり方

①定植準備

排水良好で日当たりが良く、根こぶ病が発生していない圃場を選定する。畑や転作田では定植1カ月前までに、水稲後作では定植10日前までに、堆肥と石灰資材を投入し耕うんする。

②元肥施用・ウネ立て・マルチ被覆

定植7日前に元肥を施用し（表5）、ウネ幅150cmのウネを立て、黒色ポリマルチを被覆する。ウネ立て時の耕うんは、定植後の活着を促すため細かく砕土する。

図5　摘心後の洋種ナバナ

③定植

株間40cm、条間60cmの2条植えで（図4）、株元に土を寄せて定植する。栽植密度は3300株／10aである。定植後は活着促進のため灌水を十分に行ない、活着が遅れた場合は液肥を灌注する。

(3) 定植後の管理

①主茎の摘心と摘葉

本葉8～10枚で摘心する（図5）。早めに摘心すると、側枝の発生が早く揃いも良い。また、側枝の伸びを良くするために株元が陰となるような親葉を摘葉する。

②追肥

収穫が始まったらウネ中央のマルチを切り開き、生育を見ながら10～14日間隔（月に2回程度）で追肥を開始する。1回当たり窒素成分量は10a当たり3・2kg程度とする。厳寒期は、低温と肥料切れで葉にアントシアンが発生するため、追肥間隔があかないようにする。最終追肥は最後の収穫の3週間前を目安とする。

(4) 収穫

収穫は、果物ナイフなどを使用して摘心後に1次側枝が伸びたら、1次側枝の葉を1～2枚残して収穫する（図6）。2次側枝は1枚残して収穫する。葉（腋芽）を多く残すと、側枝が増えて茎が細くなるため、1株当たりの残す腋芽数は8～12本とする。

春先は、気温の上昇とともに葉が混み腋芽数が多くなるため、収穫が追いつかない場合は一度深切り（細い側枝を基から除去）をする。

収穫物は、萎れないようにコンテナなどに入れ、葉茎の長さを23～25cmで切り揃え袋に詰め出荷する。

図6　1次側枝の収穫方法

株元の葉を1～2枚残して収穫する。1株当たりの残す腋芽数は8～12本とする

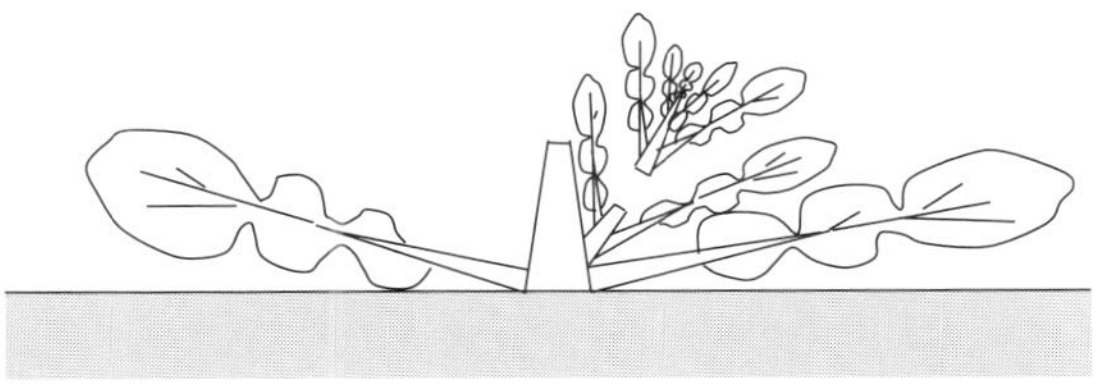

表6　病害虫防除の方法

	病害虫名	防除法
病気	根こぶ病	・過去に発生した圃場は作付けを控える ・圃場の排水性を良くして，高ウネ栽培をする ・石灰資材を施用し土壌pHを7.2位に上げる ・登録薬剤で苗灌注や圃場の土壌消毒を行なう
	根朽病	・過去に発生した圃場は作付けを控える ・強風などで苗が傷むと発生しやすいため，定植時に株元にしっかり土を寄せる
	べと病	・発生を認めたら早めに防除を行なう ・肥料切れで発生しやすいため，遅れないように追肥する
害虫	アブラムシ類	・モザイク病を媒介することがある ・防虫ネットなどの被覆資材を利用する ・早期発見に努め，早めに登録薬剤を散布する
	ヨトウムシ類 アオムシ	・早期発見に努め，捕殺するか早めに登録薬剤を散布する
	コナガ	・防虫ネットなどの被覆資材を利用する ・薬剤抵抗性が発達しやすいため，殺虫効果のある薬剤を選択する

4 病害虫防除

(1) 基本になる防除方法

病気は、根こぶ病、根朽病、べと病などに注意する。過去に根こぶ病、根朽病の発生した圃場では連作を控える。排水不良の圃場では、高ウネにして排水溝を整備する（表6）。

根こぶ病は、茎葉が晴天の日中に萎れるようになり、株を抜いてみると根に丸いコブ状の塊が見られる。防除は、発病株の持ち出し、排水対策、土壌pHの矯正、薬剤の使用などを組み合わせ総合的に行なう。

害虫は、アブラムシ類、ヨトウムシ類、アオムシ、コナガなどに注意する。害虫の早期発見に努め、早めに薬剤散布を行なう。葉裏までかかるように散布すると効果的である（表6）。

(2) 農薬を使わない工夫

定植時期が秋期であり、気温の高い年は病害虫の発生が多くなるため、定植を急がず作

表7　露地栽培の経営指標

項目	
収量（kg/10a）	1,000
単価（円 /kg）	590
粗収入（円 /10a）	590,000
種苗費　　（円 /10a）	800
肥料費	66,200
農薬費	12,100
光熱動力費	12,400
諸材料費	29,100
小農具費	4,100
修繕費	14,900
販売経費	230,400
減価償却費	95,000
農業所得（円 /10a）	125,000
労働時間（時間 /10a）	500

注）農家聞取り調査を一部改変

型を少し遅らせる。

圃場の排水が悪いと病気が発生しやすいため、排水の良い圃場を選び、必要に応じて高ウネ栽培をする。ウネ溝と排水路までの溝を整備して降雨後の表面排水を確実に行なう。

病気予防のため、連作や密植栽培を避け、肥料は入れ過ぎず作物の風通しを良くする。また、害虫の発生源となる周辺雑草をこまめに除草する。

5 経営的特徴

ナバナは、水稲後作に作付けできる露地品目の中で、栽培管理が比較的簡単な軽量野菜である。経営指標は表7のとおりである。

労力は家族労働力が中心で、使用する農業機械は、トラクタ、動力噴霧器および管理機で比較的少ない。

収穫後は、調製、計量および袋詰めに作業時間がかかるため、作業環境や作業手順を工夫する必要がある。

（執筆：田中良幸）

グリーン アスパラガス

表1　グリーンアスパラガスの作型，特徴と栽培のポイント

主な作型と適地

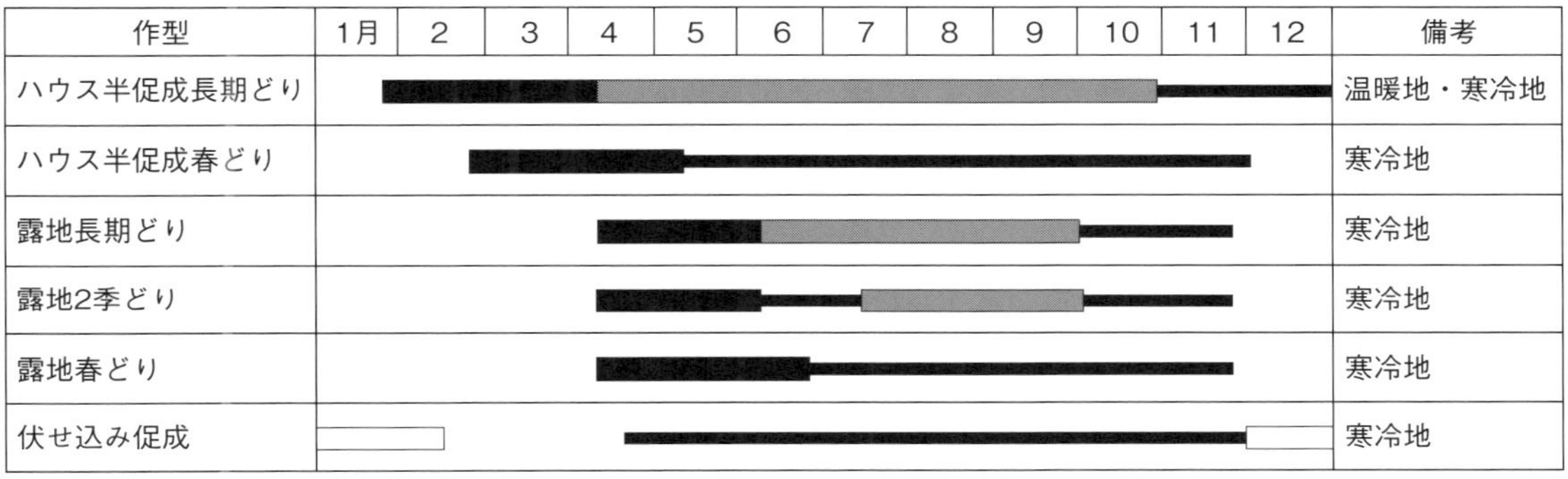

■：収穫（春どり），■：収穫（夏芽収穫・夏秋どり），□：収穫（伏せ込み），━：株養成

特徴	名称	アスパラガス（キジカクシ科クサスギカズラ属）
	原産地・来歴	原産地は南欧の地中海沿岸から西欧，南ロシア。江戸時代に観賞用として欧州から日本へ伝来。食用としての栽培は大正時代から
	栄養・機能性・薬効など	カロテンやビタミンB群，ビタミンE，亜鉛，銅などが比較的豊富で，緑黄色野菜に分類される。また，新陳代謝を促し，疲労回復やスタミナ増強に効果があるとされるアスパラギン酸や，毛細血管を丈夫にし，動脈硬化や高血圧の予防や抗酸化作用が期待されるルチンなどの機能性成分を多く含んでいる
生理・生態的特徴	発芽条件	種子の発芽適温は25～30℃。35℃以上では発芽障害が認められ，20℃未満では発芽までの日数が長くなる。種子の寿命は長い
	温度への反応	萌芽開始温度は5℃前後。茎葉の伸長適温は10～30℃。光合成適温は15～25℃。茎葉の生育限界は最低5℃，最高38℃
	日照への反応	光飽和点は40,000～60,000lx
	土壌適応性	根群は水平方向1.5m，垂直方向1mくらいまで達し，耕土の深い壌土が適し，極端な重粘土やれき質土は適さない。地下水位が高いと生育不良となり収量は大きく低下するので，排水不良地への作付けは避ける。最適pHは5.8～6.1
	同化養分の動き	茎葉でつくられた同化養分は秋から冬に貯蔵根に蓄えられ，翌春の萌芽に使われる。夏期は同化養分の多くが萌芽と茎葉の維持に使われる
	休眠	休眠導入条件は温度が主体で，10～15℃以下1,000時間付近で最も深くなる。0～5℃以下に一定時間（品種により100～500時間程度）遭遇することで萌芽性が回復する
栽培のポイント	主な病害虫	病気：茎枯病，斑点病，褐斑病 害虫：アザミウマ類，ジュウシホシクビナガハムシ，ヨトウムシ類，オオタバコガ，ハダニ類
	他の作物との組合せ	他の品目との労力競合を避けるため，ハウスなどを利用した半促成栽培で春どりの時期を前進化するなど，収穫期を調整する。伏せ込み促成栽培は冬期間の労力や施設の活用もできる

この野菜の特徴と利用

（1）野菜としての特徴と利用

アスパラガスは、キジカクシ科クサスギカズラ属に属する多年生植物である。毎年、播種したり、定植したりする必要がない反面、収穫と株の維持および株養成とのバランスをとることを意識した栽培管理が求められる。一般に定植２年目から短期間の収穫を始め、定植後４～５年で成園となり、いったん定植すると10～15年程度は経済栽培ができる。

アスパラガスの原種は、南欧の地中海沿岸から西欧、南ロシアにかけて、海岸や河岸の温暖で降雨の少ないところに多く自生しており、古代ギリシャ時代から栽培されていた。

日本には江戸時代にオランダ人によって観賞用として伝えられ、食用としては大正時代に北海道で栽培が始まった。

キジカクシ科クサスギカズラ属は世界に約３００種が知られており、薬用、観賞用、食用など幅広く利用されている。しかし、若茎を食べるものは14種類程度で、広く食用として利用されているのはアスパラガス一種類しかない。

春先から現金収入があり、生産者が扱いやすい軽量野菜で、単価が安定して高いといったメリットを考えれば、野菜のなかでは数少ない堅実な品目といえる。

国内の作付け面積は１９８８年の１万１００８haから減少傾向が続いており、とくに北海道や長野県など寒冷地のアスパラガスの生産量、栽培面積が近年減少し続けている。一方、九州・四国などの西南暖地の産地を中心に施設化とそれに伴う収穫期間の長期化、単収向上が進んでおり、出荷量は年間２万５０００t前後を保っている。国産アスパラガスは主に３～９月に出荷量が多く、国産品の端境期となる10月～２月はメキシコ産やオーストラリア産などの輸入が多くなる。輸入量は２０００年の２万４７６７tをピークに減少傾向で推移し、２０１９年には９８１１tとなっており、国産品が消費量の約７割を占めている。料理の手軽さや栄養価の高さから市場でも人気の野菜である。

グリーンアスパラガスにはカロテンやビタミンＢ群、ビタミンＥ、亜鉛、銅などが比較的豊富で、緑黄色野菜に分類される。また、新陳代謝を促し、疲労回復やスタミナ増強に効果があるとされるアスパラギン酸や、毛細血管を丈夫にし、動脈硬化や高血圧の予防や抗酸化作用が期待されるルチンなどの機能性成分を多く含んでいる。

（2）生理的な特徴と適地

アスパラガスは多年生の草本である。収穫するのは茎葉が展開する前の若茎で、これは地下茎のりん芽から萌芽・伸長したものである。収穫せず伸長させた茎（養成茎）は直立して、高さ40～50cmから総状に分かれ、成株では草丈２m程度に達し、夏秋期に収穫や間引きを行なわない場合には１株から30本以上の茎が発生して秋には相当の繁茂状態になる。

アスパラガスの光合成は茎の変化した擬葉《ぎよう》（葉状茎）を中心に行なわれる。擬葉は茎が葉状に変化したもので、主茎の先端および分枝の各節に１～８個、長さ１～３cmで松葉状に輪生する。アスパラガスにおける植物学的な葉は茎の節についている三角形のりん片葉と呼ばれる部分である。このりん片葉は、光合成は行なわないが、若茎の伸長の際に先端部を保護する役割を果たすと考えられている（図1）。

冬の低温により地上部の茎葉は枯れるが、翌春には再び新たな芽が発生する。これは地下部に根株、すなわち地下茎とそれに着生するりん芽と根が生存しているためである。地下茎は厚さ1～2cm、幅2～3cm程度で帯状に連なり、先端にりん芽が二列に形成されている。

図1　アスパラガスの各部位の名称（原図：八鍬利郎）

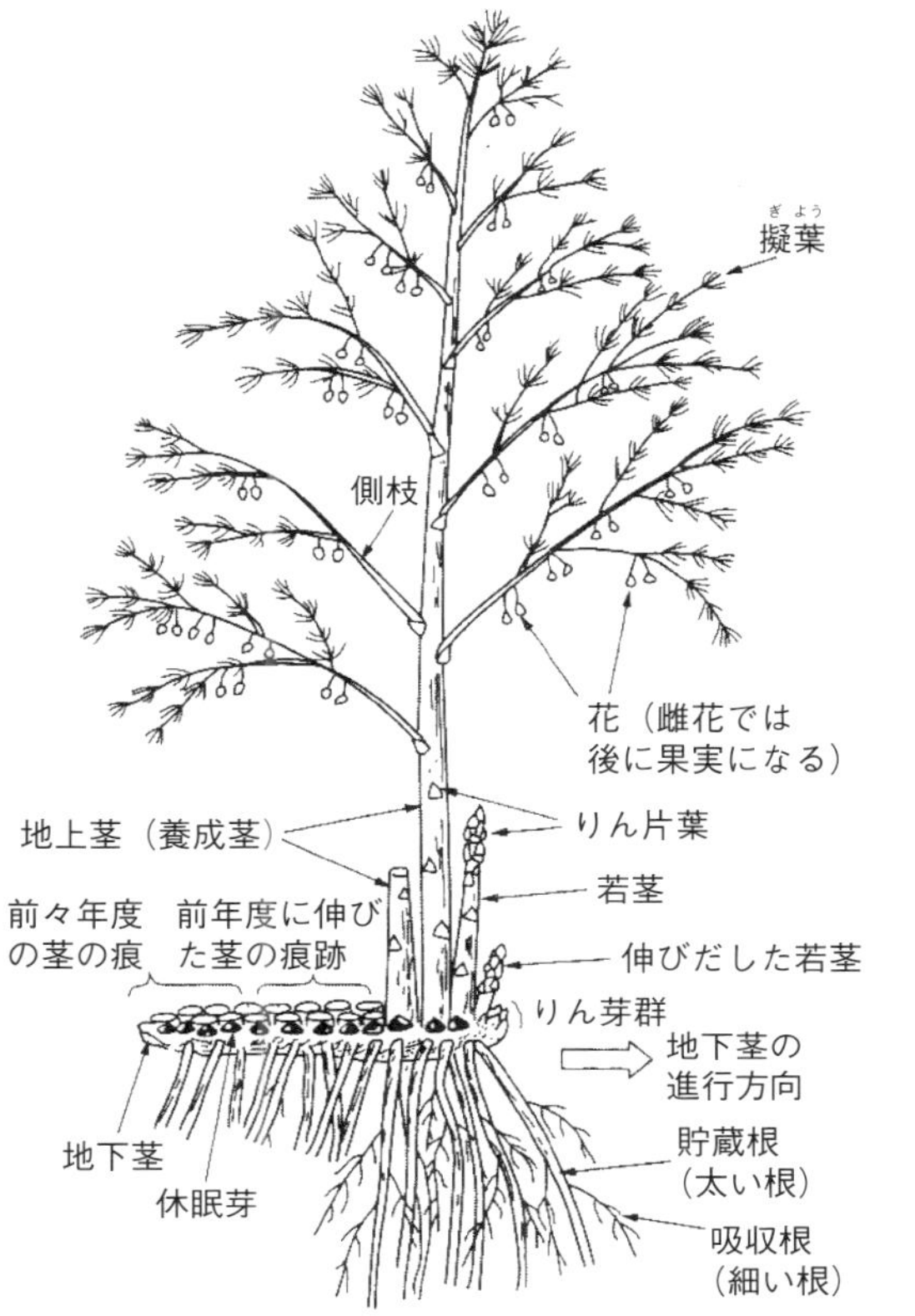

貯蔵根は茎葉でつくられた同化養分を貯蔵する部分で、地下茎から発生する。土壌条件がよければ2～3m程度に達し、2～3年は貯蔵の役割を果たす。吸収根は貯蔵根から発生する細い根で、養水分を吸収する。

アスパラガスは雌雄異株で、雌株と雄株の比率は通常1対1になる。花は主茎あるいは分枝の各節に1～2個ずつ釣り鐘状につき、雄株は雌しべが、雌株は雄しべが退化している。雌株には直径7～8㎜の球形の果実が成り、赤く熟す。果実には1果当たり最大6個の黒色球形または短卵形の種子ができる。

近年は発芽するすべての株が雄株となる全雄品種の育成も積極的に行なわれている。果実の着生がなく、雌雄混合品種で問題となる落下した種子による雑草化がみられないこと、生育の揃いが良いことなどがメリットとしてあげられる（表2）。

若茎が萌芽を始める温度は5℃前後とされ、生長を始めた若茎は温度が高いほど早く伸長する。一般に平均気温12℃を超える頃から一斉に萌芽伸長し、収穫量が増大する。また温度が25℃以上になると、伸長は早いものの若茎頭部が開きやすくなるなど高温による品質低下がおこりやすい。茎葉の生育限界温度は最低5℃、最高38℃程度であり、10～30℃の範囲では茎葉の発育は低温よりある程度高温の方が旺盛となる。茎葉の光合成能力は気温15℃から25℃の範囲で大きく、30℃以上では著しく低下する。温度が高いと貯蔵養分の蓄積がなされず、栽培面からも高温多湿の条件で病害の発生が増加するなど問題が多い。

アスパラガスの適地は広く、全国で栽培されている。北日本や長野県などでは露地栽培が、九州・四国などの西南暖地ではハウス半促成栽培が主体となっている。収穫期については、春どり（春芽の収穫）のみを行な

表2　アスパラガスの品種タイプと品種例

品種タイプ：若茎色	品種タイプ：雌雄	特徴	品種例
緑（グリーンアスパラガス）	雌雄混合品種	雌株と雄株が理論上1対1の比率で混在する。雌株には直径7〜8mmの球形の果実が成り，赤く熟す。中に含まれる種子が落下して雑草化することが問題となる	ウェルカム，グリーンタワー，スーパーウェルカム，メリーワシントンなど
	全雄品種	発芽するすべての株が雄株となる。雌雄混合品種に比べ生育の揃いが良い傾向がある	ゼンユウガリバー，ウェルカムAT，太宝早生，ガインリムなど
紫（紫アスパラガス）		若茎の表皮に紫色の色素（アントシアニン）を多く含む。草勢が強く，太い若茎の割合が高い。晩生で収穫本数は少ない傾向がある。若茎の糖度は高めで，柔らかい。加熱調理によりアントシアニンが退色し，緑色になる	満味紫，パープルタワー，恋むらさきなど

い、その後は養成茎を立茎して株養成を行なう「普通栽培（春どり栽培）」が古くから行なわれてきた。現在は、春どり後に必要な量の養成茎を残し、その後発生する若茎（夏芽）を秋まで収穫する夏秋どりも行なう「2季どり栽培」および春どりから収穫を休まず夏秋どりに移行する「長期どり栽培」が西南暖地を中心に行なわれており、高単収につながっている。また、1年間程度養成した根株を掘り上げてパイプハウス内の電熱温床に伏せ込み、加温して11月から翌年2月に収穫する「伏せ込み促成栽培」は、国産アスパラガスの端境期に出荷が可能であり、冬期間の労力や施設の活用もできることから北日本を中心に行なわれている。

（執筆：酒井浩晃）

露地栽培

1 この作型の特徴と導入

(1) 作型の特徴と導入の注意点

アスパラガスの露地栽培は、アスパラガス本来の自然の生育サイクルに最も近い栽培である（図2）。施設などの費用がほとんどかからないことから導入が最も簡単な栽培であるが、気象条件による影響を受けやすい。春どり期間の初期には凍霜害を受けやすく、風の強い地域では若茎の曲がりや砂などが当たることによる品質低下も生じやすい。また、降雨により発病が助長される茎枯病は露地栽培において安定生産上で最も大きな問題の一つであり、茎枯病の発病をいかに抑えるかがポイントとなる。

春芽の収穫開始時期は地域によって異なるが、温暖地では3月下旬〜4月上旬、寒冷地では4月中旬〜5月上旬ころとなる。また、春どりだけでなく、夏秋期に夏芽収穫を行なって茎葉の過繁茂を防ぐことは、茎枯病の発病軽減にも有効なため、積極的に行ないたい。春どり後は必要十分な茎葉を立茎し、そ

図2　グリーンアスパラガスの露地栽培　栽培暦例

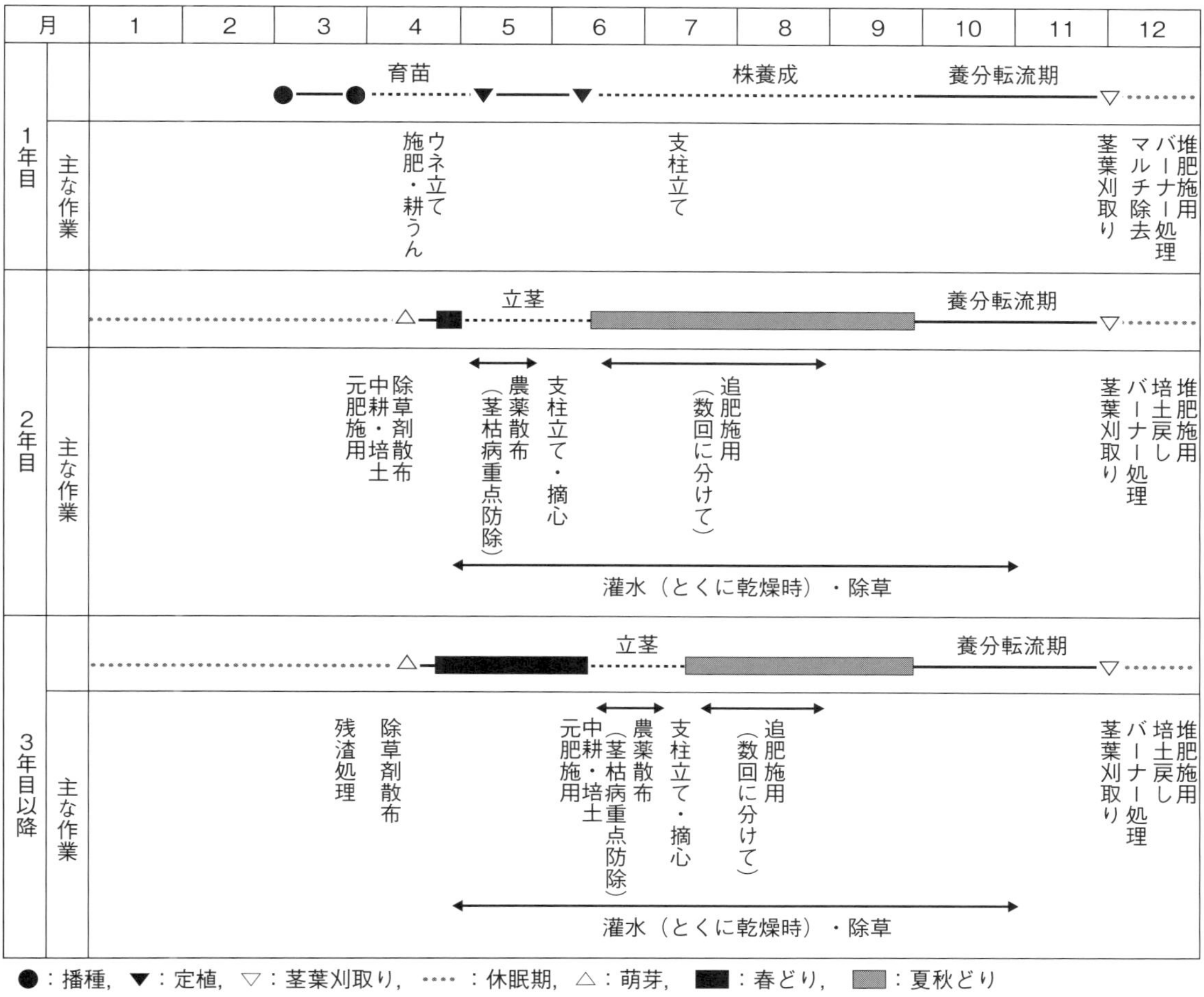

の茎葉を9～11月の養分転流期まで健全に保つことが重要である。

(2) 他の野菜・作物との組合せ方

収穫開始後1～2年は収量が低いので、他作物との組み合わせを考えて導入する。

労働時間のうち収穫調製作業には全体の6～7割程度の時間を要する。春芽の収穫時期は水田や果樹などとの複合経営では労力が競合する場合が多い。気象などの地域性や労力も考慮しながら、ハウス半促成栽培と組み合わせたり、小トンネル被覆により収穫開始時期を前進化するなどにより作業時期の分散をはかることも検討したい。

2 栽培のおさえどころ

(1) どこで失敗しやすいか

① 春どりの打ち切り時期の判定

春どりを打ち切り立茎に移行する時期の判断は極めて重要で、立茎時期が遅れると株養成期の茎葉の繁茂量が不足し、当年の夏秋どりや翌年の春どりの収量が劣るのみならず、それ以降の生育と収量にも悪影響を及ぼすこともある。基本的には、春どりの収穫期間は貯蔵養分の多少で判断する。1日の収量が最高収穫時の30％程度に低下したとき、細い茎の比率が高くなってきたとき、穂先の開きが目立ってきたり、若茎の曲がりが多くなったときなどが打ち切りの目安になる。前年の夏から秋に病虫害などにより早期から茎葉の枯死や落葉がみられるなど、株養成量が十分でないと判断される場合には春どりの打ち切りを早めに行ない、充実した養成茎を立茎して株養成に努める。

②茎枯病の防除

茎枯病は収量に大きく影響する病害の一つである。茎枯病は前年に発病した株の残渣が感染源となり、立茎期の降雨によって病原菌の分生子（胞子）が飛散して若茎に感染し、立茎開始から半月ほど経って発病することが多い。一旦発病すると、次々と他の茎に二次感染し、最終的に大発生につながって被害が甚大となる。

茎枯病対策のポイントは、第一に病原菌の伝染源を減らすことである。秋の茎葉刈り取り後に罹病残渣はできるだけ圃場外に持ち出し、春の萌芽前までに株元の残渣をバーナーで焼却するか抜き取る。第二に春どり打ち切り直後の防除を徹底する。立茎を開始して間もない若茎の柔らかい組織は茎枯病に感染しやすいので、登録のある薬剤による防除を確実に行なう。立茎始期には3～5日おきに3～4回程度の短い間隔で作用性の異なる薬剤を組み合わせた体系防除を行なう。第三に十分な茎葉の立茎が確保できたら、夏秋期に夏芽収穫を行なって茎葉の過繁茂を防ぐとともに、定期的な薬剤防除により発病を予防する。

(2) おいしく安全につくるためのポイント

アスパラガスの若茎は貯蔵根に蓄えられた養分を消費して萌芽・伸長する。おいしい若茎を順調に収穫するためには、貯蔵根を深くまで張らせることと、そこに含まれる養分（糖）の含量を多くするということが重要である。後述のとおり圃場選定と定植前の土つくりを徹底する。

秋冷期の養分蓄積期まで健全な株を保つため、過繁茂にしないように茎葉を管理することも重要である。立茎数の制限、支柱やネットによる茎葉の倒伏防止、的確な病害虫防除などを行なう。また、みずみずしくおいしい若茎を順調に収穫するには灌水による土壌水分保持が重要である。

(3) 品種の選び方

露地栽培では、春どりが多収で、茎枯病や斑点病などに耐病性を有する品種が望まれる。また、高標高地など晩霜害が起こりやすい地帯では、春の収穫開始は遅くなるものの、晩生の品種を用いて晩霜害の被害を回避することも検討したい。夏秋どりを重視する場合は、夏秋期にも多収でき、若茎の緑着色が優れ、若茎頭部の締まりがよいなどの特性をもつ品種が望まれる（表3）。

3 栽培の手順

(1) 畑の準備

根が順調に伸びていけるよう、土が深くまで膨軟な圃場条件が適する。アスパラガスの根は過湿条件で障害を受けやすく、養水分の吸収が制限され湿害が生じる。排水不良圃場では立枯病や疫病などの土壌病害も助長され

表3　露地栽培に適した主要品種の特性

品種名	販売元	雌雄	若茎頭部のしまり	基部への紫色の発現	若茎の太さ	早晩性	耐病性（斑点病）	その他
ウェルカム	サカタのタネ	混合	◎	少ない	中	早生	中	日本国内で多く栽培されている
スーパーウェルカム	サカタのタネ	混合	○	やや多い	太い	中生	中	草勢が強く，太物比率が高い 高温期には太い若茎に割れ，空洞などが発生しやすい
ゼンユウガリバー	パイオニアエコサイエンス	全雄	◎	少ない	中～太い	中生	中	L規格以上の太物比率が高く多収。圃場によっては時々若茎に赤や紫色の縦筋状の着色（赤筋症状）を生じる場合がある
PA050	パイオニアエコサイエンス	全雄	◎	やや多い	中～太い	早生	中	草勢が強く，L規格以上の比率はウェルカムに比べ高く，多収
ウェルカムAT	サカタのタネ	全雄	○～△	少ない	太い	中生	中	L規格以上の太物の収量が高い。草勢は旺盛だが，2次側枝の発生は少ない傾向がある
ガインリム	パイオニアエコサイエンス	全雄	△	やや多い	中～太い	晩生	やや強	低温伸長性に優れ，北海道では春どり栽培で主力品種

注）若茎頭部のしまりは，◎，○，△の順に優れる

る。粘土含量の多い土壌や地下水位の高い排水不良圃場は不向きであり、十分な排水対策を講じない限り作付けは避けたい。定植後に土壌改良を行なうことは極めて困難なため、定植前に徹底した土つくりを行なう。必ず圃場の土壌診断と排水性診断を行ない、栽培の適否を検討するとともに、診断結果に応じて土壌改良を行なう。表5にアスパラガス栽培における土壌改良目標を示す。定植前の土つくりの例を図3に示す。

有機物の施用は土つくりにおいて重要だが、施用する有機物の種類によってはリン酸、カリなどの養分を豊富に含むものもあり、有機物の多量施用によって、養分の過剰やバランスの悪化を招いている場合も多い。そのため、定植前の堆肥施用量は10a当たり10t程度を上限の目安とする。未熟な有機物や堆肥の施用は株の生育の悪化や収量の低下につながるため、腐熟の進んだ堆肥を施用する。

(2) 育苗のやり方

①セル成型育苗

均一な苗を一度に大量に生産できる。欠点はポット育苗に比べて小さな苗であること、培土量が少ないためこまめな灌水が必要であるとともに、老化苗になりやすいことがあげられる。セルの大きさは128～200穴のトレイを利用する。培養土は保水性・排水性が良く、軽い培土を利用し、1cmの深さで播種する。温度管理は、発芽まで25～30℃と高めに、その後日中25℃、夜間15℃を目安に換気・保温をする。育苗期間は200穴トレイでは40～50日程度、128穴トレイでは60～80日程度である。

②ポット育苗

セルトレイや育苗箱などに播種し育苗した

表4　露地栽培のポイント（露地2季どり栽培・成株）

月	旬	生育段階	主な作業	技術内容
3	上	休眠期	◎前年の残渣処理	・株元に残った残茎の抜き取り（とくに茎枯病の発病が多い株） ・ウネ面の残茎や落ちた茎葉残渣をバーナーで焼却する（積雪の状況も考慮し，前年の冬から萌芽前の休眠期に行なう）
	中			
	下		◎除草	・越年雑草を除草する
4	上		◎除草剤散布	・萌芽前・雑草発生前に，登録のある土壌処理剤を散布する
	中		◎萌芽始めの防霜対策	・ポリフィルムやベタがけ資材のトンネル被覆により凍霜害を軽減できる。収穫期の前進化にも効果あり
	下	春どり	◎収穫	・出荷規格の長さ以上に伸びた若茎をハサミや鎌で地際から切り取って収穫する
5	上		◎虫害防除	・ジュウシホシクビナガハムシの成虫は萌芽が始まったころから若茎の穂先を食害する。登録薬剤による防除を行なう
	中		◎灌水 ◎春どりの打ち切り	・降雨が少ないときを中心に灌水を行ない，土壌の乾燥を防ぐ ・株年生や前年の株養成の状況も考慮し，本文（2　栽培のおさえどころ）の記載を参考に春どりを適期に打ち切る
	下		◎元肥の施用 ◎中耕・培土・除草剤散布	・10a当たり窒素，リン酸，カリをいずれも15～20kg程度施用する ・通路を管理機で深さ10～15cm耕うんし，残茎が土中に埋没するようにウネ面に培土する（茎枯病対策）。培土後に登録のある土壌処理剤を散布する（農薬の使用回数に注意）
6	上			
	中			・中耕・培土ができない圃場では有機物をウネ面に被覆する
	下	立茎	◎立茎	・直径10～14mm程度の太さの茎を，ウネ長さ1m当たり10～20本（株当たり3～6本），茎と茎の間をなるべく開けるように立茎する
7	上		◎殺菌剤散布（茎枯病重点防除） ◎支柱立て・倒伏防止	・立茎開始後3～5日おきに3～4回程度の短い間隔で，作用性の異なる登録薬剤を組み合わせた体系防除を行なう ・立茎後は支柱とひもやネットを用いて茎葉の倒伏を防止する
	中		◎摘心	・立茎した茎の上部が垂れて通路部を塞ぐような場合には摘心する
	下		◎下枝切除 ◎夏秋どり ◎灌水	・地表面から高さ50cmまでの下枝を基部から切除する ・立茎数が確保できたら，新たに萌芽する夏芽を収穫する ・降水量と灌水量を合わせて1週間当たり30～45mmとなるように灌水する
8	上			
	中	夏秋どり	◎追肥	・立茎完了後，定期的に追肥として窒素成分で10a当たり10～20kg程度を数回に分けて施用する。最終の追肥は8月下旬までとする
	下			
9	上		◎夏秋期の病害虫防除	・茎枯病・斑点病の予防のため，10月上旬まで10日おき程度に登録薬剤散布を行なう。アザミウマ類，ヨトウムシ類，オオタバコガなどの害虫は早期発見に努め，発生密度の低いうちに登録農薬で防除する
	中			
	下			
10	上		◎灌水	・養分転流にも土壌水分が重要なため，灌水を秋までできるだけ行なう。気温の低下にともない灌水量は少なくする
	中			
	下	養分転流期	◎除草	・雑草が多い場合には登録のある除草剤を散布する
11	上			
	中			
	下		◎茎葉の刈取り	・なるべく茎葉が自然に黄化するのを待ってから，茎葉を地際で刈り取り，圃場外へ持ち出す
12	上		◎堆肥施用	・良質な堆肥を10a当たり3t程度を上限に冬から萌芽前に施用し，土壌の通気性や排水性の維持向上，肥料養分の補給，保水効果の向上を図る
	中	休眠期	◎培土戻し	・ウネ面に寄せた培土をウネ間に戻す
	下			

ものをポットに鉢上げして生育させる方法で、セル成型苗より大きな苗が得られる。定植後の生育が旺盛で、株落ち（欠株の発生）などが少なく生育の揃いが良好だが、育苗に大量の培養土と面積を要する。ポットの大きさは7・5cm～12cmのものを利用する。

(3) 定植のやり方

栽植密度はウネ幅150～180cm、株間30～45cmの1条植えが標準である。定植適期は、晩霜の心配がなくなる時期（寒冷地では5月中旬頃）から梅雨にかけてと、9月から10月上旬までである。秋植えの場合、セル成型苗は苗が小さいので、定植後茎葉黄化期までに十分活着させるため、寒冷地では9月上旬までとする。

定植は、幅90～135cmの黒ポリフィルムを利用したマルチ栽培とする。ウネは平ウネを基本とするが、地下水位が高い圃場や排水が不良な圃場では高ウネとする（図4）。マルチ穴は株の生育を考慮して直径10cm程度の大きい穴にする。植付け深さは5cm程度とし、りん芽が十分隠れるように植える。定植後は活着するまで数回、十分に灌水し、乾燥に注意する。

順調に生育する株は、定植後、次々に新たな茎が萌芽してくる。また、通常、新たに萌芽してくる茎がその前に萌芽したものより順

表5　土壌改良の目標

項目	目標
有効土層の深さ	40cm 以上
緻密度（硬度）	山中式硬度計20mm 以下
地下水位	50cm 以下
pH（H_2O）	5.5～6.5
EC（1：5）	0.2～0.6 dS/m

図3　定植前土つくりの例

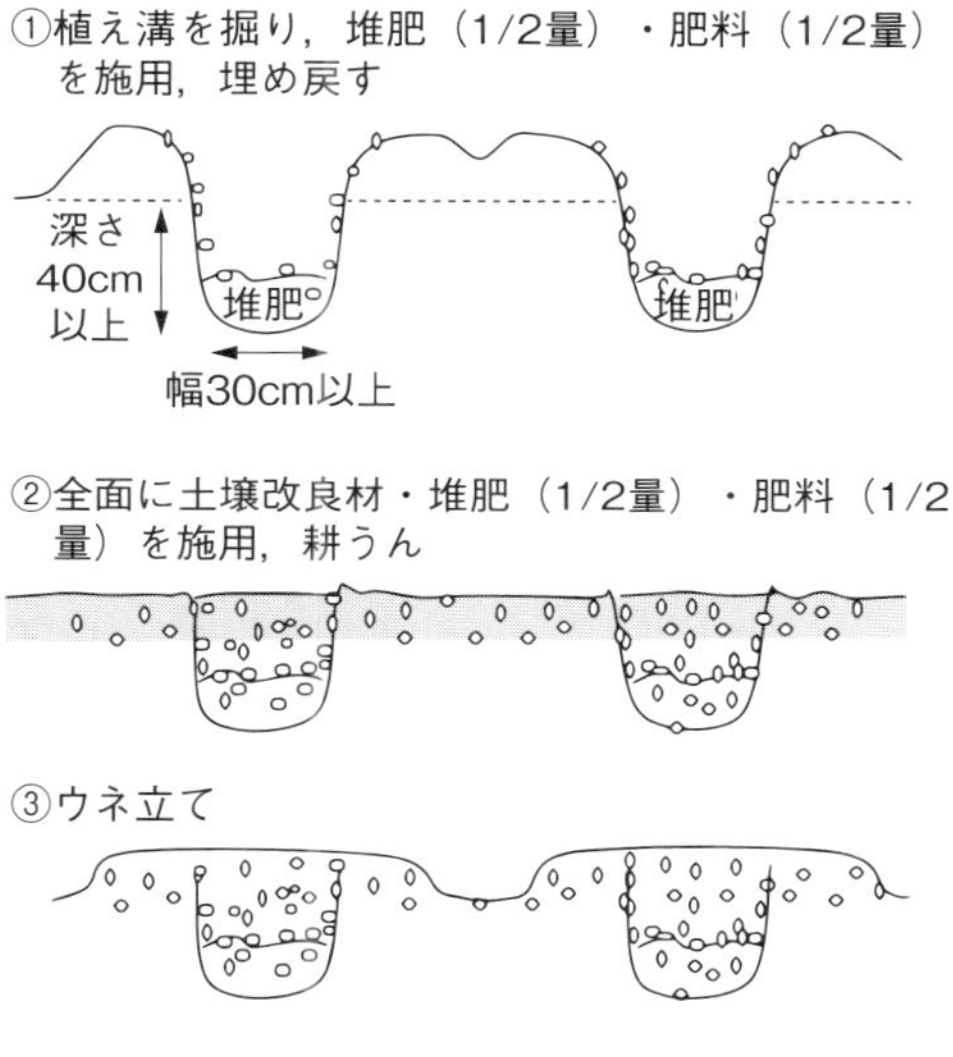
①植え溝を掘り，堆肥（1/2量）・肥料（1/2量）を施用，埋め戻す
深さ40cm以上
堆肥
堆肥
幅30cm以上
②全面に土壌改良材・堆肥（1/2量）・肥料（1/2量）を施用，耕うん
③ウネ立て

定植前の土つくり　施肥例
【10a当たり施用量の目安】
堆肥10t程度を上限に
（未熟なものは避ける）
苦土石灰　150～200kg
ようりん　50～100kg

化成肥料（14-14-14）100kg
※事前に土壌分析・診断を行なう

図4　ウネつくりの一例（ウネ幅180cm の場合）

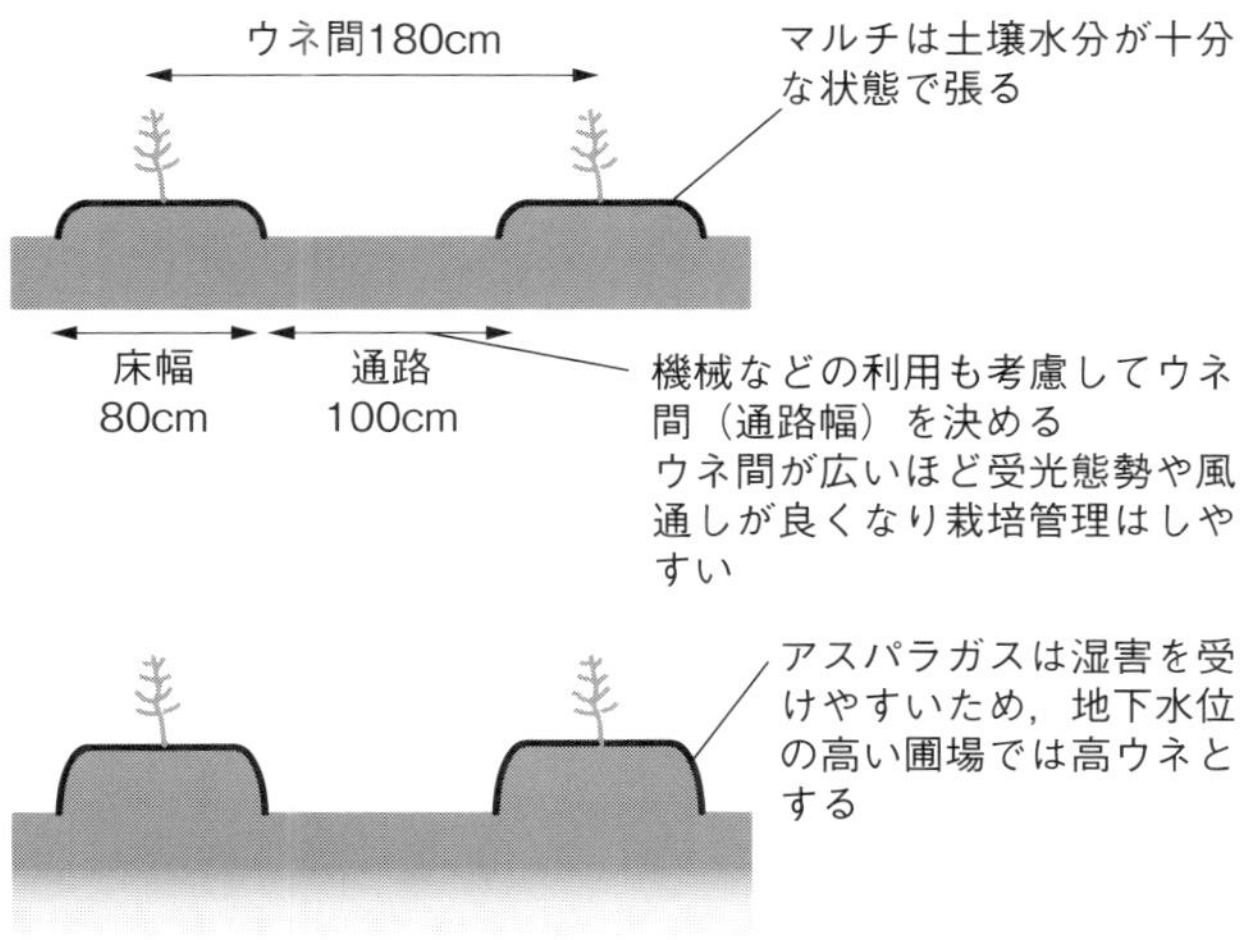
ウネ間180cm
マルチは土壌水分が十分な状態で張る
床幅
80cm
通路
100cm
機械などの利用も考慮してウネ間（通路幅）を決める
ウネ間が広いほど受光態勢や風通しが良くなり栽培管理はしやすい
アスパラガスは湿害を受けやすいため，地下水位の高い圃場では高ウネとする

次太くなり、伸長した茎長は長くなっていく。定植後しばらくしても新たな萌芽がみられなかったり、萌芽しても茎の太さが変わらないような株は生育不良株なので、定植後1カ月を目処に植え替える。

図5　倒伏防止のための茎葉支持の例

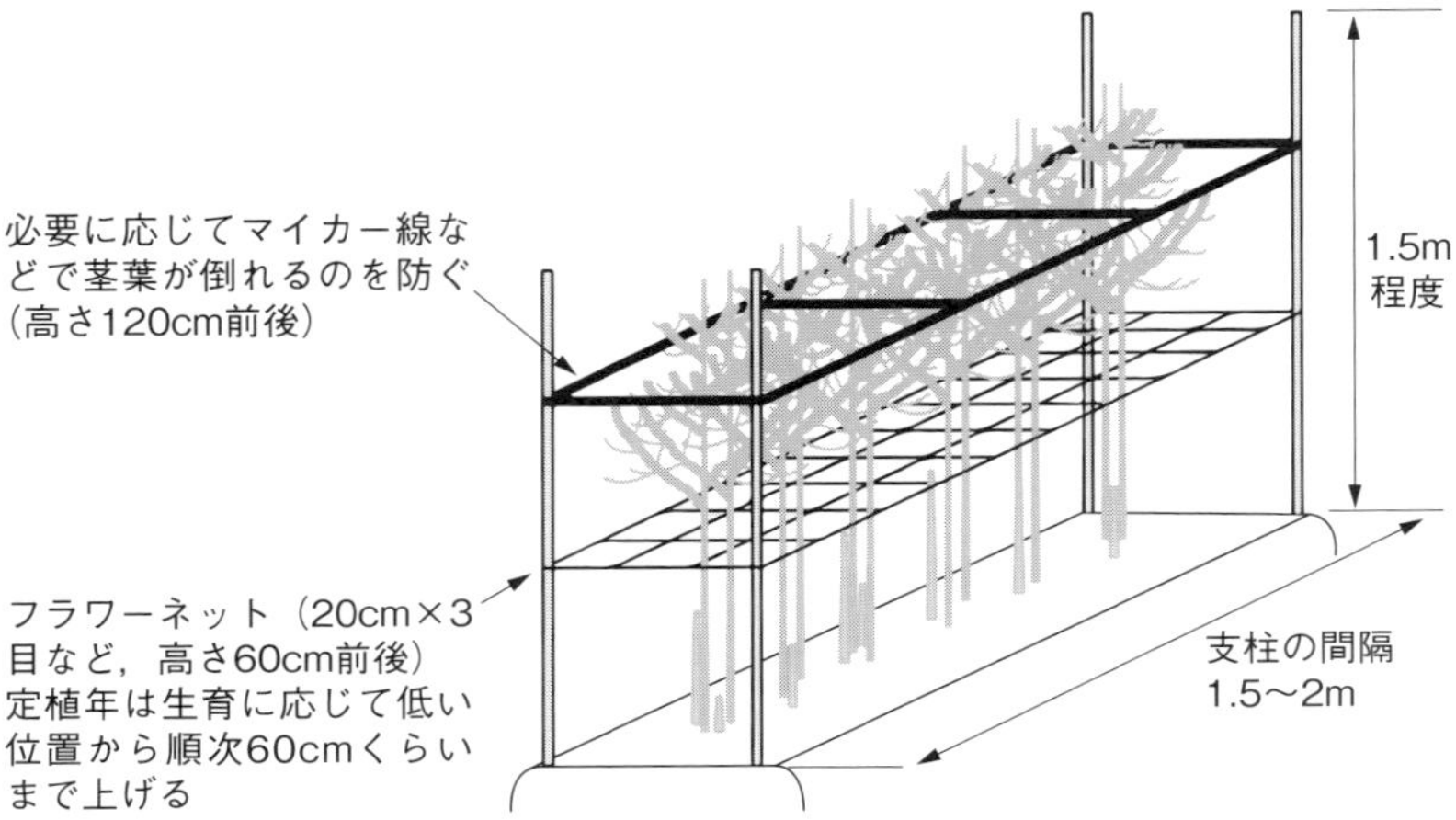

(4) 定植後の管理

アスパラガスは定植後の初期生育の良否がその後の生育や収穫量に大きく影響する。そのため、定植1年目から順調な生育を促すよう栽培管理を徹底する。

① 茎葉管理

1年目は基本的に茎葉の調整や収穫は行なわず、株養成を進める。生育が進むにつれて太い茎が萌芽し、草丈も高くなっていく。草丈が高くなってくると茎葉が倒伏しやすくなるため、支柱とひもやネットを用いて倒伏を防止する（図5）。

② 除草管理

定植後、株元のマルチ穴に発生する雑草は、株との生育競合をさせないよう、早めに手取りで除草を行なう。また、定植後雑草が発生する前にウネ間に除草剤（土壌処理剤）を散布することで、ウネ間部分の雑草の発生を抑えることができる。通路への敷ワラや有機物マルチも雑草対策として有効である。

③ 茎葉の刈り取り

秋に茎葉が自然に黄化するのを待ってから、茎葉を地際で刈り取る。刈り取り後または翌春の萌芽前にマルチを除去する。

(5) 収穫

初収穫の時期は育苗方法や生育の良否によって異なる。一般に春植えの場合、順調に生育すればポット苗ではその年の夏秋どりから、セル成型苗では翌年の春どりから少量収穫を行なうことができる。本格的な収穫開始は翌年の夏秋どりからである。アスパラガスが成園となって収穫量が安定するのは定植後4〜5年たってからである。若年株から過度な収穫を行なうと株の消耗が激しく、欠株が生じ、長期間にわたって安定的な収量を得ることが困難となる。2〜3年は株の養成に重点を置いた収穫量にする。

若茎は30cmを目安にして、収穫用小鎌かハサミで地際から切り取って収穫する。細茎や曲がりなど不良茎も同時に刈り取り、養分消耗をできるだけ少なくする。気温が高いと若茎の伸長も速いので、収穫回数を増やして対応したい。収穫した若茎は、出荷規格にそって調製し、規格別に頭部の曲がりが内側になるように束ねて出荷する。

(6) 定植2年目以降の管理

①収穫と立茎、茎葉管理

充実した株養成のため適正な太さ（直径10〜14㎜程度）の立茎ができるよう、春どりを適期に打ち切る。最終的な立茎本数はウネ長さ1m当たり10〜20本（株当たり3〜6本程度）とし、茎と茎の間をなるべく開けるように茎を選んで、株全体に散らばらせて立茎させる。

立茎後は支柱とひもやネットを用いて茎葉の倒伏を防止する。立茎した茎の上部が垂れて通路部を塞ぐような場合には摘心（先刈り）が必要となる。摘心は擬葉が完全に展開した時期（立茎開始後40日程度）以降に行なうようにする。摘心時期が早すぎたり、摘心位置が低すぎると側枝の発生が旺盛となって茎葉が過繁茂となりやすいので注意する。低い位置から発生する下枝は通風性の悪化や夏秋どりの際の若茎の着色不良および作業性低下につながるので、地表面から高さ50㎝までの下枝を基部から切除する。目標とする立茎数が確保できたら、新たに萌芽する夏芽は収穫し、適正立茎数を秋まで維持することが望ましい。

②施肥

施肥は、定植2年目には萌芽前、成株では立茎前に元肥として10a当たり窒素、リン酸、カリをいずれも15〜20kg程度施用する。また、立茎が完了して以降、草勢が低下しないように定期的に追肥として窒素成分で10a当たり10〜20kg程度を数回に分けて（1回5kg程度）施用する。最終の追肥は8月下旬までとする（表6）。

表6　施肥例（2年株以降）　（単位：kg/10a）

	肥料名	施肥量	成分量		
			窒素	リン酸	カリ
元肥	化成肥料（14-14-14）	143	20.0	20.0	20.0
	苦土石灰	100			
追肥					
1回目	尿素	10	4.6		
2回目	尿素	10	4.6		
3回目	尿素	10	4.6		
施肥成分量			33.8	20.0	20.0

良質な堆肥を10a当たり3t程度を上限に冬から萌芽前に施用し、土壌の通気性や排水性の維持向上、肥料養分の補給、保水効果の向上を図る。

③灌水

若茎の萌芽・伸長、光合成、同化養分の転流には水分が潤沢に必要とされる。アスパラガスの養成茎は表面積が大きく、とくに夏季は蒸散量が大きくなるため多量の水を必要とする。高温期には土壌も乾燥しやすく、土壌が一旦乾燥状態となるとアスパラガスは萌芽が著しく低下してしまう。したがって、収量を向上させるには、灌水が不可欠である。露地栽培では春どり期から夏秋どり終了後の株養成期まで降水量と灌水量を合わせて1週間当たり30〜45㎜となるように灌水することにより、収穫本数が増加し、収量が向上する。排水不良の圃場でウネ間灌水を頻繁に行なうと土壌が過湿状態となり、根に障害を生じる恐れがあるため、1回当たりの灌水量を少量として多回数灌水を行なう。また、ウネ間灌水とウネ上灌水を併用して交互に行なうなど、圃場内の局所的な過湿を防ぐことが望ましい。

表7　露地栽培で問題となる主な病害虫と防除方法

	病害虫名	発生の特徴と要因	防除方法
病気	茎枯病	・全生育期間を通じて茎葉に発生する ・茎に沿って紡錘形で周縁が濃褐色，内部が灰白色の水浸状微小斑点を生じ，病斑は急激に拡大，癒合して赤褐色の大型病斑となり，表面に多数の黒色小斑点が形成される。やがて病斑部より上部は枯死し，風などで病斑部から折れる ・切り株や残渣についた病斑で越年し，翌春の伝染源となる ・降雨時の泥はねにより若茎のうちから感染し，茎葉繁茂期には新しい病斑から二次感染する ・過繁茂で通風が悪いと被害が大きくなる	・茎葉刈り取り後，残茎を取り除き，土壌表面を焼いて翌年の伝染源を断ち切る ・春どり打切り時に収穫後の残茎と萌芽中の若茎を全て地際部で刈り取り，残茎が土中に埋没するようにウネ面に5cm以上培土を行なうか有機物をマルチングする ・立茎始期から薬剤を散布する。その後作用性の異なる薬剤を交互に組み合わせた薬剤防除を体系的に行なう ・夏秋期に新たな若茎（夏芽）を放任せず収穫し，過繁茂にせず，通風を良好に保つ ・可能であれば，雨よけ（施設化）を行なう
	斑点病	・側枝や擬葉に発生し，赤褐色の病斑ができ，被害が進むと病斑より上部は枯死して落葉するが株全体が枯死することはない ・前年の残渣や土壌で越冬し，伝染源となる ・茎葉が繁茂し，風通しが悪くなった圃場で発生が多くなる ・盛夏期以降に発生が多いが，春どりの打ち切りの早い圃場では梅雨時期などにも発生する	・茎葉刈り取り後，残茎を取り除き，土壌表面を焼いて翌年の伝染源を断ち切る ・摘心や下枝かき，側枝の刈り込みなどの茎葉整理を行ない，通風を良好に保つ ・薬剤防除は，立茎期から予防的に行なう ・施肥を適正に行なう。とくに窒素肥料の過施用と後期の肥料切れを避ける
	立枯病 株腐病	・両病害とも地上部の症状は，茎葉が黄化・萎凋する。病株の地下茎は内部が褐変・腐敗する ・排水不良圃で発生が多い ・収穫過多などで草勢が衰えた場合に感染しやすい	・発生地では連作を避ける ・発病の危険性のある圃場は土壌消毒を行なう ・圃場の排水をよくしたり，高ウネ栽培とする ・未熟な有機物の施用は発病を助長するので避ける ・施肥を適切に行ない，株の草勢を維持する ・株の衰弱を招くような過度の収穫を避ける ・発病株は速やかに抜き取り，適切に処分する
	疫病	・若茎や養成茎に水浸状の病斑を形成し，根部に腐敗を生じる。水浸状の病斑が乾いて灰白色になり，やがて周縁が赤褐色となる ・若茎に発生した場合は，穂首が曲がり萎凋症状を呈する ・病勢が進むと萌芽しなくなり，株を掘り上げるとりん芽，地下茎，貯蔵根に腐敗症状が認められる ・多発圃場では株は枯死し，欠株が多くなる ・排水不良圃で発生が多い ・多湿を好み，梅雨期や秋雨期に発生が多くなる傾向がある ・病原菌は，汚染された水や土壌の移動により伝搬する ・越冬した罹病残渣や感染株，あるいは土壌中の卵胞子が翌年の発生源となる	・発病が確認された圃場の土壌を，他の圃場に持ち込まないようにする ・ウネ間に停滞水が生じないよう管理するとともに，明渠を掘るなど圃場の排水対策を行なう ・敷ワラなどを行ない，降雨による土の跳ね上がりを防ぐ ・茎枯病や斑点病など他の病害の防除を徹底し，株の草勢を弱めないよう管理する ・発病茎は早期に刈り取り，圃場外で焼却または埋却処分する ・発病が確認された場合はただちに，また，前年に発生が確認された圃場では立茎を開始したら農薬登録がある殺菌剤を散布する ・被害が甚だしい場合は，圃場中の菌密度が高く防除が困難なため，アスパラガスの栽培歴のない場所へ新植する
害虫	ジュウシホシクビナガハムシ	・成虫は萌芽が始まったころから若茎の穂先を食害する ・若茎の穂先に産みつけられた卵からふ化した幼虫は，細茎や擬葉を食害する ・周囲に山林や草地のある圃場で被害が大きい	・登録薬剤による防除を行なう
	アザミウマ類	・成虫・幼虫が若茎の穂先やりん片葉に寄生し，若茎の表皮を穿孔して吸汁する。食害痕は，かすり状の白斑となる ・6～9月にかけて，高温・少雨の乾燥した状態となると急激に発生が多くなる	・登録薬剤による防除を行なう ・圃場とその周辺の雑草を除去する
	ヨトウムシ類 オオタバコガ	・幼虫が若茎と茎葉を食害する	・登録薬剤による防除を行なう

4 病害虫防除

(1) 基本になる防除方法

定植1年目から茎枯病、斑点病、ジュウシホシクビナガハムシ、アザミウマ類、チョウ目害虫（ヨトウムシ類、オオタバコガ）などの病害虫防除を徹底する（表7）。とくに茎枯病は一度多発してしまうと生育が著しく悪くなるとともに翌年以降の防除が難しくなるため、発病前から定期的な薬剤の予防散布を行なう。

害虫は早期発見に努め、発生密度の低いうちに登録農薬で防除することを基本とする。

(2) 農薬を使わない工夫

茎葉管理により通風性の確保につとめ、病害の発生を予防する。過繁茂を防止して薬剤の散布効果を高めることで農薬の散布回数の減少につながる。

茎枯病に対しては、秋の茎葉刈り取り後の罹病残渣の持ち出しやバーナー処理などにより伝染源を減らすとともに、春どり後、立茎を開始する前に伝染源となる可能性がある残茎が土中に埋没するようにウネ面に5cm以上の盛り土や有機物の被覆を行なう。

周辺雑草などがアザミウマ類やハダニ類などの害虫の発生源となることから、圃場とその周辺の除草防除を徹底する。通路に敷ワラや堆肥などを敷けば、雑草の発生防止、泥はねによる茎枯病の感染防止にもなる。

5 経営的特徴

露地2季どり栽培の経営指標の一例を表8に示す。労働時間は、10a当たり露地2季どり栽培で357時間程度である。中でも収穫・調製が全体の6～7割程度の時間を要する。露地普通栽培のみでは収穫期が春季（寒冷地では5～6月）に集中し、例年5月後半以降は単価が低下する傾向にあるので、ハウス半促成栽培などの作型を組み合わせて収穫期を分散させる方が有利である。

（執筆：酒井浩晃）

表8　露地2季どり栽培の経営指標

	項目	
収益	生産物収量（kg/10a）	750
	平均単価（円 /kg）	1,125
	粗収益（円 /10a）	843,750
経営費	種苗費　　（円 /10a）	11,500
	肥料費	46,822
	農薬費	42,939
	諸材料費	30,338
	光熱・動力費	10,550
	小農具費	1,500
	修繕費	7,670
	土地改良・水利費	1,000
	償却費	
	建物・構築物	5,021
	農機具・車両	35,339
	支払利息	1,680
	雇用労賃	43,061
	雑費	1,000
	流通経費	16,9119
	合計（円 /10a）	407,539
所得（円 /10a）		436,211
1時間当たり所得（円 /10a）		1,401
労働時間（時間 /10a）		360.4
うち家族労働時間		311.3

注）「長野県農業経営指標（令和4年度改訂）」一部改変

半促成長期どり栽培

1 この作型の特徴と導入

(1) 作型の特徴と導入の注意点

①半促成長期どり栽培の特徴

グリーンアスパラガスの半促成長期どり栽培を、長崎県の事例で紹介する。

春芽と夏芽を収穫する半促成長期どり栽培は、昭和の終わりごろにハウス栽培で春芽のみ収穫する作型から開発された。露地栽培は茎枯病の発生をまねきやすく、生産が不安定であった。その対策として雨よけ栽培を導入すると茎枯病の発生が大幅に減少し、生産が安定した。また、春芽収穫期に保温ができるので栽培の前進化や凍霜害回避が可能になり、収量が増加した。一方で夏場に随時若茎が萌芽し、立茎数が増えていくが、間引きは萌芽して間もない段階で切除する方法が効率的で、親茎も傷まず、この方法が一般管理になった。この若茎は商品になるのではないかという発想で販売を始めたところ、予想以上の単価で取引された。

平成に入り、この作型開発によって2月から10月にかけて連続収穫が可能となり、10ａ当たり収量も県平均２ｔ前後で、単価はシーズン平均で１１００円／kg程度と西南暖地の主要品目となっている。

②圃場の選定と土つくりの注意点

単収を確保するために、まず第一に重要なポイントは、ハウス導入時の圃場選定、その圃場に不備な点があれば、可能なかぎり改善しておくことである。多年生作物なので、一度植えてしまえば、次年度以降に問題点の改善がむずかしい場合があるからである。

圃場は、できるだけ日当たりのよい場所を選ぶ。また、褐斑病などの病害の発生を拡大させないためや夏期の高温による蒸れを抑えるためにも、風通しがよい場所がよい。

排水をよくすることも重要である。安定生産の条件として灌水を十分行なうことは大切である。反面、地下水位が高かったり、地表面の排水が悪かったりすれば地下部の生育がきわめて悪くなり、減収、病害の発生、欠株の原因にもなる。

改善が必要であれば、状況に応じて明渠、暗渠による排水対策が必要となる。明渠排水は圃場周囲に排水溝を掘り（額縁明渠）、ビニールなどを敷く。ビニールを敷くことによって土が落ちて溝が埋まることを防ぎ、除草効果も期待できる。ハウス間の排水溝も有効である。地下水位が高い場合などの暗渠排水はコルゲート管の埋設、弾丸暗渠などがよく実施されている。

アスパラガスの地下部は地中30～40㎝までにほとんどが集中しており、その深さまで貯蔵根がスムーズに張ることが必要である。また、地下浅い部分に硬い耕盤があるとそこで貯蔵根の伸長が止まる場合がある。そのため地中の土壌緻密度のチェックが必要である。山中式硬度計で例えれば、22㎜程度以下の状態（やや硬いが根は伸びる。親指に力を入れると半分くらい入る）を硬さの上限としたい。改善が必要な場合は深耕となるが、産地によってはバックホーなどの重機を使い、深く耕うんしている。また、川の周辺の圃場などで礫が占める割合が高い事例がある。この

図6　グリーンアスパラガスの半促成長期どり栽培　栽培暦例

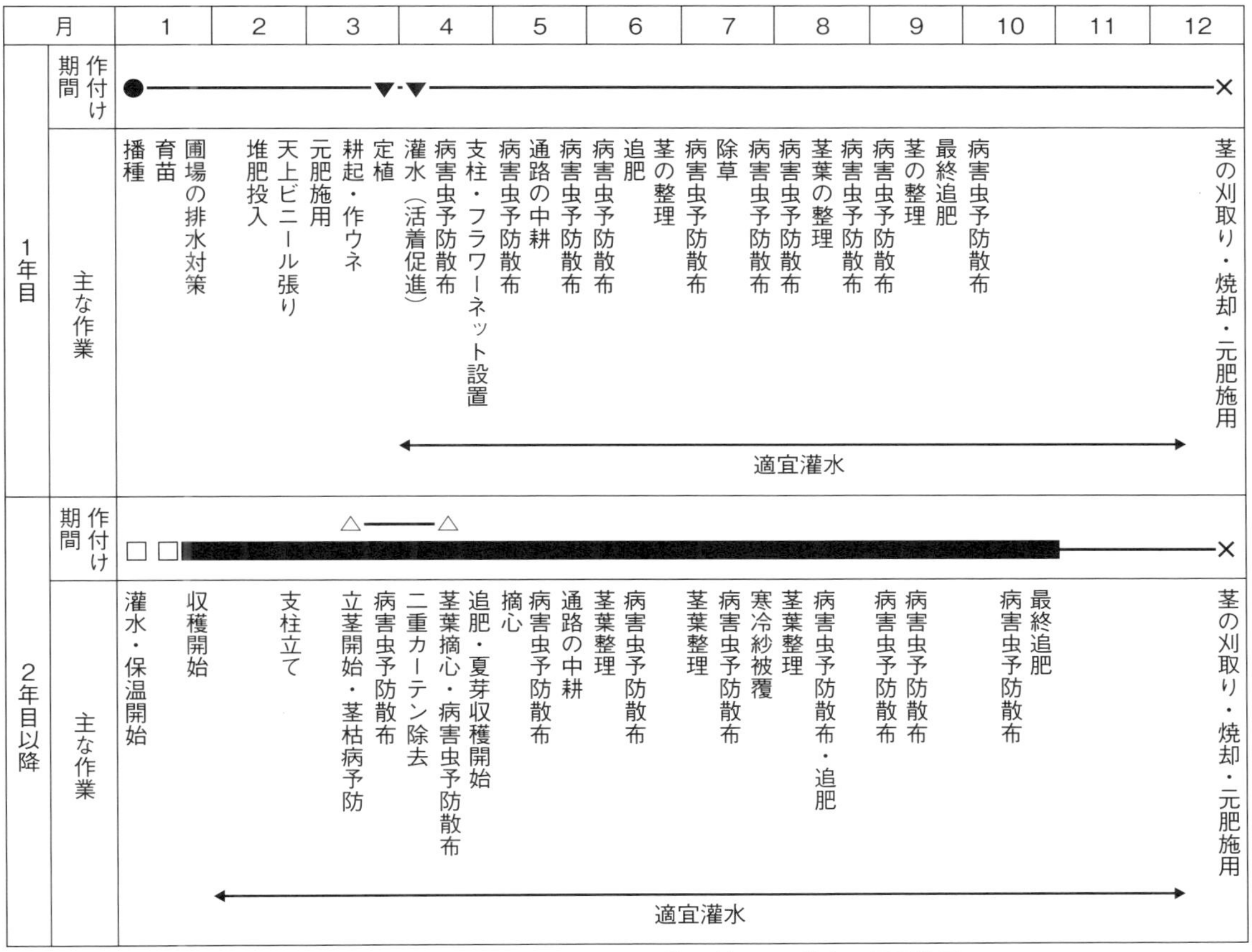

●：播種，▼：定植，■：収穫，□：保温，△：立茎，×：茎の刈取り・焼却・元肥施用
注）長崎県基本作型

場合、事前に取り除くようにしたい。

③ハウス設置での注意点

ハウス間は病害虫防除などの作業性、排水性、通風性をよくするため最低1mはとりたい。

ほぼ1年中灌水するので水源、水圧（圃場全面に均等に水がかかる）の確保が必要である。

作業性、換気効率などからハウスの長さは50m程度までが管理しやすい。

④作型（1年目）と品種

長崎県の一般的な半促成長期どり栽培は、128穴セル成型苗（ほとんどがJA育苗センターに委託）を直接定植する。定植は地域によって異なり、3月下旬～4月上旬定植（春植え）と県内でも温暖な地域では9～10月定植（秋植え）に分けられる（図7）。春植えは翌年の1月の春芽収穫から、秋植えは翌年の5～6月の夏芽収穫から始める。どちらも春芽収穫（半促成栽培）後期からウネ長1m当たりにL級の親茎を中心に10本程度立茎し、親茎の養成と同時に5月～10月に萌芽してくる夏芽を収穫する長期どり栽培の作型になる。

栽培される品種は、2013年現在、全国

図7　半促成長期どり栽培の作型

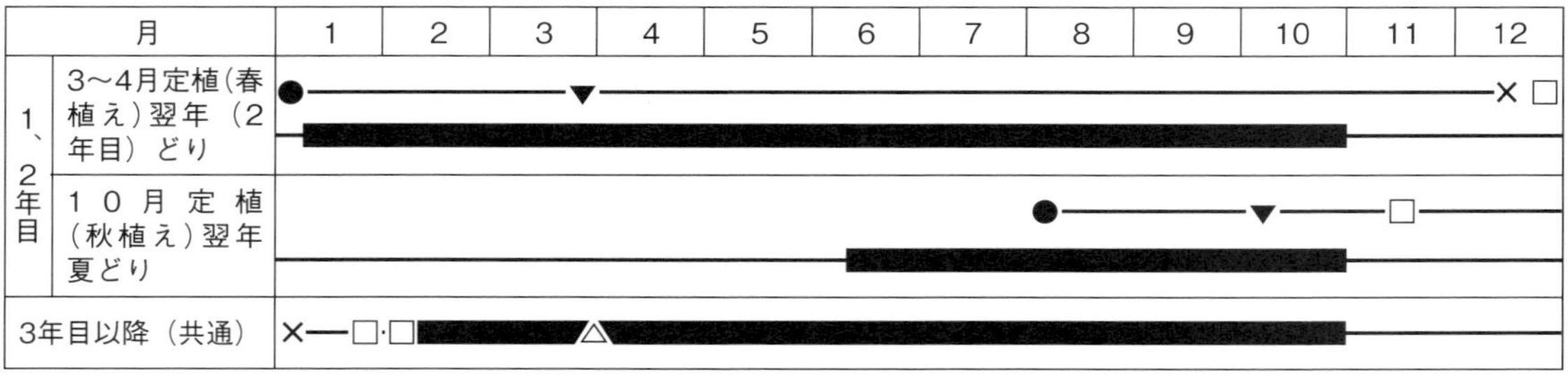

●：播種，▼：定植，■：収穫，□：保温，△：立茎，×：刈取り
注1）長崎県基本作型
注2）近隣県では，3月定植（春植え）翌年どり作型で，一定の生育に達したら8月以降に萌芽する若茎を収穫する事例がある

では、'ウェルカム' に代表される雌雄混合品種、'UC-157' が90％以上占めると推定されている。長崎県でもこれまでいくつかの新品種の試作が行なわれたが、収量性、太物率などで 'ウェルカム' に優る品種を見いだせず、ほぼ100％ 'ウェルカム' である。しかし、他県では園芸情報誌などを通して有望とされている品種の紹介がされており、表9で整理した。

(2) 他の野菜・作物との組合せ方

ハウス周年栽培なので、同一ハウス内での組合せはない。

生産者はほとんどが農協共販で農協が選別機・結束機などの導入による共同選果場を所有しており、管理作業は1～11月まで周年的であるが、収穫においては大幅な省力化が可能となった。そのような中で他作物との組合せは自ずとアスパラガスの農閑期に栽培できる野菜・作物が主流となる。2年生以降のアスパラガスの労働時間は長崎県農林業基準技術（平成31年）によると図8のとおりである。

最も多い営農類型は水稲との組合せである。補完品目として、ミカン、繁殖牛、露地野菜（バレイショ、ブロッコリー、キャベツ、タマネギなど）の産地がある。

2 栽培のおさえどころ

(1) どこで失敗しやすいか

①定植前の圃場準備

前述の「圃場の選定と土つくりの注意点」は安定生産の第一歩として最も重要である。

②よい茎を立てる

春芽の収穫後期に立茎を開始するが、長崎県では立茎数は太さ10～12㎜（出荷規格で例えるとL級）を1ｍのウネ長で10本（6ｍ間口4条植え）を基準としている（近隣県ではそれより少し細めの事例もあるようである）。現実的に完璧な立茎は困難であるが、L級中心で一定数の茎を親茎にすることはきわめて重要であることに留意しておきたい。

③ハウス内の高温対策

近年の温暖化現象として夏季の異常高温があげられる。寒冷紗被覆など対策を行なっている地域もあるが、それでも親茎上部の気温は50℃近くになることもあり葉焼けなどを起こしやすい。手前と奥の妻面、サイド、連棟

表9　半促成長期どり栽培の主要品種の特性

品種名	販売元	特性						
		雌雄	擬葉色の濃淡	若茎先端部の締まり	太さの程度	りん片葉色の濃淡	早晩性	備考
ウェルカム	サカタのタネ	雄株率60～70％	淡緑色	優れる	普通	淡紫色	早生	多収でフザリウムなどの病気に強い一代交配種。草勢が強く，とくに生育のそろいがよく育てやすい。草勢が強く生育のそろいがよい。食味が優れる。全国で90％以上栽培とされている（2013年現在）
スーパーウェルカム	サカタのタネ	全雄	淡緑色	優れる	やや太い	淡紫色	－	草勢強く収穫物のそろいが非常によい一代交配種。適応性が広く，ホワイトアスパラガス栽培，露地春どり，露地・ハウス長期どり（立茎）栽培や高冷地・伏せ込み栽培などの幅広い作型で能力を発揮する。食味が優れる
ウェルカムAT	サカタのタネ	全雄	淡緑色	普通	太い	淡紫色	－	アントシアンの発生が少ない。草勢は比較的強いが，側枝発生が少なく茎葉が密集しにくいため管理しやすい。高冷地・冷涼地の露地春どり栽培に適する。冬場にハウス内で行なう伏せ込み栽培でも能力を発揮する
ガインリム	パイオニアエコサイエンス	全雄	濃緑色	劣る	やや太い	濃紫色	中早生	多収性である。耐病性および低温伸長性に優れる。栄養価が高く，甘みが強く，味が濃い。根元に紫色素が入りやすく，見た目が均一で綺麗な緑色にならない
ゼンユウガリバー	パイオニアエコサイエンス	全雄	濃緑色	優れる	太い	濃紫色	中生	太物率は群を抜いて高い。地上60cmほどは下枝が出ないので，除去作業がほとんどなく株元に光が入りやすい。現地では半促成長期どり栽培で単収4t以上の報告あり。ウェルカムに代わる品種として有望視されている
大宝早生	パイオニアエコサイエンス	全雄	濃緑色	普通	やや太い	濃紫色	早生	伏せ込み促成栽培用品種として育成。初期生育が旺盛，休眠打破に必要な低温要求量も従来品種よりも少ないため，掘り上げ時期が早くかつ，伏せ込んでからの萌芽も早い。採りっきり栽培でも品種特性を発揮する

注1）農文協編『アスパラガス大事典』や種苗会社のカタログなどを基に一部加筆修正
注2）全国で一定面積，導入されていると判断される品種を取り上げた

の場合は谷など開口部をしっかり開け、ハウス内の高温・蒸れをできるだけ抑える。ビニールの張り替えは5～6年おきが実態であるが、その際に夏季の高温を抑える働きのある散乱光農POフィルムの使用を勧めている。

④薬害に注意

薬害の事例としては、(1)夏季の高温時（昼間）の散布、(2)天気が悪く湿度が高い日の夕方散布で、薬液の乾きが遅い（甚だしい場合は翌朝まで乾いていない）、(3)薬液の濃度を無視して3種類以上の農薬を混合しているなどがあげられる。なお、散布前に灌水すると薬害が生じにくい。

図8　アスパラガスの労働時間
（労働時間：754時間 /10a）

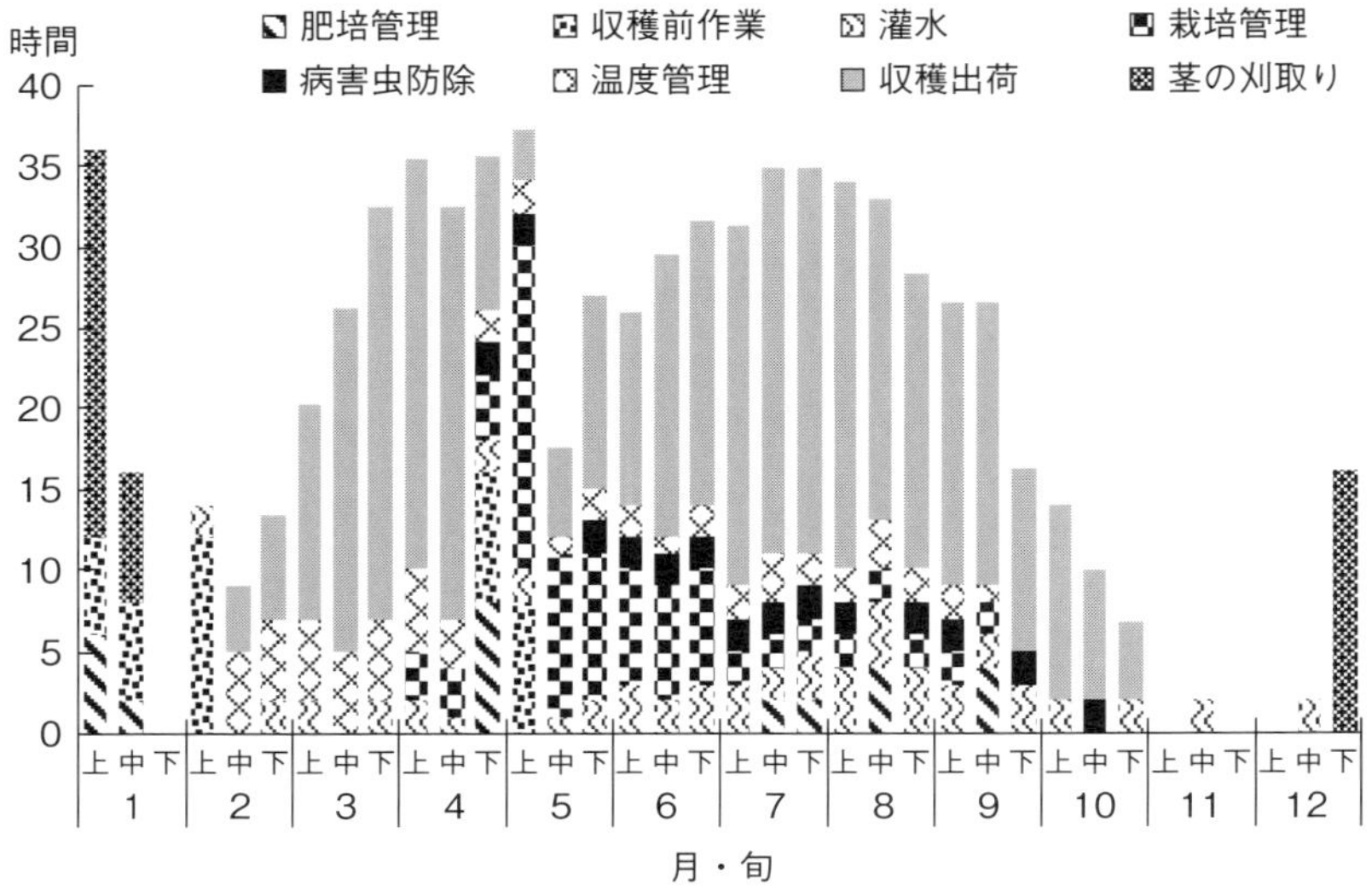

注1）2019（H31）年長崎県農林業基準技術を一部修正
注2）収穫・出荷時間は選果場持ち込みまでの時間
注3）収量は2,500kg/10a

(2) おいしく安全につくるためのポイント

春芽は地下部にたっぷり蓄積された養分でじっくり時間をかけて萌芽するので糖度は6%以上と甘みが強い。しかし、春芽収穫後半にもなると次第に糖度は低下していく。夏芽の糖度は春芽収穫期前半ほどではない。糖度でいえば以上のとおりだが、おいしい要素は、鮮度、食感、外観などがあると考えられる。

健全な生育、適切な管理によって、(1)スムーズに伸長した若茎、グリーンが濃い夏芽（親茎の下枝などが込み合わないように注意）。(2)頭部のしまりがよい（昼間の温管が高くなりすぎないように注意）。(3)頭部にアザミウマ類などの混入がない。(4)収穫後から切り口を新鮮な水に浸けて鮮度を保持し、消費者に届けるまでの1～5℃環境下のコールドチェーンなどがあげられる。

3 栽培の手順

(1) 育苗のやり方

① 圃場の準備

栽培の第1歩として圃場の物理性のチェックと改善方法は前述したが、それに加えて初年度に10年分の土づくりの意気込みで堆肥を投入したい。最低でも地中40cm程度の深耕、地中10cmにつき10tの堆肥施用を行なっておきたいところである。併せて土壌分析に基づき土壌改良資材（一例として10a当たりリン酸資材のBMようりん80kg、粒状苦土石灰200kg）をまんべんなくハウス内に広げた後、バックホーなどで中耕しながら土とよくなじませる。この際、地力がないと考えられる深層の土壌を作土にする天地返しは絶対にしない。

② 播種と育苗

長崎県ではJAの育苗センターで128穴セル成型苗を注文に応じて配布しているのが一般的である。また、一般の園芸種苗店でも販売されている。

もし、自家育苗をするならば留意点は以下

表10　半促成長期どり栽培のポイント

		技術目標とポイント	技術内容
1年目	定植準備	◎圃場条件	・排水，日当たり，風通しのよい圃場を選ぶ
		◎排水対策	・ハウス周囲に溝を掘り，雨水などの外からの浸水防止（明渠排水）
			・ハウス内はコルゲート管，弾丸暗渠で排水（暗渠排水）
		◎土つくり	・下層が硬いようであればバックホーなどでできるだけ深耕する
			・10年分の土つくりを意識し，堆肥を10cmの層につき10t/10aを目安に施用する。この時天地返しはしない
	定植方法	◎苗	・90日程度育苗し，茎数4～5本，草丈30～40cmの128穴セル成型苗を直接圃場に定植する
		◎定植	・セル成型苗は地際部が深さ10cmに埋まるように穴を掘り，そこにすっぽりセル成型苗を落とし土をかぶせる
			・定植前に液肥に浸漬し，根鉢が崩れないようにして穴に植え込む
	定植後の管理	◎灌水	・定植後2週間程度は十分灌水し活着を促す。その後も根域が乾かないように適宜灌水する
		◎倒伏防止	・支柱とフラワーネット（20cm目合い）を2段に張って倒伏防止。ネットの高さは1段目は草丈に合わせて上げていき，2段目は摘心位置の少し下とする
		◎茎葉の整理	・古く細い茎を段階的に除去していく
		◎病害虫防除	・褐斑病，茎枯病などの病害は農薬の定期的な予防散布。アザミウマ類，ハダニ類，ヨトウムシ類の害虫は発生初期をよく観察して防除する。2年目以降の夏芽の管理も同様
2年目以降	春芽収穫時の管理	◎保温	・保温開始期は地温を上げるため，萌芽するまで換気をせずに蒸し込む
			・若茎が最も早く伸びる温度は25～30℃とされており，35℃を上限にできるだけ温度確保に努める
		◎収穫	・26～27cmに伸びたら収穫し25cmに調製する
		◎灌水	・土壌が乾かないように少量多回数の灌水とする
		◎立茎	・立茎は早すぎるよりも遅すぎる失敗の影響が大きい。春芽の収穫日数，収穫物の規格，面積当たり日収量などで総合的に判断する。立茎の太さはL級（10～12mm），本数はウネ長1m当たり10本（6m間口4条植え）を目安とする
	夏期の管理	◎収穫	・萌芽する若茎は朝夕こまめに全て収穫する
		◎灌水	・少量多回数でりん芽群（ウネ下10～15cm）周辺の土壌水分が十分あることと，土壌表面が乾きすぎないようにする
		◎通路の中耕	・通路の土壌が硬くなり，水の浸透性が悪くなった場合，管理機などで中耕する
		◎台風対策	・ハウスの補強方法は，①筋交い（ハウスの妻面の棟からアーチパイプに沿わせて斜めの直管を取り付ける（図9）。端は30cm以上土中に埋め込む）。②Tタイバー（天井から逆さのTの字にパイプを取り付ける）など
			・ビニールをはいだ（はげた）場合，支柱が倒れないように強く立てておく。また，フラワーネット上段で親茎が折れやすいので，上段のネットは摘心位置より少し下に張る
	収穫終了後の管理	◎灌水	・過乾燥に注意し，ときどき灌水する
		◎養分蓄積	・黄化期まで同化養分が貯蔵根に転流されるので，茎葉は健全に養成する
		◎茎葉の刈り取り	・完全黄化を目標に茎葉の刈り取りを行なう
		◎病害虫防除	・褐斑病などによる落葉があれば集めて圃場外に搬出する。茎枯病発生圃場や発生したところはウネ面をバーナーで十分焼却する。ハウス内外の除草を行ないアザミウマ類の越冬を抑える

図9　筋交いによるハウスの補強

のようになる。発芽適温は25～30℃と高く、3～4月の春植えの場合はハウス温床育苗になる。種皮が硬いので播種前後十分灌水し、その後、発芽するまで培土が乾かないように灌水する。発芽までに10～15日程度、セル成型苗の育苗期間は3カ月程度の日数を要する。

表11　施肥例（1年目）　（単位：kg/10a）

	肥料名	施肥量	成分量 窒素	成分量 リン酸	成分量 カリ
土つくり資材（定植3カ月以上前）	完熟堆肥	40,000～50,000			
	石灰資材	200～300			
元肥（定植1カ月以上前）	石灰資材	100			
	BMようりん（0-20-0）	40		8	
	アスパラガス専用肥料（14-4-3）	100	14	4	3
追肥（月1回）	サスペンジョン7号（14-4-5）　春植え（7～10月）20kg×4回	80	11.2	3.2	4
	サスペンジョン7号（14-4-5）　秋植え（3～10月）20kg×8回	160	22.4	6.4	8
施肥成分量	春植え		25.2	15.2	7
	秋植え		36.4	18.4	11

注）アスパラガス専用肥料：有機態窒素…2.6％，無機態窒素11.4％，ロング140日タイプが窒素全体の70％

(2) 定植のやりかた

①元肥の施用

堆肥、リン酸資材、苦土石灰など施用後、定植1カ月前ころに土壌改良資材、2週間前に窒素成分で20kg程度施用する（表11）。

②ウネつくり

長崎県では6m間口のハウスの場合、多くが4条植えである。少数だが3条植えもある。4条植えのウネ幅、通路幅、サイド側の長さなどの基準を図10に示した。これらの配置は偏ってしまっても定植後はやり直しができないので、事前にしっかり確認しておく。他に5～6・5m間口などもあるが、通風・採光性、作業性を考慮して、経験的に1条当たり1・5mは必要としており、そこを踏まえて条数が決まる。

アスパラガスの根域が地下30～40cmまでに集中しているとされていることから、ウネの高さは主に排水性を考慮していることが多く、5～30cmとさまざまである。ウネが低い長所は、ウネの肩の部分が乾燥しにくく、通路部にも貯蔵根が伸長しやすい。一方、ウネが高い長所は排水性が悪い場合の対策、収穫などの作業が多少楽になるなどがあげられる。排水性に問題がなければ、ウネは低いほうがよいと考える。

図10　栽植様式例（6m間口，4条植え）

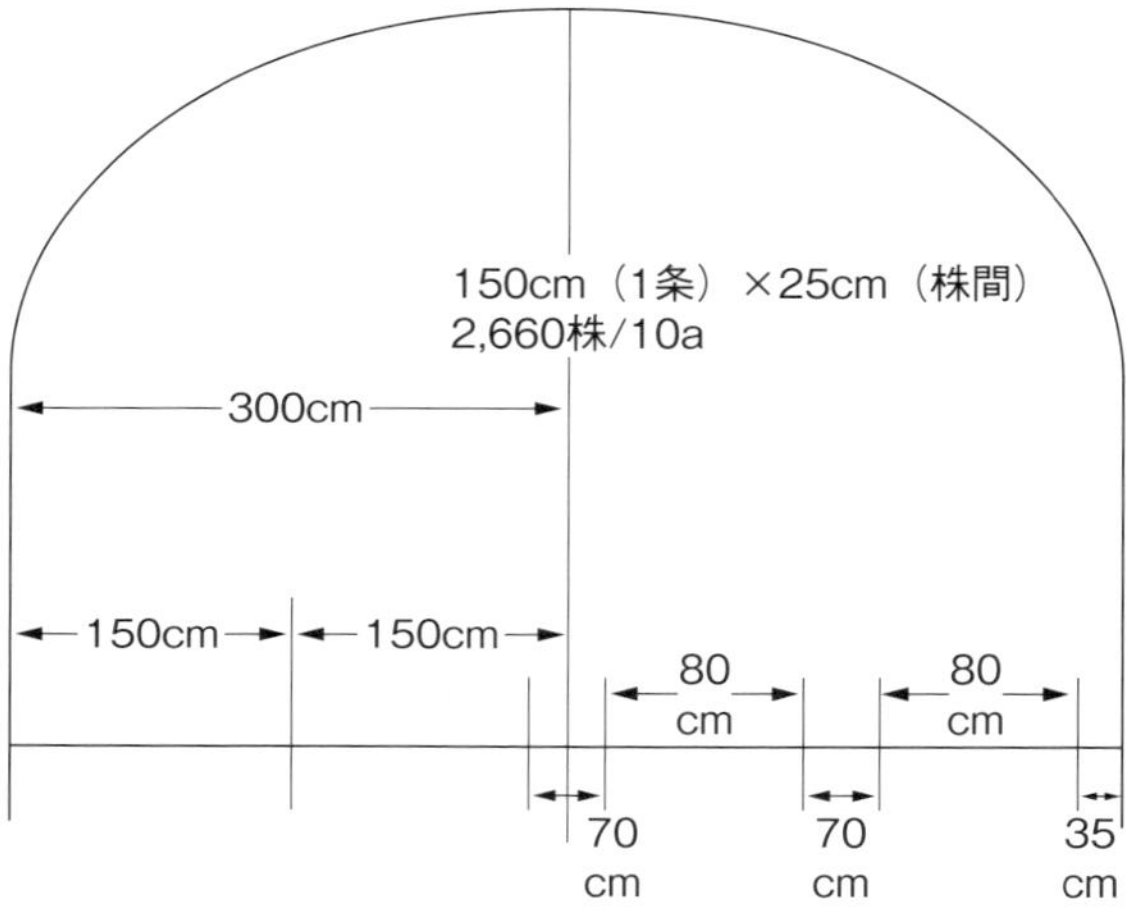

ウネづくりが終了すると灌水チューブを定植位置から10cm程度離して設置する。その後、防草と土壌水分保持のため、1年目は黒マルチを張る。

③定植の方法

128穴のセル成型苗の直接定植（以下、この方式）は春植え（主に4月上旬）と秋植え（主に9月下旬）があり、ハウスの設置時期、地域の慣行、気象条件（冬季の冷え込み具合）、営農プランなどに従って決定する。

植付け本数は条間1・5m、株間は25cmで2660株／10aとなる。苗は定植前に液肥に浸漬する。定植はセル成型苗表面が地中10cmに埋まるように、あらかじめ深さ14～15cm（セルの縦長は4・5cm）の穴を掘り、そこにすっぽりセル成型苗を落とし、土をかぶせる。定植後は株元に十分灌水を行ない、その後2週間程度、株元が乾かないように灌水を続け、活着を促す。

（3）1年目の栽培管理

①立茎管理

春定植において、1年目の栽培管理では主に株づくりに重点をおき、健全な茎葉を多く確保することに努める。アスパラガスは茎葉が生育すると簡単に倒伏しやすい。そこで、支柱やフラワーネットなどで支える。長さ1・5m、直径25mm程度のパイプを支柱として1・5～2m間隔にウネのサイドに立てる。支柱立ては土質にもよるが地中20cm程度差し込む（少なくともグラグラした状態にしない）。ネットは20cm目合いを水平2段張りにする。1段目のネットを高さ30cmくらいの位置に張っておく。定植初期に発生した草丈の低い茎葉は適宜除去する。草丈50～70cmのころ、ネットも地上50～60cmに上げ、段階的に細茎を整理する。2段目のネットは摘心位置より少し下の高さに張る。萌芽した茎は早いサイクルで除去すると、次の茎の萌芽は早まるが、細いままで萌芽する傾向があるので、展開後じっくりと時間をかけて、その光合成産物で次の茎を作っていくという意識で育てる。茎葉が展開を終えてから120～140cmで摘心する。

春植えの場合、長崎県では9月ころまで立茎を続けて、その後の萌芽した茎は除去して当年の出荷はほぼしないが、近隣県の事例では3月に定植した株では当年の夏から収穫している。その場合、収穫開始の目安は定植から120日ほどたって、株の茎立ちの周囲がビールビン大になり、10mm程度の茎（細めのL級）が5～6本確保できたころを目安としている。

秋植えにおいて、秋期定植後、冬期を経過するが、その間の温度管理は上限30℃、最低温度は氷点下にならないように、低温期は夜間二重カーテンなどで被覆すれば茎は黄化することがない。3月に入って再度萌芽が始まる。L級の茎が株当たり4～5本に揃う5～6月の夏芽から収穫を始める。

②灌水

活着後の灌水はマルチ被覆の場合、見た目ではウネの水分状態がわからないので、適宜マルチをめくり、移植ごてなどで地中の水分状態を確認することをお勧めしたい。そして、灌水量、間隔を見極めながら灌水する。好ましい水分状態は土性にもよるが、りん芽群付近の土を取って握ると塊ができて簡単にくずれない程度がよい水分状態である。土壌水分をpF値で表わすと、灌水直後はpF1・5程度で湿っているが、その後、乾いてきてpF1・8～2で灌水開始とする。土壌水分の考え方は2年目以降も同じである。

③茎葉の刈取り

気温が低下し、同化養分の地下部への蓄積が進んでくると、地上部はイチョウ色に変わってくる。これを茎葉の「黄化」といい、この時期が地上部の刈取り時期になる。完全黄化が望ましいが、とくに1年生の株では休眠が浅く、西南暖地では12月下旬前後に休眠が打破されて萌芽が始まるので、年内に刈取り、年明けて保温を開始する。近隣県では長崎県より全体的に1～2旬早めに行なっている。

なお、具体的な地上部の刈取り、保温まで

の管理、春芽の収穫、病害虫防除などは2年目以降の管理と同様なので、以下、含めて述べる。

(4) 2年目以降の管理

①茎葉の刈取り~保温開始までの圃場の管理

アスパラガスの場合、一定の低温に遭遇することによって休眠から覚醒するので、10~12月の気温の動きは気になるところである。この時期の気温がかなり暖冬気味に推移する場合は、少しでも低温遭遇時間が長くなるように、茎葉の刈取り時期を1旬程度遅くしている。一般に茎葉の刈取りは1月上旬にピークがある(1年目の春芽収穫はこれより1~2旬早い)。

この時期の作業の手順は事例として次のとおりである。

1 茎葉の刈取りはできだけ地上部を残さないように刈り取る(茎枯病対策)。

2 ハウス内・周辺の除草(春芽収穫時のアザミウマ類対策)。

3 バーナーで残茎を焼却しやすいようにウネ面の土を数cm通路に落とす。

4 茎枯病発生圃場や発生したところのバーナーによる焼却は、二度焼きを行なうと効果が高まる。

5 ウネ面の土を通路に落とし圃場全面に堆肥、石灰、土壌改良資材、肥料を施用する(表12)。

6 管理機によるウネ上げ。

7 ウネ面のならし、覆土の厚さを10~15cmに調整する。そのため、全刈り前に親茎などを抜き取って覆土の厚さ(白い部分が覆土の厚さ)を確認し、薄い場合は堆肥などの確保が必要。この場合、最低の部分でも7~8cmの覆土がないと新しい地下茎は十分育たないようである。アスパラガスの長寿を保つためにも必要である。ウネ面にりん芽群がのぞいている状態をまれに見かけるが、薄過ぎて危険信号である。

8 圃場全面にじっくり灌水し、下層までしみこませる。

9 地表面の水分が落ち着いたら土壌処理除草剤を散布する。

10 保温開始。

②春芽~立茎期の温度管理

長崎県では1月中旬~2月中旬にかけて、一般的には二重カーテンを使用し保温を開始している(1年目は12月下旬)。温度管理は次のようになる。

1 萌芽開始期までは、地温を上げるためにビニールは密閉して換気せず、蒸し込み状態にする。

2 ハウスに隙間風が入らないようにす

表12 施肥例(2年目以降) (単位:kg/10a)

	肥料名	施肥量	成分量		
			窒素	リン酸	カリ
春肥え(1月施用)	完熟堆肥 石灰資材 BB エコグリーン(12-4-3)	3,000 200 80			
夏肥え(5月施用)	アスパラガス専用肥料(14-4-3)	240			
追肥(8月中旬から10日に1回)	組合液肥特2号(10-4-8)	80	11.2	3.2	4
施肥成分量			48.0	16.6	17.3

注1) BB エコグリーンは有機態窒素4.4%,無機態窒素7.6%,窒素の63%が LP40
注2) アスパラガス専用肥料:有機態窒素…2.6%,無機態窒素11.4%,ロング140日タイプが窒素全体の70%

る。

３　ハウス内の最高温度は、萌芽開始期～収穫初期が35℃、収穫中期～立茎期は30℃と徐々に下げていく。すべての時期で最低温度は５℃以上を確保する（夜温は高いほど茎の伸長が早い）。

４　春芽収穫期間中の午後のビニールを閉める作業は、閉めた後にハウス内温度が25～30℃に上昇する時間帯を見計らって行なう。

５　曇雨天の日は、ハウス内温度が30℃以上に上昇しないことを確認したら閉めたままにしておく。

６　換気の程度は少しずつを心がけ、ハウス内温度が急激に下がらないようにする。同時に湿度も維持させるように心がける。また、冷気がアスパラガスに直接当たらないように風下側の換気を優先する。

７　立茎中は最高温度25～30℃とする。長崎県では３月中旬から立茎が始まり、その後２～３週間が立茎期間であるが、この時期は温度が上がりやすい一方で、軟らかい１次側枝、２次側枝の展開期であるため、親茎候補の高温障害が起きやすいので注意する。

③春芽～立茎期の灌水

換気を行なうようになると圃場が乾燥しやすくなるので、ウネ表面が乾燥しないように少量多回数の灌水で調節する。低温期の灌水は、晴天日の午前中の気温が上がっている時間帯に行なう。

④立茎方法

立茎時期の判断の目安は、⑴収穫量が日量10ａ当たり15kg以下が続く、⑵Ｌ級（重量）の割合が40％を下回る、⑶２Ｌ級が萌芽しなくなる、⑷収穫日数が45～55日（一年生株の春芽は30～40日）になることなどで、これらを総合的に判断して立茎を開始する（図11）。

立茎の太さの優先順位は出荷規格で例えると、細めのＬ級（茎径10～12㎜）＞太めのＬ級＞太めのＭ級である。２Ｌ級は生産力が劣るので極力立てない。本数はウネ長１ｍ当たり10本程度（６ｍ間口４条植え：６５００本／10ａ）である。

立てる茎間は10㎝以上離す。

立茎開始前でも、Ｍ級以下しか萌芽しない、頭部の開きが早いなど、茎の勢いや張りが弱い部分は早めに立茎する。また、病虫害や葉焼け、台風などでダメージを受け、昨秋の状態が悪かった圃場は、20～30日の収穫でも早めに立茎する。

長崎県では立茎の方法として一般に２～３週間の日数をかけながら基本的に順次立茎が行なわれている（立茎にふさわしい茎を立てながら、ふさわしくない茎は収穫する）。一斉立茎の方法もあるが、長崎県では採用していない。理由は一斉に立て終わった後、いずれは立茎にふさわしくない茎を除去するので、労力、茎が伸長するのに要した貯蔵根の養分の無駄を考えると、合理的でないと考えるからである。

図11　立茎完成期の姿

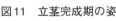

図12　よくできた夏期の管理

⑤親茎の管理

定植期と同様に支柱を立てる。2段目のネットの高さは、台風でビニールをはいだりした場合に強風で親茎上部が折れないよう、摘心位置より少し下の110～130cmとする。

立茎開始50日後ころ、茎葉が展開を終えた後、地上120～140cmの乾きをよくするため、斜め切りで摘心する。最近は早く受光態勢を良好にし、病害虫防除で農薬をムラなく散布できるように、摘心は早めに行なう事例が増えている。

立茎終盤の5月ころに通路の土壌が硬化している場合、管理機などで土壌を中耕する。

茎葉の除去の目安は、入口妻面から奥の妻面が見える程度で、茎葉で通路をふさがないようにする。そのため、ウネ面を覆う下位節の側枝、通路をふさぐ下枝、2次葉など、混み合っている部分を適宜除去し、採光性、通風性をよくする（図12）。秋期になると放任状態になっている状態をよく見かける。翌年の春芽のための同化産物蓄積の大事な時期であり、通路は茎葉でふさがないなど混みすぎないようにしたい。

通風性を意識し、サイドビニールを親茎摘心位置より高く開放する。両サイドのウネの親茎摘心位置は、中央のウネの親茎よりも心持ち低くする。

茎葉の整理は一度に行なうと親茎にストレスを与え、萌芽が鈍くなるので徐々に行なう。

梅雨明け後～9月下旬を目安に、遮光率30％程度の寒冷紗を被覆する。

(5) 収穫

①春芽の収穫

若茎が長さ26～27cmに伸びてきたら収穫バサミを使って収穫する。収穫開始期の気温が低い時期は萌芽してから収穫するまでに7～8日かかる（夏芽は最速で2日）。1日1回収穫した春芽を2L～2S級に仕分けし、100gを1束として出荷する（夏芽もほぼ同様）。収穫中、頭部の開きが多い、曲がりが増える、茎の色が濃くなる、りん片葉の赤色が目立つようになったら、ハウス内の温度の高過ぎ、低過ぎ、湿度の低過ぎ、灌水不足などが考えられ、早急に原因を究明して対処する必要がある。

②夏芽の収穫

立茎開始後55日前後で夏芽の収穫が始まる。消費者に届くまで鮮度・品質など商品性を低下させない管理作業は大切である。その留意点は以下のとおりで、出荷期間の春芽も夏芽もほぼ共通しているが、とくに盛夏期の夏芽で十分注意してもらいたい。

(1)夏芽は伸長が早いので、一般には朝夕の1日2回収穫している。(2)収穫直後の若茎は日陰に立てておくなど、常に直射日光に当てないようにする。また、切り口からの蒸散が多いので、束ねて全体を新聞紙などで包んでおく。(3)家庭での貯蔵は予冷庫を導入している産地が多くなった。3℃程度の低温貯蔵で鮮度が保持され、トロケなどの品質低下が抑えられる。

4 病害虫防除

(1) 基本になる防除方法

病害では褐斑病などの斑点性病害、茎枯病、立枯病、疫病、虫害ではアザミウマ類、ヨトウムシ類、ハダニ類などが発生している。他にもいくつかあげられるが、これらの病害虫は放任しておけば、甚大な被害を及ぼす恐れがあり、時期やポイントをうまくつかんで防除する必要がある（表13、14）。

(2) 病害対策

①褐斑病・斑点病

この2つの病害を総称して「斑点性

表13　病害防除薬剤例

作用機構による分類	化学組成による分類	農薬名	茎枯病	斑点病	褐斑病	軟腐病	その他	希釈倍数	使用時期	使用回数
M5	その他の合成	ダコニール1000	○	○	○		疫病	1,000	前日まで	4回
1	ベンゾイミダゾール系	ベンレート水和剤	○				株腐病	2,000	前日まで	4回
		トップジンM水和剤	○				立枯病	1,000	7日前まで	5回
31	その他の合成	スターナ水和剤				○		2,000	前日まで	2回
11	ストロビルリン系	ストロビーフロアブル		○				2,000	前日まで	3回
		アミスター20フロアブル	○	○	○			2,000	前日まで	4回
		ファンタジスタ顆粒水和剤	○	○	○			3,000	前日まで	3回
2	ジカルボキシイミド系	ロブラール水和剤	○	○	○			2,000	前日まで	5回
M1	無機銅	コサイド3000	○	○	○	○		2,000	–	–
7	アミド系	アフェットフロアブル	○	○	○			2,000	前日まで	4回
M7	その他の合成	ベルクート水和剤	○	○	○			1,000	7日前まで	5回
11 7	ストロビルリン系 アミド系	シグナムWDG	○	○	○			1,500	前日まで	2回
M540	その他の合成	プロポーズ顆粒水和剤					疫病	1,500	前日まで	3回
3	ステロール生合成阻害	トリフミン水和剤					立枯病	1,000	7日前まで	1回

注1）農林水産省農薬登録情報提供システム（2022年4月）より
注2）系統番号の数字は殺菌剤耐性菌対策委員会（FRACコード）による分類。同じ数字は同系統の薬剤であり，連用すると耐性菌の発生を助長するため，同じ数字の薬剤は連続での使用を控える
注3）アミスター20フロアブルはハウス内高温で薬害に注意する。また，他の薬剤・葉面散布剤・展着剤との混用をしない
注4）プロポーズ顆粒水和剤の使用回数はダコニール1000の使用回数にカウントされる
注5）トリフミン水和剤は灌注処理3ℓ/m²で登録，他の農薬は散布する

表14　害虫防除薬剤例

作用機構による分類	化学組成による分類	農薬名	ネギアザミウマ	ミカンキイロアザミウマ	アザミウマ類	アブラムシ類	ハダニ類	チョウ目			ナメクジ類	コナジラミ類	希釈倍数	使用時期	使用回数
								オオタバコガ	ヨトウムシ類	ハスモンヨトウ					
3A	ピレスロイド系	アーデント水和剤	●	●	●	○	●	○	●	●			1,000	前日まで	2回
6	マクロライド系	アファーム乳剤			●		●	○	○	○		●	2,000	前日まで	2回
		コロマイト乳剤					○					●	1,000	前日まで	2回
		アニキ乳剤	●	●				●		○		○	1,000～2,000	前日まで	3回
5	スピノシン系	スピノエース顆粒水和剤		●	○			●	●	●			5,000	前日まで	2回
		ディアナ SC			○			○	●	○		○	2,500～5,000	前日まで	2回
15	昆虫成長抑制	カスケード乳剤	●	●	○		●	○	●	○		●	4,000	前日まで	2回
9B	その他の合成	コルト顆粒水和剤	○			●						○	4,000	前日まで	3回
13	その他の合成	コテツフロアブル		●	●		○	○	○	○			2,000	前日まで	2回
4A	ネオニコチノイド系	ダントツ水溶剤	○		●	○						●	2,000～4000	前日まで	3回
		モスピラン顆粒水溶剤			○	○						○	4,000	前日まで	2回
		スタークル顆粒水溶剤	●		○	●				●		○	2,000	前日まで	3回
UN	その他の合成	プレオフロアブル	○		●			○	○	○			1,000	前日まで	2回
21A 39	その他の合成	ハチハチフロアブル	○	●	●	○					●	○	1,000	前日まで	2回
29	その他の合成	ウララ DF	○	●		○						●	2,000	前日まで	3回
25B	殺ダニ	ダニコングフロアブル					○						2,000	前日まで	2回
20D		マイトコーネフロアブル					○						1,000	前日まで	1回
28	ジアミド系	フェニックス顆粒水和剤						○	○	○			2,000～4,000	前日まで	2回
		プレバソンフロアブル5						●	○	●			2,000	前日まで	3回
3A	その他の合成	アクセルフロアブル						●	○	●			1,000～2,000	前日まで	3回
UN	その他の合成	ファインセーブフロアブル			○							●	2,000	前日まで	2回
14	ネライストキシン系	リーフガード顆粒水和剤	●		○	●				○	○		1,500	前日まで	2回
-	-	スラゴ									○		1～5g/㎡	発生時	-

注1）農林水産省農薬登録情報提供システム（2022年4月）より
注2）系統番号の数字は殺虫剤抵抗性対策委員会（IRAC コード）による分類。同じ数字は同系統の薬剤であり，連用すると薬剤抵抗性発達を助長するため，同じ数字の薬剤は連続での使用を控える
注3）○印はアスパラガスで登録済み，●印はアスパラガスでは登録がなく当該害虫に使えないが他品目では登録あり

病害」と呼ぶ。現在は褐斑病が圧倒的に多くかつ多発している。発病環境、防除薬剤は類似している。違いは、斑点病は紫外線除去フィルムで高い抑制効果が報告されているが、褐斑病には効果がないので斑点性病害の解決にはならない。

褐斑病の発生生態は、⑴分生子の飛散は3～4月から始まっている。⑵立茎期にはすでに感染している。⑶初発と条件次第で急進する。したがって、過去に多発した圃場はこれまで以上にこの時期の薬剤防除の頻度を上げる必要がある。⑷夏季に高温で発病は鈍るが、条件次第で進展する。⑸秋期に発病適温になると急進しやすい。

防除対策は、⑴立茎開始3週間後ころから2週間隔で予防散布を行なう。⑵目安として6月～10月にかけて毎月2回程度のペースで薬剤散布を行なう。⑶ハウス内の湿度上昇を抑えるために換気を十分行なう。⑷刈取り時に黄化した落葉を熊手ほうきなどでかき集め、圃場から除去する。

農薬散布の際、噴霧口を茎葉表面の10㎝程度に近づけて散布すると薬剤が茎葉内部まで付着しやすい。

②茎枯病

茎枯病の防除のタイミングは、刈取り期と立茎初期がほぼ全てと考える。

発生生態は、⑴1次伝染圃場に残った被害残渣に形成された柄子殻が土壌中で越冬する。⑵2次伝染として、降雨や灌水によって茎に形成された黒色小粒点の柄子殻から分生子が飛散して伝染する。また、土壌中の被害残渣に接触して伝染する。

防除対策は刈取り後に地表部残渣のバーナー焼却、薬剤散布は立茎開始期に以下の点に留意して散布する。立茎開始期の親茎が10㎝程度に達するころから殺菌剤を3～4日おきに5～6回散布する。薬液の付着をよくするために展着剤を使用する。薬剤は片側だけでなく、全方位農薬が付着するように両面から散布するなど、散布ムラがないようにする。株元にも必ず散布する。

③立枯病

フザリウム属菌による土壌病害である。産地では圃場のあちこちに発生し、欠株の原因の一つになっているのではないかと思われる。排水がよいことが大切である。防除薬剤としてトップジンM水和剤、ベンレート水和剤の登録がある。

(3) 虫害対策

①アザミウマ類

4～8月にかけて被害が大きい。アザミウマ類は直射日光が当たる茎葉の上部には少なく、茎葉の中の日陰になっている部分に多く潜んでいるとされており、蛹はウネの地中に潜ることから、ウネを含めて、地上部全面的に潜んでいると考えておいたほうがよい。

発生そのものを抑えるために、盲点として無視できないのが、圃場内外の雑草である。ハウス周辺には防草シートを被覆し、それ以外の雑草はしっかり除草する必要がある。

②ハダニ類

立茎時から発生する。防除が不十分で秋まで発生し続けることがある。発見次第、早期防除に努める。

③ヨトウムシ類

7月～10月に発生が多く、防除が遅れたり連続して産卵されたりすると薬剤防除が追いつかなくなる。被害症状は、茎葉の表皮が食害を受けて白っぽくなるいわゆる〝白骨化現象〟を呈し、光合成が著しく損なわれるので要注意である。若齢幼虫期の防除に努める。

表15　農薬を使用しない病害虫防除事例（物理的防除法，耕種的防除法）

	病害虫名	物理・耕種的防除法
病気	斑点性病害（褐斑病，斑点病）	①ハウス内の換気を十分行なう。②ハウスサイド，谷部は降雨時はビニールを閉め，直接雨が当たらないようにする。②台風・降雨対策でビニールを全面に閉める場合は，できるだけ通過時だけとし，長時間多湿状態にしない。③親茎の伸びすぎた枝や混みすぎた2次茎の整理を行ない，通風・採光性を図る。④親茎の刈り取り時に病害で落葉した病葉を集めハウス外に搬出する
	茎枯病	①雨よけ栽培。②残茎のバーナー焼却（病害の部分は2度焼きも）。③ウネ面の盛土。③収穫および茎葉の刈り取りも地際部すれすれで切除。④立茎前期にできるだけ灌水をしない
害虫	アザミウマ類	①黄色・青色粘着板・テープ（発生予察，誘殺）。②防草シートなどによるハウス内外の雑草防止。③ハウス開口部に赤色ネット展張。④灌水（少量多回数）などによるウネ面の過乾燥防止。⑤ハウス外張りに近紫外線除去フィルム展張
	ハダニ類	①灌水（少量多回数）などによるウネ面の過乾燥防止
	ヨトウムシ類	①ハウス開口部に防虫ネット（4mm 目合い）展張。②黄色蛍光灯（これは無農薬で被害回避でき，ほぼ全戸（85戸の産地）で設置している産地がある）

(4) 農薬を使わない工夫

多くの病害虫で農薬を使わない防除だけでは困難で、農薬に依存しているのが実態である。それでも、物理的防除、耕種的防除を組み合わせて防除効果を高める工夫は地域・個人差はあるが、よく採用されている。耕種的防除は日々の管理で、病害虫の拡大を抑えるために必ず必要な事項もある（表15）。

5 経営的特徴

多年生作物で寿命は教科書的には10〜15年とされている。しかし、排水が悪い、病害虫の多発による欠株など、短年でなかなか収量が上がらない事例がある。

一方で、40年近く単収約3tを維持している圃場もある。県平均2t前後を確保している近隣県もあるが、長崎県の平均単収は約1.8tである。

20年生以上の圃場も多くあるが、改植しない理由は2t程度の単収であれば収益性は悪

表16　半促成長期どり栽培の経営指標

項目			
粗収益		販売量（kg/10a）	2,500
		市場単価（円 /kg）	1,168
		販売額（円 /10a）	2,920,000
経営費	直接経費	種苗費　（円 /10a）	5,418
		肥料費	137,673
		農薬費	78,041
		動力・光熱費	27,050
		諸材料費	194,551
		小農具費他	4,098
		物件税・公課諸負担	27,973
		保険共済費	35,609
		土地改良費・水利費	9,000
		修繕費	80,764
		減価償却費	445,414
		生産管理費	19,600
		費用合計（円 /10a）	1,065,191
	販売経費	選果出荷経費　（円 /10a）	373,213
		運賃	259,174
		手数料	327,040
		販売経費合計（円 /10a）	959,427
農業所得（円 /10a）			895,382
農業所得率（%）			31
労働時間（時間 /10a）			754
1日当たり農業所得（円）			9,500

[減価償却費内訳]

建物・施設（法定耐用年数15年以下は50%償却済）（円 /10a）	402,766
農機具費（50%償却済）（円 /10a）	42,648
合計	445,414

注）2019年長崎県農林業基準技術を一部修正

くないこと、改植に多大な労力を要し、忌地現象があるために同一ハウスで改植・補植しても前作のような単収の保証がないので踏み切れないでいること、1kg当たりシーズン平均1000～1100円程度と単価は安定しており、ハウスの償還が終了していれば、肥料費・農薬費・出荷経費が主な支出（ビニールは5～6年継続使用）で所得率が高いことなどがあげられる（表16）。

長崎県はこれまで、高齢者、女性など兼業農家でも手軽に導入できる品目として推進してきた経過がある。そのため1戸当たりの規模は15～20a、平均年齢は約65歳、後継者不在といったパターンが多くなった。このように面積が減少していくなかでも、アスパラガスハウスの受け継ぎ、新規、中古ハウス導入などで20a程度の規模で栽培を始める30～50歳の新規就農者も見受けられる。規模拡大と同時に、自動換気、自動防除機、自動灌水装置、リースによる収穫ロボットの活用、環境測定装置導入によるリアルタイムデータの活用など、新しい経営・技術の動きが始まっている。

（執筆：重松　武）

伏せ込み促成栽培（1年生株養成法）

1 この作型の特徴と導入

(1) 作型の特徴と導入の注意点

伏せ込み促成栽培は、春から露地圃場で養成した根株を初冬に掘り取り、パイプハウス内の温床に掘り取った根株を伏せ込んで12～3月に収穫する作型である（図13）。以前は株養成を約2年かけて行なっていたが、現在は茎枯病のリスクが低いことや、圃場利用効率が高いことなどから、1年生株の利用が主流となっている。また、この作型では、アスパラガスが休眠してから打破する必要があるため、休眠打破に必要な低温を早く確保できる冷涼な中山間地や高冷地での栽培が適している。

他の作型では、定植後10年程度は連続して収穫が可能であるが、本作型は1作で収穫終了になるため、毎年、播種・株養成・根株掘り取り・伏せ込み作業などが必要となる。育苗経費などのコストはかかるが、単価の高い冬期の出荷が可能となる。

(2) 他の野菜・作物との組合せ方

伏せ込み促成栽培は冬期間に雪に覆われる地域での栽培が主で、他の品目の栽培が難しい冬期の労力活用や補完作物として導入されている事例が多い。春から秋にかけての株養成期間は労力的な負担が少ないため、夏秋野菜などとの複合経営が適する。

2 栽培のおさえどころ

(1) どこで失敗しやすいか

①病害虫防除

露地での株養成となるので、病害虫防除が必須となる。とくに茎枯病は、蔓延すると被害が甚大になることから注意が必要である。

図13　グリーンアスパラガスの伏せ込み促成栽培（1年生株養成法）　栽培暦例

月	1	2	3	4	5	6	7	8	9	10	11	12	1	2	3	4
作付け期間	●			▼							▽	■	■	■	■	■
主な作業	播種	鉢上げ	圃場準備	定植		防除・追肥	防除・追肥	防除	防除		根株掘り取り・伏せ込み 地上部刈取り	収穫				

●：播種，▼：定植，▽：伏せ込み，■：収穫

② 休眠打破

アスパラガスには弱い休眠現象が確認されている。休眠は秋の低温期から始まり、11～12月に最も深くなる。休眠は一定期間の低温（5℃以下）に遭遇することで打破されるが、品種や株の年生で休眠打破に必要な低温遭遇時間が異なる。休眠が打破される前に伏せ込むと、若茎の萌芽遅れや曲がりなどにより減収するため、導入品種の休眠特性を把握し、各産地で示されている休眠打破に必要な低温積算時間を経過してから掘り取りを行なう。

表17　伏せ込み促成栽培に適した主要品種の特性

品種名	販売元	特性
大宝早生	パイオニアエコサイエンス	休眠はやや浅く，年内から収穫可能。初期生育が旺盛で揃いが良い。頭部のしまりが良く，秀品率が高い。収穫終盤まで太物の安定出荷ができる
ウェルカム	サカタのタネ	休眠はやや浅く，年内から収穫可能。国内のアスパラガス栽培面積の60％を占める主力品種。多収で頭部のしまりが良い
ウインデル	パイオニアエコサイエンス	休眠は浅く，年内収穫に適する。太物割合が高く，総収量が多い。収穫後半まで安定した出荷ができる

(2) おいしく安全につくるためのポイント

伏せ込み促成栽培で、品質の良いアスパラガスを収穫するためには、充実した根株の養成が重要である。そのために、健全な株養成ができる土つくりや病害虫の発生しにくい圃場環境を整える。また、病害虫防除では、圃場をよく観察し、防除適期を逃さないようにすることが、防除回数の減少につながる。

(3) 品種の選び方

伏せ込み栽培に適した休眠性の品種を選定する（表17）。年内出荷の早どりをねらうなら、休眠が浅く、早めに伏せ込みができる品種を選ぶ。休眠性の異なる品種を組み合わせることで、収穫期間を分散させ、長期間の出荷が可能となる。

3 栽培の手順

(1) 育苗のやり方

① 播種

1月上旬に128穴または200穴セルトレイに1粒ずつ播種し、温床線を設置した苗床で管理する（図14）。地温が発芽適温の25～30℃となるように温床線のサーモスタットを設定し、小トンネルで被覆する。アスパラガスは種皮が硬いので、播種後は十分灌水し、発芽まで新聞紙などで覆って乾燥を防ぎ吸水を促す。

② 育苗

発芽後は、日中は20℃前後、夜間は15℃を下回らないように温度管理する。2本目の茎が萌芽してきたら、9cmポリポットに鉢上げする。育苗期後半の3～4月は、ハウス内の気温変動が大きくなるので温度管理に注意する。

表18　伏せ込み促成栽培のポイント

	技術目標とポイント	技術内容
育苗方法	◎育苗	
	・品種選定	・伏せ込み促成作型に適した品種を選定する
	・播種	・大苗を育苗できるように早期に播種する
	・鉢上げ	・9cm ポリポットに鉢上げする
圃場準備	◎圃場準備	
	・圃場の選定	・連作を避け，排水の良い圃場を選ぶ
	・土つくり	・良質な有機物を施用し，深耕する
	・施肥	・土壌分析結果に基づき，適正施肥を行なう
	・ウネつくり	・早期にウネつくり，マルチを行ない，地温を確保する
定植～株養成	◎定植	
	・早期定植	・株養成期間を長く取るために早期定植を行なう
	・深植え	・凍霜害，乾燥，倒伏対策として深植えする
	・活着促進	・株元灌水を行ない，活着を促す
	◎株養成	
	・病害虫防除	・茎枯病などの病害予防として，定期的に殺菌剤を散布する
		・害虫は早期発見に努め，初期防除を徹底する
	・除草	・ウネ間は小型管理機による中耕や除草剤，防草シートを利用する。株元の雑草は手でていねいに取り除く
	・追肥	・6月上中旬から8月中旬までに2～3回に分けて，速効性肥料を窒素成分量で3kg/10a/ 回を目安に施用する。生育状況を見ながら施用量を調整する
掘り取り～伏せ込み	◎根株掘り取り	
	・茎葉の刈り取り	・秋季に茎葉が黄化したら，地際部から刈り取る
	・根株の掘り取り	・休眠打破に必要な低温遭遇時間を経過した後，掘り取りを行なう
		・アスパラガス専用掘り取り機で，根株を傷つけないようにていねいに掘り取る
	◎伏せ込み	
	・伏せ込み床設置	・ハウス内に温床線を敷設した伏せ込み床を設置する
	・残茎の除去	・残茎は芽の上2～3cm で切りそろえる
	・伏せ込み	・根株を隙間がないように並べ，1列並べるごとに根の隙間に合土を入れる
		・伏せ込み後根株の間に合土を水で流し込む
		・目土としてりん芽の上約5～10cm の厚さに土やモミガラ堆肥を乗せる
	・温度管理	・伏せ込み後，1週間程度は保温のみとする。その後，りん芽付近の地温が17℃になるようにサーモスタットを設定し吸収根の伸長を促す
	・灌水	・目土の乾燥状況をよく見て，晴天日の日中，気温が上がってから行なう
		・可能であれば汲み置きなどをして，温かい水を灌水する。1回の灌水量は，5～10ℓ/㎡を目安とする
収穫	◎収穫	
	・収穫	・出荷先の規格に合わせた長さで収穫する
		・極端な細茎や曲がり茎は，根株の消耗を助長するので，早めに除去する

(2) 定植のやり方

①圃場準備

アスパラガスは連作を嫌うので、可能な限り連作は避ける。株養成は根株を充実させることが重要であり、定植圃場の適正な土つくりが基本となる。土壌改良材は、土壌分析結果に基づき適正量を施用する。また、良質な堆肥などの有機物の施用や深耕も充実した根株づくりには有効である。元肥は、緩効性肥料を主体に施用し、窒素量で20～30kg／10a程度とする（表19）。

施肥・耕うん後にウネにマルチを行なうが、定植時の地温を確保するために、マルチ展張から定植までの期間を長くとれるように早めに行なうことが重要である（図15）。また、土壌水分が適湿のときにマルチを張ると初期生育が良くなり、充実した根株が確保しやすくなる。

②定植

ウネ幅130～150cm、株間45～55cmの栽植様式とする（図16、17）。病害の発生が心配される場合には、ウネ幅・株間を広めにとり、圃場全体の風通しを確保する。定植時期は、4月中旬～5月上旬が適期である。株養成期間を長くとることが充実した根株の確保に繋がるため、できるだけ早期の定植が望ましいが、晩霜害を受ける可能性がある時期なので、りん芽を守るために深植えする。植

図14　温床線を設置した苗床

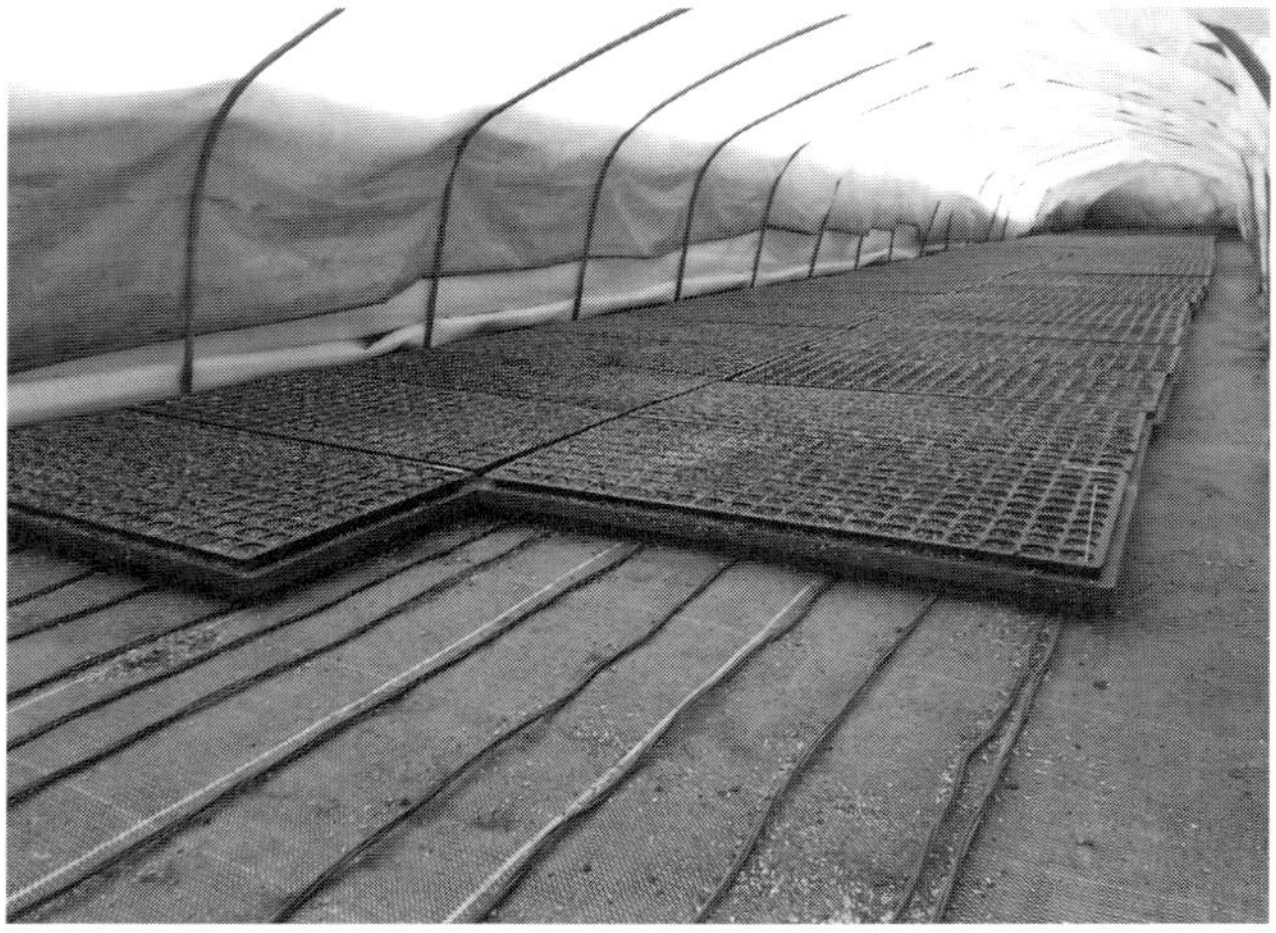

表19　施肥例　（単位：kg/10a）

	肥料名	施肥量	成分量		
			窒素	リン酸	カリ
元肥	牛糞堆肥	2,000			
	苦土石灰	100			
	35苦土重焼燐	20		7	
	茎太	200	20	30	20
追肥	アスパラ追肥533	120	6	15.6	15.6
施肥成分量			26	52.6	35.6

図15　マルチ展張後の様子

える深さは、茎葉が1／3～1／2程度埋まる深さとする。植え穴を開ける場合には、深さ7～8㎝程度とする。深植えすることにより、りん芽付近の乾燥防止や倒伏防止にも効果がある。

(3) 定植後の管理

①灌水

定植後の活着と生育を促すために、株元に約200cc／株の灌水を行なう。このとき、発根促進剤や液肥を混ぜると効果が高い。

②除草

ウネ間の除草は、小型管理機による中耕や除草剤、防草シートを利用する。株元の雑草は手でていねいに取り除く。

図16　定植方法

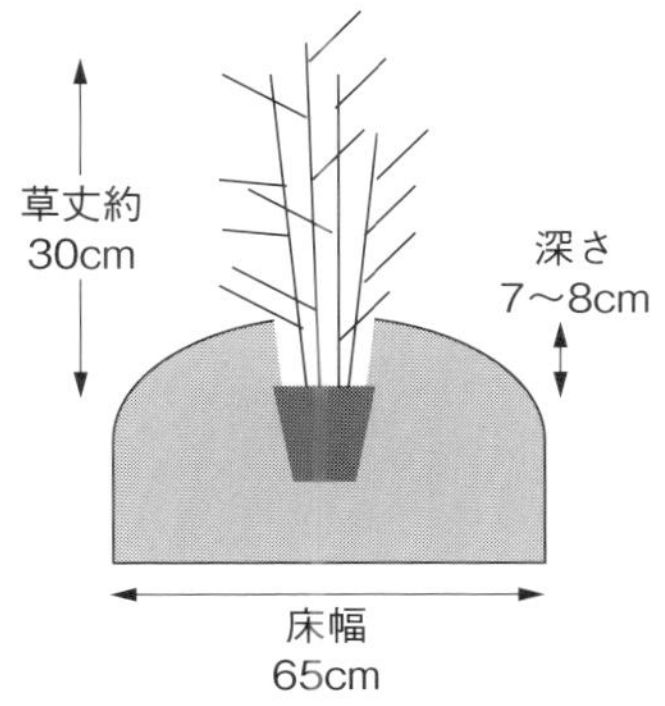

③追肥

6月上中旬から8月中旬までに2～3回に分けて、生育を低下させない程度に速効性肥料を施用し、根株への養分蓄積を促す。追肥の窒素成分量は、3kg／10a／回を目安とし、生育状況を見ながら施用量を調整する。

(4) 根株の掘り取り

①茎葉刈り取り

秋になり、茎葉が黄化したら地際から刈り取る（図18）。茎葉の黄化時期は、茎葉で生成された同化養分が地下部に転流する重要な時期なので、茎葉の刈り取りは掘り取り直前にする。

②根株の掘り取り

休眠打破に必要な低温遭遇時間を経過した後に根株の掘り取りを行なう。掘り取りには、アスパラガス専用掘り取り機を用いるが、根株を極力傷つけないように慎重に作業を行なう（図19）。

図17　定植後の圃場の様子

図18　黄化した茎葉の刈り取り

(5) 伏せ込み

①伏せ込み床

株養成圃場10a当たり30～40㎡必要となる。ハウス内に幅120cm、深さ30cmの溝を掘り、底面に温床線（電熱線）を設置する（図20）。

②伏せ込み

根株に残った茎は収穫の妨げになるので芽の上2～3cmで切りそろえる。根株は伏せ込み床の端から1列ずつ隙間がないように詰めて並べる。1列並べるごとに、根の隙間に土を入れる作業を繰り返す。作業終了後、上から水を入れ、根株の間に土を流し込む（図21）。その後、目土としてりん芽の上約5～10cmの厚さに土やモミガラ堆肥を乗せる。目土にモミガラを使用すると除草や灌水回数の労力削減になり、保温性が低下するので収穫始めはやや遅れるが収穫盛期は前進化する傾向がある。

図19　専用機械での根株の掘り取り

図20　伏せ込み床の設置例

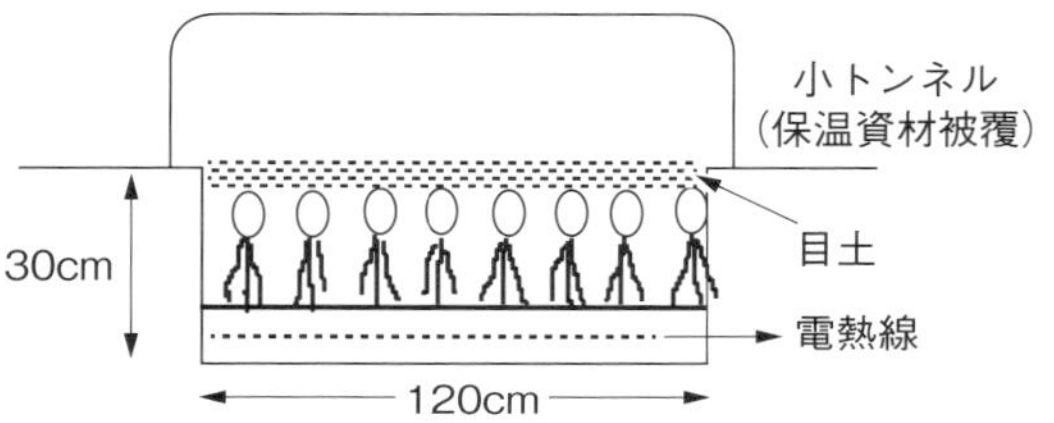

図21　伏せ込み後の水入れ

③温度管理

伏せ込み後、1週間程度は保温のみとし、その後、温床線に通電する。りん芽付近の地温が17℃となるようにサーモスタットを設定すると吸収根が伸長し、安定した収穫が持続する。地温が高い方が収穫開始までの日数は短くなるが、吸収根の再生が遅れ、根株の消耗を助長するので注意する。また、地温確保のため、伏せ込み床は小トンネルで被覆するが、遮光が強すぎると若茎の色が薄くなるので、晴天日の日中は十分に日光を当てる。換気は25℃以上を目安に行なうが、冷気の流入によるハウス内の急激な温度変化に注意する。

④灌水

換気、収穫が始まると床内が乾きやすくなるので、目土の乾燥状況をよく見て灌水を行なう。灌水は晴天日の日中、気温が上がってから行なう。灌水の水は、可能であれば汲み置きなどをして、温かい水を灌水する。1回の灌水量は、5～10ℓ／㎡を目安とする。

(6) 収穫

保温開始後20～30日で収穫となる（図22）。出荷先の規格に合わせた長さで収穫する。極端な細茎や曲がり茎は、根株の消耗を助長するので、早めに除去する。

図22　収穫期のアスパラガス

4 病害虫防除

(1) 基本になる防除方法

伏せ込み促成栽培では、株養成期間の病害虫が問題となる。主な病害虫は、茎枯病、斑点病、ジュウシホシクビナガハムシ、アザミウマ類である（表20）。とくに茎枯病は、蔓延すると充実した根株が確保できず、収量を大きく低下させるなど、被害が甚大になることから、株養成期間中の徹底した予防防除を行なう。連作地で発生が多く、梅雨時期に感染し、秋雨で被害が拡大する。泥はねにより茎葉に感染するため、防除は定期的に株元までていねいに行なう。また、発病株は次の感

表20　病害虫防除の方法

	病害虫名	防除方法	参考事項
病気	茎枯病	・疎植にして風通しを確保する ・排水を良好にし，泥はねを防ぐ ・発病株は早めに抜き取り，圃場から持ち出し処分する ・苗からの菌の持込みを防ぐため，育苗期から防除を行なう ・5月頃から防除を開始し，梅雨・秋雨期は短い間隔で定期的に防除を行なう	・梅雨，秋雨期に多発する ・薬剤が株元にも到達するように散布する ・銅水和剤を夏季高温時に散布すると薬害が発生することがある
病気	斑点病	（茎枯病に準じる）	・夏の終わりから秋に雨が多いと多発する
害虫	ジュウシホシクビナガハムシ	・被害茎は刈り取り処分する ・枯れ茎は圃場から持ち出し処分する ・早期発見に努め，薬剤により防除する	・山沿いの圃場で，春先に発生が多い ・加害を受けて曲がったり変色したりりん片や葉芽の内側に卵がある ・刈り株内や枯れ茎内で越冬することがある
害虫	アザミウマ類	・多発すると防除が困難になるので，初期防除を徹底する ・薬剤を定期的にローテーション散布する	・25℃で卵から幼虫まで12日，1頭の産卵数は100～200個で増殖力が高い ・周辺雑草や近隣作物から飛来侵入し，茎上で産卵し幼虫が発育した後，地表へ落ちて蛹化，羽化して植物体へ戻る

染源となるので、見つけたらすぐに抜き取り処分する。

(2) 農薬を使わない工夫

株養成圃場での病害対策として、ウネ間・株間を広くとり風通しを確保することで、病害が好む多湿条件にならないようにする。また、泥はねで病原菌が感染するので、雨水が停滞するような状況では、圃場の排水性を改善する。

害虫対策として、害虫の住処となる圃場周辺の雑草防除を行ない、圃場の衛生管理に努める。

5 経営的特徴

冬期の労力活用や補完作物として導入されるが、株養成には多くの面積を必要とし、掘り取り機や育苗・伏せ込みで使用するパイプハウスなどの設備が必要となる。

年1作の栽培となるため、毎年、播種・株養成・根株掘り取り・伏せ込み作業などが必要となり、育苗経費などのコストがかかる（表21）。

伏せ込み促成栽培は、出荷量が少なく単価の高い冬期に出荷できる作型だが、とくに単価が高くなる年内の収量を確保できるかがポイントになる。

（執筆：村永　順一郎）

表21　伏せ込み促成栽培の経営指標

項目	
収量（kg/10a）	500
単価（円 /kg）	1,874
粗収益（千円 /10a）	937
経営費（千円 /10a）	647
農業所得（千円 /10a）	290
所得率（%）	31
1時間当たり所得（円）	799
労働時間（時間 /10a）	363

ホワイトアスパラガス

表1　ホワイトアスパラガスの作型，特徴と栽培のポイント

主な作型（北海道の場合）

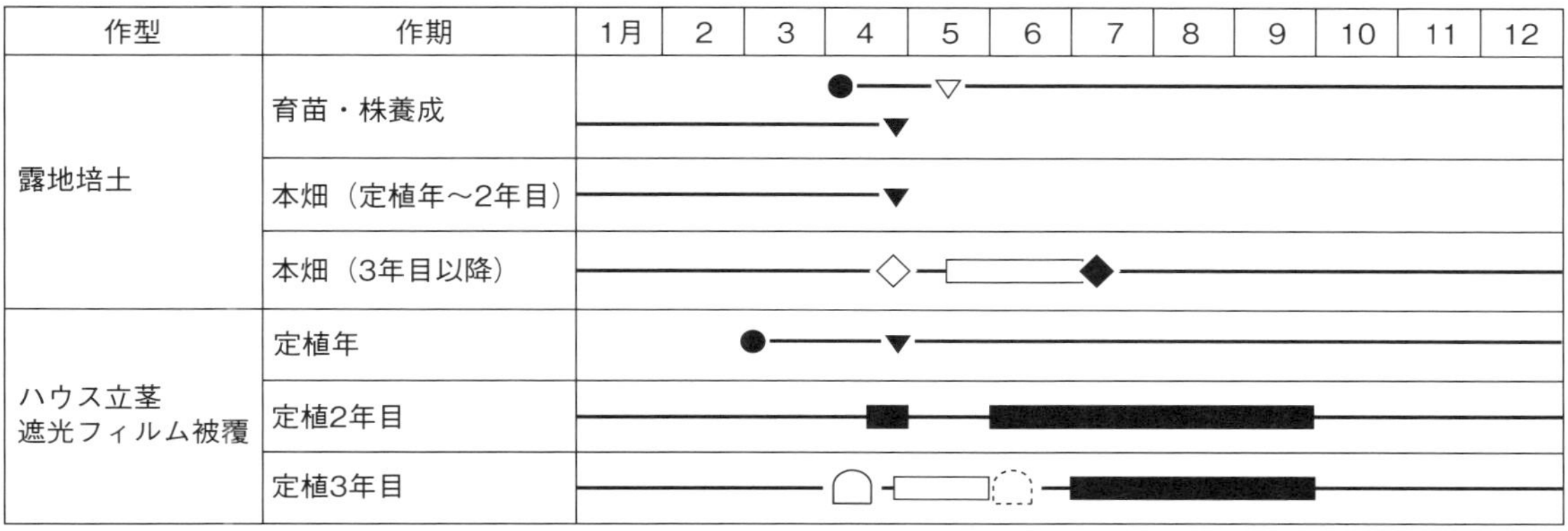

●：播種，▽：移植，▼：定植，◇：培土，◆：培土崩し，⌓：遮光トンネル設置，⌓：遮光トンネル撤去，□：ホワイト収穫，■：グリーン収穫

特徴	名称	ホワイトアスパラガス（キジカクシ科クサスギカズラ属），別名：マツバウド，オランダキジカクシ
	原産地・来歴	原産地は南欧の地中海沿岸から西欧，南ロシアである。日本には18世紀に観賞用としてオランダ人によりもたらされ，大正時代に北海道岩内町で缶詰加工用の原料として本格的な栽培が始まった。現在は缶詰加工業の縮小とグリーンアスパラガス生産の拡大により生産，作付け面積ともに減少の一途をたどっている
	栄養・機能性成分	グリーンアスパラガスと比較するとホワイトアスパラガスの栄養価は劣り，ルチンやカロテンはほとんど含まれていない。機能性を示す成分としては，アミノ酸の一種のアスパラギンとアスパラギン酸，苦み成分であるプロトディオシンを含む
	機能性・薬効など	アスパラギンとアスパラギン酸は新陳代謝に重要な役割を果たし，疲労回復効果がある。また，利尿作用があり，有害なアンモニアを体外へ排出する。プロトディオシンには脂肪の吸収抑制効果がある
生理・生態的特徴	発芽条件	発芽適温は25～30℃で，発芽最低限界温度は5℃前後である。20℃未満では発芽までの日数が長くなる。播種後，適温条件で管理すると2週間程度で出芽が揃う
	温度への反応	萌芽開始温度は5℃前後で，茎葉の伸長適温は10～30℃である。光合成適温は15～20℃で，茎葉の生育限界温度は最低5℃，最高40℃である
	日照への反応	茎葉の光飽和点は40,000～60,000lx である
	土壌適応性	根群は水平方向1.5m，垂直方向1m くらいまで達する。耕土の深い壌土が適し，極端な重粘土やれき質土は適さない。地下水位が高いと生育不良となり収量は大きく低下するので，排水不良地への作付けは避ける。酸性土壌に弱く，最適 pH は5.8～6.1である。培土法を用いる場合は，培土作業を考慮して強粘質や石の多い場所での作付けを避ける
	同化養分の動き	茎葉でつくられた同化養分は秋から冬に貯蔵根に蓄えられ，翌春の萌芽に使われる。夏期は同化養分の多くが萌芽と茎葉の維持に使われる

（つづく）

生理・生態的特徴	開花（着果）習性	雌雄異株で，雌株にのみ結実する
	休眠	休眠導入条件は温度が主体で，10～15℃以下1,000時間付近で最も深くなる。0～5℃以下に一定時間（品種により100～500時間程度）遭遇することで萌芽性が回復する
栽培のポイント	主な病害虫	病気：茎枯病，斑点病，褐斑病，紫紋羽病 害虫：アザミウマ類（スリップス），ジュウシホシクビナガハムシ，ヨトウガ類
	他の作物との組合せ	収穫期間中に労力競合が生じない野菜や作物と組み合わせる

この野菜の特徴と利用

(1) 野菜としての特徴と利用

ホワイトアスパラガスとグリーンアスパラガスは異なる野菜だと誤解される場合があるが、これらはともに同じ植物から収穫される野菜である。収穫される際の環境条件の違いによるもので、収穫物となる若茎が光を浴びながら育つとグリーンアスパラガスに、光を遮られながら育つとホワイトアスパラガスとなる（図1）。

ホワイトアスパラガスの栽培は大正時代に北海道の岩内町で始まった。この栽培が国内で最初の商業的なアスパラガスの生産とされており、生産されたホワイトアスパラガスは缶詰に加工され、国外へ輸出された。缶詰の品質の高さが評価され、重要な換金作物としての地位を確立したホワイトアスパラガスの栽培面積は1968年には5000haにまで拡大した。一方、1960年代頃から安価な中国産や台湾産の缶詰が製造されるようになり輸出業が縮小したこと、ほぼ同時期にグリーンアスパラガスの人気が高まり、ホワイトアスパラガスの圃場がグリーンアスパラガスの圃場に転換（「グリーン転換」と言われた）されたことによりその栽培面積は減少の一途を辿ることとなった。しかし、2000年前後になると、その独特の風味と食感が見直され、缶詰用ではなく、青果用としてのホワイトアスパラガスの価値が再評価され、青果としての流通が見られるようになった。ただし、現在もその栽培面積はグリーンアスパラガスと比較すると圧倒的に少なく、入手しづらい野菜といえる。

若茎を軟白化させるホワイトアスパラガスの栽培方法には2つの手法がある。春先に若茎が萌芽する前にウネの上に30～50cm程度の高さに土を盛り、土の中で軟白化させる方法（培土法）と土の代わりに遮光トンネルを設置して暗黒条件下で軟白化させる方法（フィルム被覆法）である。前者がヨーロッパの多くの国でも見られる元来のホワイトアスパラガスの栽培方法で、この方法で生産されたホワイトアスパラガスの大半は缶詰加工用の原料として取り扱われている。一方、後者は青果用のホワイトアスパラガスの生産に用いられており、北海道では主にギフト商品として流通することが多い。

缶詰用の規格長が17cm、青果用の規格長が24cmであるため、若茎の長さから栽培法の違いを見分けることができる（図1）。同じホワイトアスパラガスではあるものの、それぞれ異なる特徴を持っているため、取り扱う際にはその特徴を十分に把握しておく必要がある。培土法で生産されたホワイトアスパラガスは缶詰加工用に用いられていることからも理解できるように全体的に固く、加熱しても形が崩れにくい。また、脂肪の吸収抑制効果がある機能性成分として知られるプロトディオシンという苦み成分を多く含み、ホワイトアスパラガス特有のほろ苦さを楽しむことができる。一方、フィルム被覆法で生産されたホワイトアスパラガスは表皮が柔らかく、缶詰加工には利用できないものの、加熱時間が短く、調理しやすい。加えて、苦み成分も少ないため、苦みが苦手な人でも独特な風味を味わうことができる。

図1　グリーンアスパラガスとホワイトアスパラガスの若茎

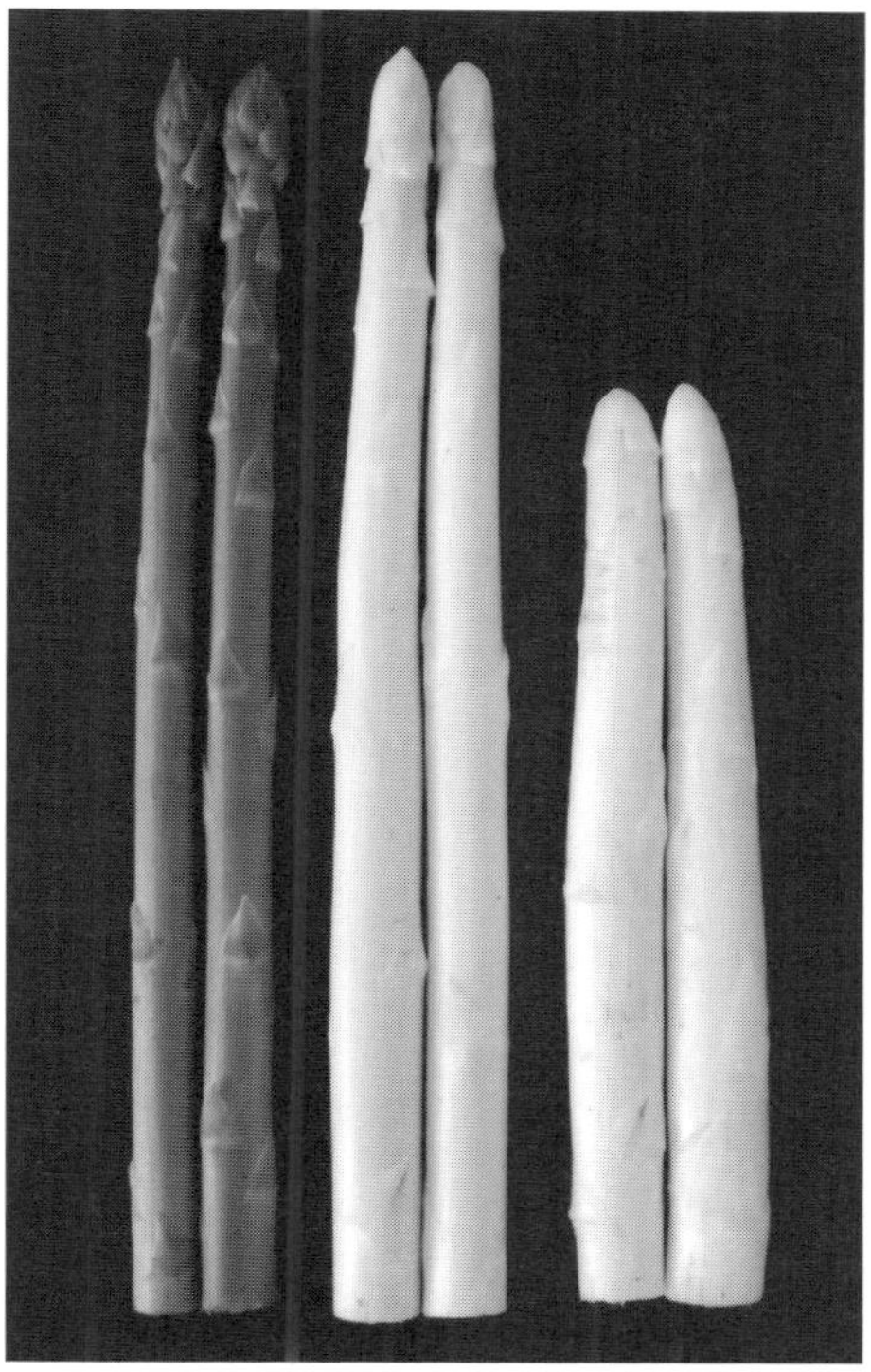

左：グリーン，中央：フィルム被覆法で生産されたホワイト，右：培土法で生産されたホワイト

ホワイトアスパラガスは光を遮ることで白さを維持する野菜であり、残念なことに収穫後でもこの特性は失われず、光にさらされると変色（緑色と赤紫色に色づく）してしまう。そのため、店頭などに陳列すると時間の経過とともに汚いホワイトアスパラガスに変化する。ホワイトアスパラガスを販売する際には、この特性を十分理解したうえで取り扱いいただきたい。

(2) 生理的な特徴と適地

ホワイトアスパラガスは収穫時の栽培管理がグリーンアスパラガスと異なるだけであり、その生理的な特徴は基本的にはグリーンアスパラガスと同じである。多年生の野菜で、葉茎でつくられた養分を根（貯蔵根）に貯え、翌年の春にその養分を使いながら収穫物である若茎を生長させる。収穫量が前年の貯蔵養分に左右される点がこの品目の最も大きな特徴である。

適地もグリーンアスパラガスと同様である。根が所狭しと深くまで伸びるため、作土層が浅かったり、地下水位が高かったりすると充分な根株養成ができない。健全な根株をつくるためには40cm以上の作土層が必要となるため、作土層が足りない場所では高ウネにして作土層を確保する。腐植含量が多く、通気性、保水性の良好な土壌が望ましく、酸性土壌では根の伸長が抑えられるため、pHの値が低い場合は6〜7を目安に矯正する。また、作付け前に土壌病害である紫紋羽病が発生していないことを確認しておく必要がある。加えて、露地培土栽培でホワイトアスパラガスを生産する場合は、培土作業が困難となる強粘質の土壌や石の多い土壌を避け、培土の作業性が良い砂質の土壌を選ぶ。

（執筆：地子　立）

露地栽培

1 この作型の特徴と導入

(1) 作型の特徴と導入の注意点

ホワイトアスパラガスの露地栽培は、ウネ上に培土して太陽光を遮ることで若茎を軟白化させる栽培法である。そのため、培土作業や収穫作業を除けば、グリーンアスパラガスと共通する点が多い。

アスパラガスは多年生の宿根性植物で、一般的な栽培年数は15年程度と考えられている。このため、圃場選びと土壌改良が最も重要である。排水性が不良で、十分な作土層が確保されていない圃場での栽培は、収穫を始めて数年で収量性が低下する。したがって、地下水位が低く、排水性に優れる圃場を選ぶことが重要である。

また、土壌改良の適否によって、その後の収穫年数や収穫量に影響することから、定植前の土壌改良は入念に行なう。最近ではセル成型苗を直接本畑に定植し、翌年から収穫を開始する早期成園化の栽培方法が主流であるものの、本格的な収穫まで2年程度は必要である。

ホワイトアスパラガスの市場性は、グリーンアスパラガスと異なり缶詰原料としての流通が主である。このため、需要量は限られていることに留意し、販売先や流通方法を考慮して導入する。その他にも、培土や培土崩しの作業には専用の機械を用いると作業性がよい。また、若茎が地表面に頭を出す前に、土の中にある見えない若茎を収穫するため、収穫作業に慣れが必要である。つまり、付近で伸長しようとしている若茎を傷つけやすい収穫作業の特徴があり、経験を必要とする。

(2) 他の野菜・作物との組合せ方

アスパラガスは、気温が高いと1日の伸長速度が速く、収穫が本格化すると1日に2〜3回の収穫作業となる。このため、アスパラガスの収穫期間（北海道では5月中旬から7月上旬まで）と労力競合を考え、その他の野菜や作物（北海道では、ダイコン、ニンジン、長ネギなど）と組み合わせる必要がある。

2 栽培のおさえどころ

(1) どこで失敗しやすいか

①圃場の選定

一度定植したアスパラガスは、通常15年程度収穫するため、ほかの野菜に比べても畑の選定がきわめて重要である。

圃場の選定は、地下水が低く（100cm以下）、作土層が深く（１００cm以上）、透排水性に優れ、培土作業、培土崩し作業のしやすさを考慮する。土壌の種類では、培土に係る作業や収穫作業などを考慮して火山灰土壌や砂質土壌が適する。

圃場選定にあたり、アスパラガスで問題となる紫紋羽病が発生していないことも重要である。紫紋羽病は、寄主範囲が広い土壌伝染性の病害であるため、畑の汚染状況を事前に調べる。作付予定地の前作に、ジャガイモやニンジンを栽培し、収穫の際に根部を観察する。畑が汚染されていると、ニンジンの根部の表面に赤褐色の糸状のもの（菌糸束という）がからみ合い網目状の症状が確認できる。

②土壌改良

アスパラガスの根は地表から深いところにあるため、土壌の深層の物理性や肥沃度を改良する。一度定植すると土壌の深層までの土壌改良は困難であるため、定植前に入念に土壌改良を行なう。とくに、酸度の矯正、リン酸の補給、有機物の投入は非常に重要である。このため、アスパラガスを定植する予定の前年から、計画的に土壌の深層までの土壌改良を行なう。

③定植時期

北海道の降霜は10月頃である。つまり、定植する時期を早めて株を養成する期間を確保することが、翌年以降の収穫量を高める。定植する苗は、10cm程度のポリポットで育苗した大苗（若茎7～10本程度）を準備し、早期に定植することで定植年の生育量を確保する方法もある。

④定植後の年数や株の力に応じた収穫量のコントロール

定植後の1～2年程度は株を養成し、それから収穫を始める。収穫初年目に収穫しすぎると、株を弱めて翌年の収量が大きく低下し、その後も長期間にわたり影響する。このため、収穫量は株の生産力をみながら年々少しずつ増やす。

(2) おいしく安全につくるためのポイント

①雑草が少ない畑を選定する

ホワイトアスパラガスはグリーンアスパラガスに比較すると雑草害は少ない。しかし、多年生作物であるため、株元にスギナなどの宿根性雑草が増えると、防除が困難となり収穫作業の邪魔になる。

②収穫直後からの作業手順

アスパラガスは、収穫直後から品温の上昇とともに呼吸が増え、鮮度・品質が低下する。このため、調製・選別作業は予冷してから行なう。また、ホワイトアスパラガスは、光に当たると着色するため、収穫かごはこまめに交換し、交換後も直射日光から遮断するよう覆いをする。

(3) 品種の選び方

アスパラガスは雌雄異株で、雌株は実を結ぶときに栄養分を消耗するため、雄株が多収である。オランダで育成されたF_1品種（'ガインリム'、'ゼンユウガリバー'など）は全雄系である。アスパラガスは通常、雌雄の比率が一対一であるが、雄株の比率が１００％に近い系統を全雄系と呼んでいる。全雄系は、実（種）を着けないことから、ひこ生えの発生が少ない。また、若茎の萌芽する本数が多くて太く、斉一性に優れることから、収量性が高い特性がある。ただし、グリーン生産を行なうと、若茎のアントシアニンの発色が強く、頭部の開きが早いことからアメリカで育成された品種（'ウェルカム'など）と比較すると外観品質が異なる（表２）。一般的に、

表2　露地栽培の主要品種の特性

品種名	育成国	販売元	雌雄の区別	収量性	若茎平均1本重	外観品質			地上部生育量（GI）	耐倒伏性	斑点病発病の多少
						頭部のしまり	アントシアニン着色	茎色			
バイトル	アメリカ	カネコ	混合	□	□	○	□	□	□	ー	中
ウェルカム	アメリカ	サカタ	混合	□	□	○	□	□	□	□	中
ガインリム	オランダ	サナテックシード	全雄	◎	□	△	△	○	◎	◎	少
ゼンユウガリバー	オランダ	サナテックシード	全雄	○	○	○	□	□	○	□	中

注1）9年株までの特性調査結果を5段階（◎>○>□>△>×）で評価した
注2）アントシアニン着色は淡いほうを，茎色は濃いほうを良評価とし，耐倒伏性は夏秋期の倒伏茎数率より評価した
注3）平成18年北海道指導参考事項に加筆

ホワイト生産の専用品種はないと考えられており、収量性の高い品種を中心に選定する。

3 栽培の手順

(1) 畑の準備

定植1年前から準備を進める。とくに、宿根性雑草があれば、除草剤などで前もって除草する。また、アスパラガスの根は深いことから土壌診断用のサンプリングは作土層と下層土に分けて行なう。目標とする土壌pHは6～7とし、石灰資材を投入する。リン酸は土壌診断結果で、トルオーグリン酸が30mg／100g未満の場合は、深さ50cmまでを対象として、トルオーグリン酸を30～40mg／100gまで高めるようにリン酸資材を施用する。土壌診断の結果によっては資材費を要するため、土壌改良は前もって計画的に行なう。有機物の投入は、堆肥などを10t／10aを目安に全面投入し、十分に土壌と混和する。

(2) 育苗

早期成園化をするために、播種当年の苗をマルチングした本畑に直接定植する方法が主流となっている。また、自家育苗をする方法もあるが、最近では、セル成型苗を購入する方法がある。セル成型苗を購入すると播種作業や出芽までの管理を省力できる。育苗期間中は、培土を乾かさないように適度に灌水を行ない、若茎の発生を促す。萌芽する若茎が順序よく太くなっていると順調な生育である。本畑に定植するまでの日数を要する場合は、少し大きめのポリポットなどに鉢上げし、茎葉の黄変が見られる場合は追肥を行なう。

(3) 定植のやり方

① 栽植方法

定植のやり方も基本的にグリーンアスパラガスと同じだが、栽植密度が異なる。ホワイトアスパラガスでは培土作業が必要になるため、ウネ幅を広めにすることが多い。北海道では、グリーンアスパラガス（露地）のウネ幅120～150cm、株間20～30cm（10a当たり2220～4170株）に対して、ホワ

表3　露地栽培のポイント

	技術目標とポイント	技術内容
品種選定	◎適した品種選定	・オランダで育成されたF_1品種（‘ガインリム’‘ゼンユウガリバー’など）は，全雄系でひこ生えの発生も少ない。また，若茎の本数も多く，太く，斉一性にも優れ，収量性が高い ・若茎のアントシアニンの発色が強い品種は，グリーンアスパラガスよりもホワイトアスパラガスに適することから，太さや斉一性に注目して選定する
定植準備	◎畑の選定（最重要）	・排水性に優れ，地下水位が低い圃場 ・作土層が深い圃場（100cm以上） ・下層土に粘土層がない圃場 ・土壌病害虫に汚染されていない圃場 ・雑草の少ない圃場
	◎土づくり（有機物投入）	・堆肥5～10t/10a
	◎土壌改良と深耕	・60cm以上を深耕し，下層土の化学性と物理性が均一になるよう改良する ・必ず，作土層と下層土の土壌診断を実施し，土壌pHは6～7になるように石灰資材を用いて矯正する ・土壌診断結果に応じてリン酸資材も施用する
	◎苗を直接，本畑に定植する場合	・地温上昇による生育促進と雑草対策として，有色の農ポリ（グリーン，幅1m前後）を用いてマルチをする ・マルチは，定植1～2週間前に，土壌水分が適度な状態で行ない，定植前の地温を確保する
播種	◎播種時期と方法（自家育苗の場合）	・北海道は，積雪があることから，根中糖分を確保する期間が重要であるため播種，定植時期を早めに行なう ・128または200穴のセルトレイを用い，1穴1粒播種する ・出芽までは28℃を確保し，育苗土が乾燥しないよう，新聞紙などで湿度を確保し，2～3週間程度で出芽させる
定植方法	◎栽植密度	・ホワイトアスパラガス専用畑ではウネ幅180cm，株間30cm（10a当たり1,850株）とする ・グリーン兼用畑ではウネ幅を150cm，株間20～30cm（10a当たり2,220～4,170株）とする
	◎定植	・セル成型苗などを本畑に直接定植する場合は，マルチに幅10cm程度の十文字の切れ目を入れて植え付ける。植え付けの深さは地表面からポットの上面まで5cm程度とする
収穫年の管理	◎施肥（3回に分ける）	・窒素を萌芽前に10a当たり5kg，培土崩し前に8kg前後，培土崩し後に8kg前後を施用する
	◎除草（宿根性雑草に注意）	・除草剤だけに頼らず，耕うん機や草とり鍬で2～3回除草する。とくに，宿根性の雑草を増やさないように注意する
	◎倒伏防止（養分貯蔵に影響）	・収穫打ち切り後に支柱やテープなどを張る
	◎病害虫防除	・茎枯病，斑点病，ヨトウガ幼虫，ジュウシホシクビナガハムシ幼虫を防除する
	◎培土と培土崩し（適期に作業する）	・培土作業は萌芽前に行ない，培土崩し作業は収穫打ち切り後ただちに行なう
収穫	◎適期収穫（土の中の見えない若茎を収穫するため，慣れが必要）	①培土表面の亀裂を確認する ②若茎頂部を確認する ③若茎の方向を確認する ④専用ナイフを用いて基部を切断する ⑤若茎を持ち上げる ⑥容器へ収納する ⑦培土表面のくぼみを修復

図2　栽植方法

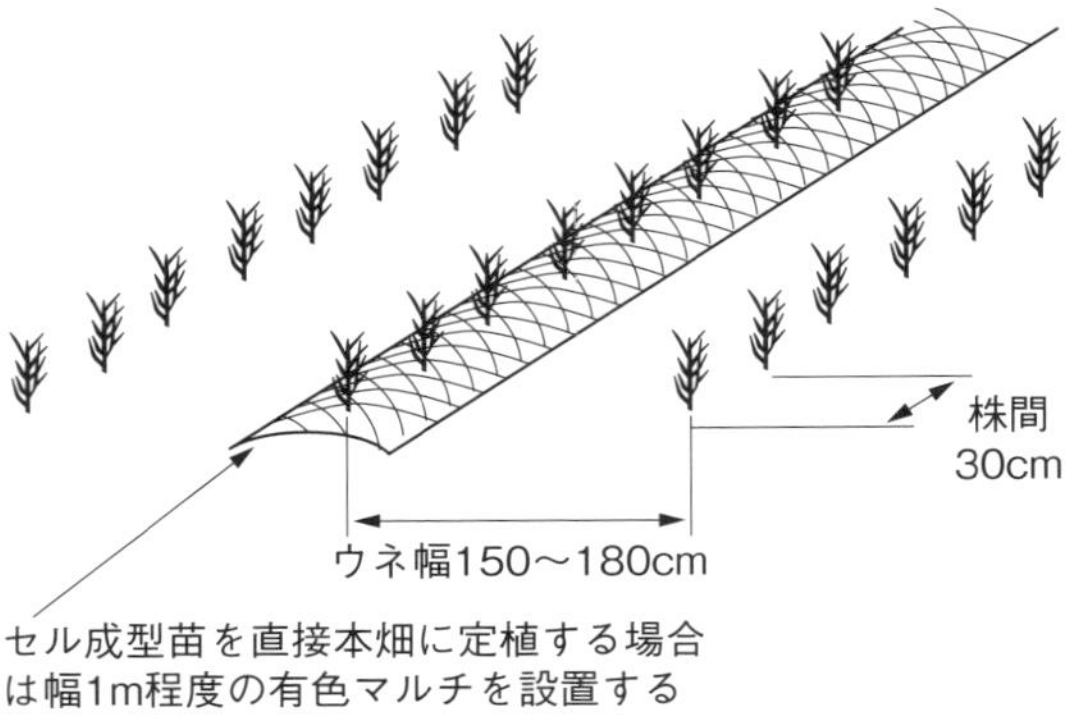

イトアスパラガスではウネ幅１８０cm、株間30cm（10a当たり１８５０株）と疎植にしている（図２）。

しかし、必ずしも１８０cmのウネ幅が必要ではなく、将来グリーンに転換する可能性がある場合は、１５０cm程度にする。また、使用する培土機やトラクタなどの作業幅を考慮してウネ幅を決定する。

②マルチ

定植時の施肥は、植え溝に10a当たり窒素10kg、リン酸20kg、カリ10kgを施用してマルチングする。使用するマルチフィルムは、雑草抑制と地温を高めるため、グリーンマルチなどを用いる。育苗したポリポットなどの上面が、地表面から５cm下となる深さになるように植え付ける。なお、マルチに植え付けする箇所は、カッターなどで十文字になるよう穴を開ける。

若茎が次々に萌芽するとマルチフィルムに引っ掛かり、マルチ内に留まる株がある。必ず、圃場を観察してマルチフィルムに引っ掛かっている若茎は、マルチフィルムを拡げて、若茎の伸長を促す。

マルチフィルムの除去は、翌年春に、茎葉の処理とともに行なう。

(4) 定植後の管理

①定植後の年数に応じた管理

定植後の管理でグリーンアスパラガスとホワイトアスパラガスが異なるのは培土作業の有無だけで、ほかの管理作業は同じである。定植した1年目の管理作業は、除草、病害虫防除を行なう。定植2年目以降は、春に枯れた茎葉の処理、施肥、除草、病害虫防除、倒伏防止が主な作業となる。収穫年からは、これらの作業に加えて収穫の前後にホワイトアスパラガス特有の「培土」と「培土崩し」の作業が必要になる。

②枯れた茎葉の刈り取り処理

晩秋は霜に2、3回あたり茎葉が黄変し始めて、茎葉が枯れるため、刈り取り処分する。北海道では枯れた茎葉の刈り取り処理を秋遅くにタイミングよく行なうのは難しいため、そのまま雪の下にすることが多い。翌春の雪解け直後、枯れた茎葉が乾燥する頃に、草取り鍬などで刈り取り搬出する。この場合、鍬で地表下数cmを削り取るようにして、枯れた茎の根元をしっかりと取り除く。茎の根元を残すと、すぐそばから伸長する新しい若茎に傷を付け、若茎が曲がる原因となる。

③施肥

施肥量はグリーンアスパラガスと同じなので、各地の施肥基準に準じて施用する。ただし、施肥方法や施肥時期については次の点に注意する。

北海道の施肥基準では、定植2年目以降に窒素を10a当たり20kg施用する。そのうち5kgを春肥として融雪後に施用し、残り15kgのうち50%を培土崩し前に、50%を培土崩し後に、ウネの上に施用する（表４）。

④除草

ホワイトアスパラガスでは毎年培土や培土

表4　施肥例（北海道）　（単位：kg/10a）

定植１年目			定植２年目以降		
窒素	リン酸	カリ	窒素	リン酸	カリ
10	20	10	春肥：5（全面） 培土崩し前：7.5（ウネ上） 培土崩し後：7.5（ウネ上）	春肥：15	春肥：10 培土崩し前：2.5（ウネ上） 培土崩し後：2.5（ウネ上）

崩しの作業を行なうので、グリーンアスパラガスに比較すると雑草害は少ない。北海道のある産地では、グリーンアスパラガスの宿根性雑草の防除を目的にアスパラ畑を３つに区分し、うち２区分をグリーンアスパラガスの生産に、残り1区分をホワイトアスパラガスの生産にあて、それをローテーションする（1つの区分で3年に1回はホワイトアスパラガスを生産する）ことを勧めている。このローテーション方式は、グリーンアスパラガスの霜害、風害などの危険を分散させることで、経営の安定化を図ることも目的としている。

ホワイトアスパラガスの場合は、宿根性雑草が多いと培土表面の亀裂が増え収穫作業の邪魔になりやすい。除草には、中耕をかねて耕うん機を用いる方法、草取りホーなどを用いて手取りで行なう。また、場合によっては除草剤を散布する。

⑤倒伏の防止

収穫打ち切り後の夏から秋にかけて、茎葉の生育が旺盛な場合に、強風などによって茎葉が倒れる。倒れると、光合成による同化養分が貯蔵根に送られず、株の養成が十分に行なわれなくなる。そのため、風の強い地帯では茎葉が伸びきったあと草丈150㎝程度で切り揃える（トッピング）か、ウネに沿って3～5ｍ間隔に支柱などを立てて、テープやひもなどで回すか、フラワーネットを張って倒伏を防止する。

⑥培土

ウネ間の土をウネの上に盛って幅の広い高ウネをつくる培土作業は、若茎が萌芽を始める直前に行なう。

培土作業の前には、ウネ間の土をよく耕うん・砕土し、土を乾かしてサラサラにする。湿った土やゴロ土を盛ると若茎が曲がりやすくなることから注意する。また、ウネ間は、深く起こすと根株を傷めてしまうことがある。

北海道ではトラクタ牽引式の専用培土機を使うことが多い。専用培土機にもいくつか種類があり、ほとんどの培土機は、機械の前部左右のディスクハローか爪やロータリ刃が両側のウネ間の土を耕起しながら中央に寄せて、機械後部の鉄板やプロペラがウネの上に土を盛り上げる。同時に、最後部の鉄やゴムの板でウネの形を整えながら表面を平滑にする仕組みになっている。専用培土機を用いると1時間当たり40～50ａという高い作業能率で培土ができる。

専用培土機がない場合には1連プラウを用いる。プラウを用いる時は、2～3回に分けて培土する。プラウでは、始めに一つのウネに対して、往路で片側のウネ間の土をウネの上に寄せ、復路で反対側から培土する。これだけでは不十分なので、若茎が盛った土の上に出てくる前にもう一度ウネ間に残った土を寄せ、さらに反対側も同様に土寄せする。片側から2回ずつ、両側で計4回の土寄せを行なうことになる。培土が足りない場合は回数を増やす。

以上の培土によって、ウネの形を作る。ウ

図3　ベタがけ法によるホワイトアスパラガスの収穫
（原図：地子　立）

ネの高さは、培土前の地表面から24cm程度とし、全体として扁平なかまぼこ形にする。

プラウや鍬で培土をしたときは、次にレーキなどを使ってウネの表面を平滑にするための仕上げ作業を行なう。収穫時には、ウネの表面に生じる放射線状の亀裂を探しながら収穫するため、できるだけていねいに土壌表面を仕上げる。また、降雨により培土が崩れた場合は再度、培土を行なう。

培土ベタがけ法　前述した培土の方法は、若茎が土壌表面から頭を出すと若茎が太陽光にさらされ着色することから、土の中にある状態で収穫する。このため、収穫最盛期には1日2～3回の収穫が必要となる場合がある。培土ベタがけ法は、培土したウネの上に遮光フィルム資材を直接被覆して、収穫遅れによる若茎の着色を回避し、収穫回数を1日に1回とすることが可能である（図3）。遮光資材は、丈夫で、遮光率99・999…%以上と高いフィルム資材を用いる。遮光資材には裏表で白色と黒色もある。地温が低い春先は黒色を表にすることで地温の上昇を促し収穫期を前進させる。収穫量が増えると白い面を表に裏返すことで地温上昇を抑制し収穫を遅らせることができる。

なお、強風でフィルムが飛ばされる危険性もあるため、重しなどでフィルム裾を押さえるなどの対策を行なう。収穫作業時にはフィルムの徐覆、被覆作業が伴うことに留意する。

⑦培土崩し

土の中を若茎が伸長している間にも貯蔵根の養分を消耗しているため、培土崩しは、収穫が終わったら速やかに行なう。

専用培土崩し機もあるが、プラウを使ってもよい。プラウの場合は春の培土作業と逆の作業を行なう。ウネの上をプラウで往復させながら片側2回ずつ計4回、根株を傷めないように土を崩す。仕上げにハローを使って、畑を完全に平らにする。

(5) 収穫

①収穫の方法

北海道では、昔ながらの道具を用いた手取り収穫が主体である。手取り収穫には、アスパラガスナイフまたは収穫ノミと呼ばれる専用の道具を用いる。

アスパラガスナイフは、長さ約45cmの鉄の丸い棒に刃渡り4cm前後の刃を付けたもので、大型のマイナスドライバーのイメージである（図4）。さらに、収穫した若茎を入れて運搬する容器も必要。専用のステンレス容器もあるが、手かご、木箱や石油缶（18ℓ缶）を半切りにして取っ手をつけたものなどを用いる。これらの道具を持ってウネの間を歩きながら収穫する。

気温の低い時期は1日1回を目安とし、気温の上昇とともに頭部の着色を防ぐために朝、夕2回、最盛期には朝、昼、夕方の3回収穫する。なお、培土ベタがけ法を用いることで1日の収穫回数を1回程度に減らすことができる。1人1日当たりの収穫面積は、初心者で30a、熟練者で50aといわれている。

収穫にあたって注意する点は、缶詰原料として出荷する場合に、販売先に事前に確認する。出荷先の基準では、頭部が純白のものだけが1等で、少しでも頭部が着色していると2等になるため、収穫は若茎の頭部が盛土から出る前に行なう。

図4　収穫に使用するアスパラガスナイフ

②実際の収穫作業

培土表面の亀裂の確認　若茎の頭部が土を押し上げることによって生ずる地表の放射線状の亀裂（ひび割れ）を探す。地表の亀裂は宿根性の雑草の萌芽によっても生ずるので、雑草対策がこの面でも重要になる。

若茎頭部の確認　亀裂を見つけたら、左手（ナイフを持っていない手）の指先でその部分の土を少し崩す。それから若茎の頭部を確認する（図5）。

図5　ホワイトアスパラガスの若茎頭部

若茎の伸長方向の確認　さらにもう少し土を崩し、若茎がどの方向から伸びてきているかを推定し、茎の基部（根元）の位置の見当をつける。

専用ナイフによる基部の切断　見当をつけた根元に向かってナイフを差し込み、茎を切り取る。缶詰原料では、茎の長さ17cm以上が確保できるように切る。

若茎の持ち上げ　そのままナイフの柄を少し下方に下げると、切られたアスパラガスがテコの作用で土の中から上へ持ち上げられる。

容器への収納　持ち上げた若茎を左手でつまみ上げて容器に入れる。

培土表面のくぼみの修復　収穫した後、盛土の表面にくぼみができているので、手で付近の土を戻し、コテや容器の底などで軽く地表をたたいて元どおりにする。

③収穫した若茎の取扱い

収穫した若茎は、速やかに納屋などの冷涼な場所に運び入れて、予冷後に調製と選別を行なう（図6）。まず、きれいな水で若茎をよく洗い、商品化できないもの（病虫害の被害茎、曲がりがひどい茎など）を取り除く。次に、頭部をそろえて一定の長さ（缶詰用で

図6　収穫したホワイトアスパラガス（原図：地子　立）

は17cm）に根元側を切り落とす（切り落とされた根元側の部分も自家用の酢漬けなどに利用できる）。

④収穫期間と収穫量

通常の収穫初年目は15日程度で収穫を打ち切り、その後、株を養成する。2年目は30日、3年目以降は60日と、年数の経過とともに徐々に収穫期間を延ばす。収穫打ち切りから降霜までの株養成期間が100日程度必要であるため、北海道の例では7月上旬には収穫を打ち切る。

収穫期間（収穫量）を延ばすと、その後の株養成の期間が短くなるため、翌春の収量が低下し、その後、何年も減収する。逆に収穫打ち切りが早すぎると収量が低く、経営上不利になる。その他にも、茎葉の過繁茂による倒伏や斑点病が多発して、翌春以降も減収することがある。そこで、収穫期間を株の生産力に応じて決める。

表5　アスパラガスの収穫期間の設定基準

		秋の根中Brix値（%）			
		＜12	12〜15	15〜18	18＜
秋のGI値	4,000＜	約20日間	約30日間	約40日間	約50日間
	2,000〜4,000	無収穫	約20日間	約30日間	約40日間
	＜2,000	廃耕	無収穫	約20日間	約30日間

注1）収量レベルは450〜600kg/10a（グリーンアスパラガス）
注2）GI値：秋の生育量のこと。平均草丈×茎径（cm）×1m当たりの茎数（本）から算出
注3）根中Brix値：屈折糖度計の読み値（根は20本以上測定する）

株の生産力を秋の茎葉の生育量や根の糖分量から推定し、翌春の収穫期間を決定する目安がある。例えば、「春の収量≒根の貯蔵養分量≒前年秋の茎葉生育量」という式に基づいて、秋の根のブリックス値（屈折糖度計の読み値）と秋の茎葉生育量（平均草丈×茎径×1m当たりの茎数から算出）から翌春の収穫期間を設定する方法などが実用化されている（表5）。

4　病害虫防除

(1) 基本になる防除方法

ホワイトアスパラガスに発生する主な病害虫は、茎枯病、斑点病、ヨトウガ幼虫、ジュウシホシクビナガハムシが、収穫打ち切り後からグリーンアスパラガスと同様に問題となる。防除法はグリーンアスパラガスを参照する。

培土期間中に問題となる害虫として、タネバエの幼虫が土の中で生長中の若茎に食入することがある。タネバエ幼虫に食入されると、被害部が点々と褐色になって美観が損な

われるため、商品価値が低下する。

(2) 農薬を使わない工夫

ホワイトアスパラガスの病害虫防除のポイントは、収穫打ち切り後に発生する茎枯病、斑点病、ヨトウガ幼虫の発生に注意することである。定期的に畑を観察し、病害虫の被害を早めに見つけて初期防除に徹する。少しでも農薬を使わないようにするには、病気に感染して枯れた株や雌株の株元の実生株（病気の伝染源になりやすい）を除去するなど、伝染源の密度を低下させるこまめな管理が必要になる。

5 経営的特徴

アスパラガスは、一度定植すると後から土壌改良が困難である。定植時に土壌の深層部まで入念な土壌改良が必要であり、多大な費用と労力を必要とする。また、定植後1～2年目は収量も低い。しかも、缶詰原料でなく生食用として出荷販売する場合には、需要量が限られており、経営的にも未知数の点が多い。したがって、導入に当たってはこれらの点を十分に理解し、販売方法を検討して作付けする。

（執筆：成松　靖）

遮光フィルム被覆栽培

1 この栽培の特徴と導入

(1) 栽培の特徴と導入の注意点

フィルム被覆法では遮光率の高いフィルム資材を利用してアスパラガスのウネ上に遮光トンネルを設置し、暗黒条件下で若茎を軟白化する（図7）。培土法の収穫作業では専用の収穫ノミを用いて地面の中にあるホワイトアスパラガスを収穫することになるため、収穫作業に一定程度の慣れが必要であるが、この方法ではグリーンアスパラガスと同様に土の表面に露出した状態の若茎を収穫できるため、収穫作業がきわめて容易となる（図8）。

また、培土法では必須の盛り土作業がないため、圃場の土壌条件にとらわれることなくホワイトアスパラガスを生産できる。さらに必要な資材さえ揃えることができれば、既存のグリーンアスパラガス圃場に導入し、すぐにホワイトアスパラガスの生産を開始でき

図7　ハウス栽培のウネ上に設置した大型遮光トンネル

図8　大型遮光トンネル内の収穫作業

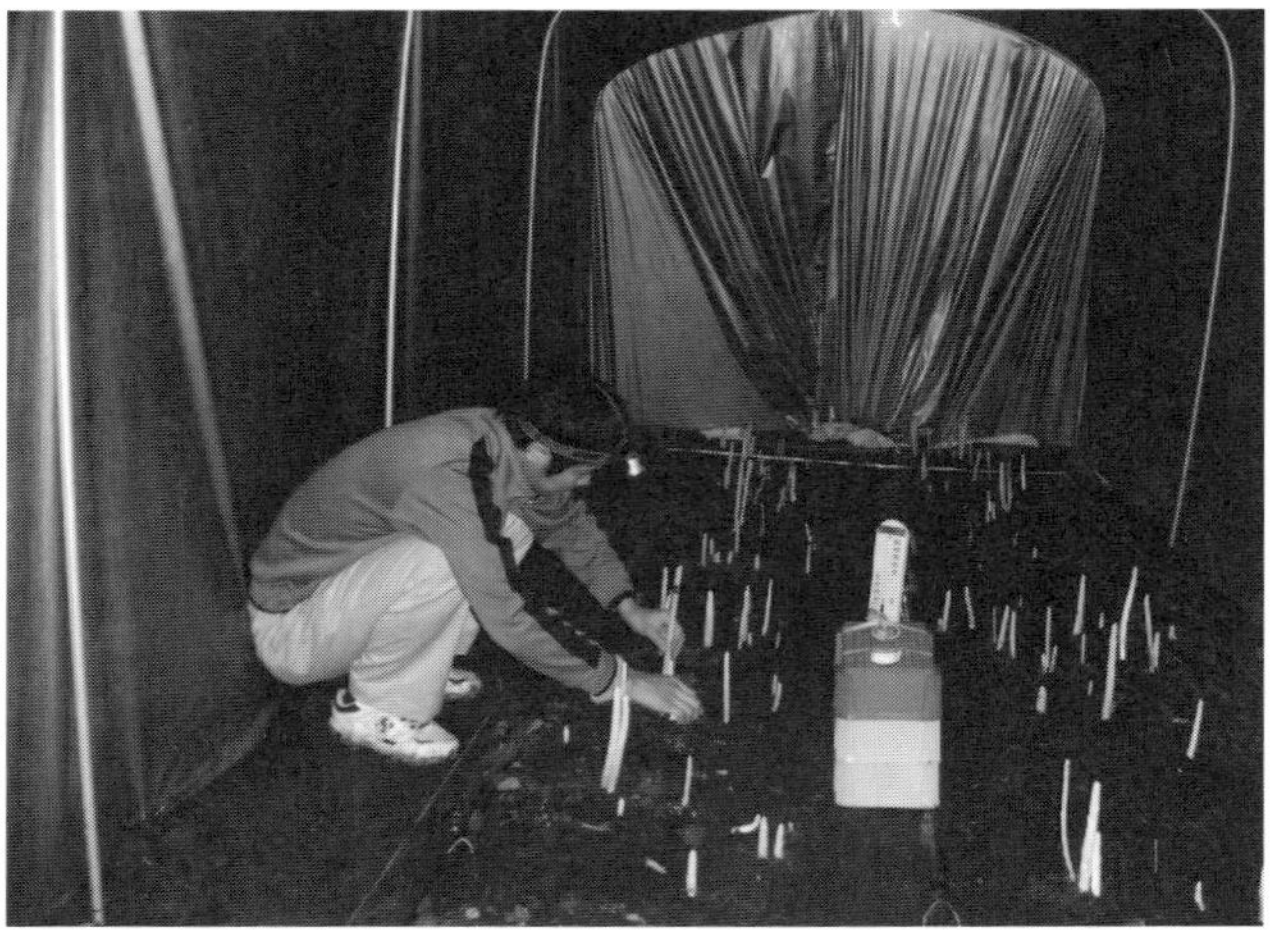

る。

露地栽培、ハウス栽培、伏せ込み促成栽培、どの栽培にも導入可能であるが、露地栽培では強風に飛ばされないように強固に遮光トンネルを設置する必要があり、ハウス栽培での利用が一般的である。北海道はもとより、佐賀県、長崎県、香川県、長野県、福島県などでもハウス栽培での導入事例があり、とくにハウス栽培に限れば全国各地で利用できる。

収穫作業以外の施肥、灌水、病害虫防除などの栽培管理はグリーンアスパラガスと同様であり、とくに変える必要がない。この点もフィルム被覆法が導入しやすい理由である。

新たな品目としてフィルム被覆法で生産した青果用ホワイトアスパラガスを地域に導入する際には、栽培面よりも生産後の販売面に注意を払っていただきたい。フィルム被覆法で生産したホワイトアスパラガスの若茎も培土法のものと同様に収穫後であっても光にさらされると変色（緑色と赤紫色に色づく）する特性を持っており、この現象は店頭販売時にも起こる。蛍光灯下で陳列販売すると真っ白だった若茎が、時間の経過とともに変色し、ホワイトアスパラガスとしての消費価値を失ってしまう。したがって、ホワイトアスパラガスを白い状態で店頭販売するには低温条件に置くか、できるだけ暗い所に配置して変色を抑える工夫が必要である。もしくは、店頭販売しないという選択肢もある。

北海道では4～6月にかけてグリーンアスパラガスのギフト需要があるため、グリーンアスパラガスや紫アスパラガスとのセット販売が青果用のホワイトアスパラガス流通の主体となっている。ギフト販売では収穫後すぐに箱詰めにされ、光にさらされることなく消費者の手元に商品が届けられる。ホワイトアスパラガス導入時にはグリーンアスパラガスとセットにしたギフト販売の展開も選択肢の1つとして考えていただきたい。さらに、身近なレストランなどの業務利用販売もホワイトアスパラガスの変色抑制対策として有効である。

(2) 他の野菜・作物との組合せ方

作付け面積にもよるが、収穫作業を毎日行なう必要があるため、収穫期間中に労力競合が生じない野菜や作物と組み合わせる。また、ハウスで立茎栽培（長期どり栽培）を行なう場合は夏から秋にかけてグリーンアスパラガスも収穫できるため、北海道であれば、4～5月と7～9月に労力を要する野菜や作物との組合せを避ける。

図9　遮光フィルム被覆栽培　栽培暦例（北海道のハウス立茎栽培の場合）

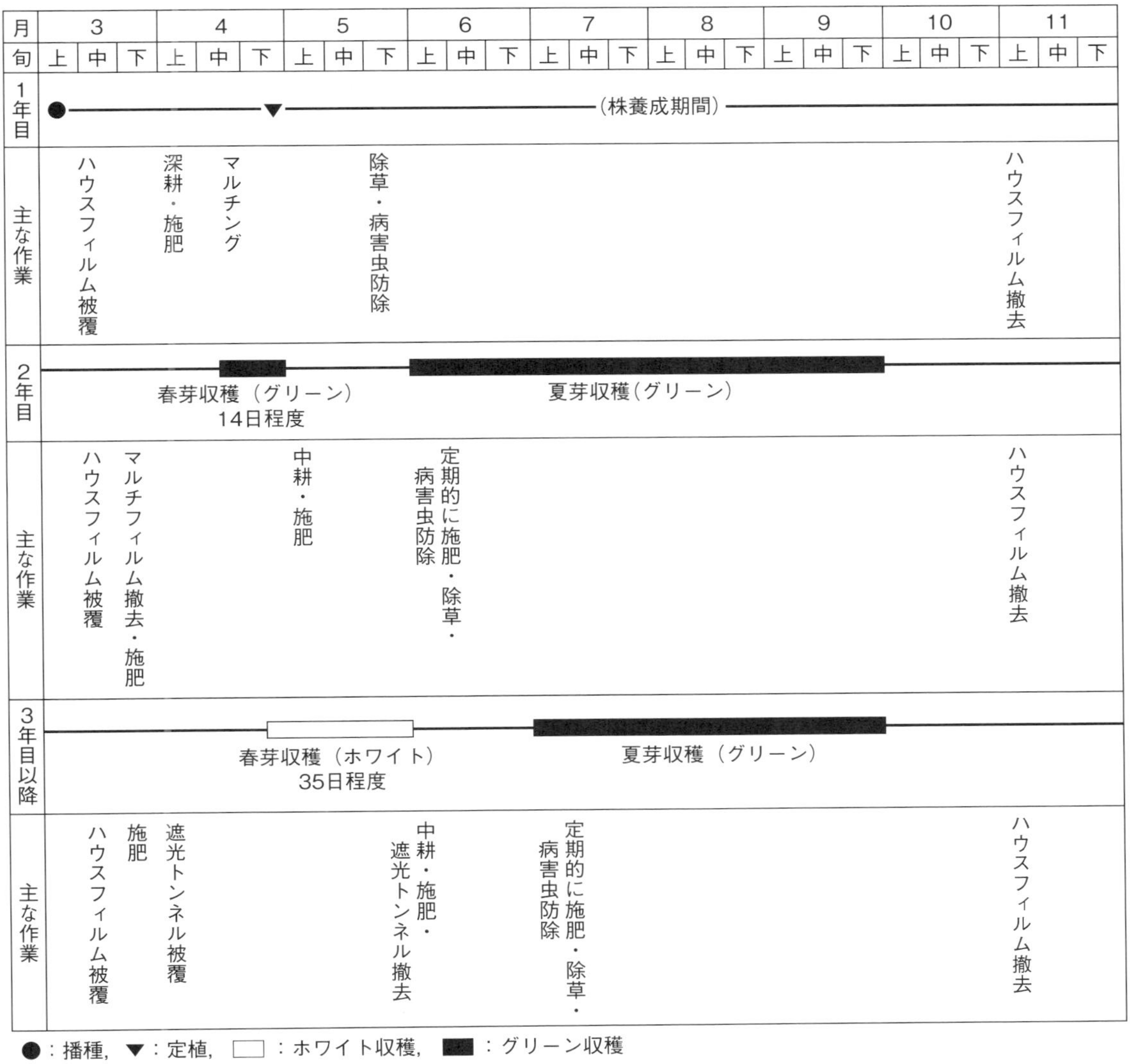

2 栽培のおさえどころ

(1) どこで失敗しやすいか

① 収穫期間中の暗黒条件の維持

フィルム被覆法の最も重要なポイントは遮光トンネル内の暗黒条件を常に維持することである。トンネル内に光が入り込むと若茎がアントシアニンにより赤紫に変色するため、収穫期間中は常時トンネル内を真っ暗な状態にしておくことが必須条件となる。そのため、可能な限り遮光率の高いフィルム資材を準備するか、場合によっては遮光フィルムの多重被覆によって、トンネル内の暗黒条件を維持する。

各資材メーカーから多くの高性能遮光フィルム資材が販売されているが、「メーカーから遮光率が高いと聞いたので使用したら若茎が全て変色してしまった」というような失敗談を耳にする。したがって、本格導入前に使用予定の遮光フィルムの性能を実際に確認するか、先進産地での使用実績などを調べ、遮光資材の選択には十分に注意を払う。とくに高性能と言われる遮光資材は高価な物が多いため、無駄な初期コストを抑えるためにも遮光フィルムの選択は慎重に行なうべきである。トンネルに使用する遮光フィルムは複数年使用するため、被覆作業や撤去作業、片付け作業を複数回行なうことになる。資材として使う遮光フィルムには一定程度の耐久性が必要となることも念頭に入れておく。

栽培に使用する遮光トンネルは人が中に入って収穫できるくらいの大型サイズにすることをお薦めする（図7、8参照）。トンネルサイズが大きくなると遮光フィルム資材の使用量も多くなり、コスト高となってしまうデメリットも生じる。高さ50cm程度の小型トンネルを用いてもホワイトアスパラガスを生産できなくはないが、以下の理由から収穫物に変色が発生しやすい。

小型トンネルの収穫では必ず遮光トンネルの開閉作業が必要となり（図10）、労力がかかるだけでなく、結果として若茎が光にさらされることとなる。また、遮光トンネルを閉じる際にフィルムと地面の間に隙間が生じ、その隙間からトンネル内に光が入り込む可能性が高く、トンネル内の暗黒条件が維持されにくい。さらにトンネル内が暗黒条件となっているかどうかを中に入って確認できないことが小型トンネルの大きな問題点である。

したがって、変色のない真っ白なホワイトアスパラガスを収穫するためにはトンネル内への光漏れがないかどうかを日々チェックできる大型トンネルのほうが望ましい。遮光トンネル内では収穫作業も行なわれるため、実際に収穫する人の身長も考慮して収穫物の運搬作業などに支障がない高さのトンネルを採用する。北海道の生産現場では高さ150cm以上のトンネルが導入されている。ハウス内のウネ数にもよるが、遮光トンネルを2本設置する場合やハウスの内張フィルムのフレームを利用して全てのウネを遮光できるくらいの大型トンネルにする場合がある（図11）。

図10　小型遮光トンネルの収穫作業

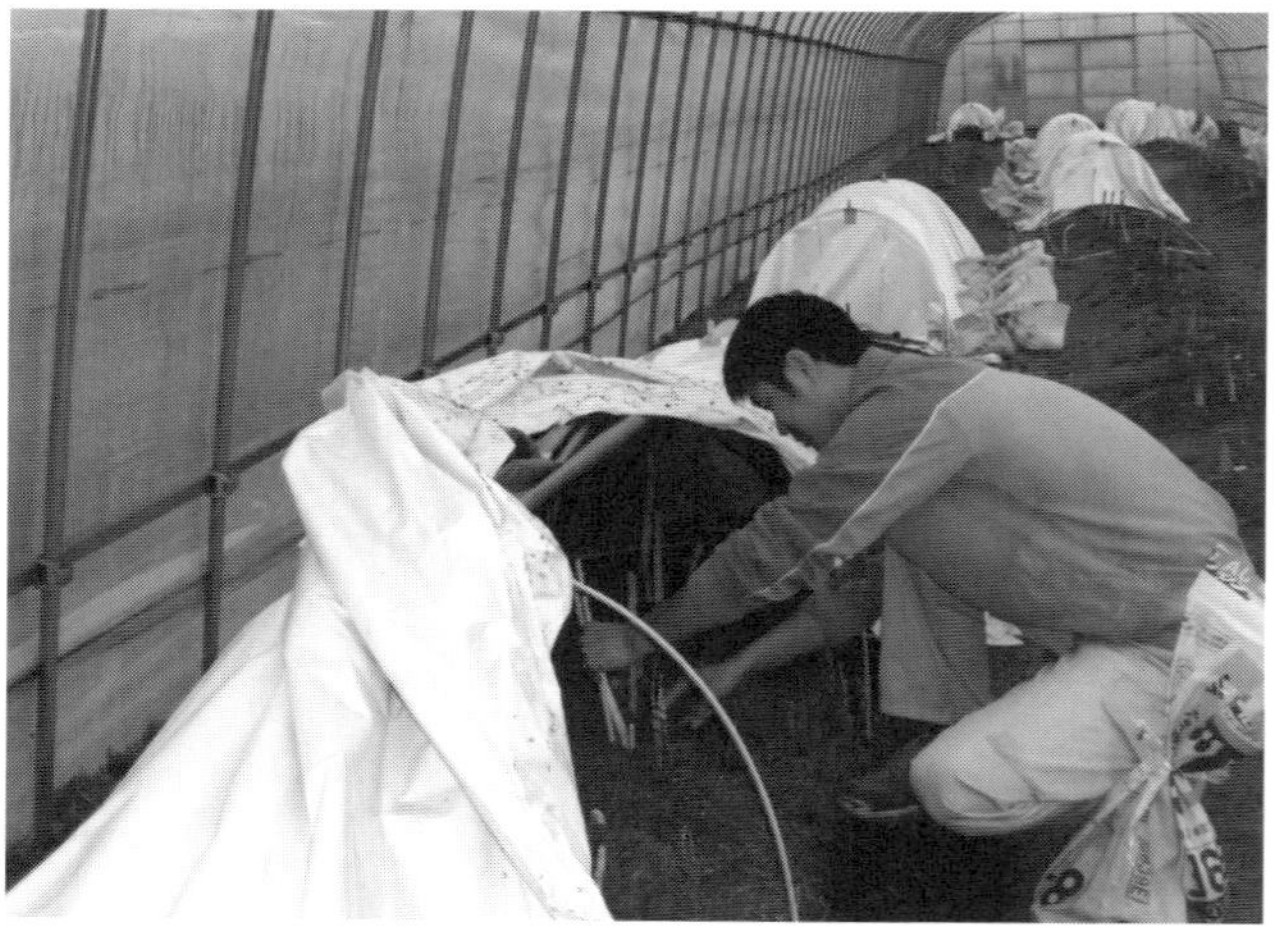

図11　ハウス内への遮光フィルムの設置
（左：4ウネの場合の例，右：3ウネの場合の例）

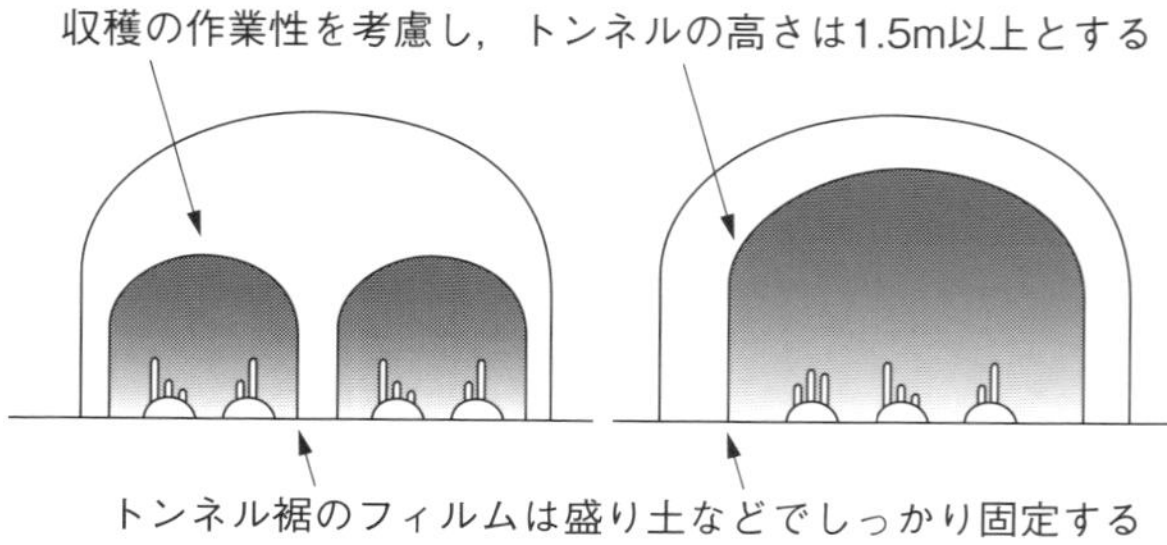

②収穫後の調製と品質管理

上述したように収穫後であっても光にさらされると若茎は変色する。そのため圃場で収穫した後も可能な限り光にさらされないように取り扱う必要がある。収穫した若茎の調製や規格選別作業などは暗い場所で速やかに行なったほうが良く、輸送に使う段ボール箱なども穴がなく、光が入らない物を使う。グリーンアスパラガスと同様に5℃程度で予冷し、品質の劣化が生じないように出荷する。

③収穫日数

グリーンアスパラガスの栽培やホワイトアスパラガスの露地培土栽培と同様に地域ごとに設定された収穫期間を遵守し、収穫しすぎないようにする。目安となる収穫期間を超えるとその後の生育に悪影響を与える可能性が高いため、無理をせず余裕をもって収穫を終える。北海道ではグリーンアスパラガスとして収穫する場合と同じ日数を収穫してもその後の生育に問題が生じないことを確認しており、グリーンアスパラガスの収穫日数の目安をそのままホワイトアスパラガスの目安として利用している。

(2) おいしく安全につくるためのポイント

収穫最盛期を迎える頃には日中の遮光トンネル内は高温条件となり、光が入り込まないように閉め切り状態を維持するため多湿となる。高温・多湿条件での収穫作業は身体への負担も大きく、暗黒条件でもあるため人によっては不快な労働環境となる。これを避けるために収穫作業はトンネル内の気温が低い、早朝に行なう。また、早朝の方が収穫物の品温が低く、品質面の観点からも早朝収穫が望ましい。

(3) 品種の選び方

若茎がアントシアニンにより変色しにくい（赤紫に変色しにくい）品種を選択する。グリーンアスパラガス栽培において赤紫色が目立つ品種は、本栽培法でも発色しやすい傾向にあるため、グリーンアスパラガス栽培での品種特性の情報を収集し、品種選択時の参考にする。とくに新品種を導入する際は、まずは小規模な栽培でホワイトアスパラガスとしての特性評価を行なったほうが無難である。

現状では‘ウェルカム’（サカタのタネ）、‘バイトル’（カネコ種苗）などが、アントシアニンによる変色が少なく、本栽培法に利用しやすい品種と言える。北海道ではアントシアニンの変色が他の品種よりやや多いものの、収量の観点から‘ガインリム’（パイオニアエコサイエンス）も利用されている。

3 栽培の手順

(1) 遮光トンネルの設置

圃場内で若茎の萌芽を確認したら、速やかにトンネルのフレーム（鉄パイプなど）を設置して遮光フィルムを被覆する。遮光トンネルの設置が遅くなると最初に萌芽した若茎の先端が地面から露出し、変色してしまうのでタイミングを逃さずに速やかに作業を行なう。

また、遮光トンネル内に光が入り込んでも若茎が変色してしまうためフィルム資材と地面の間に隙間をつくらないようにトンネルの裾は盛り土などでしっかりと固定する（図11）。遮光トンネル設置後には必ずトンネル内に入り、光が入り込んでいないか確認する。遮光フィルムを複数年使用すると傷穴などが生じ、光が入り込む原因となる。専用の補修テープを用いて被覆時に必ず修復する。遮光トンネルの入り口付近はとくに光が入り込みやすいので、遮光フィルムを二重に設置するなど工夫する。

表6　遮光フィルム被覆栽培のポイント

	技術目標とポイント	技術内容
遮光トンネルの設置	◎遮光トンネル内に光が入り込まないように設置する	・圃場内で若茎の萌芽を確認したら速やかに遮光トンネルを設置する。とくにフィルム資材と地面の間に隙間が生じないように注意し，設置後にトンネル内に光が入り込んでいないことを必ず確認する ・遮光フィルムが破損していた場合は修復する ・遮光トンネルの入り口付近は光が入り込みやすいので，遮光フィルムを二重に設置するなど工夫する
温度管理	◎遮光トンネル内が高温とならないように管理する	・収穫物の空洞化やひび割れ症状の発生を回避するためにハウス側窓の換気や天井の遮光などを行ない，遮光トンネル内の気温（地上15cm高）が35℃を超えないように管理する
灌水管理	◎グリーンアスパラガスと同様の管理を行なうが，高温時の灌水は避ける	・pFメーターの値（地下15～20cm深）が1.5～2の範囲内となるように管理する ・収穫物のひび割れ症状の発生を回避するために高温時には灌水を行なわない
ネズミ対策	◎速やかに駆除する	・若茎にネズミの食害が認められたら，速やかに駆除する ・遮光トンネルに穴があけられている場合は破損部分を修復する
収穫・調製作業	◎遮光トンネル内の気温が低い早朝に収穫作業を行ない，収獲物に光があたらないように調製，選別する	・1日1回早朝に行ない，日中の収穫を避ける ・ヘッドライトを装着し，収穫バサミ，もしくは収穫ガマを用いて規格長に達した若茎を収穫する ・曲がり，扁平などの規格外の若茎は短いうちに切り取る ・調製や選別などの作業は暗い場所で速やかに行なう ・品質の劣化が生じないように出荷まで5℃程度の暗所に保管する ・各地域で設定されている収穫日数を遵守し，収穫しすぎないように注意する
収穫期間終了後の作業・管理	◎速やかに遮光トンネルを撤去する	・収穫期間が終わったら速やかに遮光トンネルを撤去し，以降はグリーンアスパラガス栽培と同様の管理を行なう
その他の作業・管理	◎グリーンアスパラガス栽培と同様の管理を行なう	・遮光トンネル設置前と設置後に施肥作業を行なう。施肥量は各地域のグリーンアスパラガスの施肥基準に合わせる ・遮光トンネルを設置していない期間にグリーンアスパラガス栽培と同様の病害虫防除を行なう ・除草作業も遮光トンネルを設置していない期間に行なう

(2) 遮光トンネル内の温度管理

遮光トンネルを設置してから収穫開始期までハウス側窓の閉め切り管理を行ない、若茎の萌芽に必要な地温を確保する。収穫が始まったら遮光トンネル内の地上高15cmの気温が35℃を超えないようにハウスの換気を行なう。最高気温が35℃を超えると、若茎に空洞やひび割れ症状が多発するので遮光トンネル内の気温が上がり過ぎないように注意する。

収穫最盛期になると周囲の気温も上昇するためハウスの側窓換気だけでは遮光トンネル内の気温を下げることが難しくなる。光が入り込むリスクを考えると遮光トンネル内を直接換気することは難しいため、ハウスの天井に遮光資材を被覆して遮光トンネルに直接太陽光があたらないようにするなど、遮光トンネル内の温度を低下させる高温対策を行なう。

(3) 灌水管理

グリーンアスパラガス栽培と同様の灌水を行なう。すなわち、pFメーターの値（地下15～20cm深）が1.5～2の範囲内となるように管理するが、アスパラガスのウネ上を遮光トンネルが覆うため、土壌表面からの蒸発が少なくなり、グリーンアスパラガス栽培と比較すると収穫期間中の灌水回数を減らすことができる。

春先の灌水は地温を低下させる要因となるため極力避ける。また、日中の高温時に灌水すると若茎のひび割れ症状の発生が増加するため、気温の低い早朝に実施する。収穫最盛期以降、遮光トンネル内の気温がとくに高くなる時期は灌水時刻に注意し、pFメーターを確認しながら必要以上に灌水しない。

(4) 除草作業

遮光トンネル内は暗黒条件であるため基本的に雑草の発生が見られず、フィルム被覆法では収穫期間中に除草作業を行なう必要がない。

(5) ネズミ対策

春先の遮光トンネル内にネズミが侵入し、萌芽直後の若茎が食害を受けたり、遮光フィルムがかじられて穴があき、遮光トンネル内へ光が入り込むことがある。ネズミの害が認められたら速やかに駆除し、フィルムの損傷を修復する。

(6) 収穫・調製作業

日の出とともに遮光トンネル内の気温は急上昇し、高温・多湿条件となるため収穫作業は早朝に終わらせ、日中の遮光トンネル内での作業を避ける。遮光トンネル内は暗黒条件であるため家電量販店などで入手可能な小さなヘッドライトを装着し、ハサミ、もしくはカマを用いてグリーンアスパラガスと同じように収穫する。各々の地域の規格長に到達した若茎から収穫し、曲がり、扁平などの明らかな規格外若茎は短いうちに切り取る。

「ヘッドライトの光を若茎にあてても変色しないか?」との質問をたびたび受けるが、収穫作業時のヘッドライトの光で変色することはない。経験上、強い光であっても瞬間的な照射であれば若茎の変色が進行することはないが、弱い光であっても長時間照射されると若茎の変色は進むと考えている。したがって、収穫時のヘッドライトの光よりも、遮光トンネルの隙間や傷穴から入り込む光に細心の注意を払うべきである。

培土法と異なり、常に暗黒条件にあるため収穫が遅れても若茎が変色する心配がなく、基本的に1日1回の収穫作業で良い。収穫日数はグリーンアスパラガス栽培と同じ日数で良く、北海道の場合だと定植3年目以降の圃場であれば、35日程度収穫できる。生産現場からはフィルム被覆法を導入するとグリーンアスパラガス栽培よりも2割程度収量が増えるとの声も聞かれており、グリーンアスパラガス栽培と同等以上の収量が得られると考えてよい。

収穫した若茎はカゴなどに入れて素早く暗所に運搬する。調製や規格選別などの作業も暗い場所で速やかに行ない、可能な限り収穫物が光にさらされないように細心の注意を払う。調製作業などが終了したら出荷まで5℃程度で予冷し、品質の劣化が生じないように暗所に保管する。

(7) 収穫期間終了後の管理

収穫期間が終了したら速やかに遮光トンネルを撤去し、グリーンアスパラガスの各地の慣行的な栽培管理を行なう。なお、高性能の遮光フィルムは破損しやすいものが多いので撤去時は慎重に取り扱う。アスパラガス栽培では夏秋期間の株養成時(ハウス立茎栽培の場合は夏芽収穫時)に茎葉が倒れないように倒伏防止対策を施すが、遮光トンネルに利用したフレームを倒伏防止用の支柱として再利用すると作業の省力化となる。

フィルム被覆法をハウス立茎栽培に導入すると春芽にホワイトアスパラガス、夏芽にグリーンアスパラガスを収穫でき、春芽、夏芽ともにグリーンアスパラガスのみを収穫するハウス立茎栽培と同程度の収量が得られる（図9参照）。ハウス立茎栽培に導入した場合でも、遮光トンネル撤去以降の管理は各地域の慣行法に従う。遮光トンネル撤去時にホワイトアスパラガス状態の若茎も数日経過すると色づき、順調に生育するため、茎の太さと立茎位置が適切であれば親茎として選んでも問題はない。なお、親茎に選べないような細い若茎や太い若茎は短くても全て除去する。

(8) 施肥作業

グリーンアスパラガス栽培と同様に遮光トンネル設置前（若芽収穫前）と撤去後（収穫後）に施肥作業を行なう。なお、施肥量は各地域で設定されているグリーンアスパラガスの施肥基準に合わせればよい。

4 病害虫防除

(1) 基本になる防除方法

暗黒条件下で収穫を行なう春の期間の防除はほぼないが、立茎以降はグリーンアスパラガス栽培と同様の防除を行なう。ハウス立茎栽培であれば、立茎後に斑点病と褐斑病が発生するため、定期的に登録農薬の散布を行なって発生を抑える。

また、夏芽収穫期間にアザミウマ類（スリップス）やジュウシホシクビナガハムシの食害が問題となるため、発生状況を確認しながら登録農薬の散布で対応する。立茎した親茎にはヨトウガの幼虫がつき、茎葉を食害する。初期発生を見逃すと茎葉が真っ白になるまで食害され、翌年の春の収量を低下させる可能性があるため、定期的に親茎の状態を確認し、食害が認められた場合は速やかに登録農薬を散布する。

(2) 農薬を使わない工夫

残念ながらアスパラガスの栽培では病害や虫害の発生が認められたら登録農薬の散布以外の方法で防除できる術がない。病害については発生前から定期的に防除することで、大発生を抑え、結果として農薬の使用回数を減らす。虫害については収穫時に食害痕を確認したり、定期的に葉茎の状態を見回ることにより、初期発生時に確実に防除し、使用量を減らす。

5 経営的特徴

遮光フィルム被覆栽培ではグリーンアスパラガス栽培と比較して、若茎を軟白化させるために必要な遮光トンネルを設置する手間とその資材費に加え、遮光トンネルの維持管理のための作業時間が追加される。そのため、グリーンアスパラガスと同程度の単価で取引されると経営的なメリットがまったく生じない。

青果用ホワイトアスパラガスが一般的に流通しているヨーロッパなどと異なり、日本での青果用ホワイトアスパラガスの知名度はまだまだ低い。青果用ホワイトアスパラガスの生産を行なう場合はその特徴を十分に理解したうえで、輸送方法や販売形態も考慮し、グリーンアスパラガスよりも高単価で流通させることが可能かどうかを事前によく検討してから導入していただきたい。

（執筆：地子　立）

ホワイトアスパラガス育成袋（アスパラキャップ）

1 この栽培の特徴と導入

(1) 栽培の特徴と導入の注意点

ホワイトアスパラガスの生産方法は、春芽が萌芽する前に盛土やトンネルなどで全体を遮光し、軟白化しているが、夏秋芽は立茎を行ないながら収穫するため全体の遮光は困難である。そこで、塩ビ管と遮光フィルムを利用した筒状簡易軟白器具を用いて、1本ずつ遮光する方法が行なわれるようになっている。しかし、この方法は盛夏期に筒内部が高温になることや、筒内部の遮光性は十分あるものの透湿性がないため若茎が蒸れ、障害が発生することが問題点である。近年では、温暖化により、夏期には異常なまでの高温が目立ち、グリーンアスパラガスの生産にまで影響が出るほどである。そのため、夏秋期の立茎栽培期間中において、ホワイトアスパラガスの出荷は極めて少ない。

夏秋期においても品質の良いホワイトアスパラガスを栽培するため、通気性を有する遮光紙を用いたホワイトアスパラガス育成袋（商品名：アスパラキャップ、以下、キャップ）が販売されている（図12）。これは、筒状簡易軟白器具と同様に、萌芽してくるアスパラガスの芽にサポーターを装着したキャップを設置し、伸長してくる若茎を軟白化するものである。通気性のない従来資材（プラスチックフィルム）と比較すると、本資材のほうが若茎表面の温度が低く、品質の良いホワイトアスパラガスが生産できる。

(2) 他の野菜・作物との組合せ方

本資材では、グリーンアスパラガスの通常の栽培体系の中で、ねらった太さ・時期のみホワイトにすることができる。したがって、時期ごとのホワイトアスパラガスとグリーンアスパラガスの単価差に応じて、労力負担を考え、作業者の都合でキャップをかける量を調節すればよい。

他の野菜の組合せ方は、グリーンアスパラガスに準ずる。

図12　ホワイト育成袋（商品名：アスパラキャップ）

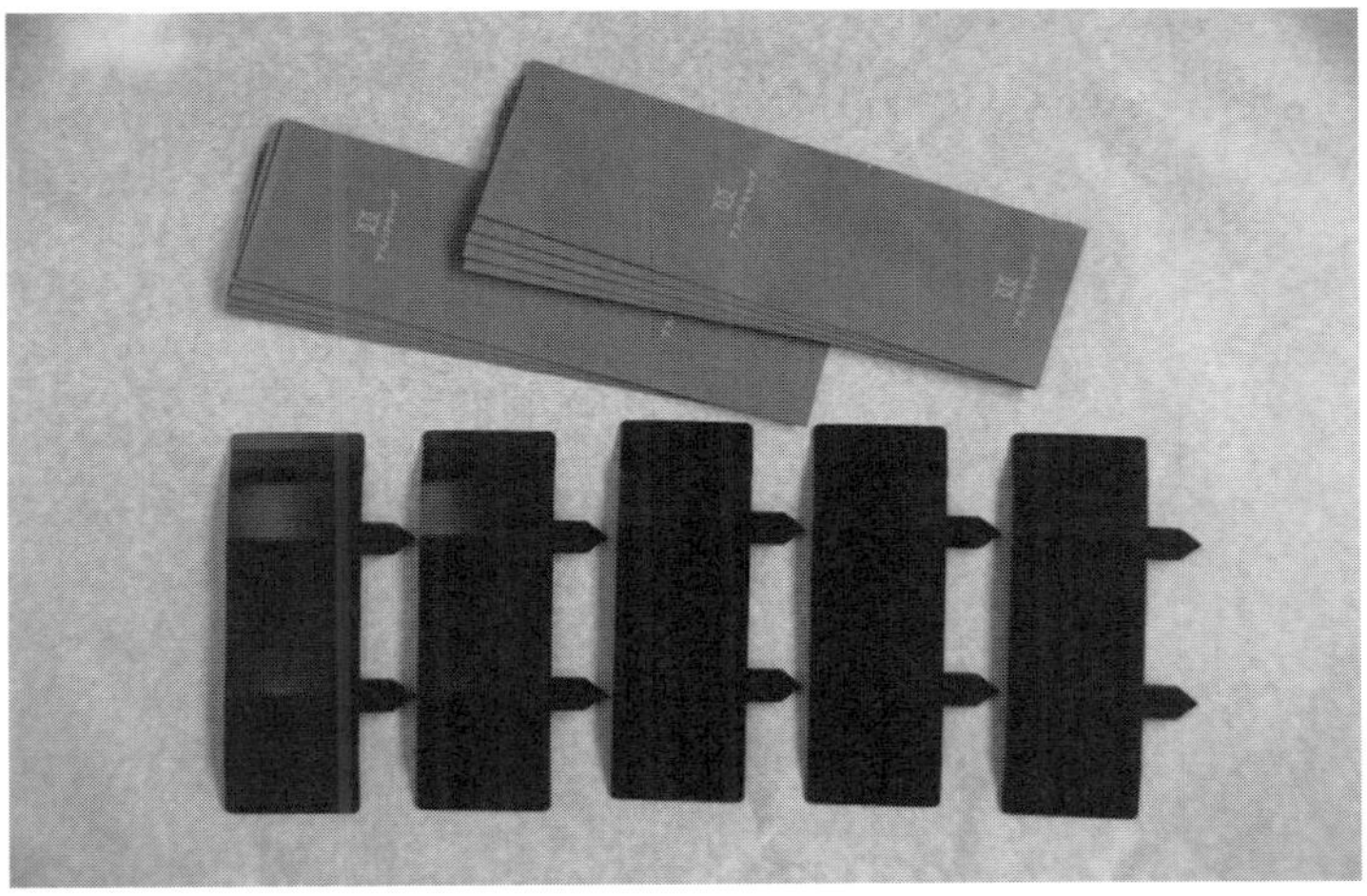

上が遮光袋，下がサポーター。サポーターは筒状になり，右の突起部を土に挿し，その上に遮光袋をかぶせる

2 栽培のおさえどころ

(1) どこで失敗しやすいか

①適期にキャップをかける

部分被覆では、若茎の頭部が地上部に見えはじめた時から着色がはじまり、一度着色したものにキャップをかけても綺麗に仕上がらない。そのため、適期にキャップをかける必要がある（図13）。具体的には、グリーンアスパラガスの生産は通常1日に1～2回の収穫を行なうが、部分被覆によるホワイトアスパラガス生産では、1日2回以上の収穫とし、同時に、L級（25㎝）以上が期待される伸長前の若茎にキャップをかけてまわることが望ましい。その際、1回目の収穫・キャップがけのタイミングは、できるだけ早朝である方がよい。また、すでに頭部に着色がみられるものや、もともと先端に緑色や赤色を呈する若茎は、グリーンアスパラガス用においておき、無理にキャップがけしない。

②キャップの維持に工夫が必要

露地栽培では、強風などにより、キャップが飛ばされてしまうことがあるので、キャップが飛ばないように、できればサポーターに竹串などを刺して土などに固定するなどの工夫が必要である（図14）。また、ハウス栽培では、灌水の際に、散水型灌水を行なうと、キャップ資材がふやけ、若茎に張り付き品質の低下をまねくことがあるので、留意し、点滴型灌水とすることが望ましい（表7）。

図13　キャップがけに適した若茎

図14　遮光袋の基部と竹串をテープやゴムなどで固定する

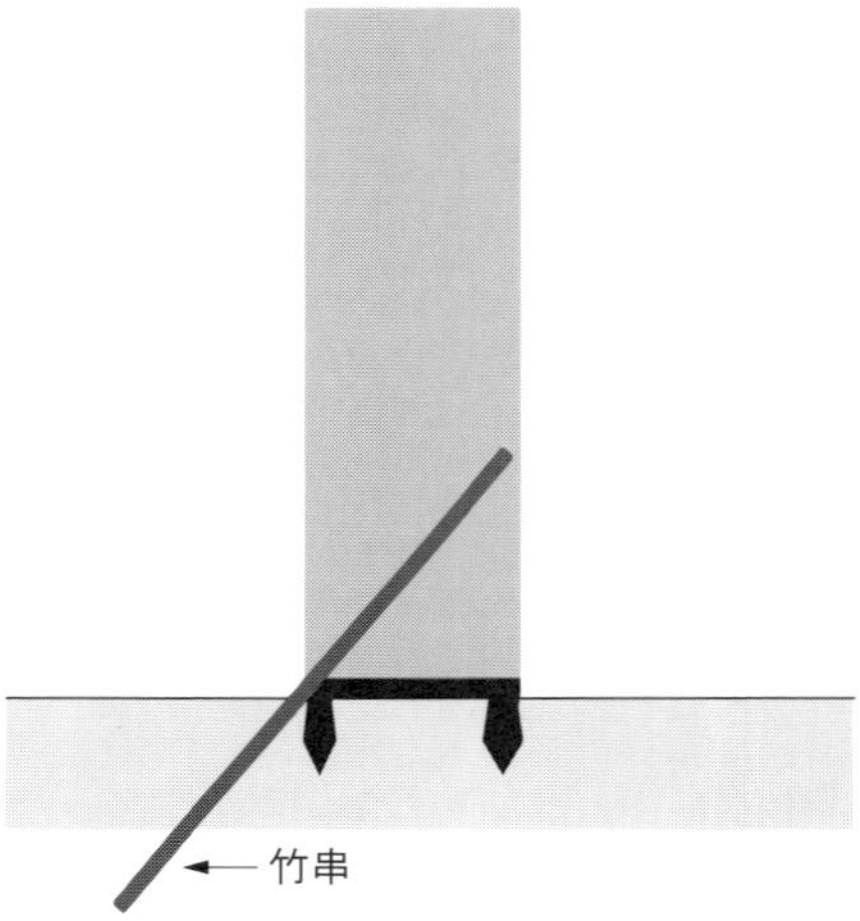

表7　各種ホワイトアスパラガス栽培法の適応性

ホワイトアスパラガスの適応性		培土栽培	被覆栽培		
			全体被覆	部分被覆	
				塩ビ管など	アスパラキャップ
数量コントロール		×	×	◎	◎
導入のしやすさ		×	△	○	◎
作業環境		◎	×	◎	◎
大規模栽培		◎	◎	×	△
グリーンとの同時栽培		△	×	◎	◎
ハウス栽培	春芽どり	◎	◎	◎	◎
	夏秋芽どり	△	△	○	◎
露地栽培		◎	○	△	△

注1）◎：適する，○：やや適する，△：工夫が必要，×：難しい
注2）小林製袋 HP の図を一部改変

(2) おいしく安全につくるためのポイント

グリーンアスパラガスに準ずる。

(3) 品種の選び方

ホワイトアスパラガスに準ずる。

3 栽培の手順

(1) 育苗・定植と定植後の管理

グリーンアスパラガスに準ずる。

図15　先端がふくらんだキャップ
（キャップの横から撮影）

(2) 収穫

通常のグリーンアスパラガスと同様、25cmの規格で出荷するためには、25～30cm程度で収穫する。収穫適期となると、キャップの上部にアスパラガスが接触し、ふくらみが見られるようになるので、上部を触って確認し、収穫する（図15）。また、それ以上若茎が伸長すると、サポーターごとキャップが浮いてくるので、速やかに収穫する。キャップが浮いた状態で長時間放置すると、若茎の下部から光が差し込み、品質低下につながるので、1日2回以上圃場を巡回し、適期収穫に努める。

4 病害虫防除

グリーンアスパラガスに準ずる。

5 経営的特徴

(1) 収量

収穫したホワイトアスパラガスを長さ25cmに調製後、調査したところ、重量、茎径、1日あたり伸長量について、遮光紙とプラスチックフィルムに差はみられず、収量性は同等である。圃場全体の収穫量に占めるホワイトアスパラガスの割合は、1日に何回キャップがけに回れるかによって異なり、1日2回ほどキャップがけをすれば全体の20～30％がホワイトアスパラガスにできると考えられる。

(2) サポーターの代用

本資材はキャップ部分と、それを支持するサポーター部分に分かれるが、別々での購入が可能である。サポーターはキャップと比較して安価でないため、サポーターのみ自作する生産者もいる。具体的には、雨どい資材や塩ビ管資材のうち、キャップよりも径が一回り小さいものを短く切断し、自作のサポーターを作成したり（図16）、サポーターを使用せず、キャップがけする若茎の両端に短く調整した割り箸を刺し、そこにキャップを固定している（図17）。なお、自作のサポーター資材を利用した場合、キャップが風に飛ばされやすくなるため、露地栽培では推奨しない。

図16　雨どい資材で製作したサポーター（左）（右の袋は遮光袋）

図17　若茎の両端に刺した割り箸

注）手前はキャップを取り除いたところ

(3) 資材の入手について

本資材は、２０１９年から小林製袋株式会社よりホワイトアスパラガス生産資材「アスパラキャップ」として販売されている。ＪＡで袋１０００枚単位での取扱いがあるほか、袋10枚と専用サポーター5個がセットになった商材をサカタのタネなどから販売しており、通信販売やインターネットでも購入できる。

（執筆：中村智哉、取材協力：土岐岳大氏）

ショウガ

表1　ショウガの作型，特徴と栽培のポイント

主な作型と適地

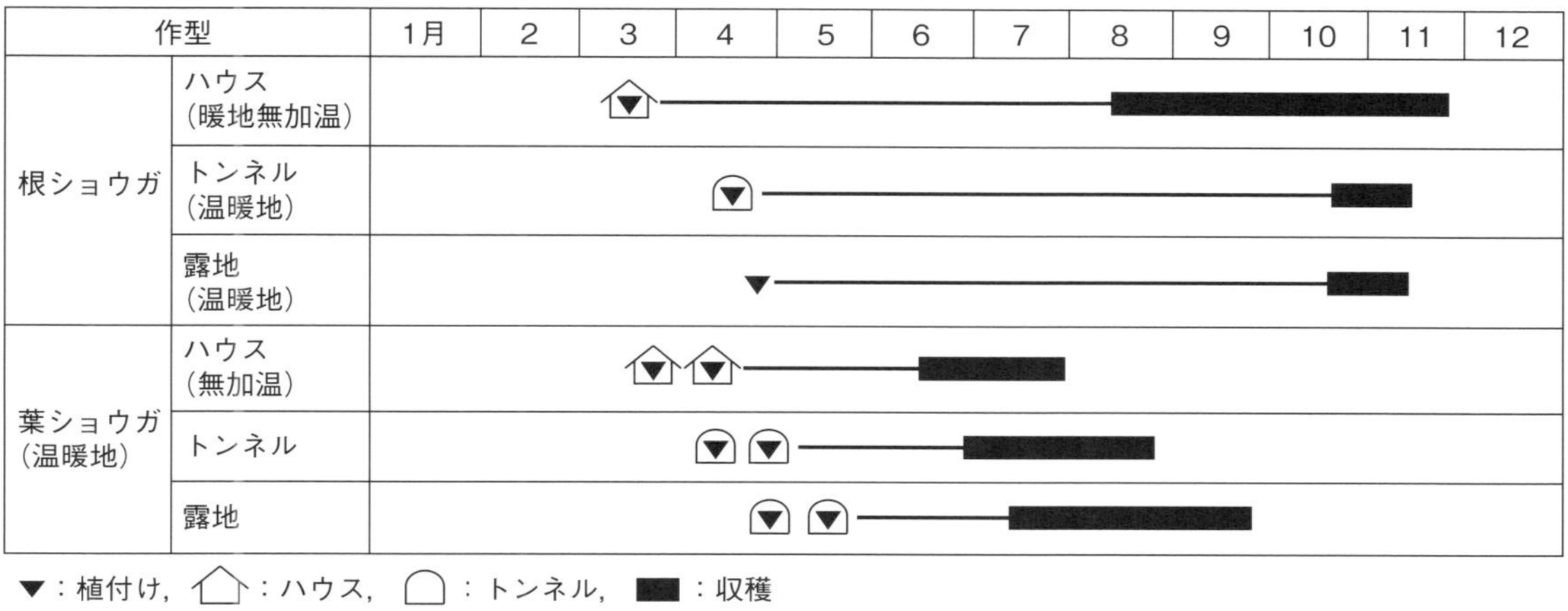

特徴	名称	ショウガ（ショウガ科ショウガ属），別名：ハジカミ，生姜，生薑
	原産地・来歴	野生のショウガは発見されていない。原産地は東南アジアと考えられる。栽培は古く，弥生時代には日本へ渡来していた
	栄養・機能性成分	水分は91％，糖質，食物繊維，ミネラルを含み，ビタミン，タンパク質は少ない。精油成分のジンギベリン，辛味成分のギンゲロール，ショウガオールなどを含む
	機能性・薬効など	薬効：食欲増進，健胃，発汗，解熱，消炎 機能性：抗酸化活性，アレルギー予防など その他：抗菌，防腐，消臭など
生理・生態的特徴	萌芽条件	15℃以上で光を必要としない
	温度への反応	生育適温25～30℃，生育下限温度15℃，貯蔵適温13～15℃
	日照への反応	耐陰性はあるが，ショウガ（塊茎）の生育には多日照が良い
	土壌適応性	好適pH5.5～6，適応幅が広い。耕土が深くて，排水性，保水力に富む圃場が適する
	休眠	秋の収穫時に浅い休眠がある
栽培のポイント	主な病害虫	病気：根茎腐敗病，立枯病，紋枯病，腐敗病，白星病，萎縮病 害虫：ネキリムシ類，アワノメイガ，ハスモンヨトウ，ネコブセンチュウなど
	他の作物との組合せ	アワノメイガの発生源となるトウモロコシ，ソルゴーなどのイネ科作物を近くに作付けない 早どりの葉ショウガは，夏まき野菜と，その他は春まき野菜との組合せが可能

この野菜の特徴と利用

(1) 野菜としての特徴と利用

ショウガは多年生の草本で、東南アジアが原産と考えられる（図1）。薬や香辛料としてヨーロッパでは紀元前後から知られ、13、14世紀には貿易品として一般的に扱われていた。日本へは弥生時代に中国から導入されたと考えられ、3世紀には栽培の記録が、10世紀には産地が記されている。

ショウガは、塊茎片や塊茎重の大きさによって小ショウガ、中ショウガ、大ショウガに大別される。用途には生食、漬け物、調味料、菓子・食品の加工原料、薬用などがあり、香辛野菜および香辛料として多方面で利用され安定した需要がある。また、健康食品としても注目されている。青果物としての流通は塊茎のみの根ショウガと塊茎が若くやわらかい時期に葉付きで出荷する葉ショウガに分けられており、根ショウガには収穫直後に消費する新ショウガと貯蔵した後に利用するひねショウガ（囲いショウガ）がある。ひねショウガは周年流通する。葉ショウガには温床で遮光栽培する軟化ショウガも含まれる。葉ショウガには塊茎片が小さく、数の多い小ショウガが用いられる。大ショウガは、'近江'、'土佐一号'のほか、肥大性の優れる品種が用いられている。品種のタイプ、用途、品種例は表2のとおりである。

２０２０年の全国のショウガの栽培面積は１７５０ha、生産量は3万５１００tで漸減傾向である。輸入量は生鮮品1万８４７７tを含め全体で7万５９４tとなっており、毎年7～8万tが輸入されている。輸入元の8割以上は中国産である。国内出荷量と輸入量を合わせた国内流通量は、これまでは年間12万～13万tで安定している。また、葉ショウガは２０１８年で栽培面積が55ha、収穫量が１０８６tとなっている。

ショウガは、精油成分としてジンギベレン、辛み成分としてギンゲロール、ショウガオールなどを含んでいる。漢方薬の原料にもなっており、独特の辛みと香りの成分は、食欲増進、健胃、発汗、解熱、消炎などの効果がある。また、抗酸化活性や抗菌活性があり、抗アレルギー活性、強心活性なども報告されている。魚や肉の料理に用いられるのは、ショウガに抗菌作用、防腐効果、消臭効果、タンパク質分解酵素の作用があるからである。内容成分のほとんどは水分、糖質、繊維で占められている。

図1　収穫したショウガの株

(2) 生理的な特徴と適地

ショウガは地下茎が肥大した塊茎が食用にされる。地上部の茎のような部分は葉鞘である。熱帯性の作物で多湿を好む。生育適温は25～30℃、生育下限温度は15℃程度で、16℃以上で萌芽する。

貯蔵適温は13～15℃で、小ショウガよりも大ショウガのほうが耐寒性が低い。貯蔵適温よりも低い温度に一定期間あうと腐敗する。

表2　品種のタイプ，用途と品種例

品種のタイプ	用途		品種例
	生産面	利用面	
小ショウガ	根ショウガ，種ショウガ，葉ショウガ	漬け物，煮食用，香料	在来，まだれ，三州赤，三州白，金時 など
中ショウガ	根ショウガ，種ショウガ	漬け物，煮食用，菓子，香料，香水，医薬など	房州，中太，らくだ など
大ショウガ	根ショウガ，種ショウガ	漬け物，煮食用，菓子，香料，医薬など	インド，近江，おたふく，土佐一号 など

注）出典：青木宏史「ショウガ」『農業技術大系　野菜編』第11巻，特産野菜 p.227～248，一部改変

栄養繁殖作物で、前年に肥大した塊茎を種ショウガとして用いる。ショウガは国内の自然条件下では、開花することはまれであり、結実はしない。日陰でも生育し、葉色が鮮やかになるが、塊茎の肥大には高温、多日照を要する。水分の要求度も高く、火山灰土における適灌水点はpF2・3程度である。好適pHは5・5～6だが、比較的酸性の土壌でも生育する。作土が深く、排水性に優れ、保水力に富む肥沃な土壌が、とくに適する。ショウガは、連作を嫌う。根茎腐敗病などの病虫害を回避するために4～5年間隔の輪作が望ましい。

栽培型には葉ショウガ栽培と根ショウガ栽培があり、それぞれ普通栽培、トンネル栽培、ハウス栽培がある。無霜期間が長い地域が栽培に適する。産地は関東以西の温暖地にある。葉ショウガは静岡、千葉、茨城、根ショウガは高知、熊本、宮崎などが主要な産地となっている。

（執筆：鈴木健司）

葉ショウガの栽培

1 この作型の特徴と導入

(1) 作型の特徴と導入の注意点

葉ショウガは、種ショウガから発芽した若い塊茎を生食するもので、小ショウガ品種を用いて、ハウスや露地に密植して伏せ込み、若い塊茎を葉つきで出荷する。

ショウガの生育適温は高いため、パイプハウスやトンネル被覆で保温して生育初期の温度を確保して栽培する。需要の多い6月から夏にかけて収穫・出荷する。

パイプハウス栽培では、3月の伏せ込みは地温が不十分な時期なので、トンネル被覆やフィルムマルチ、ベタがけ資材を用いた十分な保温が必要になる。一方、気温が上がる4月下旬から5月になると保温はさほどいらな

図2　葉ショウガの栽培　栽培暦例

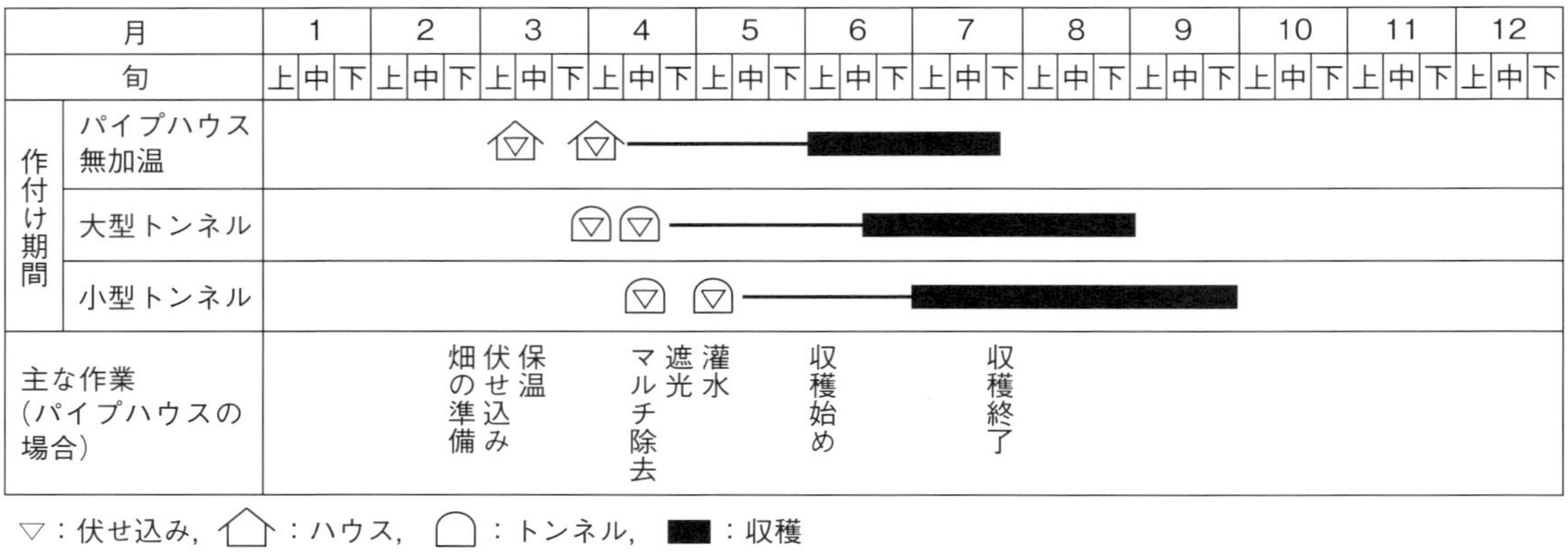

くなる。伏せ込み後約80日で葉が5～6枚になるので、この時期から出荷できる。

葉ショウガは、日本料理の付け合わせやビールなどの肴として利用される。需要期は夏場が主であるため、販売先に応じて、需要に合った量を計画的に生産・出荷する。

葉ショウガ栽培では種苗（種ショウガ）費が生産コストに占める割合が高い。とくにハウス栽培では密植で栽培するため高額になりやすい。

また、収穫・調製作業は手作業のため時間を要するので、計画的に伏せ込みや収穫を行なう。

(2) 他の野菜・作物との組合せ方

パイプハウス栽培の後作では、エダマメ、カブ、ホウレンソウなどの軟弱野菜と組み合わせることができる。

またトンネル栽培では、収穫時期に応じて秋冬ニンジン、秋冬ダイコンや軟弱野菜との組合せができる。

2 栽培のおさえどころ

(1) どこで失敗しやすいか

葉ショウガ栽培は、加温栽培の軟化ショウガと異なり、栽培管理が比較的容易な作型である。

① 初期の温度管理の失敗

無加温パイプハウス栽培では、気温が低い時期に伏せ込むので、初期の保温が大切になる。しかし、出芽ころにはハウス内の気温や地温が高くなり、高温障害を起こすおそれがある。したがって、温度、灌水の適切な管理が栽培のポイントとなる。温度管理のために伏せ込み位置に温度計を設置し、確認するとよい。

② 病害対策の失敗

密植するため高温・多湿となり、根茎腐敗病や紋枯病が出やすい環境になる。どちらも種ショウガからの病原菌の持ち込みが一番の原因である。いったん発病すると大変やっかいで、十分な対策を講じないと大きな被害を受ける。そのため、健全な種ショウガの入手と圃場の被害程度に応じた薬剤による土壌消毒が重要である。

(2) おいしく安全につくるためのポイント

葉ショウガは無農薬での栽培も可能である。そのためには、無病の畑、無病の種ショウガを用いることが前提になり、これが保証されれば無農薬で栽培できる。しかし、長年栽培するとどうしても病気に汚染されてくる。そのときは病害株を早めに除去し、農薬の使用基準を守って早めに防除を行なう。農薬を使用しない土壌消毒方法として、土壌還元消毒が行なわれている事例もある。

栽培期間中は必要な温度を確保しながら、風通しをよくする。灌水は定期的に必要だが、圃場の排水性をよくして、灌水後に過湿の状態が長く続かないようにする。

葉ショウガは若くて柔らかいほうが、辛みも適度で食べやすい。生育が進んだり乾燥したりすると辛みが増す。種ショウガを深く植えすぎると筋っぽくなる。また、低温に遭わせると食味が落ちることがあるので注意する。

(3) 品種の選び方

葉ショウガ栽培では出芽数が多い小ショウガ品種である〝在来（谷中青）〟〝まだれ〟〝三州〟などが一般に用いられる。そのほか、紅色が濃い〝金時〟などの品種がある。

〝在来（谷中青）〟は茎数が多く、〝三州〟は塊茎の肥大性に優れる。〝まだれ〟は葉色が濃く、紅の着色に優れる。〝金時〟は紅色が濃く、塊茎が細く、葉ショウガよりは軟化ショウガに適する。販売先のニーズに応じて品種を選定する。また、長年の栽培の中で選抜が繰り返されることで、同一品種名でも、地域により肥大性、収量性が異なる場合がある。

3 栽培の手順

(1) 葉ショウガの出荷形態

葉ショウガの出荷形態には「筆ショウガ」「つばめショウガ」などがある（図3）。

「筆ショウガ」は脇芽がまだ伸びない状態の葉ショウガで、草丈30～40㎝、葉数5、6枚の時期から収穫する。これを、生育が進んで脇芽が伸びた状態で出荷する場合、その形態がツバメが飛ぶ姿に似ていることから「つばめショウガ」といい、塊茎の脇から伸びた芽の葉が展開したころから収穫期になる。

筆ショウガのほうが若いので、可食部の塊茎も柔らかく、辛味も少ない。一方、つばめショウガでは種ショウガの使用量が少なくてすみ、収量が多い。

(2) 伏せ込みの準備

①種ショウガの準備

種ショウガの良否が葉ショウガ栽培の成否を決めると言われている。

紋枯病や根茎腐敗病などの病気にかかったショウガは、種ショウガ栽培のときに茎が枯れたり褐変したりするので、前年の圃場で生育のようすをみるのが最も確実である。病気にかかった種ショウガは塊茎の全部または一部が腐敗し、健全なものと比べて塊茎片が細くて芽の出方が早く、数も多い。ネコブセンチュウは塊茎だけではわかりにくいが、根がついていれば根のコブの有無で判別できる。ただし、太い根の先端が一つだけ丸く大きくふくらんでいる場合は病害ではない。病害虫に侵されているショウガはもちろん、種ショウガ栽培の生育状況からみて病気が感染しているおそれのあるショウガは用いない。

　変色、内部や表面の褐変、ひび割れなどの障害がない、艶のよい種ショウガを準備する。健全な種ショウガは茎が取れた跡のくぼみが小さく、ショウガを分割するときにピッシと高く、はっきりした音がする（図４）。

②圃場の選定

　土壌病害と線虫害を避けるために、４年以上の輪作が望ましい。ショウガには、水はけがよく、しかも保水力に富む畑が適する。十分に完熟した堆肥を施用し、地力を高めておく。パイプハウス栽培で連作を行なう場合は土壌消毒をしておく。

③施肥

　ショウガの場合、種ショウガからの養分の補給があるので、生育初期にはほとんど肥料を必要としない。

　筆ショウガで収穫する場合の肥料成分は窒素、リン酸、カリとも10ａ当たり５kg程度とする。栽培期間が長くなるつばめショウガで収穫する場合は、窒素、リン酸、カリをそれぞれ10ａ当たり15kg、10kg、15kgとし、窒

表3　葉ショウガ栽培のポイント

	技術目標とポイント	技術内容
種ショウガの準備	◎品種の選定	・小ショウガ品種（‘在来’‘三州’‘まだれ’など）を用いる ・前年での生育状況が分かる無病の種ショウガを準備する
圃場の準備	◎圃場の選定と土つくり	・水はけと水持ちが良い圃場を選ぶ。連作を避け，4年以上の輪作を行なう。堆肥を十分に施用し，地力を高める。ハウスで連作する場合は，バスアミド微粒剤で消毒を行なう ・10a当たりの肥料成分はハウス栽培で窒素，リン酸，カリ各5kg，トンネル栽培では窒素・カリ15kg，リン酸10kgとする。そのほか苦土石灰40kg，堆肥1,000kgを施用する
伏せ込み方法	◎種ショウガの準備 ◎適正な伏せ込み方法と量 ◎保温	・無病で良質な種ショウガを用いる ・種ショウガは塊茎を50g程度に分割してから消毒する ・1㎡当たりの伏せ込み量はハウス栽培で1kg，トンネル栽培で0.5kgとする ・ベッドの上にポリフィルムと保温用不織布をかけて保温する。出芽までは地温28℃を保つ
出芽後の管理	◎マルチ除去，遮光 ◎灌水 ◎温度管理	・出芽が始まったら，すぐにマルチを除去する。日焼け防止と保温のために不織布などでトンネル被覆する ・出芽後は定期的に灌水し，乾燥を防ぐ ・出芽後は，ハウスやトンネル内の気温が30℃を超えない範囲で十分に保温する。生育後半は徐々に気温を下げて株元の紅の着色を良くする
収穫	◎適期収穫と調製	・筆ショウガの場合は葉数5，6枚になったら収穫する ・つばめショウガでは，脇芽が伸びて葉が展開してから収穫する ・いずれも一斉収穫とする。ひげ根を取り，小束にして動力噴霧器で水洗いする

図3　葉ショウガの収穫の形態

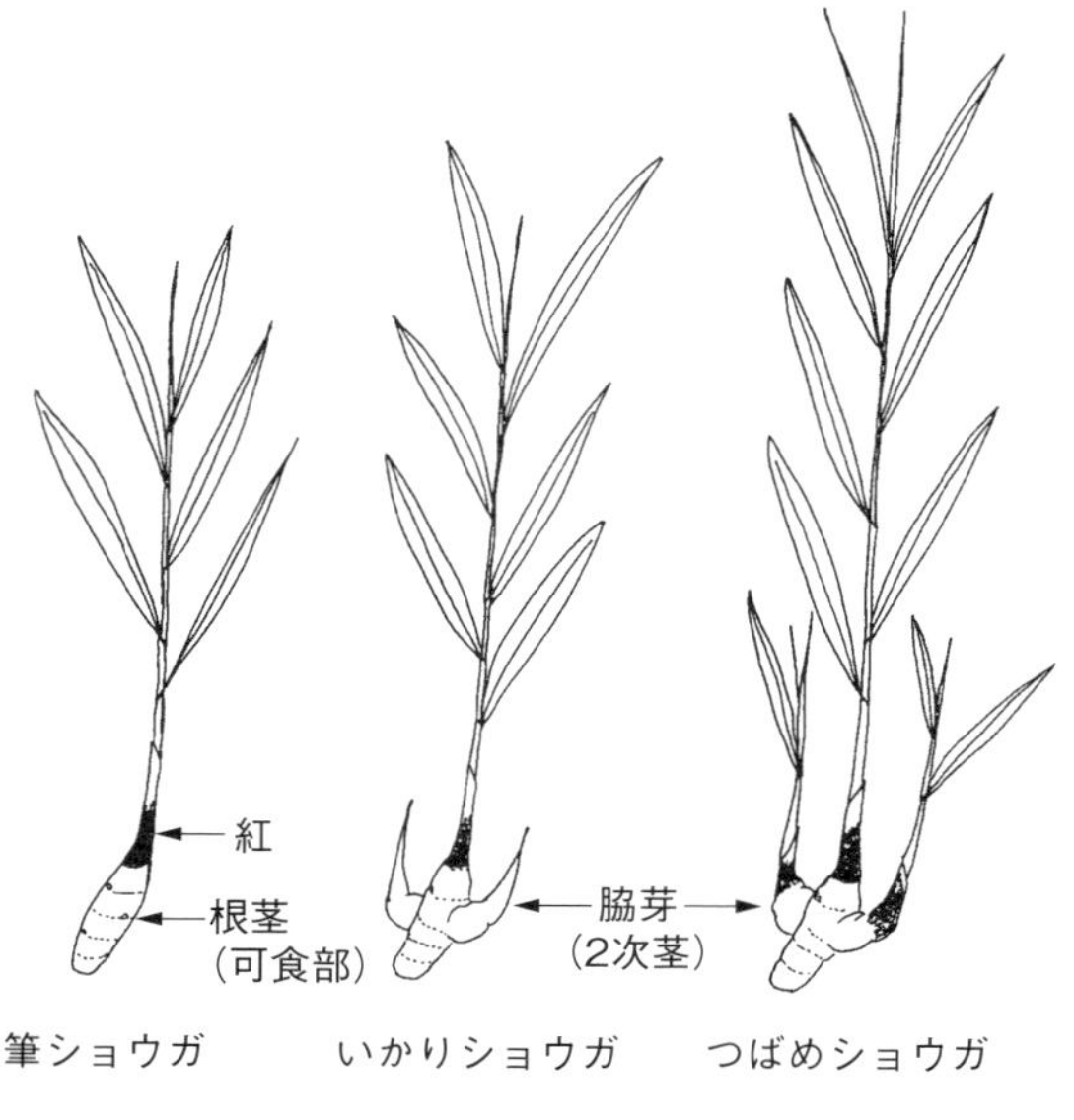

素、カリの3分の1は2次茎生育期に追肥として施用する。さらに生育期間を長くする場合には、追肥回数を増やす（表4）。

図4　種ショウガの準備

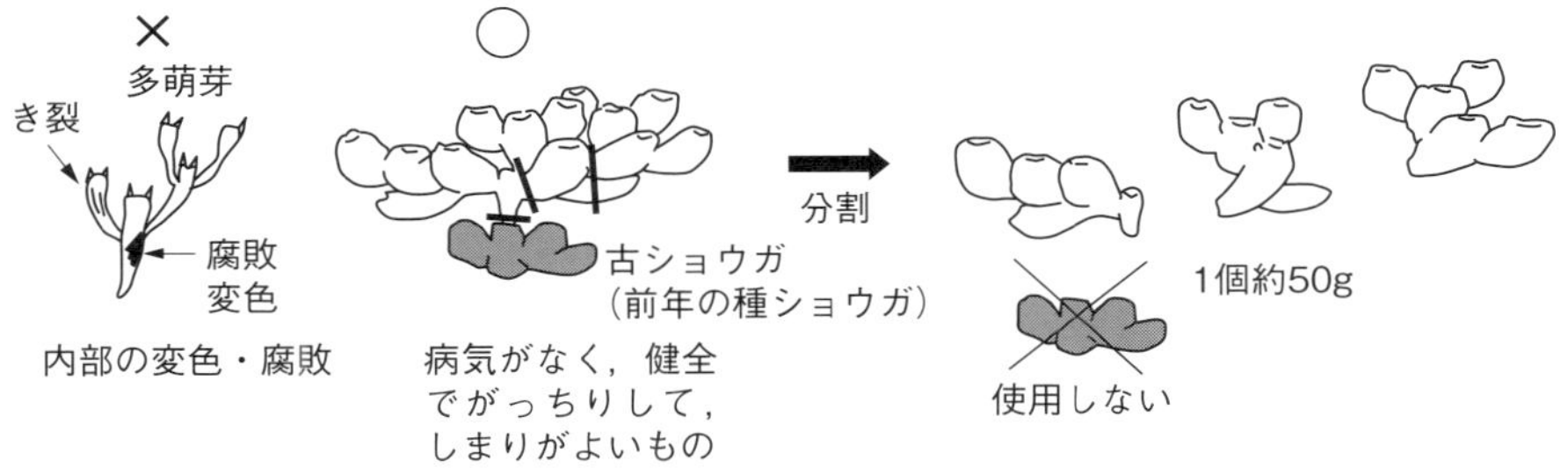

表4　施肥例　（単位：kg/10a）

		肥料名	施肥量	成分量 窒素	成分量 リン酸	成分量 カリ
パイプハウス（筆ショウガ）	元肥	堆肥	1,000			
		苦土石灰	40			
		ジシアン特806	63	5	6	4
	施肥成分量			5	6	4
トンネル（つばめショウガ）	元肥	堆肥	1,000			
		苦土石灰	40			
		ジシアン特806	125	10	13	8
	追肥	NKC6号	30	5	0	5
	施肥成分量			15	13	13

④パイプハウス、トンネルの準備

パイプハウスの大きさは間口4・5〜5・4m、小型トンネルの大きさは高さ40cm、幅150cm程度とする。パイプハウスと小型トンネルの中間の大きさである大型トンネルを用いてもよい。ハウスとトンネルの被覆資材は、厚さ0・1mm程度の農業用ビニールなどを用いる。

(3) 伏せ込みの方法

種ショウガを1個50g程度に分割する。あらかじめ圃場に十分灌水をしておく。伏せ込む種ショウガの密度に応じて伏せ込み床の全面を掘るか、条植えの場合は溝を切って、そこに伏せ込む。1㎡当たりの伏せ込み量は、つばめショウガで収穫の場合、ハウス栽培で1kg、トンネル栽培で0・5kg、筆ショウガで収穫の場合はハウス栽培で3〜5kgである。温度が低いときは、出芽数が少なくなるので多く伏せ込む。

種ショウガを均等に並べ、その上に5〜6cm覆土する。条植えの場合には種ショウガを条と直角の向きに並べ、覆土する（図5）。

その後、ベッドの上を透明ポリマルチで被覆し、夜間の保温と日中の昇温防止のためにマルチの上にベタロンなどの保温効果の高い不織布を被覆するか、敷ワラをした上にポリマルチを被覆する。

(4) 伏せ込み後の管理

①出芽までの管理

関東以西の温暖地の場合、伏せ込み時期は無加温のパイプハウスで3月中旬から、大型トンネルで4月上旬から、小型トンネルで4月中旬からとする。5月以降はポリマルチだけでも十分に温度が確保できる。

出芽まではハウスやトンネル内を十分に保温し、地温28℃を目標に管理する（図6）。ショウガは25〜30℃に保つと最も生育が速くなる。しかし、30℃を超えると、芽数は多いが細くなったり葉が褐変したり、生長点が枯れてしまうので注意する。伏せ込み後30～40日で出芽する。

②出芽後の温度管理

出芽が始まったら、日焼けを防ぐために速やかにマルチを除去する。

パイプハウス栽培では、日焼け防止と保温のために、2～3葉期までハウス内のショウガを不織布などでトンネル被覆し、地温25～28℃を目標に管理する。出芽後の温度管理により出芽数が確保され、やや徒長気味に生育するので草丈が伸びる。それ以降は徐々に地温を下げて23℃程度に管理する（図６）。

展開葉数が３枚になったら、不織布のトンネルを除去する。収穫間近になったら、株元

図5　種ショウガの伏せ込み方法

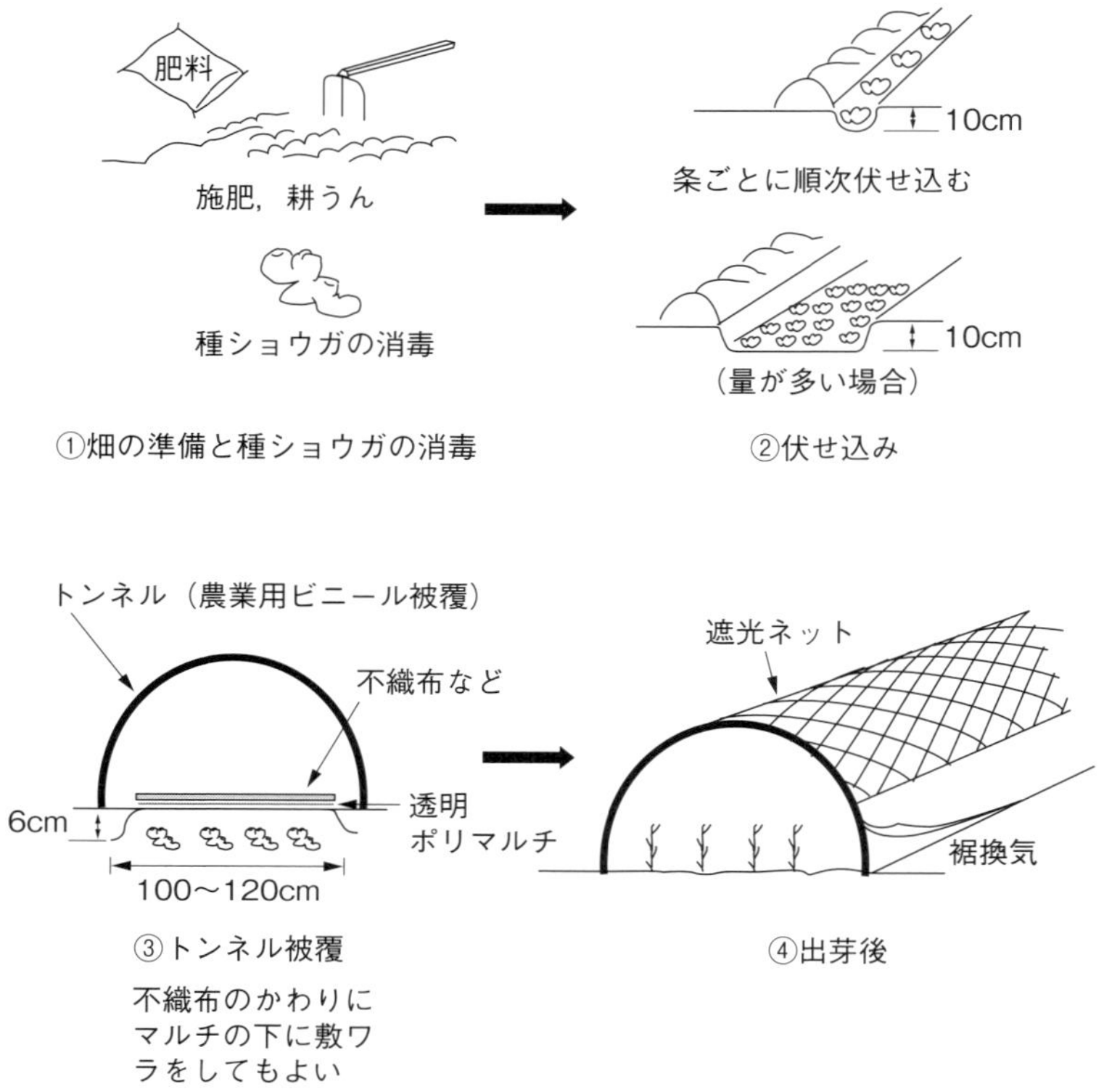

図6　パイプハウス栽培の作業手順

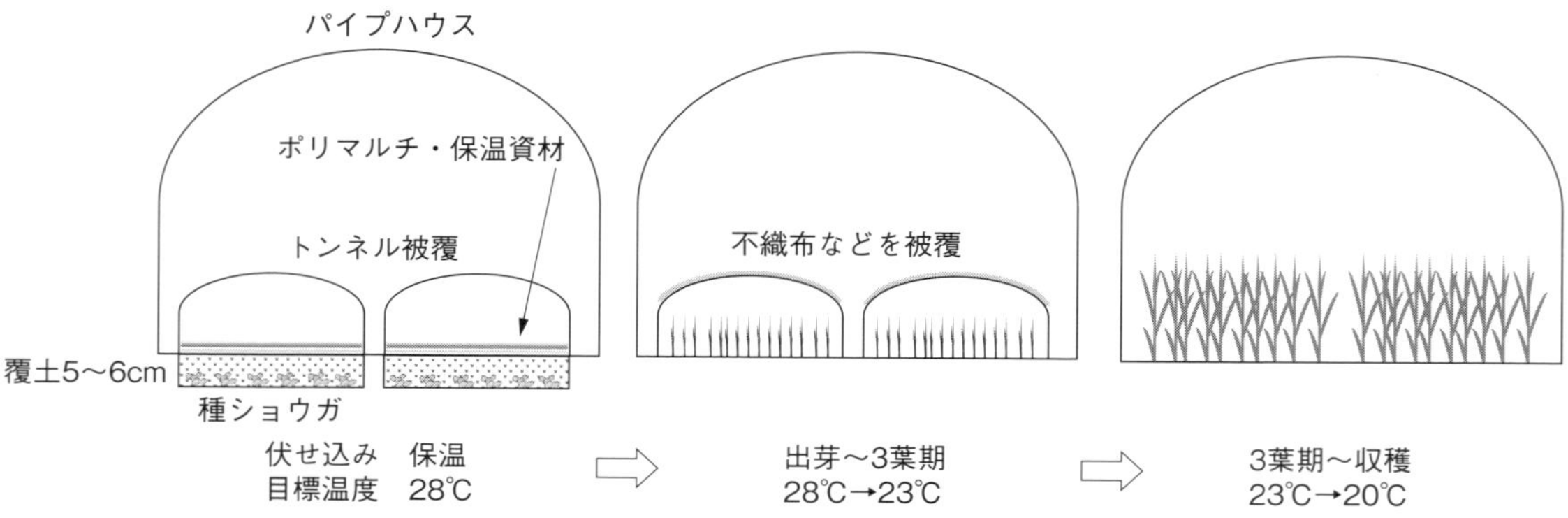

の紅の着色がよくなるように夜間も換気を行ない、気温を15~20℃に管理する（図7）。

トンネル栽培の場合は、出芽後にトンネル被覆の上から遮光ネット（遮光率50%程度）を被覆して遮光する。温度管理はハウス栽培に準じる。

③灌水

ショウガは水を多く要求する作物である。植え付け時に圃場が乾いていると出芽ムラになりやすく、生育中に乾燥すると葉がねじれたり、塊茎が筋っぽくなる。マルチ除去後は圃場がとくに乾きやすいので、定期的に灌水をする。火山灰土の場合、晴天日で2~3日ごとに1回当たり10㎜の灌水が目安になる。灌水の過多、風通し不良は、病気の発生を助長する。

図7　葉ショウガ栽培の様子（ハウス栽培）

(5) 収穫

筆ショウガでは、草丈30~40㎝、葉数5、6枚の時期から収穫する。つばめショウガでは、塊茎の脇から伸びた芽の葉が展開したころから収穫期になる（図8）。いずれの場合も一斉収穫とする。根を取り除き、1束100~150g程度の小束（筆ショウガで5~6本）に束ねる。高温期になるので、調製作業は日陰で行なう。鮮度保持のために葉ショウガを水に浸けるとよい。調製したら、動力噴霧器で水をかけて土を洗い流す。

図8　葉ショウガ（つばめショウガ）の出荷形態

4 病害虫防除

(1) 基本になる防除方法

葉ショウガ栽培で使用できる農薬は根ショウガとは異なるので注意する（表5）。

①根茎腐敗病

土壌伝染性の病気で、圃場や種ショウガが感染源になる。最初は地際部や地中の芽が水浸状になり、軟化腐敗する。塊茎がアメ色に腐敗し、地上部の葉が黄変して萎れ、枯れ上がる。病原菌は高温を好み、水とともに移動するので、高温、密植で栽培する葉ショウガ

表5　病害虫防除の方法

	病害虫名	防除法
病気	根茎腐敗病	・連作を避け，イネ科作物との輪作によって4年以上作付け間隔をあける。圃場の排水をよくする ・種ショウガの選別：発病していない圃場から収穫した健全な種ショウガを使う。充実して，堅太りのものがよい ・発病の恐れがある場合は，バスアミド微粒剤などで土壌消毒する ・圃場で発生した場合は発生初期に発病株を抜き取り，処分する
	紋枯病	・肥料切れがないようにする。健全な種ショウガを使う。灌水しすぎたり，通気性が悪いと発病を助長する ・発病初期からモンカットフロアブル40　2,000倍を散布する
	白星病	・早めにトリフミン水和剤の1,000倍液を散布する
害虫	アワノメイガ	・成虫の飛来時期にオルトラン水和剤を散布する ・周囲のイネ科作物（トウモロコシ，ソルゴーなど）から飛来するので，イネ科作物を作付けしない ・6月以降に発生が多くなる

注）2022年6月時点の農薬登録内容に基づく

では被害が大きいことから、細心の注意を払う。

防除の基本は、健全な種ショウガを用い、輪作やバスアミド微粒剤またはクロルピクリンによる圃場の土壌消毒を行なうことである。さらに、発病リスクに応じてユニフォーム粒剤を散布する。輪作は4年以上とし、イネ科作物を組み入れる。過去に発生が著しい圃場では栽培しない。

圃場では出芽初期から黄化して生育が劣る株を抜き取る。

②白星病

葉に白い斑点を生じる。肥料切れや過乾燥状態で発生しやすい。生育期のトリフミン水和剤1000倍液散布により予防に努める。

③紋枯病

地際付近の葉鞘に褐色の長円形の病斑ができる。感染源は土壌や種ショウガなので、輪作と種ショウガの吟味が重要になる。軟弱徒長、通気性不良、窒素肥料切れによって発病しやすい。

防除の基本は、堆肥を施用して地力を高めておくことである。薬剤防除では、発病初期にモンカットフロアブル40　2000倍液を散布する。

④アワノメイガ

葉鞘に産みつけられた卵から孵化した幼虫が葉鞘から茎へ食入して被害を与える。6月以降に発生がみられる。茎の内部に入ると防除が困難なので、発生初期にオルトラン水和剤を散布する。これらの害虫はトウモロコシやソルゴーなどのイネ科作物や雑草で越冬、増殖して飛来するので、周囲にこれらの作物を栽培しないようにし、圃場周辺の除草を行なっておく。

なお、農薬の使用に当たっては、使用時点での登録内容や使用基準を確認する。

(2) 農薬を使わない工夫

排水性不良圃場での排水対策、輪作および栽培後の残渣除去により、圃場の病原菌密度を低く抑える。種ショウガは、洗浄して土をよく落としてから使用する。

5 経営的特徴

葉ショウガは、面積当たりの粗収益や農業所得が高い品目である。機械装備をあまり必要とせず、収穫・調製は軽作業だが、手間がかかる。したがって、労力・出荷量を考慮して伏せ込み時期や作型を組み合わせ、計画的に収穫する。1人で1日に可能な出荷量は400束程度になる。

葉ショウガ（パイプハウス栽培）での経営指標は表6のとおりである。経営費のなかでは種ショウガ代となる種苗費の占める割合が大きく、とくにパイプハウス栽培では負担が大きい。健全な種ショウガを確保する意味からも、健全な畑を確保して、自前で種ショウガを栽培するのが望ましい。

大量消費される作目ではないので、青果市場での流通量はあまり大きくない。気温が高くなる夏場が需要のピークになる。朝市や直売などで、新鮮なものを直接消費者に提供するとよい。（執筆：鈴木健司）

表6　葉ショウガ栽培（ハウス）の経営指標

項目	
収量（束 /10a）	15,000
単価（円 / 束）	110
粗収入（円 /10a）	1,650,000
経営費（円 /10a）	1,288,000
種苗費	500,000
肥料費	15,000
農薬費	51,000
資材費	126,000
光熱・動力費	3,000
農機具費	39,000
施設費	316,000
流通経費（運賃，手数料）	233,000
その他	5,000
農業所得（円 /10a）	362,000
労働時間（時間 /10a）	667

注）「野菜栽培技術標準技術体系（経営収支試算表）」（千葉県）を基に作成

根ショウガの普通栽培

1 この作型の特徴と導入

(1) 作型の特徴と導入の注意点

根ショウガでは十分に肥大・充実した塊茎（茎が肥大したもの）を収穫する。すりおろし、刻みなどで薬味として利用されるほか、ガリ、練り製品、調理時の臭み消しのほか、飲料、菓子など幅広く使われている。体を温める、血行改善など健康食としてのイメージも強い。根ショウガは塊茎の大きさにより大

図9　根ショウガの普通栽培（大ショウガ露地栽培）　栽培暦例

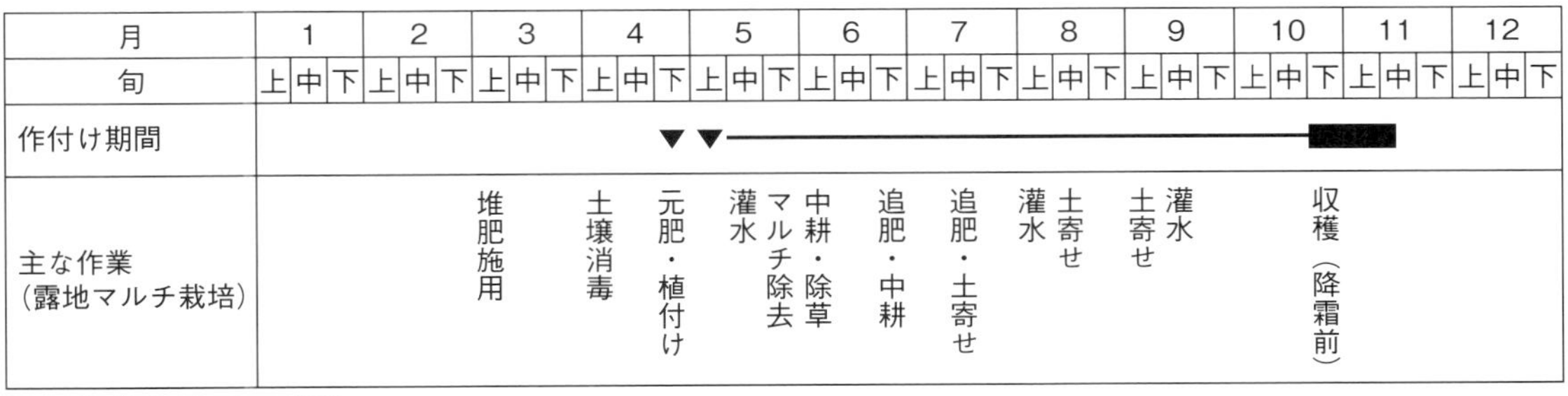

▼：植付け，■：収穫

ショウガ、中ショウガ、小ショウガに分けられる。最も生産量が多いのはガリ、おろしなどに使用される大ショウガである。中ショウガは漬け物用など、小ショウガは葉ショウガの種用として栽培される。

　国内の生産量は漸減傾向であるが、国内需要は安定したものがある。高温を好み、寒さには弱いことから、温暖地の栽培に向く。露地栽培では降霜の遅い地域が適し、関東以西が産地となっている。とくに寒さに弱い大ショウガの主力産地は西日本の温暖地となっている。長期の貯蔵が可能で、ＪＡや青果物集出荷業者などにより年間出荷されている。

(2) 他の野菜・作物との組合せ方

　根ショウガ栽培で労力がかかるのは、種ショウガ植付け時期と収穫作業であることから、これらと競合しない品目が適する。秋冬ダイコン、春夏ニンジン、早生サトイモ、ジャガイモ、サツマイモ、ラッカセイなどとの輪作が可能である。

2 栽培のおさえどころ

(1) どこで失敗しやすいか

① 病害の発生

　ショウガの重要病害は、種ショウガや土壌から伝染するものが大半である。とくに根茎腐敗病が発生すると大きな減収となる。圃場の選定と無病の種ショウガの使用が基本となる。

② 種ショウガの選別

　種ショウガの品質が生産性を大きく左右する。充実した、生産性の高い種ショウガを用いる。大ショウガの場合は、十分に生育し、充実した西南暖地産の種ショウガを用いるとよい。

(2) おいしく安全につくるためのポイント

　ショウガは日当たりが良く、地力の高い圃場が適する。土つくり的な堆肥を多く施し、保水性、排水性を良くした圃場では、収量が安定する。

　施肥量、灌水量は多いほど収量は増えるが、病気の発生や貯蔵性の低下につながる。とくに、貯蔵をする場合は、生育後半の施肥、灌水を控えて締まったショウガを生産する。

(3) 品種の選び方

　大ショウガ、中ショウガ、小ショウガの順に寒さに弱い。大ショウガとしては、〝近江〟、高知県在来種の〝土佐一号〟、〝土佐一号〟より選抜された品種・系統が主に栽培されている。同一品種でも肥大性などの優れる種が選抜されているので、地域に合った、生産性の高い種ショウガを用いる。

3 栽培の手順

(1) 圃場の準備

　連作を嫌うことから、3〜4年以上ショウガを作付けしていない圃場で、強風に当たりにくく、日当たりが良く、灌水ができる圃場を選ぶ。排水不良、冠水しやすい圃場は避ける。堆肥と土壌改良資材は事前にすき込んでおく。作付け前に線虫防除と根茎腐敗病の対策を目的に土壌消毒を行なう。

(2) 種ショウガの確保と準備

無病で乾物率の高い種ショウガを準備する。病気の持ち込みを回避するために、水洗いして土をよく落とす。大ショウガでは1個当たり100g程度、小ショウガでは50gを目安に分割する。10a当たりの必要量は大ショウガで450kg程度、小ショウガで250kg程度である。なお、大ショウガの分割の大きさは地域により異なる。1個が大きいほど収量は増加する一方、種1個当たりの増殖率は低下する。経営や圃場の条件に応じて、分割の大きさを決める。また、大ショウガは出芽数が少ないので、しっかりした芽が1～2個含まれることを確認して分割する（図10）。分割の際には、ピッシと高い音がするのが健全で充実したショウガである。割口に変色などがないことを確認する。一般に、大ショウガは生育期間の長い西南暖地産の種ショウガの生産力が高い。

表7　根ショウガの普通栽培のポイント

	技術目標とポイント	技術内容
圃場の準備	◎圃場の選定と土づくり	
	・圃場選定	・強風を避けられ，日当たり良く，灌水でき，3～4年以上ショウガを作付けしていない無病の圃場を選ぶ
	・土づくり	・堆肥，土壌改良資材は事前にすき込んでおく
	・土壌消毒	・線虫対策などのために作付け前に土壌消毒を行なう
種ショウガの準備	◎健全ショウガの確保	・無病で，充実した種ショウガを準備する。必要量は大ショウガで450kg/10aである
	◎種ショウガの分割	・しっかりした芽が1～2個あることを確認し，1個100g程度に分割する
植付けの方法	◎施肥	・施肥過多は品質低下となる。基準量を目安に元肥を全面に施用する
	◎植付け方法	・ウネ幅150～160cm，株間25～30cm，条間60cmの2条植えマルチ栽培とする。栽植密度は4,000～5,300株/10a
	・ベッドの作成	・水田転換畑では，高ウネ（ウネ幅2.1～2.4m）でベッドにウネと直角方向に6～7株の条（条間71～72cm）とする
	・植付け	・霜の恐れがなくなる時期に植え付ける。種ショウガの向きは条の向きと直角になるように植付け，5cm程度覆土する
出芽揃い後の管理	◎肥培管理	
	・マルチ除去	・5割程度出芽したらマルチを除去する
	・追肥	・追肥は1回目を5～6葉期の6月下旬，2回目は7月中旬ころに行なう
	・土寄せ	・塊茎の肥大に応じて7月から9月にかけて3～4回，塊茎が隠れる程度に土を株元に寄せる
	・灌水	・生育初期から灌水を行なう。8月中旬までは2～3日おき，9月中旬までは5～7日おきを目安とする
収穫・貯蔵	◎収穫作業	・霜が降りる前，天気の良い日に収穫する。茎を1cm程度残して切り，ポリ袋入りの段ボール箱で出荷する
	◎貯蔵	・大ショウガは，14～15℃で保管する。小ショウガは溝穴などに赤土とショウガを交互に積んで13℃～15℃で貯蔵する

図10　種ショウガの分割
（線のところで下向きに力をかけて割る）

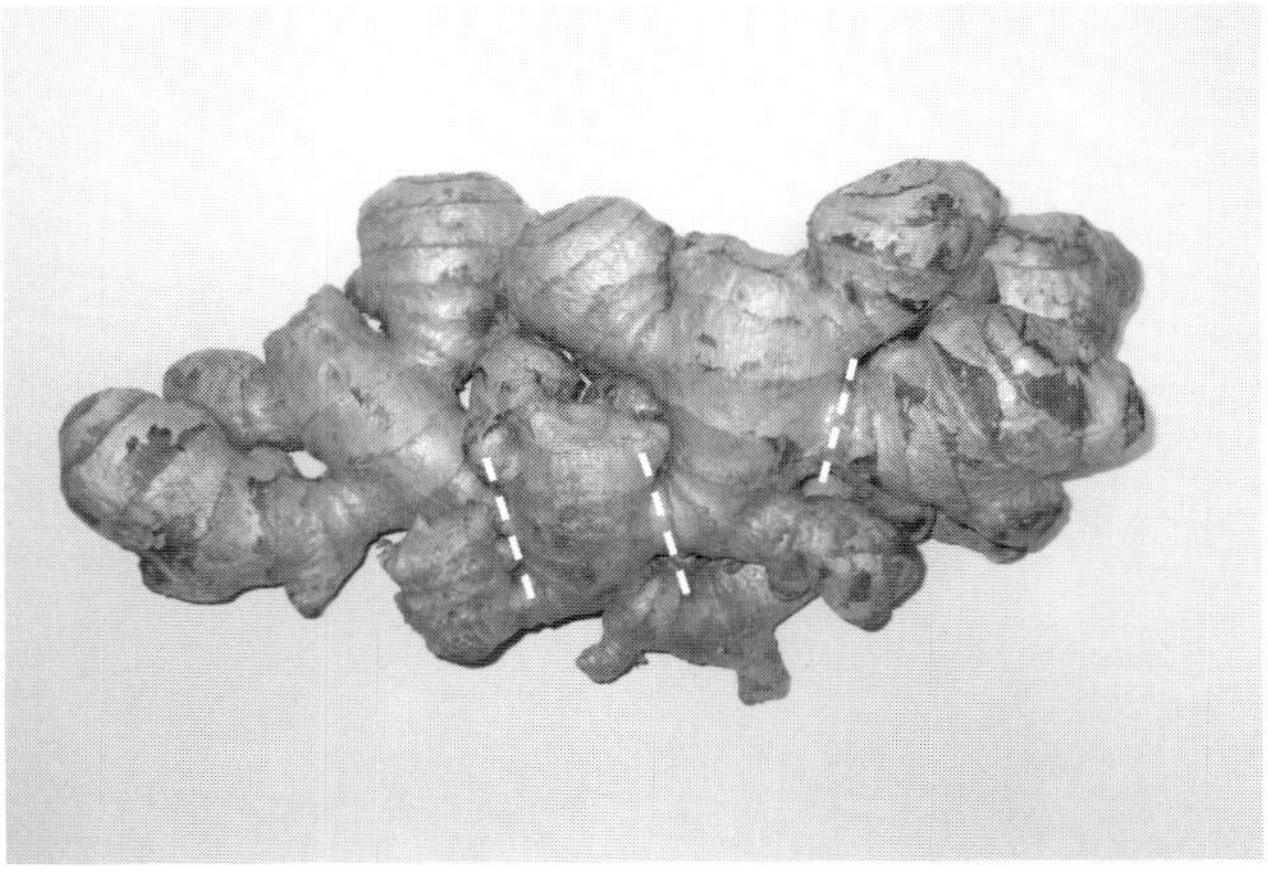

表8　施肥例　（単位：kg/10a）

	肥料名	施肥量	成分量		
			窒素	リン酸	カリ
元肥	堆肥	2,000			
	粒状BMようりん	40		8.0	
	ジシアン有機806	200	16.0	20.0	12.0
追肥	味好1号	80	4.8	6.4	3.2
施肥成分量			20.8	34.4	15.2

注）追肥は2回に分施

(3) 施肥

ショウガは浅根で、初期の吸肥力は小さく、植付け2カ月後くらいから吸収が多くなることから、肥大には追肥が重要である。収量3t／10aを目標とする場合の窒素施肥量の目安は22kg／10aである。元肥は有機配合肥料などを全面に施用する（表8）。追肥は塊茎の肥大に応じて2～3回に分ける。

(4) 植付けの方法

図11　植付け方法

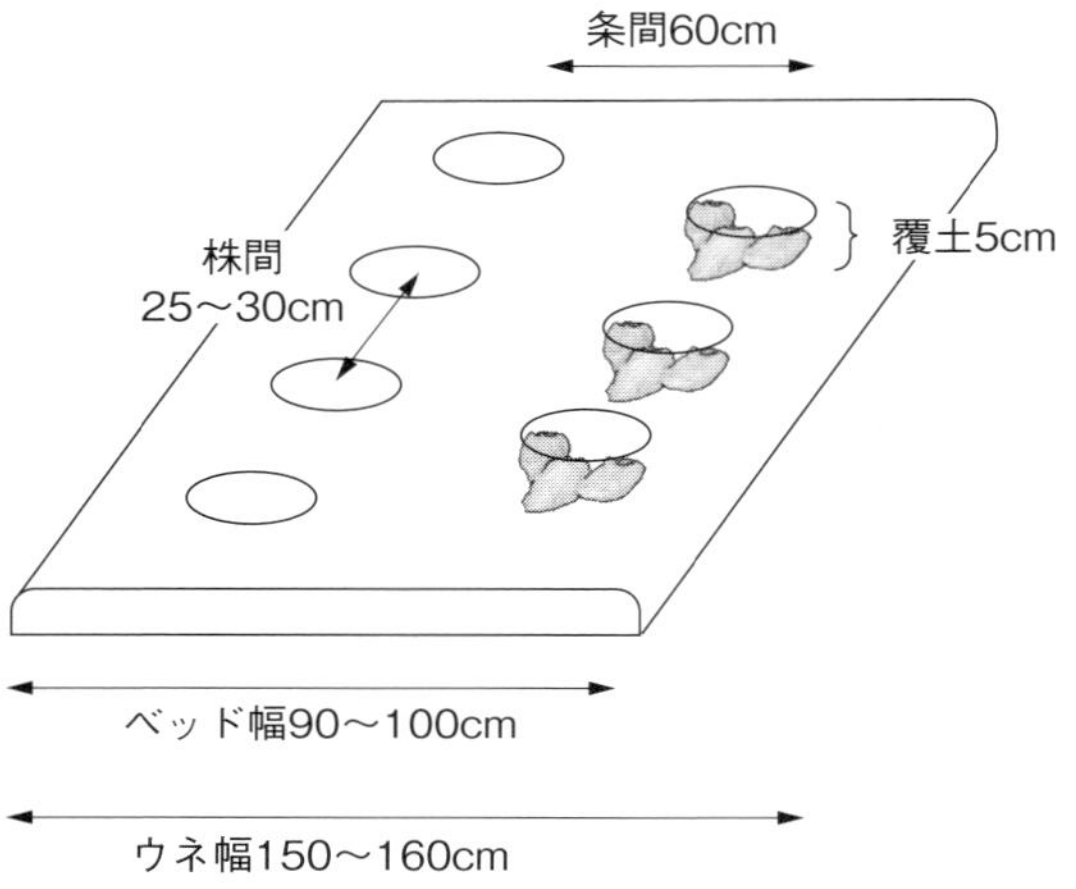

図12　水田転換畑でのウネづくりと伏せ込み方法

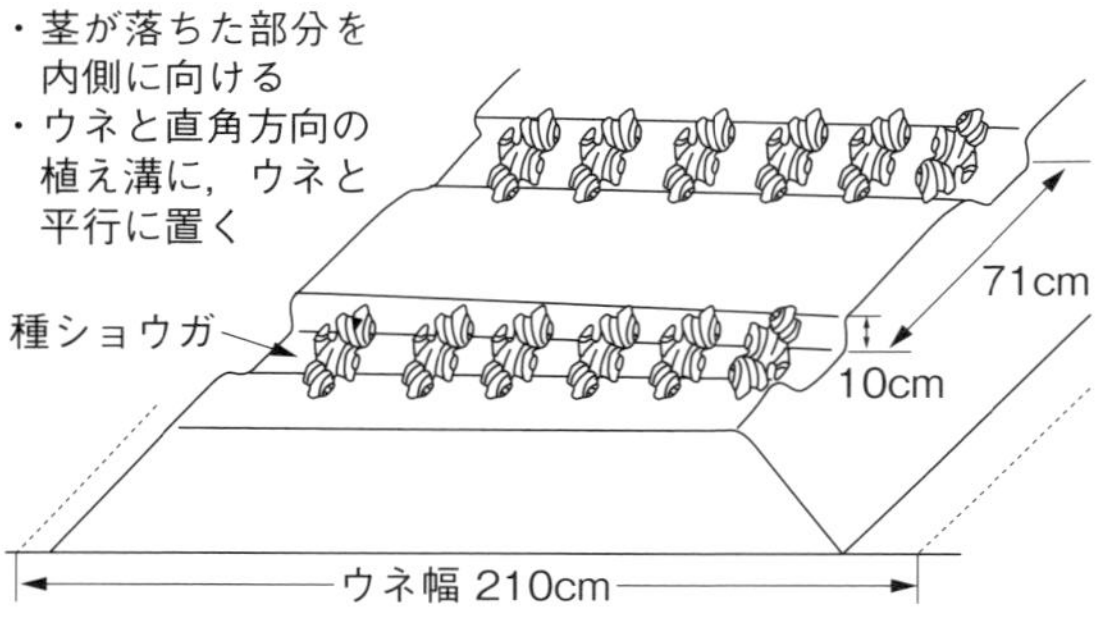

生育期間が長いほど収量が増す。植付けは、遅霜の心配がなくなったころに行なう。西南暖地で4月上旬、関東で4月下旬ころとなる。ウネ間150～160cm、株間25～30cm、条間60cmの2条植えとし、透明ポリフィルムによるマルチ栽培とする。栽植密度は4000～5300株／10aである。図11のように種ショウガは条方向と直角の向きとし、芽が上になるように植付け、5cm程度の覆土をする。水田転換畑では、ウネ幅2・1～2・4mの高ウネとし、ウネと直角方向に条（条間71～72cm）を作り、種ショウガを条の向きと直角に植え付ける（図12）。植付け前に催芽をしておくと、出芽を早め、収量の向上につながる。

(5) 出芽揃い後の管理

5割程度が出芽したらマルチを除去し、中耕する。5～6葉期の6月下旬に1回目の追肥を行なう。2回目が7月中旬ころとなる。後半の追肥は、窒素の遅効きを避けるため、追肥は遅くとも8月のお盆までとする。

株元の塊茎は表面に出ると品質が低下するので、2次茎が出揃う7月上旬～中旬に株元に土を寄せる。土寄せの量は多いと塊茎が長くなって折れやすくなるので、塊茎が隠れる程度の土量とする。大ショウガでは、4～5次まで分げつする（図13）。塊茎の肥大に応じて合計3～4回の土寄せを行なう。

生育初期にネキリムシ類、アワノメイガなどの食入害虫や風などの被害を受けると、その後の塊茎の肥大が劣る。とくに、大ショウガでは茎数が少ないため大幅な減収となる。

強風が懸念される地域では、倒伏防止を図るために、7月中旬ころから収穫前までフラワーネットを設置する場合がある。

ショウガは灌水の効果が大きい作物である。生育初期から8月中旬までは2~3日おき、9月中旬までは5~7日おきを目安に灌水する。気温の高い時期は地温を下げるために夕方に灌水する。なお、根茎腐敗病が発生した場合は、感染の拡大を助長するので、灌水は控えめにする。水田転換畑では、乾燥防止のために敷ワラをする。

(6) 収穫と貯蔵

ショウガが傷まないように、収穫は霜が降りる前に行なう。南関東では10月下旬から11月上旬ころとなる。晴天の日に掘り取り、地上部を1cm残してハサミで切除し、土を落とした後、ポリ袋に入れて17kg入り段ボール箱で出荷する（図14）。貯蔵は、恒温庫、溝穴、室などで行なう。貯蔵温度は大ショウガの場合は14~15℃、小ショウガの場合は13~15℃となる。恒温庫では、貯蔵コンテナを用いて0・03~0・05㎜厚のポリ袋にショウガを入れて、乾かさないように保管する。貯蔵期間中はできるだけ移動しない方が良い。小ショウガは茎数が多いために水分を多く含むので、ポリ袋での貯蔵は適さない。溝穴貯蔵では、深さ1・8m程度の溝にショウガと赤土を厚さ20cm程度で交互に斜めに積み重ねる。溝の上部にはモミガラを入れ、その上に土を山状に盛り、溝に雨水が侵入しないようにする。

図13　大ショウガの生育ステージ

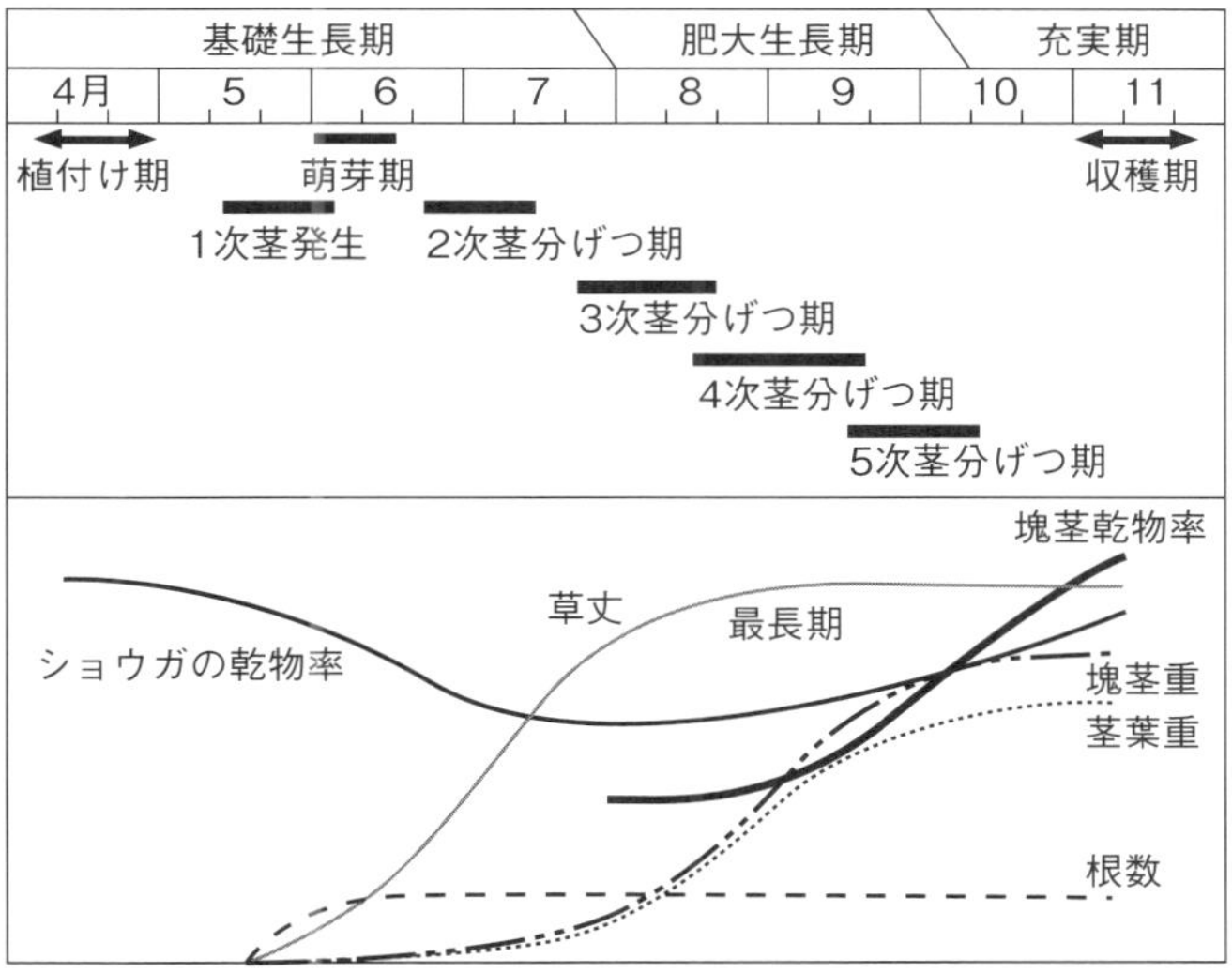

注）出典：村上次男「根ショウガの普通栽培」，川城英夫編『新 野菜つくりの実際　軟化・芽物』（農文協，2001年）を一部改変

図14　根ショウガの収穫時の様子

4 病害虫防除

(1) 基本になる防除方法

重要病害である根茎腐敗病の防除のためには、健全な種ショウガを使用すること、栽培後の圃場に残渣を残さないこと、圃場の排水対策の実

表9　病害虫防除の方法

	病害虫名	防除法
病気	根茎腐敗病	・5年程度の輪作をする。種ショウガは無病の充実したものを選ぶ ・土壌消毒（ユニフォーム粒剤作条土壌混和） ・種ショウガはオーソサイド水和剤80を塊茎重量の2％を粉衣する ・圃場の発病リスクに応じて，土壌くん蒸，生育期の土壌混和，灌注処理剤を追加処理する
	紋枯病 白星病	・ダコニール1000　1,000倍など ・肥料切れに注意にする
害虫	ネキリムシ類	・ガードベイトA　生育初期に防除する
	アワノメイガ ハスモンヨトウ	・トルネードエースDF　2,000倍 ・フェニックス顆粒水和剤　2,000～4,000倍など ・発生初期に防除する
	ネコブセンチュウ	・D-D剤，ネマトリンエース粒剤

施、発生株の速やかな除去が基本となる。なお、除去した罹病株は袋に入れ圃場外に持ち出すなど周囲の圃場内に広がらないように注意する。根茎腐敗病に対しては、発病リスクに応じた対策を講じる。害虫に対しては発生初期に薬剤散布を行なう（表9）。

表10　根ショウガの普通栽培（大ショウガ露地）の経営指標

項目	
収量（kg/10a）	3,000
単価（円/kg）	260
粗収入（円/10a）	780,000
経営費　（円/10a）	618,000
種苗費	293,000
肥料費	49,000
農薬費	77,000
資材費	25,000
光熱・動力費	3,000
農機具費	41,000
施設費	27,000
流通経費（運賃，手数料）	98,000
その他	5,000
農業所得（円/10a）	162,000
労働時間（時間/10a）	146

注）「野菜栽培技術標準技術体系（経営収支試算表）」（千葉県）を参考に作成

(2) 農薬を使わない工夫

アワノメイガ、ハスモンヨトウに対しては、生育期の夜間に黄色灯を点灯することで圃場への成虫の飛来や産卵の被害を軽減できる。また、アワノメイガを誘引するトウモロコシについては、周囲への作付けを避ける。

種ショウガの根茎腐敗病の防除対策として、温湯消毒法が開発されている。実施にあたっては、汎用型温湯消毒機を用いて処理温度50℃で10分間処理する。処理は植付け2日前から2週間前に実施する。

白星病に対しては、収穫後の圃場へフスマを混和することで、茎葉残渣の腐熟を促進し、翌年の伝染源を減らすことで被害を軽減する方法がある。

5 経営的特徴

ショウガは投機的な作物とされ、価格の変動が大きい。現在は、中国を中心に一定量が毎年輸入されており、国内の生産量は漸減している。根ショウガ栽培における10a当たり収量は生産県により大きく異なり、全国平均2・67t（2019年）となっている。種ショウガを450kg/10a使用し、収量3t/10aとした場合の経営指標を表10に示した。10a当たりの粗収入は78万円、経費は62万円、労働時間は146時間程度となる。種苗費が経営費の多くを占める。

（執筆：鈴木健司）

ミョウガ

表1　ミョウガの作型，特徴と栽培のポイント

主な作型

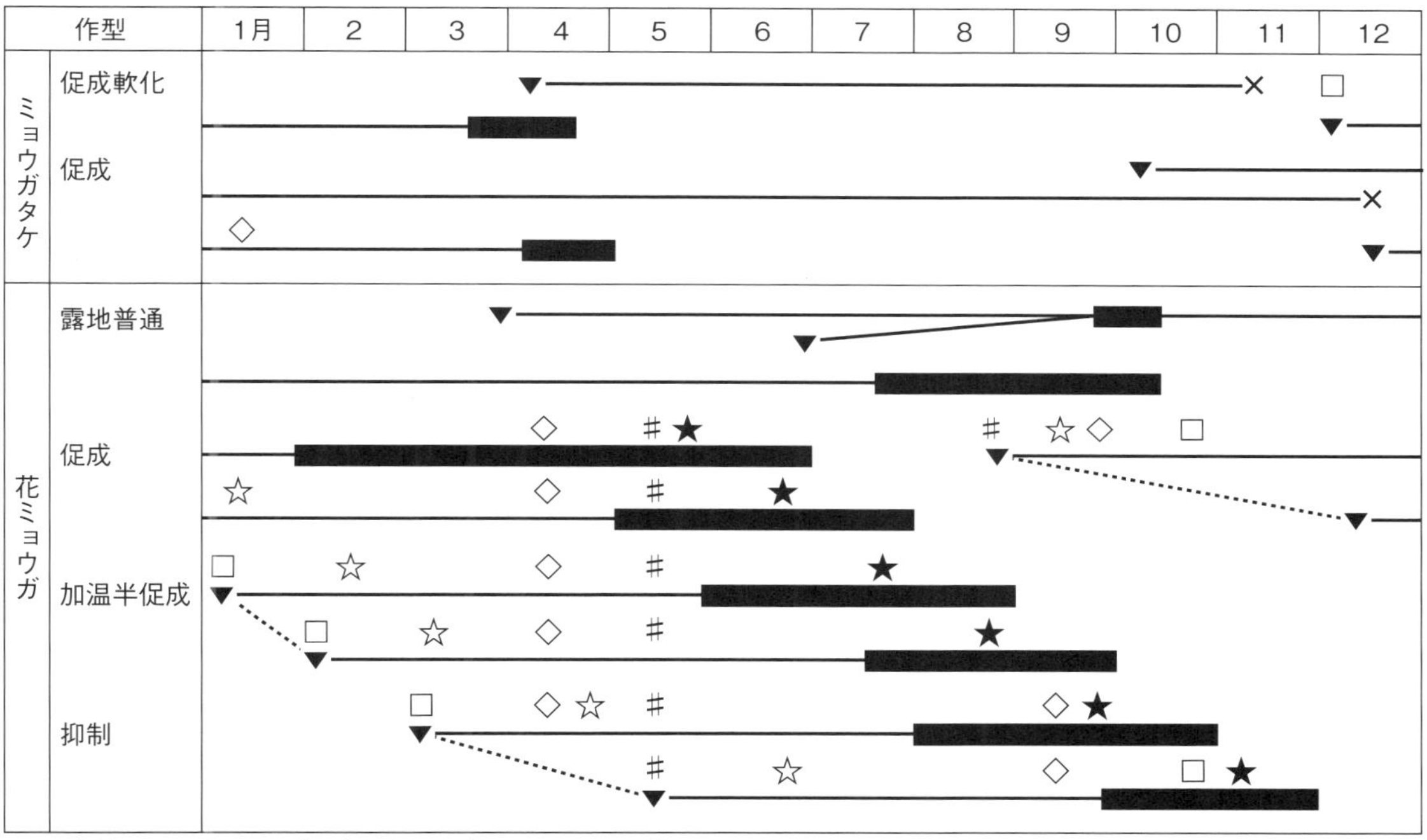

▼：定植，×：掘り上げ，◇：保温開始，☆：電照開始，★：電照終了，□：加温開始，♯：雨よけ，■：収穫

特徴	名称	ミョウガ（ショウガ科ショウガ属）
	原産地・来歴	アジア東部の温暖地帯（日本，中国中部，朝鮮半島南部，台湾）
	栄養・機能性成分	ビタミン類，無機質ともに少ないが，独特の香りと辛味が珍重される
	機能性・薬効など	古くからの香辛野菜でつま物，薬味として夏の食欲を増進する効果が知られている。また，吸物用，漬物用として利用されている
生理・生態的特徴	温度への反応	生育適温は20～23℃。30℃以上，14～15℃以下では生育が阻害される。地上部は耐寒性が弱く，霜にあうと枯死・倒伏する。15℃くらいになると萌芽が始まる
	日照への反応	半陰性植物で，強光線下で生育すると生理的葉枯れ症状が現われ，地上部が枯れることがある
	土壌適応性	腐植質の多い埴土～埴壌土が適する。酸性土壌でも比較的よく生育するが，乾燥には弱く，湿潤で排水のよい土壌に適する

（つづく）

生理・生態的特徴	開花習性	花芽の分化は本葉7～8葉期に行なわれる。花芽の分化・発達は長日条件下で正常に進む。花蕾は地下から生じ，花ミョウガとして利用する
	休眠	花蕾発生後，日長が短くなると地下茎が休眠し，10月から11月にかけて休眠が最も深くなる。その後，地温が下がるにつれて休眠が徐々に覚めていく自発休眠期と，休眠は覚めているが地温が上昇しないために萌芽しない強制休眠期がある
栽培のポイント	主な病害虫	根茎腐敗病，葉枯病
	他の作物との組合せ	ミョウガタケ栽培では，根株掘り上げ後，夏秋野菜の作付けができる

この野菜の特徴と利用

(1) 野菜としての特徴と利用

ミョウガは、ショウガ科ショウガ属に属し、わが国では本州から沖縄まで、山麓の陰地に自生が見られ、古くから栽培されている宿根性の多年草である。日本をはじめとする東アジア原産の野菜で、平安時代には食用にされていたと考えられ、江戸時代には現在の栽培の原型ができあがったものと考えられる。ミョウガ栽培は、大きく花ミョウガ栽培とミョウガタケ栽培に分けられる。花ミョウガは地下茎の先端に形成された花序（花蕾）であり、ミョウガタケは地下茎から出た幼茎を軟化したもので、ともに食用にする。ミョウガの生産は、既存の産地では根茎腐敗病の発生などにより、作付けが減少している。古い産地の生産が伸び悩んでいるものの、促成作型やハウス栽培が導入され、新産地が台頭している。

一般的に花ミョウガは7～10月ごろに、ミョウガタケは12～翌年5月に萌芽してきた幼茎を収穫・出荷する。高知県では花ミョウガを露地栽培と合わせてハウス栽培での冬～春期出荷も盛んに行なわれている。

ミョウガは香辛野菜として、独特の香りとそう快な味、薄紅色の色沢を十分に活かし日本料理に利用されている。花ミョウガは初夏の香りとして薬味、吸物、漬け物などに、ミョウガタケは刺身や魚肉のつま物に利用される。

(2) 生理的な特徴と適地

光条件と生育適温　半陰性の植物で、強光下では葉枯れ症状のような障害が発生しやすい。地温が15℃くらいになると萌芽し、生育適温は20～23℃で、30℃以上、14～15℃以下では生育が阻害される。夏期の高温・乾燥に弱く葉枯れや生育の停滞がみられる。土壌は、埴土～埴壌土が適するが、酸性土壌でもよく生育する。地上部は耐寒性が弱く、霜に1～2回遭遇すると枯死、倒伏するが、地下茎はかなりの低温にも耐えられる。

図1　ミョウガの生育過程

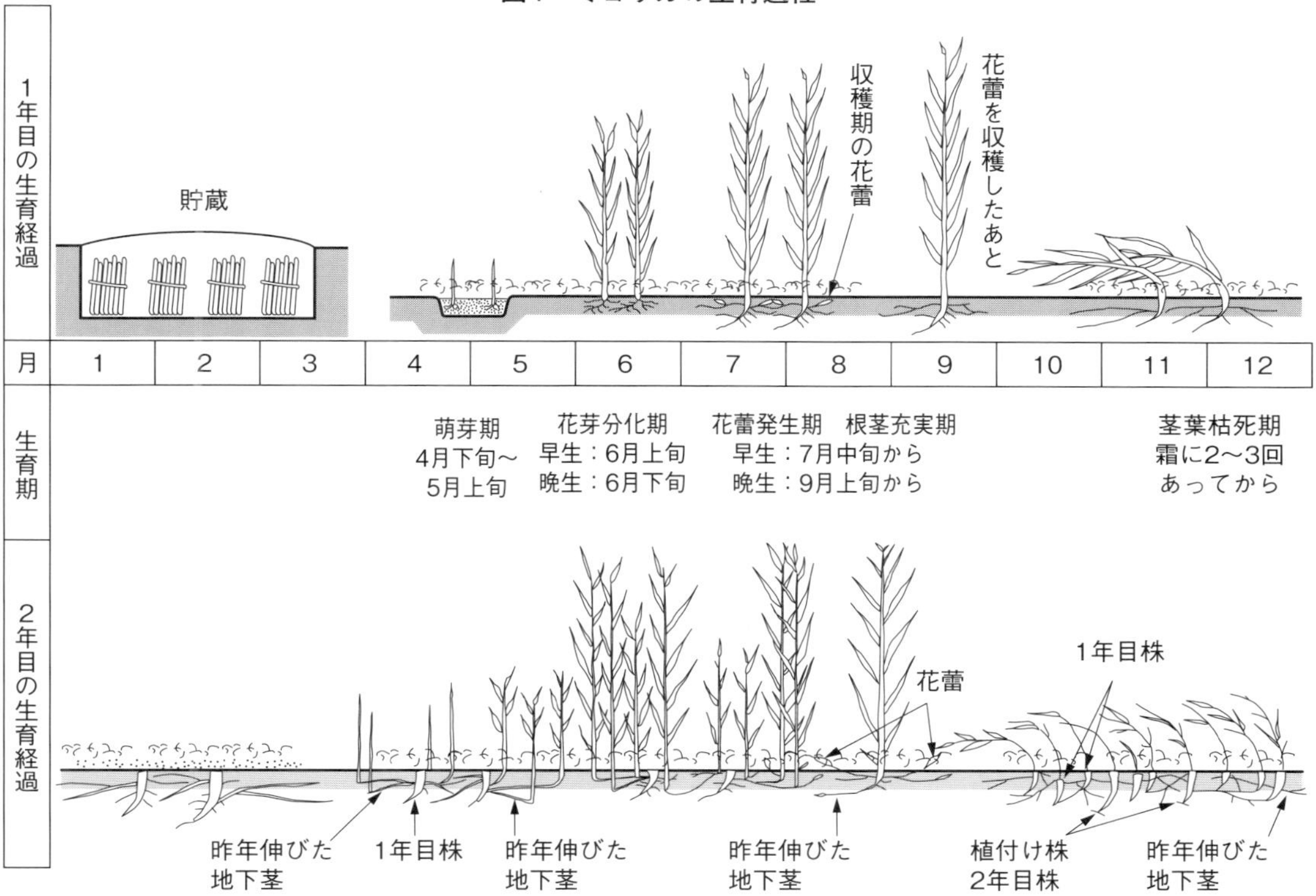

図2　ミョウガの地下茎，根，茎葉

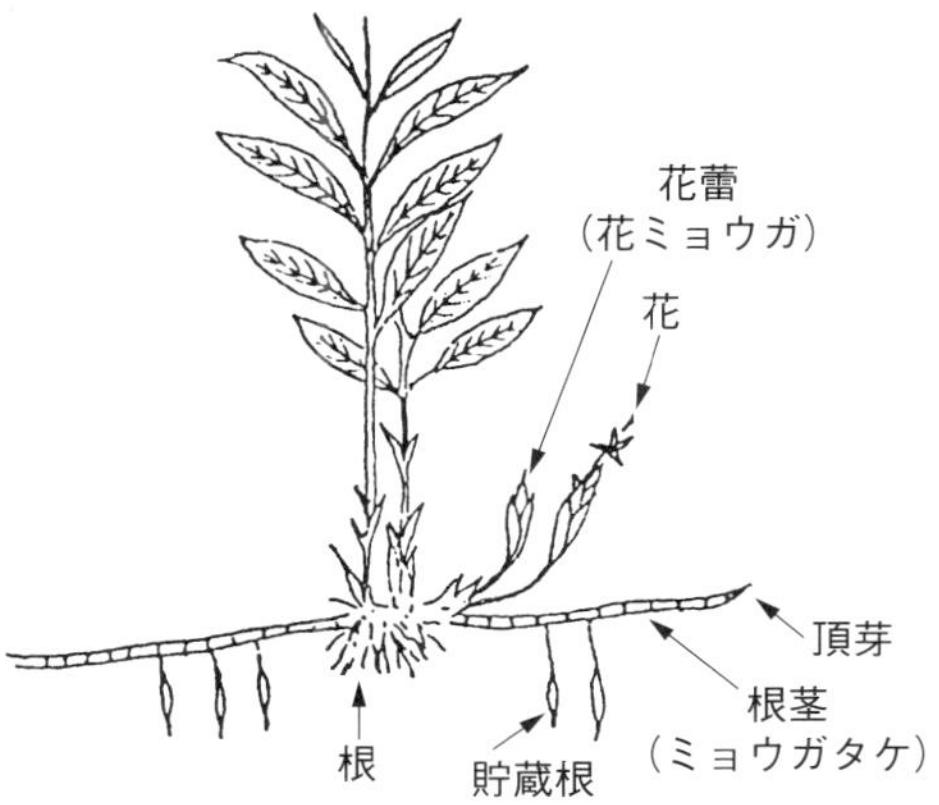

土壌適応性　腐植の多い埴土～埴壌土が適し、酸性土壌でも比較的よく生育する。夏期の乾燥には弱く、同時に湿害も起こりやすいので、保水性、排水性のよい圃場が適する。また、作付け後、長年自生させて収穫する例もあるが、連作をすると根茎腐敗病が発生するので輪作を行なうとよい。

繁殖方法　ミョウガは地下茎で繁殖する。根茎の先端にある頂芽が萌芽し、その基部から地下茎が数本発生する。この地下茎には、花蕾を発生させる根茎と発生させない地下茎がある。花蕾を発生させない茎からさらに地下茎が数本発生し、翌春になってその頂芽が萌芽して繁殖する（図1、2）。

品種　ミョウガはわが国原産のため各地に在来種があり、品種の分化は明らかでないが、早生、中生、晩生に分類されている（表2）。また、花蕾の出荷時期によって夏ミョウガ、秋ミョウガに大別され、一般に早生種が夏ミョウガ、中・晩生種が秋ミョウガと呼ばれている。品種の特性から、花ミョウガ栽培には早生種の夏ミョウガを、ミョウガタケ栽培には中・晩生種の秋ミョウガを用いる。

萌芽期　地温が15℃程度になると、地下茎の先端の頂芽は発根し、萌芽してくる。萌芽時期は気象条件（気温、日長）によって早

表2　ミョウガ品種の特性

項目	早生種	中生種	晩生種
葉の形	幅狭い	幅狭い，先枯れしやすい	幅広
葉丈	高	中	低
茎	太	太	細
出蕾期	6月下旬～8月上旬	9月上旬～11月上旬	9月中旬～11月上旬
花蕾収量	少	多	最多
若芽の多少	少	中	多

主要品種‘陣田早生’の特性

品種（系統）	花蕾の早晩	花蕾着色	収量	分げつ
陣田早生1号	早い	良（ピンク）	中	中
陣田早生2号	早い	良（あずき色）	少	多
陣田早生3号	やや晩	やや劣る（やや淡）	多	少

注1）群馬県園芸試験場の，農家からの聞き取りによる
注2）出典：関悦之介「ミョウガ」，松原茂樹・西村周一編『野菜の軟化・芽物つくり』農文協，1956年

晩があり、4月上旬～5月中旬頃である。

休眠　ミョウガには休眠があり、茎葉の生育中の地下茎を掘り上げて萌芽の適温を与えても萌芽しない。花蕾の発生後、日長が短くなると地下茎の自発休眠が始まり、10月から11月にかけて休眠が最も深くなる。その後、地温が下がるにつれて休眠から徐々に覚醒する。休眠が明けていても地温が上がらないと萌芽しない強制休眠がある。

花芽分化・出蕾　ミョウガの花芽分化は本葉7～8枚になると分化する。長日条件が花芽の分化・発達に促進的に作用する。関東の平坦地では夏ミョウガで6月上～下旬、秋ミョウガで6月下旬～7月中旬に花芽が分化する。その後、品種や地域によって異なるが、本葉12～13葉期（越年株）以後、出蕾・開花する。

（執筆：原澤幸二）

ミョウガタケの露地栽培

1　この作型の特徴と導入

(1) 作型の特徴と導入の注意点

①ミョウガタケの特徴と利用

ミョウガタケはミョウガの葉鞘部分を軟白して育て、その葉鞘部分にわずかに光をあてて薄紅色に色づけしたものである。

ミョウガタケの紅色は、アントシアニン色素による。独特の香りは花ミョウガよりもやや弱いが、生食が可能なため、他の食材に合わせて分量を調節し、香りや歯ごたえを持たせたまま、料理に合わせて調理することができる。

宮城県でのミョウガタケ生産量は、JA調べで年間約3tとなっている。根株の養成に圃場面積が必要で、掘り上げと伏せ込みにはかなりの労力がいることから、全国的に生産地は減少し、主要な産地は、宮城県、群馬県、茨城県となっている。以前は高級料理店などで大半が利用されていたが、最近は地元で家庭料理に用いられることも多くなっている。軟白部の美しい紅色を活かした飾り切り、薬味、吸物、浅漬け、卵とじなどにする。みずみずしいミョウガタケの紅色と、さわやかな香りは、春から初夏の食卓にすがすがしさを添える。

ミョウガタケは、適期に伏せ込みを行ない軟白、色よく紅付けすることができれば、品

図3　ミョウガタケの露地栽培　栽培暦例

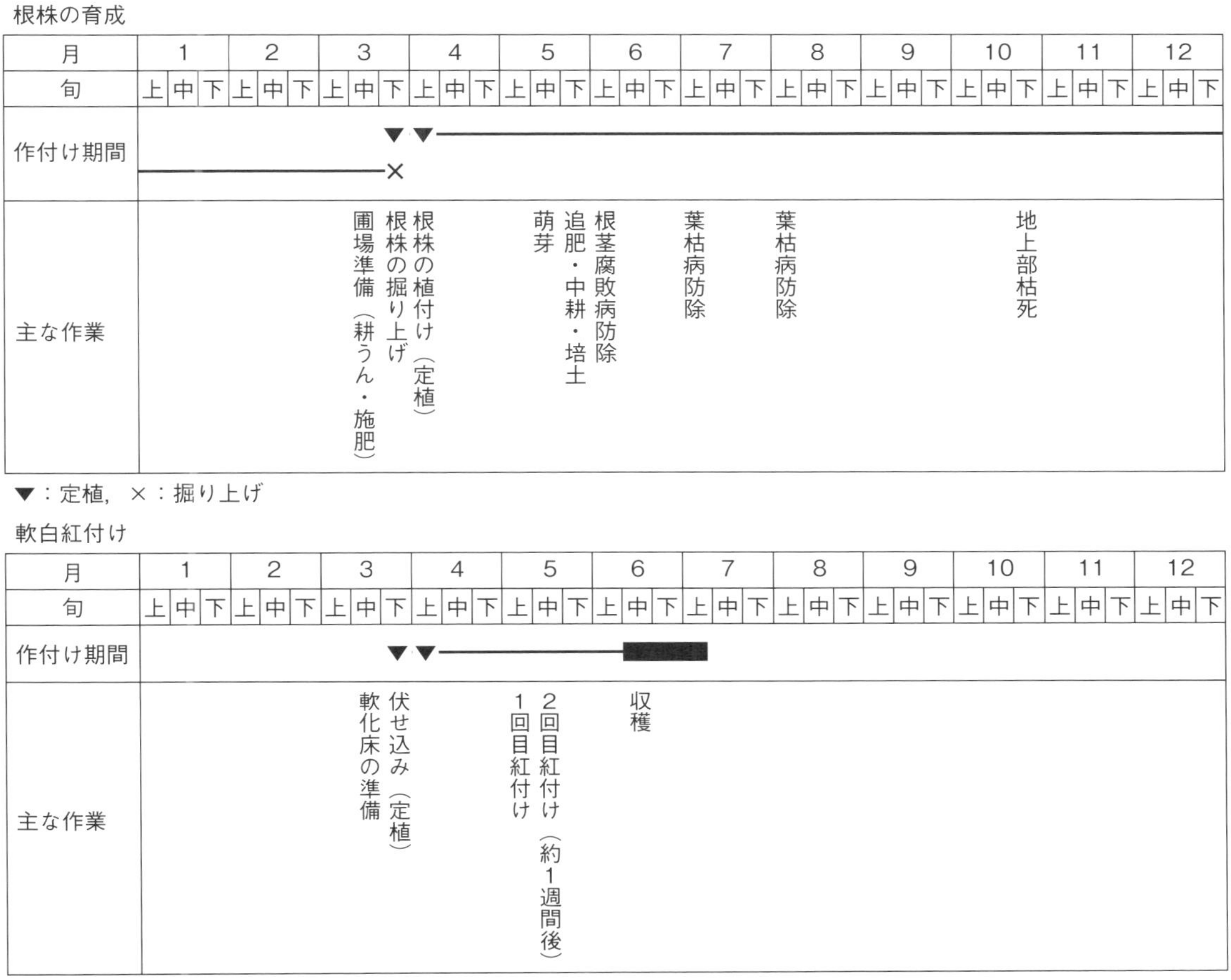

▼：定植，×：掘り上げ

▼：定植，■：収穫

図4　ミョウガタケ

紅色の葉鞘部分を揃えて束にする荷姿

質の良いものを出荷することができる。宮城県のミョウガタケ産地では、6月中旬以降に出荷することができ、他の野菜出荷が少ない端境期に生産できることから、重宝される品目である（図4）。

②作型、適地と導入の注意点

ミョウガは自然条件下では3月下旬から4月上旬にかけて萌芽する。夏の間に葉を開き、秋になると地上部が枯れ、冬季に約2カ月間の休眠に入る。やがて春になると休眠が破れ、萌芽するようになる。葉が開く前の芽を暗所で軟白し、葉鞘部分に光を当て、紅色をつけたものがミョウガタケである。

ミョウガタケ栽培に用いられる品種は、一般に夏ミョウガ（早生）よりも秋ミョウガ（晩生）である。秋ミョウガは根茎の発達が旺盛で、太みのある良品が収穫できる。

根株の育成は病害発生などの面から、連作を嫌う特性があるため、圃場の選択は重要である。圃場は適度な保水性と排水性に富んだ土壌が適する。

(2) 他の野菜・作物との組合せ方

根株の養成圃場では、3月下旬頃に根株の掘り上げを行なう。根株の連作は避けたほうがよいので、掘り上げ後の圃場には他の夏秋野菜の作付けが可能となる。また、根株の植え付け時期、掘り上げ時期とも同じ時期になるため、次にミョウガタケを植え付ける圃場をあらかじめ決めておき、3月上旬までに圃場準備を行なっておく。

2 栽培のおさえどころ

(1) どこで失敗しやすいか

ミョウガタケは軟化した茎（葉鞘）に美しい紅色がついているものがよいとされるので、栽培の一番のポイントになるのは紅付けである。紅付けのタイミングや、その時間が長くなると、紅色がくすんだ色になり、商品価値が下がってしまう。

露地栽培はミョウガの萌芽に合わせ、軟白、紅付け、生育させて出荷する作型となるため、その時期や温度に合わせ、遅れないように作業を行なうことが大切である。

(2) おいしく安全につくるためのポイント

栽培は、根株の養成と軟化紅付けに大別される。紅色が美しくおいしいミョウガタケをつくるには、どちらも大切な技術である。根株の養成では圃場の除草と適度な中耕、軟化紅付けでは日に当てるタイミングと光の量、質がポイントになる。

根株の養成圃場で問題になる病害に、根茎腐敗病がある。この病気は連作圃場に発生する場合が多く、ミョウガが早期に枯死して根株の収量が皆無になることもある。そのため、健全な種株を確保し、連作を極力避けて充実した株の養成を行なう必要がある。この病害の発生を防ぐことができれば農薬を使用せずに栽培できる。軟化床では充実した株を用い、農薬は使用せずに栽培する。

(3) 品種の選び方

ミョウガの品種は大別して早生の夏系ミョウガと晩生の秋系ミョウガに分類される。ミョウガタケに用いられる品種は、ゆっくりと育ち、太い茎葉に育つ秋系ミョウガが適する。

3 栽培の手順

(1) 根株の養成

① 種株の準備

根株の養成に用いる種株は、健全な丸い貯蔵根のついた、太いものを選ぶ（図5）。根の軟らかいものや根茎腐敗病にかかったもの

表3　ミョウガタケの露地栽培のポイント

根株養成

	技術目標とポイント	技術内容
根株掘り上げ（収穫）	◎根株の掘り上げ（収穫）	・掘り上げた根株は健全なものを選び，新芽を含めて30cm程度に切りそろえる。定植まで根株の乾燥を避ける
定植準備	◎圃場の選定と土つくり	・連作を避ける（病害発生圃場がみられた場合はユニフォーム粒剤を18kg/10a，土壌表面に散布する）
	・圃場の選定	・保水性に富み，排水がよい圃場を選定する（ミョウガはやや酸性土壌で生育する）
	・土つくり	
	◎施肥	・元肥の施肥は種株の肥料焼けを防ぐため定植1カ月以上前に行なう
		・肥料は元肥よりも追肥を主体とする
	◎植え溝つくり	・ウネ幅75～80cmになるよう，定植用の溝を切る
定植方法	◎適正な栽植方法	・株間60cmとし，種株を1カ所に3～4本定植する。10cm程度の覆土を行なう
	◎適期定植	・種株の萌芽前に植え付けると活着，生育がよい
定植後の管理	◎適正な茎葉枚数の確保と草勢管理	・定植後15～20日で萌芽する。草丈が10cm～15cmになったら，中耕，培土，追肥を行なう
	・追肥	・水分保持と地温上昇の防止のために敷ワラをする
	◎除草，培土	
	◎病害虫防除	・根茎腐敗病の発生がみられたらユニフォーム粒剤を18kg/10a，土壌表面に散布する

軟白紅付け

	技術目標とポイント	技術内容
根株掘り上げ	◎根株の掘り上げ	・新芽が動き出す前に掘り上げる。伏せ込みまでは根株の乾燥を避ける
伏せ込み床の準備	◎伏せ込み床つくり	・紅付け時の採光性がよく，水の便がよい場所を選定する
	・床の選定	・伏せ込み床は遮光が完全にできるようにつくる。室の湿度保持のため，外側はワラなどを用いるとよい
	・床つくり	・床（室）の高さは1～1.2m程度とする
伏せ込み方法	◎伏せ込み	
	・床に根株を並べる	・株は半分ずつ重なるようにして並べる。並べ終わったら，乾燥防止のために灌水する
	・適期の伏せ込み	・萌芽前に植え付けると着色がよく，活着が早い
紅付けとその後の管理	◎紅付け	
	・適期の紅付け	・伏せ込み後20～30日で萌芽する。芽の長さが7cmと10cm程度になったら紅付けを行なう
	・適正な紅付け方法	・紅付けには間接光線が適している。1回目は数時間，2回目は5時間程度光を当てる
	◎紅付け後の管理	
	・灌水	・時々灌水し，伏せ込み床の湿度を高く保ちながら，遮光したままミョウガタケの長さを50cm程度まで伸ばす
	・温度管理	・伏せ込み床内を20～25℃に保つ
収穫	◎適期収穫	・芽が1～1.2m程度に伸び，紅色の葉鞘部分がはっきり見えるようになったら収穫適期
		・地際から刈り取って収穫する
		・22cmに切りそろえ，トレイに並べて出荷する

の使用は避ける。

②定植のやり方

種株の肥料焼けを防ぐために定植の1カ月以上前に施肥しておく（表4）。定植時期は、萌芽前の4月上旬頃とする。

ウネ幅が75～80cmになるように溝を切り、そこに長さ約30cmに切り離した根株を1カ所に3～4本、60cm間隔に並べていく（図6）。このとき、根株の芽の向きが上にくるように並べる。並べ終わったら10cm程度の覆土をする。この作付け方法では、種株床10a当たり約250kgの株が必要になる。

③定植後の管理

萌芽して葉が開き、草丈15cmくらいになったら5月中・下旬に1回目の追肥を行なう。それと同時に、除草もかねて中耕、培土も行なう。追肥の量は10a当たり窒素成分量で3～4kg程度。その1カ月後に2回目の追肥を行なう。初期に、定植した株から3～4本程度の芽が出るくらいだと、根茎の発達がよい。梅雨明け後、夏季の水分保持と地温上昇抑制のために株元に敷ワラを行なう。

9月までに草丈1～1.5m、葉数12～14枚ほどに生育すれば、よい根株が得られる。

④根株の掘り上げ

株の掘り上げは休眠が覚めてから行なう。露地でミョウガタケを栽培する場合は3月下旬頃に掘り上げる。この根株を軟白する時には根や芽が動き出す前の株を用いる。養成畑10a当たり400kg程度の根株が収穫できる。

(2) 軟化と紅付け

①軟化床の準備

露地伏せ込み栽培は、自然条件でミョウガ

図5　ミョウガの充実した種株

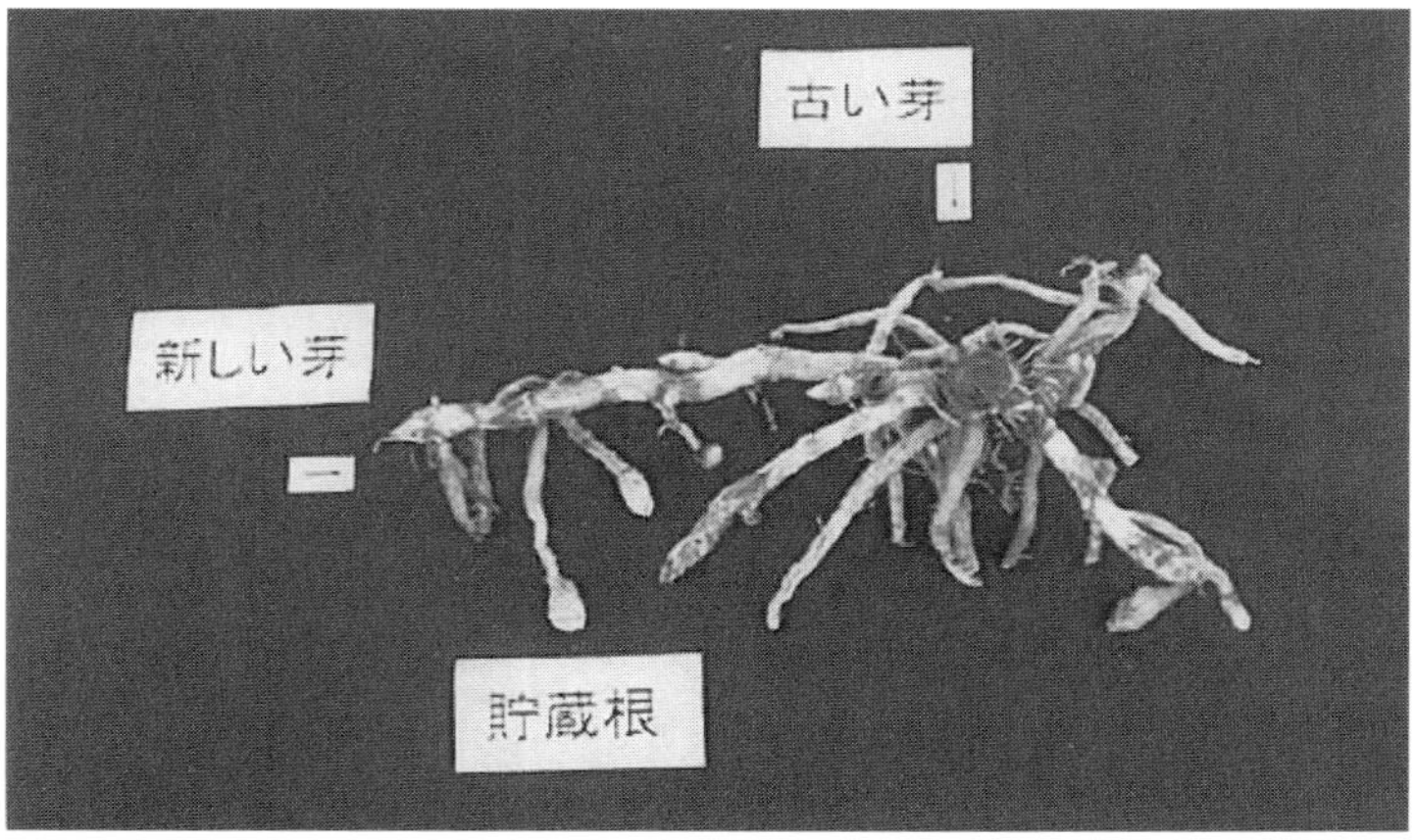

ふっくらと充実した根の太いもの

表4　施肥例（根株養成時）　（単位：kg/10a）

	肥料名	施肥量	成分量		
			窒素	リン酸	カリ
元肥	堆肥	1,000			
	石灰窒素	40	8.0		
	トリオ有機S（808）	80	6.4	8.0	6.4
追肥	CDU化成（555）（半量ずつ2回施用）	40	6.0	6.0	6.0
施肥成分量			20.4	14.0	12.4

図6　種株の植え付け方

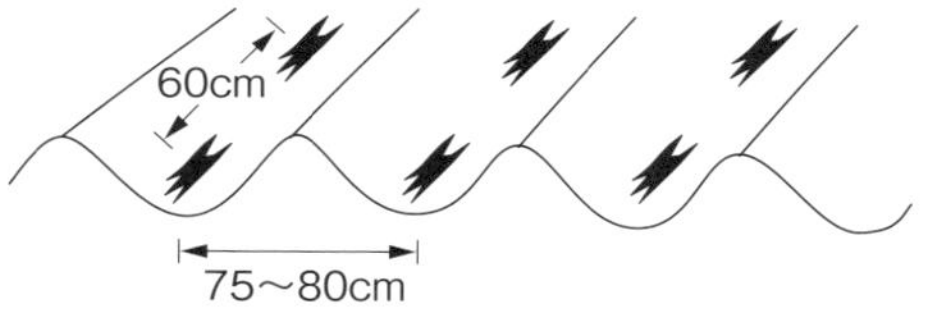

①溝切り後，60cm間隔に種株を並べる

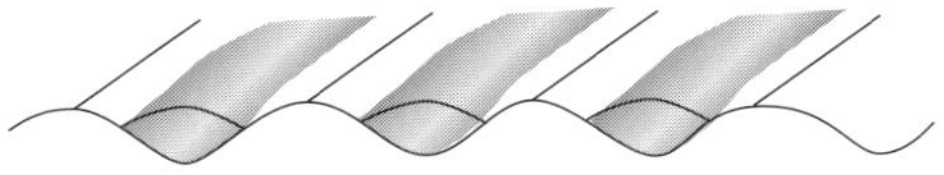

②10cmほど覆土する

タケの芽が伸び出す前に伏せ込み作業を行なう。萌芽前の根株を掘り上げ、伏せ込む軟化床の準備を遅れないように行なうことが、栽培のポイントになる。

　また、これらのミョウガタケ栽培は、根株に蓄積した養分で生育した茎葉を収穫するため、健全な根株育成が大切である。

　伏せ込み時期は、地温が15℃程度になる時期とし、収穫の約60日前を目安とする。軟化床の面積は根株養成面積の10分の1程度となる。収穫時期を考慮し、伏せ込みを行なう軟化床を準備する。

図7　軟化床の例（室方式）

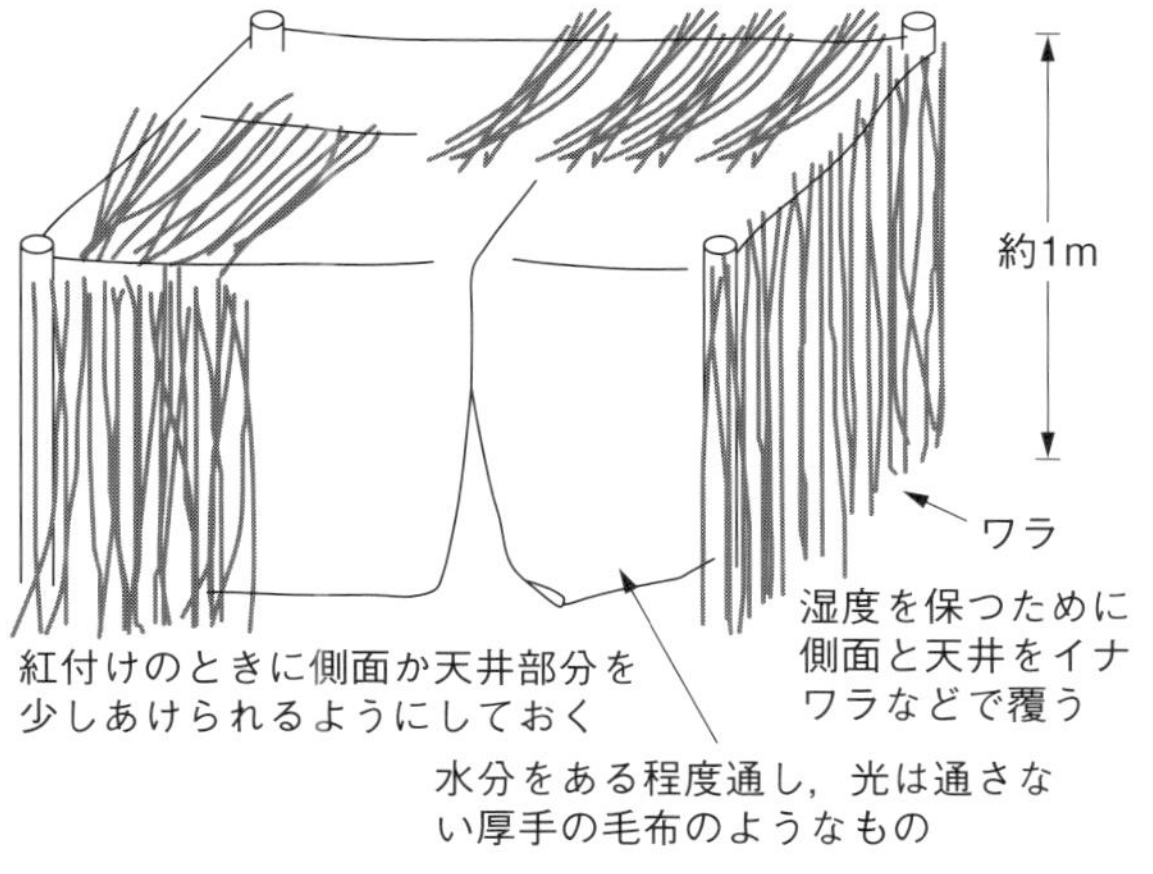
約1m
ワラ
湿度を保つために側面と天井をイナワラなどで覆う
紅付けのときに側面か天井部分を少しあけられるようにしておく
水分をある程度通し，光は通さない厚手の毛布のようなもの

　軟化床は、水分保持、温度の維持の面から地面を掘り下げ、そこを伏せ込み床とするのが最もよい。そのほかに、横穴をつくってその周りを岩で囲った岩囲い式や、根株養成床をそのまま覆ってしまう方式、地上に木枠をつくって天井部分と側面をワラなどで囲った室方式など、それぞれの地域の特徴を活かした軟化方式がある。室方式は一般的に利用しやすい軟化床である（図7）。

　一般には20℃くらいの一定温度を保てること、湿度が高く保てること、採光できること、水の便がよいこと、などの条件がそろっているところが望ましい。

図8　軟化床の根株の並べ方

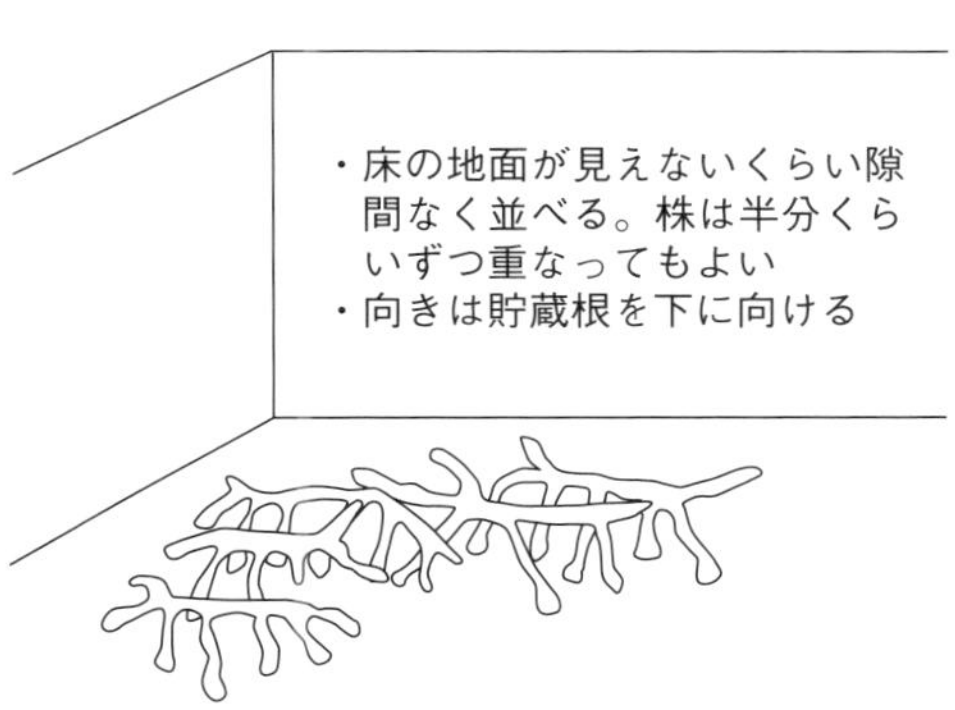
・床の地面が見えないくらい隙間なく並べる。株は半分くらいずつ重なってもよい
・向きは貯蔵根を下に向ける

②軟化床への伏せ込み

　萌芽前の根株を畑から掘り上げる。このとき、新しく伸びた根茎を切らないように注意する。根株を軟化床に運び込み、芽の伸びるほうを上向きにして並べる（図8）。根株を少しずつずらして並べるとよい。萌芽まで株が乾かないように軽く土をかぶせるか切りワラをかけて灌水する。灌水量は10日間隔で1㎡当たり15～20ℓとする。軟化床を暗黒になるようにして湿度を上げ、芽が動き出すまで待つ。こうして、床内が15～20℃程度の温度が続けば10～20日で芽が動き始める。室方式の場合、1回目の紅付け作業が終わってから室を組み立てる。

③紅付けの方法

　紅付けは軟化床で軟白したものに光を当て、色をつける作業。芽の長さが7～8㎝で1回目、10㎝のときに2回目の紅付け作業を行なう。

　1回目の紅付けでは軟化床の覆い資材を2時間くらいあける。このとき、直射光でない適度な柔らかい光を入れる。2回目も同じように光を当てるが、このときには1回目よりやや長い5時間程度とする。この後、ミョウガタケの葉鞘部分に色がついてくる（図9）。光の強さや日に当てる時間、風、温度などの条件によって紅色のつき方が違う。光が強すぎても美しい紅色が出ないので、真昼の直射日光を避けるなど、間接的に光が当たるように工夫する必要がある。

④紅付け後の管理

紅付けが終わったら、再び暗黒条件に戻し、株が乾かないようにときどき灌水をしながら芽が1m程度に伸びるのを待つ。紅色の葉鞘部分がはっきり見えるようになったら収穫である（図10）。ミョウガタケは紅色が全体に美しくついていて、太いものが良品とされる。

図9　2回目の紅付けが終わったミョウガタケ

図10　収穫時期のミョウガタケ

(3) 収穫

地際から刈り取って収穫する。これを22㎝の長さに切り揃え、紅色がきれいに揃うように並べて出荷する。3・3㎡当たりの収穫量は、伏せ込み量によって異なるが約20～25kgになる。

4 病害虫防除

(1) 基本になる防除方法

根株の養成中に問題になる病害は根茎腐敗病。これは土壌中のピシウム菌によって文字どおり根株ごと腐敗してしまう病気で、主に梅雨期に発生する。ひどいときは根元が水浸状に腐り、地上部も倒れてしまうため、根茎腐敗病が発生すると根株の収穫ができなくなる。防除対策は無病の種株を準備すること、同じ圃場で連作をしないことである。また、発生がみられた場合は、ユニフォーム粒剤を土壌表面に散布する（表5）。

(2) 農薬を使わない工夫

農薬を使わないためには、根株の養成畑で土壌病害（根茎腐敗病）を出さないように圃場のローテーションを組むことが重要になる。一度病害が発生してしまうと再発の可能性が高くなり、同じ圃場はミョウガの栽培に使えなくなる。発生を未然に防ぐための工夫が必要になってくる。根株の養成には約1年かかるため、ミョウガの作付けをしない1年間は葉菜類、果菜類などを組み合わせた作付けができる。

軟化床では農薬を使わないで栽培する。

表5　病害虫防除の方法（根株養成時）

	病害名	防除法
病害	根茎腐敗病	根茎腐敗病がみられた場合ユニフォーム粒剤を土壌表面に散布する（18kg/10a）
	葉枯病	ダコニール1000の1,000倍液を予防散布する

表6　ミョウガタケの露地栽培の経営指標

項目	
収量（kg/ 軟化床1a）	700
単価（円 /kg）	1,250
粗収入（円 / 軟化床1a）	875,000
経営費　（円 /10a）	275,000
生産資材など	109,000
販売資材・経費	166,000
農業所得（円 /10a）	600,000
労働時間（時間 /10a）	300

注）10aの種株の半量を種株，半量を1aに伏せ込み栽培した場合を想定している

5 経営的特徴

ミョウガタケの価格は、軟化した紅色の程度、産地、出荷時期によって変動が大きい。1kg当たりの単価は、1000～1250円前後。大量に消費するものではないので、売り切れる量を考慮し調製・出荷を考えるとよい。

労働時間は軟化床1a当たり、根株の養成を含めて年間300時間程度になる。根株養成では根株の掘り上げ、軟化栽培では出荷・調製が主な作業になる（表6）。

（執筆：小野寺　康子）

花ミョウガの露地普通栽培

1 この作型の特徴と導入

(1) 作型の特徴と導入の注意点

花ミョウガの露地普通栽培は、資材費、肥料代などの経費が比較的少なく、省力的で、高齢者や女性が取り組みやすい。

ミョウガは半陰性作物で、夏涼しく風通しがよく、夜温が下がる中山間地が適する。林地や傾斜地でも栽培できるので、中山間地域へ導入しやすい。また、夏ミョウガと秋ミョウガの組合せや畑の標高差を活かして栽培すると、7月から10月まで出荷できる。

導入にあたっては以下の点に注意する。

立地条件　花蕾を紅色に着色するアントシアニン色素は、高温期には発色が不良になる。しかし、風通しがよく夜温が下がる中山間地や、秋季に気温が低下する条件下では鮮紅色を示す。また、出蕾前に落葉などを敷き込むことにより強い直射光線を遮断でき、さらに着色がよくなる。

土壌条件　排水性、保水性のよい圃場へ植え付ける。ミョウガは腐植質に富んだ湿った土壌を好み、乾燥しやすい圃場や湛水する圃場は嫌う。土壌酸度については比較的適応性

図11　花ミョウガの露地普通栽培　栽培暦例

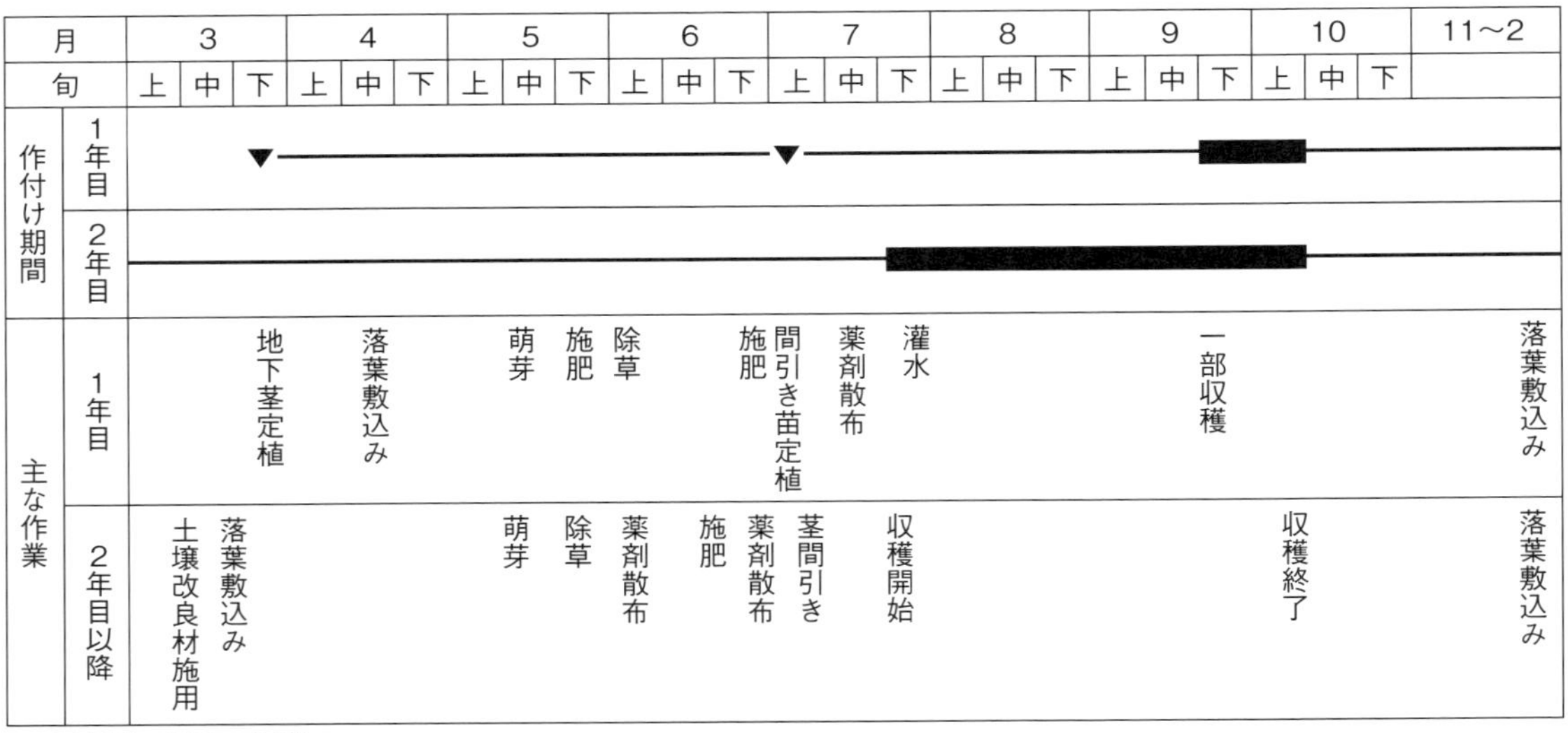

▼：定植，■：収穫

が広い。また、根茎腐敗病が発生している産地では、南面傾斜の圃場や日射量の多い圃場を避け、周囲が林地の圃場や排水のよい圃場に植え付ける。

間引きと株の更新　植付け2年目以降は茎数が多くなり倒伏したり、花蕾が小さくなったり、色つきが悪くなるので、茎葉の間引きを行なう。さらに、ウネ間の地下茎を掘り取って、地下茎の更新を行なう。

根茎腐敗病の対策　根茎腐敗病の病原菌はピシウム菌で、梅雨期から盛夏期に発生する。蔓延が速く、激発するとミョウガ栽培へ致命的な被害をもたらすことが多い。連作を避け、無病株を確保し、適正な施肥を行なう。収穫作業のときに他の畑から病原菌を持込まないようにし、圃場を移動するごとに必ず作業機の洗浄を行なう。また、地温上昇の抑制対策をとり、土壌消毒や防除薬剤散布など、総合防除に努める。

2 栽培のおさえどころ

(1) どこで失敗しやすいか

地下茎を植え付けて数年経過すると、密植状態となり、品質・収量が低下するので、間引きを行なう。

根茎腐敗病が発生すると甚大な被害になるので、防除対策を徹底する。

(2) 品種の選び方

ミョウガは地方の在来種がそのまま品種として導入され、早晩性によって早生種、中生種、晩生種に大別される。一般に、早生種は夏ミョウガに属し、中・晩生種は秋ミョウガに属している。しかし、それぞれ系統があり、主要品種として用いられている〝陣田早生〟は3系統が選抜されている。

出荷時期や品質などを考慮して品種、系統を選定する（表2参照）。

表7　花ミョウガの露地普通栽培のポイント

	技術目標とポイント	技術内容
定植準備	◎地下茎の準備 ・健全苗の確保 ◎圃場の選定と土つくり ・無病圃場の確保	・出荷時期や品質などを考慮して品種や系統を選定する ・病害などに侵されていない地下茎を選んで植え付ける ・根茎腐敗病など土壌病害が発生していない圃場を選定する ・ミョウガは腐植に富んだ埴土～埴土壌に適する。乾燥や湿害に弱いので，排水性，保水性のよい圃場を選定する ・定植1カ月前までに堆肥や苦土石灰，ヨウリンなどを施用して耕しておく
定植方法	◎植付け時期 ・適期定植 ◎植付け方法 ・適正な栽植密度	・地下茎を利用する場合は，芽が動き出す前の3月下旬～4月上旬に植え付ける。間引き苗を利用する場合は，活着のよい梅雨期（6月中旬～7月上旬）に植え付ける ・地下茎を利用する場合は幅10～12cm，深さ5cmの植え溝を60cm間隔につくり，株間15cmで1～2条に植える ・間引き苗を利用する場合は，ウネ幅を60cmにとり，植付け溝をやや深めにし，15cmの株間でネギを植え付ける要領で植え付ける
定植後の管理	◎落葉の敷込み ・品質の向上（着色）	・萌芽前（晩秋～冬期間）に落葉またはイナワラの敷込みを行なう
	◎追肥の施用 ・適正な追肥時期と窒素成分	・追肥は花芽分化後の6月中・下旬に窒素成分で2～3kg/10a程度を施用する。窒素過多になると根茎腐敗病の発生が多くなるので注意する
	◎間引き	・茎間引きとウネ間間引き（地下茎間引き）がある。茎間引きでは，花芽分化後，茎葉が1㎡当たり90～100本程度となるように間引く ・ウネ間引きは，全面に茎葉，地下茎が込み合ってくる3月中旬～4月上旬に，ウネが120cmくらい残るように40cmくらいの幅で，ウネ間の地下茎を掘り取る
	◎根茎腐敗病対策	・無病苗と無病圃場の確保，輪作，遮光ネットの展張による地温の低下，土壌消毒，農薬散布などによって，総合防除に努める
収穫	◎適期収穫 ◎鮮度保持	・花蕾の直径が1.5cm以上に肥大した開花前のものを収穫する ・出荷前に水洗いをし，よく水を切り，予冷庫を利用して鮮度保持に努める

図12　植付け用の地下茎

3 栽培の手順

(1) 定植の準備

①種株（種用地下茎）の準備

主要産地で根茎腐敗病が多発しているので、必ず無病の種株を調達する。この中から芽が充実している地下茎を選ぶ。種株の植付け量は10a当たり150～200kg程度である（図12）。

また、本葉6～7葉に生長した間引き苗を利用する場合は、10a当たり1万1000本程度必要となる。

②土つくりと施肥

定植1カ月前までに堆肥や苦土石灰、熔成燐肥などの土壌改良材を施用して耕うんしておく。堆肥については、窒素などの肥料養分が高いものは使用せず、牛糞堆肥など、土壌の物理性の改善に効果があるものを使用する。

元肥は萌芽揃い後から花芽分化前（本葉2〜3葉期）に春肥として施用する。成分量で10a当たり窒素5〜6kg、リン酸15〜20kg、カリ5〜6kg程度を施用する（表8）。施肥量を一定量まで増やしていくと、花蕾の収量は多くなるが根茎腐敗病の発生も多くなるので、多肥栽培は避ける。

表8　定植1年目の施肥例　（単位：kg/10a）

	肥料名	施用量	成分量		
			窒素	リン酸	カリ
元肥	堆肥	1,500			
	苦土石灰	160			
	熔成燐肥（ようりん）	60		12.0	
	IB ジシアン444	40	5.6	5.6	5.6
追肥	NK 化成	15	2.6		2.6
施肥成分量			8.2	17.6	8.2

(2) 定植のやり方

地上部の茎葉は凍霜害に弱いので、地下茎を利用する場合の植付けは芽が動き出す前の3月下旬〜4月上旬頃に行なう。また、間引き苗を利用する場合は、活着のよい梅雨期（6月中旬〜7月上旬）に植え付ける。

図13　地下茎の植付け方法

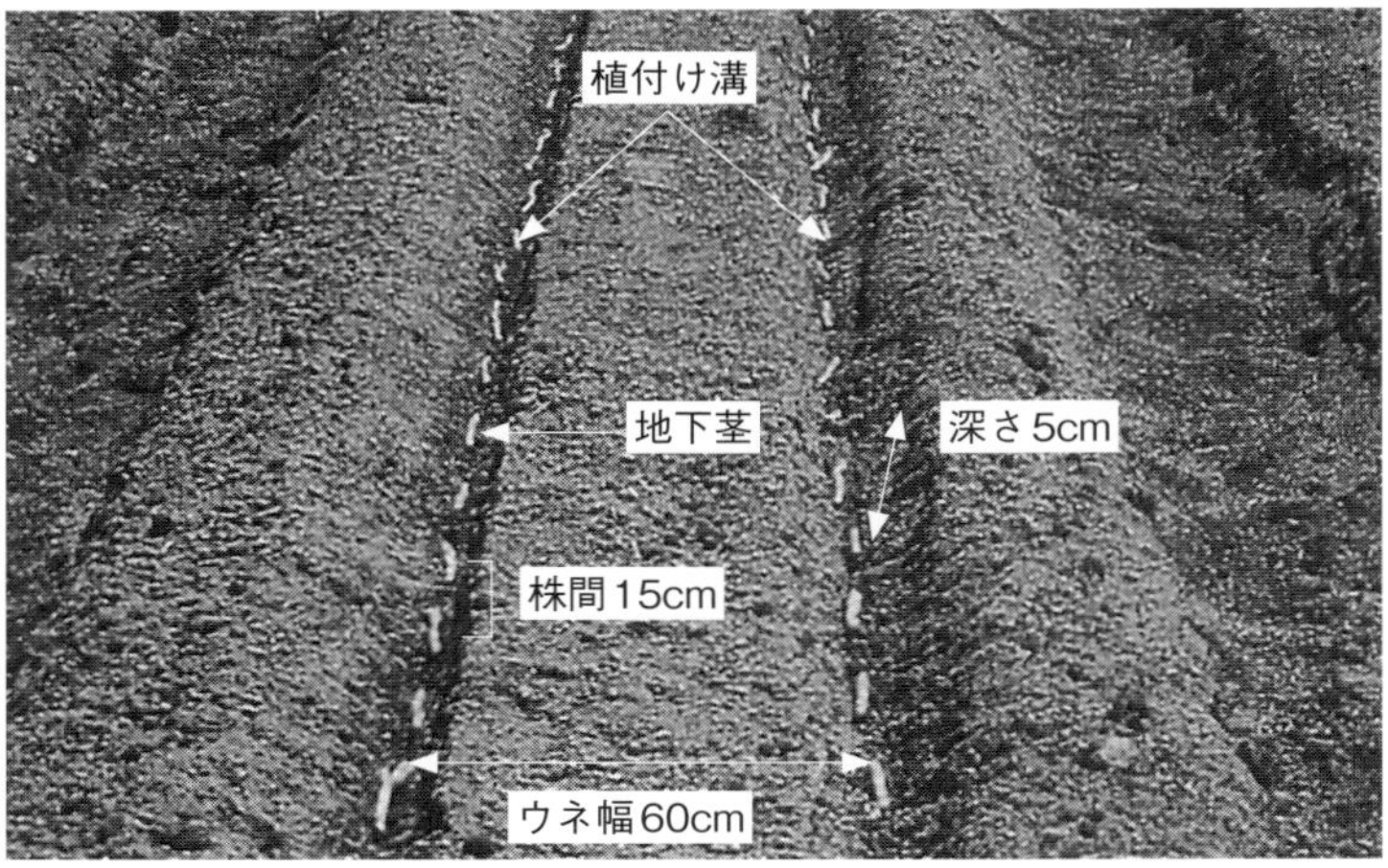

図14　間引き茎の植付け方法

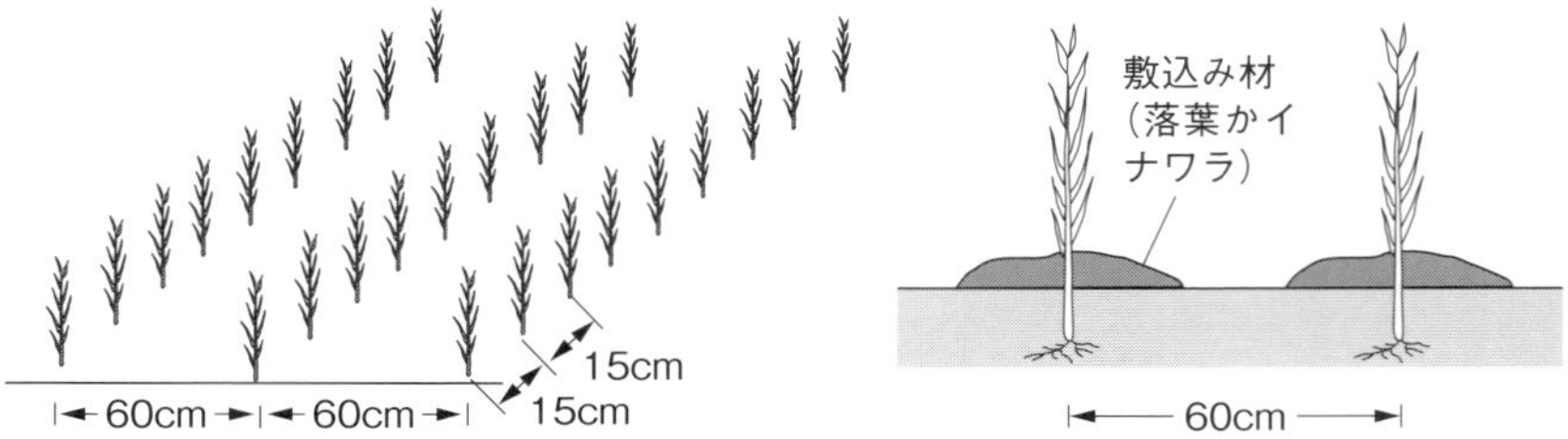

注）『農業技術大系　野菜編』第11巻より

①地下茎を利用する場合

苗の確保　地下茎を15cmに切り、なるべく大きく健全なものを選ぶ。

植付け方法　幅10〜12cm、深さ5cmの植付け溝を60cm間隔につくり、株間15cm（種用地下茎の間隔）で1〜2条に植えて、覆土を5cmほど行なう（図13）。

②間引き苗を利用する場合

ウネ幅を60cmに取り、植付け溝をやや深めにして、株間15cmでネギを植え付ける要領で植え付ける（図14）。

(3) 定植後の管理

①落葉の敷込みと除草

定植後、萌芽する前に、乾燥や雑草の発生を防止するために落葉の敷込みを行なう。落葉が入手できないときはイナワラなどを利用する。

定植した年は、落葉などの敷込み量が少な

く、雑草が発生しやすい。そのため発生した雑草は適宜手取り除草する。

②灌水と追肥

春先から初夏に乾燥する場合は灌水を行なう。草勢をみながら、6月中下旬（花芽分化後）に窒素成分量で10ａ当たり3kg程度を、茎葉にかからないようにウネ間に施用する。

(4) 定植2年目以降の管理

①冬期の施肥

茎葉が倒伏した晩秋～冬の期間に苦土石灰、熔成燐肥など土壌改良材を施用し、その後、落葉の敷込みを行なう。

②落葉の敷込み

湿度の高い土壌でないとよい花ミョウガができない。このため、冬期に落葉の敷込みを行なうことで乾燥防止、凍害防止、地下茎の緑化防止、雑草の抑制などの効果により品質や収量を向上させる。落葉は、圃場全面に均一になるように敷き込む。均一に敷き込まないと花蕾の紅つきが不均一となり、品質低下を生じやすい。敷込み材料には広葉樹の落葉が適し、3.3㎡当たり15kg程度を目標に敷き込む。落葉の代用としてイナワラを用いてもよい。

③春期の施肥

2年目以降の元肥は、ミョウガが萌芽して本葉2葉期ころになったら、窒素成分量で10ａ当たり5～7kg程度を目安に緩効性肥料を施用する（表9）。圃場の地力、茎葉の生育を考慮して施肥量を加減し、過剰な施肥を避ける。

生育期の追肥は、時期が早いと茎数が増加して花蕾が小さくなるので、花芽分化後の6月中下旬に窒素成分量で10ａ当たり2～3kg程度を施用する。

④間引き

ミョウガは植付け後2～3年経過すると地下茎と茎葉が込み合い、光線の射込みが不良になる。そのため、地温の上昇が遅れ、花蕾の生育と着色が不良になり、品質・収量が低下してしまう。これを防ぐために、間引きを行なう。間引きの方法にはウネ間間引き（地下茎間引き）と茎間引きがある。

ウネ間間引き　定植3年以降になると圃場全面に茎葉、地下茎が込み合い品質が低下するので、それを防ぐために行なう。3月中旬～4月上旬に、幅120cmのウネが残るように40cm程度の幅でウネ間の地下茎を掘り取る

表9　2年目以降の施肥例

（単位：kg/10a）

肥料名		施用量	成分量		
			窒素	リン酸	カリ
元肥	落葉	4,000			
	苦土石灰	80			
	熔成燐肥（ようりん）	40		8.0	
	IB ジシアン444	40	5.6	5.6	5.6
追肥	NK 化成	10	1.7		1.6
施肥成分量			7.3	13.6	7.2

図15　ウネ間間引きの例

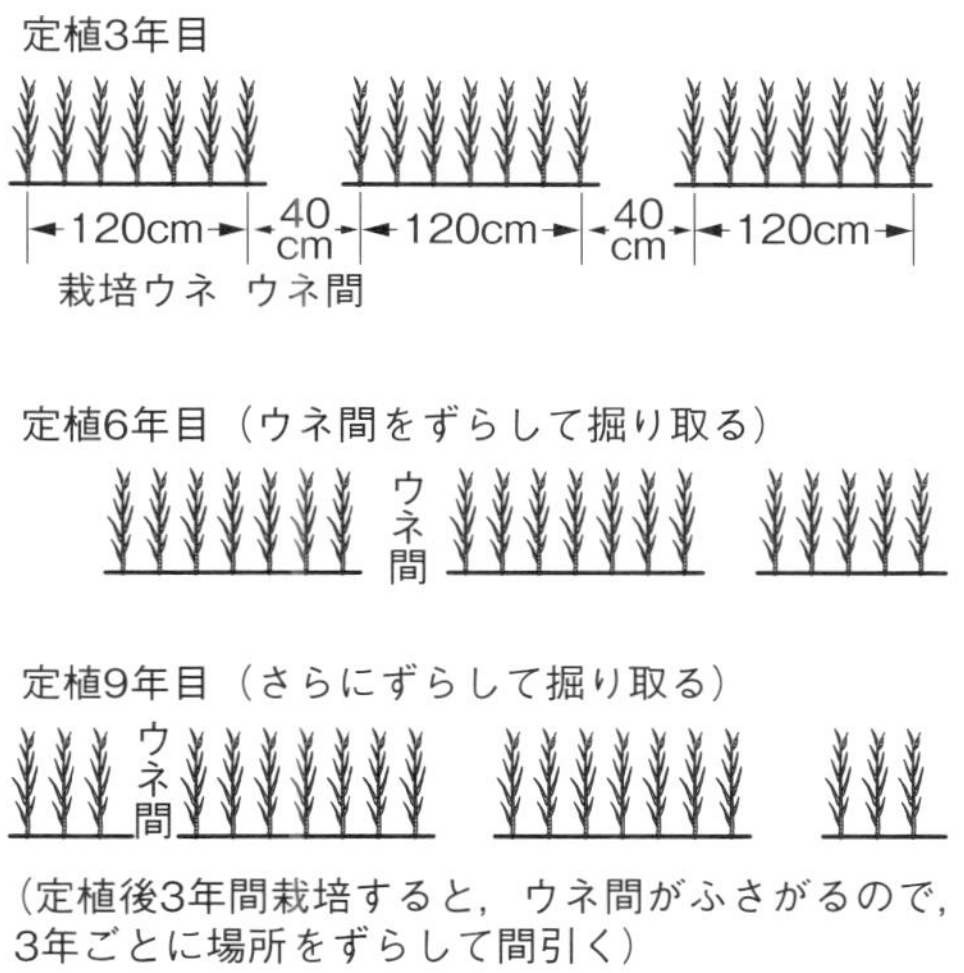

注）『農業技術大系　野菜編』第11巻より

（図15）。こうすると40㎝幅の通路も確保できる。ウネ間間引きを3〜4年ほど繰り返すと全面の地下茎を更新することができる。

茎間引き　花芽分化後の本葉6〜7枚期に1㎡当たり茎葉が90本から100本程度になるように行なう。なお、生育が旺盛な本葉5葉期以前（花芽分化前）に間引くと茎数が増加し、収量・品質が低下する。

(5) 収穫

本格的な収穫は植付け2年目からとなる。

図16　花ミョウガの収穫適期

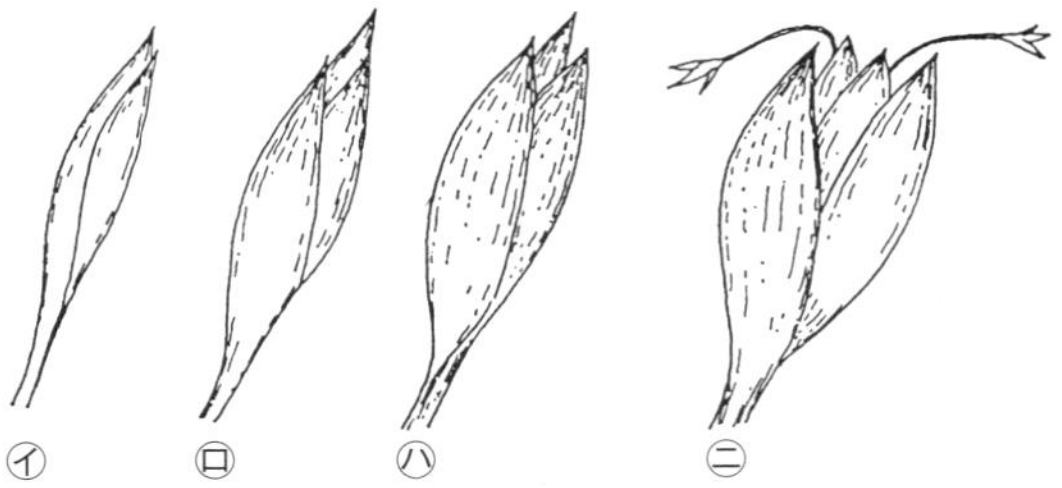

ロ〜ハのころが収穫適期

早生種では本葉12〜13枚になる7月下旬から収穫期となり、花蕾の直径が1.5㎝以上に肥大した開花前のものを収穫する（図16）。

出蕾期に幅があり、開花したものは青果用として適さないため、1回目の収穫後7〜10日おいて2回目の収穫を行なうなど、適期収穫を心がける。収穫後、水洗いをして、その後脱水機でよく水を切る。これを、主に紅色の着色度合いの出荷規格に基づいて規格付けを行なう（図17）。現在、荷姿は50gのパック詰めが中心となっている。

図17　花ミョウガの出荷規格

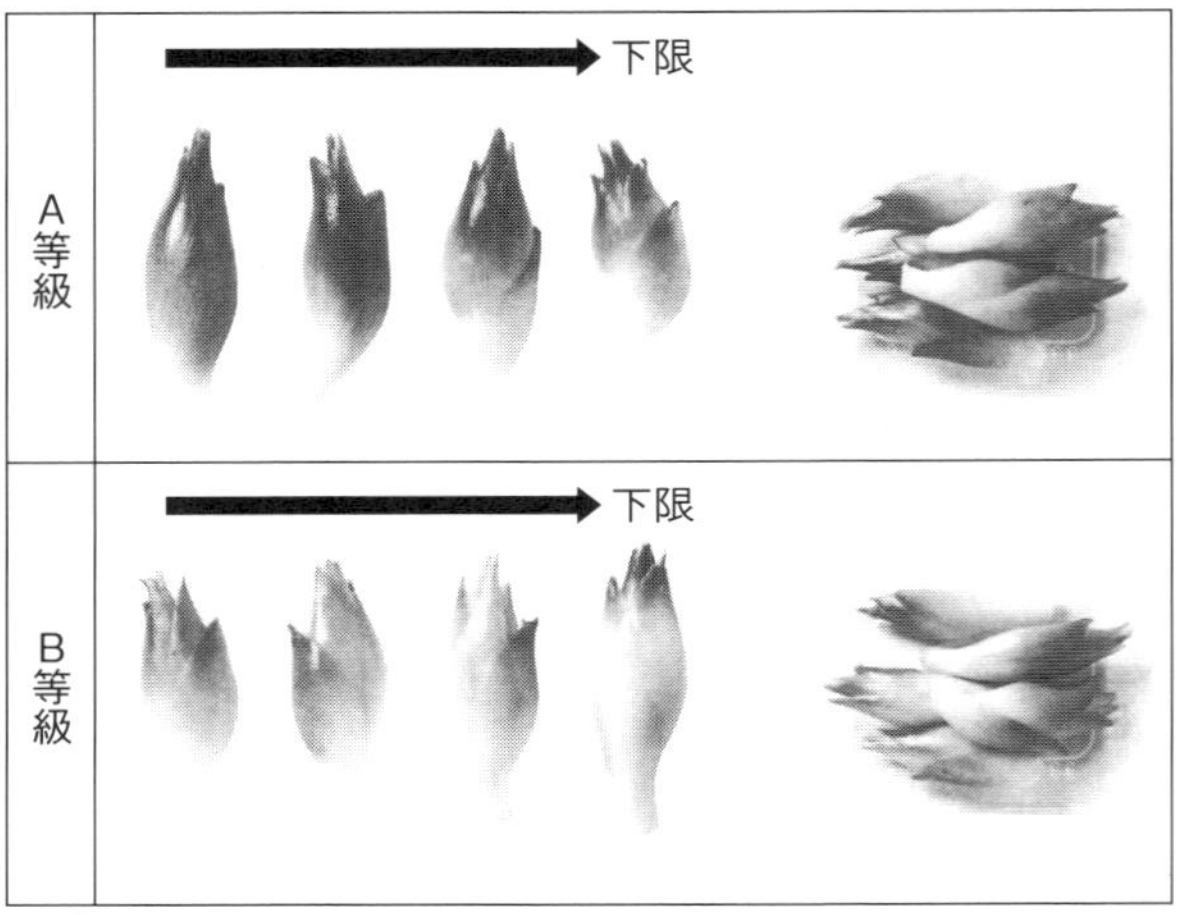

注）「群馬県共計みょうが出荷規格」より

4 病害虫防除

(1) 基本になる防除方法

健全な根株の確保や土壌の排水性改善などの耕種的対策に加え、発生の恐れがある圃場では土壌消毒や病気を予防するための対策を実施する。発病した株はごく初期に抜き取る。

なお、花蕾を収穫するミョウガ（花穂）と軟化させた茎葉を収穫するミョウガタケでは登録農薬が異なるので注意する。

①根茎腐敗病

根茎、葉鞘、根に発生する。はじめ地際部の茎が淡褐色水浸状に変色し、その部分から軟化して倒伏しやすくなる。根茎では、水浸状、淡褐色または暗褐色の軟腐状態になる。

病原菌はピシウム菌で土壌伝染し、6月以降に地温が高く、降雨が多いと多発する。北関東では梅雨半ばころから発生し、梅雨あけとともに発生盛期を迎える。はじめは坪状に発生するが、2〜3年後に圃場全体に蔓延する。

植付け前の対策　(1)無病の地下茎を選んで

植付ける。(2)発病した圃場や連作した圃場への植付けを避ける。(3)発病の恐れがある圃場はバスアミド微粒剤で土壌消毒をする。(4)多肥栽培を避け、排水不良の圃場では排水をよくする。(5)種株を消毒する。

生育中の対策　(1)ユニフォーム粒剤を土壌表面に散布する。オラクル顆粒水和剤、ランマンフロアブルを土壌灌注する。発病後の散布は効果が劣るので、発病前からの防除に努める。(2)夏期の高温を避けるため、周囲が林地で半日陰になる圃場に植える。また、栽培圃場を遮光資材（遮光率50～60％）で被覆して発病を抑制する（図18）。(3)被害株を圃場に放置しないで、圃場外へ持ち出し処分する。(4)発病圃場で使用した農機具、長靴などを必ず洗浄し、伝染を防ぐ。

②葉枯病

葉に発生する。はじめは葉の周辺が黄褐色に変色し、しだいに拡大して、やがて枯れてくる。病徴が進展してくると葉身にも黄褐～褐色の不規則な病斑が生じ、ついには全葉が枯死する。

対策　(1)発病の多い圃場では連作を避ける。(2)被害株を圃場に放置しないで、圃場外へ持ち出し処分する。(3)排水不良の圃場では排水をよくする。(4)肥料切れしないようにする。とくに完熟堆肥を十分施す。(5)暴風雨の前後や発病初期にダコニール1000を10日おきに2～3回散布する。

(2) 農薬を使わない工夫

無病根株の確保、輪作、圃場の排水性改善、適正施肥、遮光ネットによる地温低下など、耕種的対策を実施する。

5 経営的特徴

①資材費、肥料代などの経費が比較的少ない。②労働時間の大半は収穫、調製で、比較的軽労働なので、高齢者や婦人が取り組みやすい。③価格の変動が大きいので、品種の早晩性や圃場の標高差を利用して長期出荷を行なうなどの特徴がある。

経営指標と労働時間は表10のとおりである。

（執筆：原澤幸二）

図18　遮光ネットの展張（根茎腐敗病対策）

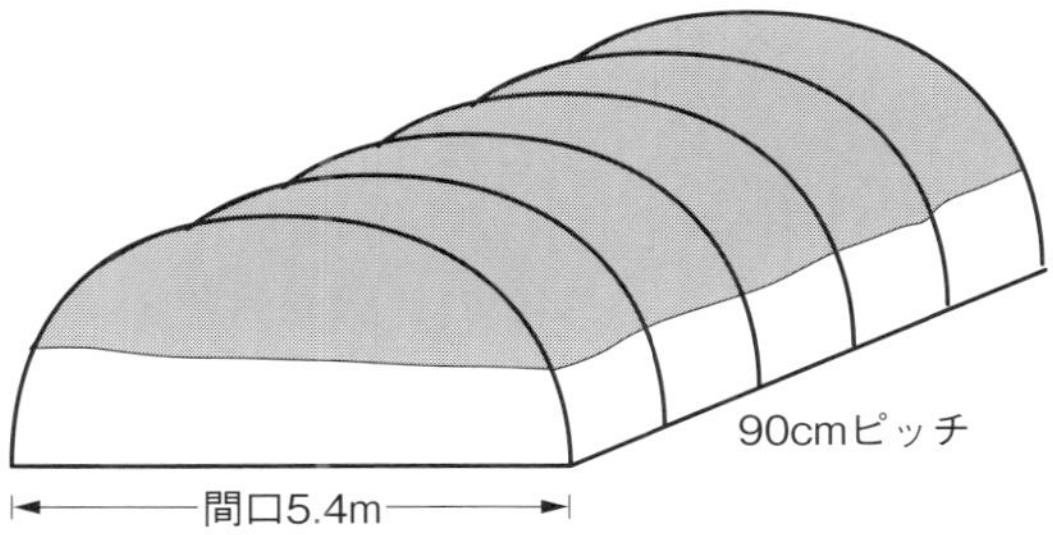

遮光率60％（白，黒）
被覆時期：6月中旬以降

表10　花ミョウガの露地普通栽培の経営指標

項目		
収量（kg/10a）		750
単価（円 /kg）		940
粗収入（円 /10a）		705,000
経営費	種苗費　（円 /10a）	40,000
	肥料費	15,903
	農具費	3,063
	農薬衛生費	12,541
	動力光熱費	5,657
	減価償却費	41,191
	荷づくり運賃手数料	151,424
	その他(諸材料費など)	8,221
経営費合計（円 /10a）		278,000
農業所得（円 /10a）		427,000
労働時間（時間 /10a）		389

注）2015年3月発行「群馬県農業経営指標」より抜粋

ミツバ

表1　ミツバの作型，特徴と栽培のポイント

主な作型と適地

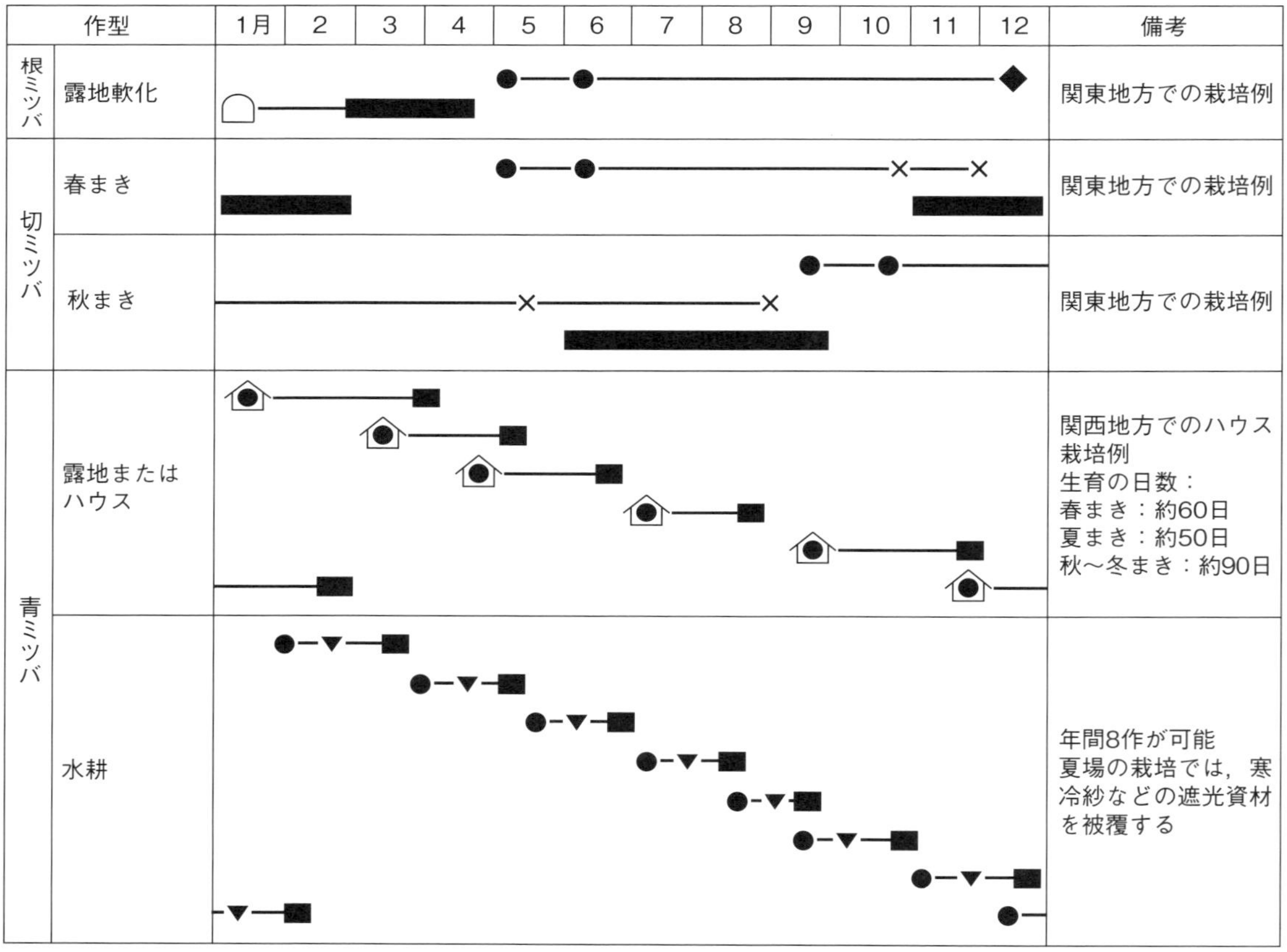

●：播種，▼：定植，×：根株掘り取り，◆：盛土，⌂：ハウス，◠：トンネル被覆，■：収穫

特徴	名称	ミツバ（セリ科ミツバ属）
	原産地・来歴	日本原産で，野生種は北海道から沖縄まで分布
	栄養・機能性成分	β-カロテン，カリウムや鉄分などが豊富。特有な香りの成分はクプトテーネン（$C_{10}O_{10}$）とミツバベン（$C_{15}O_{24}$）
	機能性・薬効など	β-カロテンは免疫力の向上効果，カリウムは血圧上昇の抑制効果などを有する

（つづく）

生理・生態的特徴	発芽条件	好光性種子で発芽適温は20℃前後。種子の休眠はほとんどない
	温度への反応	生育適温は10～20℃。10月下旬頃から根部の貯蔵養分が増加する
	日照への反応	生育に強い光は必要としない。青ミツバ栽培では，夏場の高日射条件となったら寒冷紗などで遮光する
	土壌適応性	好湿性で乾燥に弱いため保水力が高い土壌を好む。根株の養成には火山灰土や有機物に富む砂質壌土が適している
	開花習性	本葉2～3葉期以降に，15℃以下の低温条件下で花芽分化しやすい。短日条件は花芽分化に抑制的に働く
	休眠	11～12月に半月程度休眠する。品種・系統によってはほとんど休眠しない
栽培のポイント	主な病害虫	立枯病（リゾクトニア菌），菌核病，灰色かび病，さび病，てんぐ巣病，アブラムシ類，ハスモンヨトウ，ネコブセンチュウなど
	肥料に対する反応	最適な土壌pHは5.5～6。窒素が多いと抽台を助長する。軟化栽培では，根株養成期間後期の10～11月には，窒素の残効が少ない状態となり，ある程度葉の黄化が進んだ状態が好ましい。カリの吸収量が比較的多い

この野菜の特徴と利用

(1) 野菜としての特徴と利用

ミツバは日本全国に自生しており、中国大陸や北米大陸にも分布する。日本における栽培の歴史は江戸時代にさかのぼり、宮崎安貞著『農業全書』（１６９７年）にその栽培法が説明されている。

ミツバは栽培方法と出荷形態から、「根ミツバ」「切ミツバ」「青ミツバ」の3種類に大別される。軟化栽培される「根ミツバ」と「切ミツバ」は、風味がよく、主に軟白部がお浸しや吸物に利用される。水耕栽培が多い「青ミツバ」は、お吸物や和食料理の付け合わせに利用されることが多い。栄養成分ではβ-カロテンやカリウム、鉄分が豊富で、特有な香りはクリプトテーネンとミツバベンという成分によるものである。

(2) 生理的な特徴と適地

ミツバの発芽適温は20℃前後で、8℃以下ではほとんど発芽しない。また、30℃以上の高温でも発芽率がきわめて劣る。ミツバの種子は好光性であるため、覆土はごく薄くする。

発芽後は冷涼な環境を好み、10～20℃でよく生育するが、真夏でも生育が停止することはない。本葉2～3葉期以降に15℃以下の低温条件下で花芽分化しやすいため、播種が早いほど抽台株の発生が多くなる。軟化栽培では、11月には気温の低下と降霜によってしだいに地上部重が減少し、根部の貯蔵養分が増加する。12月中下旬には地上部が枯死する。

現在では栽培方法によって、①春に播種して秋まで根株を養成し、地上部が枯死した後、盛土を行なって軟化してから、根付きで出荷する「根ミツバ」、②根ミツバ同様に養成した根株を掘り取り、軟化床に伏せ込み、萌芽したものを根から切り離して出荷する「切ミツバ」、③軟化せずに主に養液栽培によって周年栽培される「青ミツバ」の3種類に分類される（表1）。

「根ミツバ」と「切ミツバ」は関東地方、

表2　ミツバの品種分類

品種名	販売元	主な産地	早晩性	耐寒・耐暑性	用途
白糸	福種	関西	早	強	青ミツバ
白滝	福種	関東	早	強	青ミツバ
先覚	柳川採種研究会	関西	早	強	青ミツバ
増森系白茎	トキタ種苗	関東	中	強	根ミツバ，切ミツバ
柳川１号	柳川採種研究会	関東	早	中強	切ミツバ
柳川２号	柳川採種研究会	関東	中	中強	根ミツバ，切ミツバ

「青ミツバ」は関西地方で多く栽培され、前者は耕土が深く有機物に富む砂質壌土や火山灰土が適し、後者の土耕栽培では地下水位が高く排水性のよい砂土が適する。

ミツバの品種分化は少なく、品種による形態の差はあまり認められない。各品種は早晩性の違いから用途ごとに使い分けられており、根株養成が必要な根ミツバ栽培と切ミツバ栽培では、〝柳川2号〟や〝増森系白茎〟などの中生品種が、生育期間が短い青ミツバ栽培では〝白滝〟や〝先覚〟などの早生品種が使用されている（表2）。

主な病害虫について、病気ではリゾクトニア菌による立枯病、灰色かび病、さび病、菌核病のほかヒメフタテンヨコバイが媒介するてんぐ巣病、害虫ではアブラムシ類やハスモンヨトウなどのチョウ目害虫、ネコブセンチュウなどが問題となる。

養分吸肥量はカリが多く、播種後から約120日間で吸収するカリの量は全体の約9割に達する。リン酸の吸収量は多くないが、充実した根株養成には不可欠な成分であるため、土壌中の可給態リン酸含量は収量性を左右することがある。軟化栽培では、根株養成の後期に当たる10月下旬～11月には窒素の残効が少ない状態とすることで、葉を黄化させ地上部から根へ光合成産物の転流を促す。

（執筆：安藤利夫）

根ミツバの露地軟化栽培

1 この作型の特徴と導入

(1) 作型の特徴と導入の注意点

根ミツバは、青ミツバや切ミツバに比べて香りが高く、お浸しや吸物の材料として最適である。

南関東地域では、〝柳川2号〟や〝改良増森系白茎〟などの中生品種を5月中旬～6月上旬に播種し、約半年間かけて根株を養成する（図1、表3）。降霜で地上部が枯死した12月以降に順次盛土し保温用資材をトンネル被覆することで、2月から4月にかけて土中で再萌芽させて軟化したミツバを収穫する。根ミツバの露地軟化栽培は、養成した根株を掘り取ってから軟化床に伏せ込む切ミツバ栽培に比べて、栽培管理に要する労力は少なく、ハウスなどの施設が不要であることから、導入しやすいといえる。一方、畑を約1

図1　根ミツバの露地軟化栽培　栽培暦例

●：播種，◆：盛土，⌒：トンネル被覆，■：収穫

表3　根ミツバの主要品種の特性

品種名	販売元	特性
柳川2号	柳川採種研究会	晩抽性で葉色が濃い。南関東地域では5月中旬以降に播種することで抽台発生の心配がなく，充実した根株を養成できるため収量性は良い
改良増森系白茎	トキタ種苗	初期生育に優れるため，根ミツバ栽培だけでなく，青ミツバや切ミツバ栽培にも適する。東北や北海道における栽培にも適している

年間ふさぐことになるので、他の品目の栽培期間を考慮した作付け計画が大切である。

(2) 他の野菜・作物との組合せ方

ミツバは連作すると、菌核病などの病害が発生しやすくなる。輪作する場合でも、ニンジンなどのセリ科野菜との組合せは控える。関東地域の根ミツバ産地では、サツマイモやジャガイモなどのイモ類やダイコンやホウレンソウなどの葉根菜類と輪作している事例が多い。

2 栽培のおさえどころ

(1) どこで失敗しやすいか

①充実した根株の養成

高品質の根ミツバを生産するための最大のポイントは、充実した根株を養成することである。播種が早すぎると抽台株が多発し、逆に遅すぎるとミツバの生育量が不足して、充実した根株ができない。その地域に合った播種時期の決定が重要になる。根株養成中の適切な肥培管理と病害虫の徹底防除が重要である。

②収穫時期に合わせた盛土・トンネル被覆

根ミツバ栽培では、3月頃には露地条件でも再萌芽が始まり、4月以降はトンネル被覆を行なわなくても収穫可能な葉長となってしまうため、収穫・出荷作業が間に合わなくなることがある。作付け面積と労働力を考慮して出荷計画を立て、収穫時期に合わせた盛土とトンネル被覆作業を実施することが大切である。

(2) おいしく安全につくるためのポイント

高品質の根ミツバ生産の最大のポイントが、充実した根株養成であることは前述した。それには、ミツバ栽培に適した土つくり、計画的な輪作、病害虫の早期発見と適切な防除、生育に応じた肥培管理などが重要な要素となる。

3 栽培の手順

(1) 圃場の選定

南関東の根ミツバ栽培では、5月中旬～6月上旬の播種から2～4月の収穫まで約1年間圃場をふさぐことになるので、圃場の選定は他の作物の作付けを考慮して計画的に行なう必要がある（表4）。

充実した根株を養成するための土壌条件として、耕土が深く、有機物に富み、排水性がよく、しかも保水性が高いことなどが挙げられる。耕土が浅いと土壌の深層まで根が張れず、充実した根株の養成が妨げられる。ミツバは、生育初期はとくに乾燥に弱い作物なので、灌漑施設が整った圃場へ作付けしたい。また、連作すると菌核病などの土壌病害が多発するので、最低でも3年間はミツバを作付けたことがない圃場を選定する。

(2) 施肥

イナワラなどを主体にした完熟堆肥を播種の2カ月以上前に施用する。根株の養成には、窒素、リン酸、カリの3要素のバラン

表4　根ミツバの露地軟化栽培のポイント

	技術目標とポイント	技術内容
圃場準備	◎圃場の選定と土つくり，線虫防除	
	・圃場の選定	・連作を避ける。最低でも3年間はミツバを作付けしていない圃場を選ぶ ・耕土が深く，排水性がよく，保水性にも優れる圃場が適する
	・土つくり	・作付けの数カ月前に完熟堆肥を1～2t/10a施用する
	・線虫防除	・ネコブセンチュウの被害が予想される圃場では，播種前にネマトリンエース粒剤20kg/10aを全面土壌混和する
ウネ立てと施肥	◎施肥	・窒素施用量の3～5割程度を元肥で，5～7割程度を追肥として施用する。10a当たりの元肥施用量は，窒素が4～5kg，リン酸が10kg程度，カリが4～5kgとする
	◎播種準備	・播種前日にていねいに砕土・整地する
	◎播種	・播種機を用いて深度1cm程度となるように播種する。播種後の鎮圧はていねいに行なう。播種後，出芽を確認するまでは乾燥防止のため敷ワラを行なうことで，出芽率の向上を図る ・条間約70cmの条まきとし，播種量は200～250粒/m²とする
根株養成中の管理	◎追肥・除草	・本葉3～4葉期に，肥料3要素を成分量で10a当たり3～5kg程度追肥する。追肥後，除草をかねて管理機でウネ間を中耕する
	◎病害虫防除	・出芽～生育初期には立枯病，生育中～後期の根株養成中には，病気では菌核病や灰色かび病など，害虫ではアブラムシ類やハスモンヨトウなどのチョウ目に注意し，初期防除を心がける
盛土・軟化	◎枯れ葉の除去	・数回の降霜があって地上部が枯れたら，熊手などで枯れ葉をていねいに取り除く
	◎収穫・出荷時期を考慮した盛土作業	・ウネ間に肥料3要素を成分量で10a当たり3～5kg程度追肥した後，ネギロータリーなどを用いて高さ10～15cm程度にまで盛土する
	◎トンネル被覆	・内張りを幅200cm前後の長繊維不織布（パスライトなど），外張りを幅230cm，厚さ0.075mm程度のPO系フィルムとする二重トンネルを基本とする。早期収穫（2月）を目指す場合は，大型トンネルを併用する
	・気温の上昇とともに，こまめなトンネル換気作業	・トンネル被覆期間中は，気温が30℃を超えるようであれば随時裾換気する ・出荷時期と労働力を考慮して，計画的に盛土とトンネル被覆を行なう
収穫・調製	◎収穫・洗浄・調製・出荷	
	・収穫	・草丈が25～30cmとなったら収穫する。盛土から収穫までの日数は，2月どりで40～45日，3月どりで35～45日，4月どりでは30～35日
	・洗浄・調製・出荷	・土をよく洗い落としてから枯れ葉を取り除き，根を8～10cmに切り揃えた後，1束300gに結束して箱詰めする

表５　施肥例　（単位：kg/10a）

肥料名		施肥量	成分量		
			窒素	リン酸	カリ
元肥	完熟堆肥	1,500			
	レオユーキＭ	40	4.8	3.2	4.0
	苦土石灰	80			
	苦土重焼燐１号	20		7.0	
追肥１（８月頃）	燐硝安加里	25	4.0	2.5	3.5
追肥２（盛土時）	燐硝安加里	25	4.0	2.5	3.5
施肥成分量			12.8	15.2	11.0

図２　追肥前の根ミツバの生育（本葉３～４葉期）

本葉３～４葉期以降となる７月下旬～８月上旬ころに追肥する

スが重要である（表５）。３要素は元肥として全施肥量の３～５割を、追肥として５～７割を施用する。追肥は、根株養成期の７月下旬～８月上旬と軟化前に窒素成分で４kg程度施用する。生育初期に窒素が多いと早い時期にミツバの生育が進みすぎ、抽台株が多くなる。また、生育後期まで土壌中の窒素成分が残存し地上部の生育が旺盛であると、根部への養分の蓄積が不十分となり減収の原因となる。ミツバはカリの吸収量が多い作物であるが、施用量が多すぎると軟白部が褐変し、商品価値が低下することがあるので、土壌診断に基づいた適正な施肥を心がける。

(3) 播種のやり方

５月中旬～６月上旬に圃場に直まきする。適度な土壌水分状態であるかを見極めたうえで、ていねいに砕土と整地を行なってから播種する。条間は約70㎝とし、ベルト式播種機などを用いて、１㎡当たり２００～２５０粒を目安に播種する。播種深は０・５～１㎝とする。深播きすると出芽率が低下するので注意する。

土壌の乾燥と豪雨による表土の硬化防止のため、播種直後からウネ上にイナワラを敷くとよい。播種から出芽までに10～14日間を要する。出芽がそろったらイナワラを除去する。

(4) 根株養成中の管理

①灌水

播種後に降雨が少なく、圃場が乾燥しているときに10㎜程度灌水するとよい。ただし、出芽直後の灌水は、立枯病の発生を助長するので注意する。

②追肥、除草

肥料成分の吸収量は、播種60日後となる７月下旬～８月上旬に、生育ステージでは本葉３～４葉期以降に多くなるので、この時期にミツバの生育と葉色をみながら窒素、リン酸、カリをそれぞれ成分量で10ａ当たり３～５kg程度を追肥する（図２、表５）。追肥後に除草も兼ねて管理機でウネ間を中耕する。

図3　根ミツバを軟化するためのトンネル被覆事例

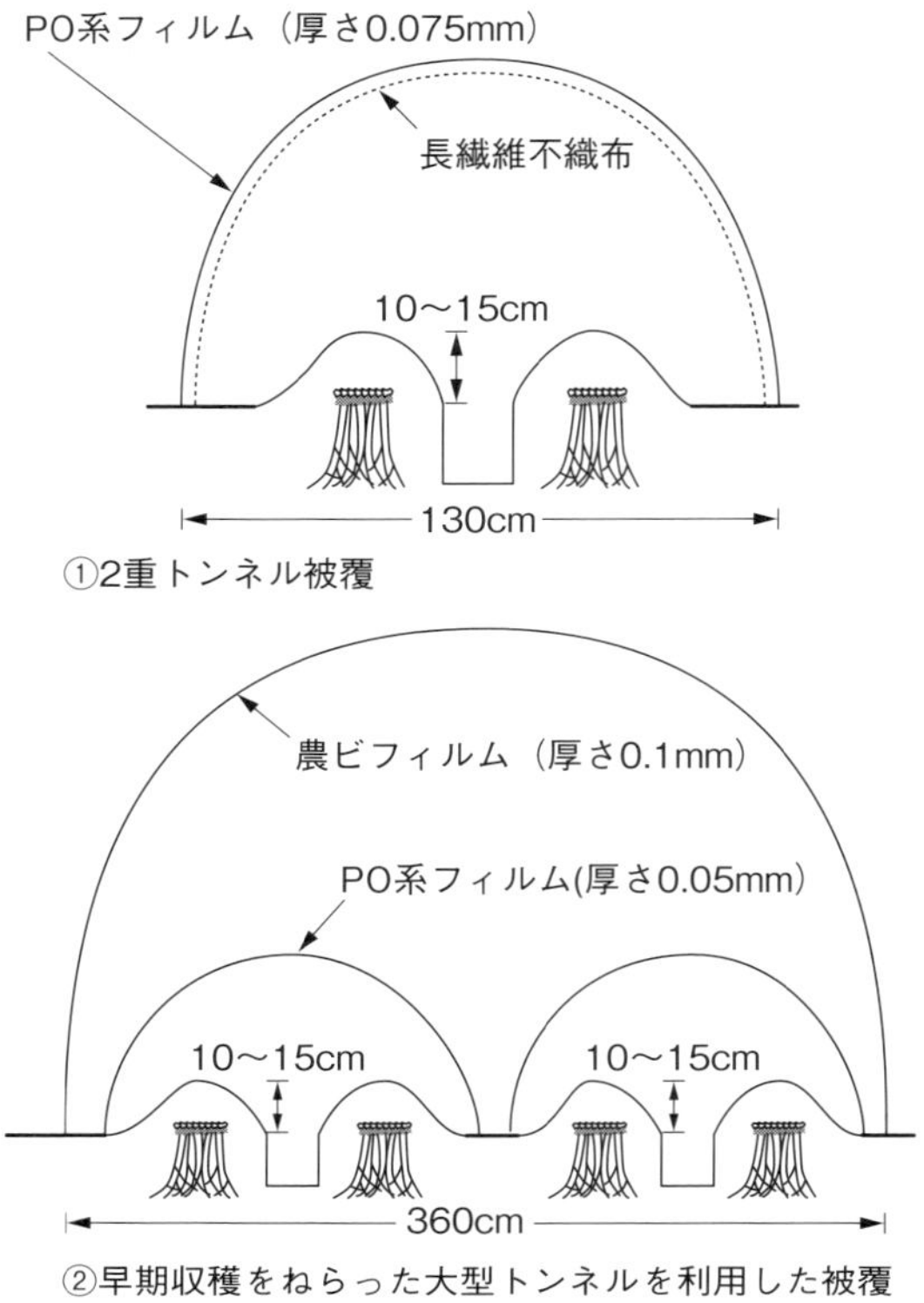

(5) 軟化のやり方

数回の降霜があって地上部が枯れたら、熊手などで枯れ葉をていねいに取り除く。枯れ葉は、病虫害の発生源になるばかりか、萌芽する新芽の妨げとなることがある。

ウネ間に燐硝安加里などの速効性肥料を窒素成分で4kg程度追肥した後、ネギロータリーなどを用いて高さ10～15cmにまで盛土することで葉柄部を軟化させる。保温用のトンネル資材は2ウネに対して1本被覆するので、トンネルを被覆する2本のウネ間の土をネギロータリーなどで掘り上げて盛土する。盛土は芽が動き出す前に行なう。

盛土後は速やかにトンネル被覆する。内張りを幅200cm前後の長繊維不織布（パスライトなど）、外張りを幅230cm、厚さ0・075mm程度のPO系フィルムとする二重トンネルを基本とする。2月上旬ころから出荷したい場合には、夜温を確保するため、盛土後に幅230cmで厚さ0・05mm程度のPO系フィルムをトンネル被覆し、さらにトンネル2本分を厚さ0・1mmの農ビフィルムなどでトンネル被覆する（図3）。トンネル被覆期間中は、気温が30℃を超えるようであれば随時裾換気する。とくに、葉が盛土の上に出てきたら、葉焼けしないようにこまめな換気作業を心がける。

出荷時期と労働力を考慮して、計画的に盛土とトンネル被覆を行なうことが大切である。

(6) 収穫

葉柄が土の上に伸び、全長が25～30cmとなったら収穫する（図4）。トンネル被覆から収穫までの所要日数は30～45日である。

盛土をくずしながら万能鍬などで根株ごと掘り取る。土をよく洗い落とし、枯れ葉を取り除き、根を8～10cmに切り揃えた後、1束300gに結束して箱詰めする（図5、表6）。10a当たり目標収量は1500～2000kgとする。

4 病害虫防除

(1) 基本になる防除方法

① 主な病害と防除方法

立枯病（リゾクトニア菌）は、子葉展開時ころから部分的に発生することが多い。発生が予想される圃場では、播種前にリゾレックス粉剤を全面土壌混和する。また、播種後の対応としてリゾレックス水和剤を株元に灌注する。

菌核病は被害葉に白色・綿状の菌糸を生じ，やがて菌糸塊になる。耕種的対策として，3年以上ミツバを作付けしていない圃場を選定し，キャベツなどのアブラナ科野菜の後作には作付けしないようにする。また被害株を発見したら，速やかに取り除き埋設処理などの廃棄処分をする。薬剤防除では，根株養成時に予防的にトップジンM水和剤またはロブラール水和剤を散布する。

図4　収穫前の根ミツバの生育

灰色かび病については，耕種的対策として適正な播種密度と条間を確保することで密植を避け，圃場の風通しを良くする。根株養成中に，アミスター20フロアブルやスミブレンド水和剤を散布する。

さび病は，気温が22～23℃で降雨が多い時に発生しやすく，肥切れが発病を助長する。有効な薬剤防除法がないため，秋の長雨時期前に追肥することで，9～10月の草勢維持に努めることが大切である。

②主な害虫と防除方法

火山灰土でイモ類や野菜類の作付け頻度が高くなると，ネコブセンチュウやネグサレセ

図5　根ミツバの荷姿

表6　根ミツバの出荷規格（千葉県）

品質区分	1個の直径	調製	容器	内容量	荷造方法
A級品	・品質良好で，とくに葉茎に傷みのないもの ・葉茎の長さ20cm以上35cm未満	・よく洗い，すぐりをよくして根部の泥はよく落とす ・葉部の長さが25cm以上のものは25cmに切り揃える ・枯れ葉などを除く ・水切りをよくして，結束幅12cmの平束300gとする ・根部の長さは8cmで切り揃える	ダンボール箱	6kg	1箱300g×20束詰めとする
B級品	・A級品に次ぐもの				

表7　根ミツバの病害虫防除

	病害虫名	防除法
病気	立枯病（リゾクトニア菌）	・発生が予想される圃場では，播種前にリゾレックス粉剤20kg/10aを全面土壌混和する ・播種後の対応として，リゾレックス水和剤の500倍液を0.5ℓ/㎡株元に灌注する
	菌核病	・菌核は土壌中に残存するため，前作，前々作で発生が認められた圃場には作付けしない ・根株養成時に，トップジンM水和剤の2,000倍液やロブラール水和剤の1,000倍液を散布する ・伏込み時にロブラール水和剤の1,000倍液を2ℓ/㎡土壌灌注する
	灰色かび病	・適正な播種密度と条間を確保することで密植を避け，圃場の風通しを良くする ・根株養成中に，アミスター20フロアブルの2,000倍液やスミブレンド水和剤の2,000倍液を散布する
	さび病	・根株養成中に肥切れすることで発病しやすい ・気温が22～23℃で降雨が多い時に発生しやすい。秋の長雨時期前に追肥することで，9～10月には根株の草勢維持に努める
	てんぐ巣病	・病原菌はファイトプラズマで，これを保毒したヒメフタテンヨコバイが媒介する ・肥切れさせない ・発病がみられた被害株や被害雑草を早期に発見して除去する
害虫	ネコブセンチュウ ネグサレセンチュウ	・イネ科作物との輪作を心がける ・発生が予想される圃場では，播種前にネマトリンエース粒剤を土壌混和するなどの薬剤防除を実施する
	アブラムシ類	・早期発見を心がけ，根株養成中にアドマイヤー顆粒水和剤の10,000倍液やウララDFの2,000～4,000倍液を散布する
	ハスモンヨトウ ヨトウムシ類	・発生初期に，BT剤やアファーム乳剤の2,000倍液を散布する ・ハスモンヨトウには，コテツフロアブルの2,000倍液やスピノエース顆粒水和剤の5,000倍液も使用できる

ンチュウといった有害線虫類の密度が高くなりやすい。耕種的防除として、イネ科作物との輪作を心がけるとともに、発生が予想される圃場では、播種前にネマトリンエース粒剤を土壌混和するなどの薬剤防除を実施する。

アブラムシ類の発生は9～10月に多い。早期発見を心がけ、発生が認められた場合にはアドマイヤー顆粒水和剤やウララDFを散布する。

チョウ目害虫であるハスモンヨトウとヨトウムシ類には、発生初期にBT剤やアファーム乳剤を散布する。ハスモンヨトウには、コテツフロアブルやスピノエース顆粒水和剤も使用できる。

(2) 農薬を使わない工夫

イネ科作物も含めた輪作体系を組むことで、菌核病や線虫類による被害を最小限とする。灰色かび病やアブラムシ類などの地上部病害虫については、その被害にごく初期に気づき、早期防除を徹底することが肝要であり、農薬の使用量を最小限に抑えることができる。

5 経営的特徴

根ミツバは、千葉県や茨城県の産地では地域特産野菜に位置づけられている。根ミツバの出荷時期は2～4月が中心であり、出荷時期が早いほど高値で取引される。根に付着した土を洗い流す洗浄作業と調製作業に労力を要することから、1日に出荷可能な量は、2人作業の場合15～20箱（300～400束）である。高額な農業機械は必要としないため農業経営費は高くない（表8）。高品質な根ミツバを計画的に出荷することで所得の確保に努める。

（執筆：安藤利夫）

表8　根ミツバの露地軟化栽培の経営指標

項目		
収量（kg/10a）		1,500
単価（円/kg）		791
粗収益（円/10a）①		1,186,500
生産用	種苗費　（円/10a）	6,240
	肥料費	9,006
	農業薬剤費	5,773
	光熱・動力費	6,371
	施設費	11,573
	大農機具費	26,058
	小農具費	737
	水利費	3,600
出荷用	出荷資材費（円/10a）	32,501
	運賃など従量料金	21,571
	手数料など従率料金	128,898
	光熱・動力費	6,258
農業経営費合計（円/10a）②		258,586
所得（円/10a）①－②		927,914
労働時間（時間/10a）		558

フキ

表1　フキの作型，特徴と栽培のポイント

主な作型と適地

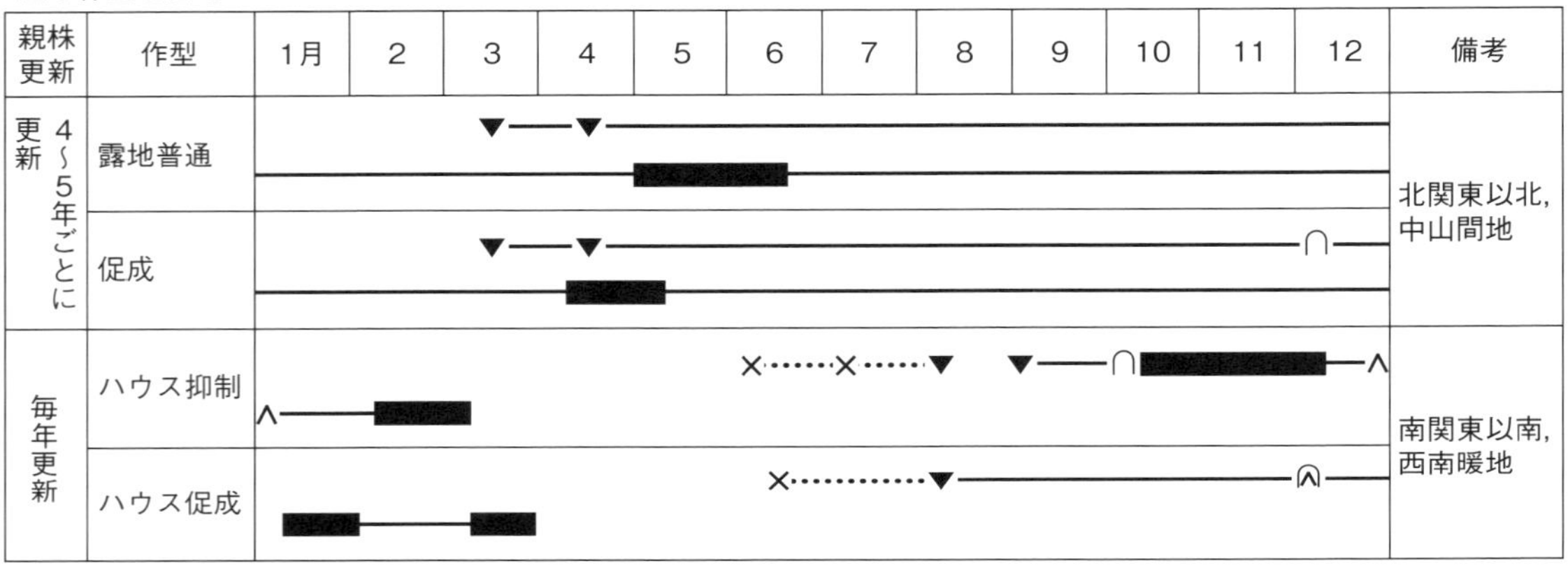

×：根株掘り上げ，▼：根株植付け，‥‥：株冷蔵期間，∩：ビニール被覆，▬：収穫，∧：内張りビニール被覆

特徴	名称	フキ（キク科フキ属）
	原産地・来歴	原産は日本。北海道から九州までの全国の山野に広く自生。栽培は江戸時代に始まる
	栄養成分の特徴	カリウムやカルシウム，食物繊維が比較的多い
	機能性・薬効など	花茎に鎮咳去痰・苦味健胃作用があり，生の葉は切り傷の外用薬として利用できる
生理・生態的特徴	温度への反応	温度の適応幅は広く，生育適温は10～23℃と考えられる。耐寒性は強く，地下茎で越冬する。湿度があれば高温の30℃程度でも生育する
	土壌適応性	土壌適応性は高く，砂質土から粘質土でも生育する。極端な乾燥や過湿では生育遅れや地下茎の腐敗・病害を招く
	開花習性	一定の生育量と長日が花芽分化とその後の花芽の発育を促進する
	休眠	休眠のない品種もあるが，休眠する品種も比較的浅い
栽培のポイント	主な病害虫	半身萎凋病，白絹病，灰色かび病，フキノメイガ，アブラムシ類，ナメクジ類，コナジラミ類など
	他の作物との組合せ	フキは水を多く使用し，長期の栽培となるため，フキ専作が望ましい。組み合わせる場合には，栽培期間の短いコマツナなどがよいが，排水対策を徹底する

この野菜の特徴と利用

(1) 野菜としての特徴と利用

①原産地と来歴

フキはキク科フキ属の多年性植物である。日本原産で、北海道から沖縄まで、全国各地に広く自生している。フキの名の由来には、冬に黄色の花を咲かせることから「冬黄」といわれてそれが詰まった、「布々岐《フフキ》」と呼ばれていたなど、諸説ある。栽培の歴史は古く、平安時代に編纂された『延喜式』には栽培や食べ方の記載（塩漬けのようである）がある。

自生していたフキから生育や品質のよいものを選抜して自家栽培が始まり、愛知県知多地域では明治時代の中ごろ、大阪府泉南地域では大正時代末ころ、秋田県では江戸時代ごろに、農家同士の株譲渡からフキの営利栽培が始まったとされる。このようにして栽培が始まったフキは、市場で販売したところ価格がよく、収益性が高い作物として周囲の農家に認知され、株分けによって次第に多くの農家が栽培するようになった。

②生産と消費状況

２０１９年におけるフキの出荷量は、最も多いのが愛知県の３４１０ｔで、全国出荷量の約40％を占め、そのほとんどが知多地域で生産されている。次いで群馬県、大阪府、北海道となっている。

フキは、タケノコとともに春を告げる食材として知られ、フキの花蕾である「フキノトウ」（図１）は春の季語にもなっており、出荷始めは高値で取引される。近年、水煮など加工品で通年手に入る食材だが、フキの独特の香りとほろ苦さは生鮮ならではである。

③栄養・機能性と利用法

フキにはカリウムやマンガンなどのミネラルや食物繊維が含まれる。フキノトウは葉柄より栄養価が高く、カリウムやカルシウムなどのミネラル、カロテン、食物繊維が比較的多い。

独特の香りとほろ苦さが食欲を増進し、薬効として花蕾や葉には痰を切り咳を鎮める鎮咳去痰作用、苦味健胃作用がある。搾り汁を切り口に塗ると血止めに効果があるとされる。

フキは和食の代表的食材で、佃煮、味噌煮、炒め煮などのほか、葉はそぼろ煮などの調理法がある。フキの清々しい苦みは油との相性もよい。フキノトウも昔から利用されていたが、現在は早春の高級和食素材として、天ぷらやあえ物に広く利用されている。フキ・フキノトウを利用する際のあく抜きは、

図1　フキノトウ（収穫期の姿とは異なる）

えぐみなどが抑えられ美味しく食することができるので、ぜひとも実施したい。

(2) 生理的な特徴と適地

①発芽・生育適温

フキは雌雄異株で、性比は品種によって異なる。'愛知早生'は、ほぼ雌株だが、野生種は雄株が多い。染色体は、野生種には2倍体もあるが、栽培品種は3倍体が多い。栽培品種の多くは不稔性であるため、栽培は地下茎を株分けすることで行なわれる。この種となる地下茎を「根株」と呼んでいる。

生育適温は10〜23℃とされるが、水分が十分にある状態では30℃でも生育し、地下茎の耐寒性が高いため寒冷地でも越冬できるなど、適応性は高い。

②日照・日長反応

フキは山野の日陰に自生しており、少ない日照量でも生育する。春から生育し、越冬した地下茎から2〜3月ごろに花蕾が発生するため、生長量と長日が花芽分化を促進すると考えられている。

休眠についても不明点が多いが、'愛知早生'など休眠のみられない品種もあり、休眠する品種でも比較的浅いようである。植付け前に地下茎を冷蔵することで、芽出しが揃うこと、生育が促進されることから、休眠打破には低温条件が関与していると考えられる。

③土壌適応性

土壌適応性は広く、湿気や水分が十分にあれば、砂質土から粘質土まで生育する。しかし、土壌水分不足は生育不良を生じるため、砂質土では灌水が必須である。一方、水はけが悪いと地下部の腐敗や白絹病などの病害が多発するため、粘質土では排水対策が必要である。栽培適地としては、保水力のある砂質壌土から壌土がよい。酸性にはかなり強い。

④主な作型・品種と適地

フキは、露地栽培とハウス栽培がある。主な作型は、5〜6月に収穫される露地普通栽培、4〜5月収穫の促成栽培、10月から翌年3月までに2回収穫するハウス抑制栽培などがあり、全国的には需要の少なくなる夏場を除いて、10月から翌年6月まで長期出荷されている（図2）。フキの生育適温から、露地普通栽培は北関東以北や中山間地域、ハウス抑制、ハウス促成栽培は南関東以南、西南暖地が適地である。

主な栽培品種は、次のとおりである。これらの栽培品種のうち、3倍体のものは、種子が結実しない。フキの生産量が多い県では、既存の伝統的なフキを用いた品種改良が行なわれており、複数の育成品種がある（'愛経2号'（愛知県）、'春いぶき'（群馬県）、'大阪農技1号'（大阪府）、'みさと'（徳島県）など）。

愛知早生　江戸時代から栽培され、現在、もっとも多く栽培されている品種。ハウス栽培、露地栽培いずれでも使用されている。主に愛知県、徳島県、大阪府などで栽培され

図2　ハウス栽培圃場（原図：森岡咲妃）

る。3倍体で、ほぼ雌株である。早生の多収品種で、葉柄が長く太く、内部に空洞がある。栽培は容易で、多くの作型に適する。葉柄の色は緑色で、基部はやや赤みを帯びる。苦みは〝水フキ〟にくらべやや強い。

水フキ　群馬県などで主に露地栽培されている。3倍体で、雌株がほとんどであるが、地域によっては雄株がある事例もある。〝愛知早生〟にくらべて晩生で草丈は低い。葉柄は鮮緑色で、表面はなめらかで毛茸《もうじ》が少ない。収量はやや少ないが、苦みがなく、品質はよい。

秋田フキ　主に秋田県や北海道で露地栽培されている。雌株がほとんどであるが、地域によっては雄株がある程度を占める。〝秋田フキ〟には野生のものと栽培用があり、野生のものは2倍体で種子ができるが、栽培用は3倍体で種子ができない。草丈高く、葉は巨大で、葉肉厚く、葉の表面に凹凸がある。葉柄は縦の筋が通っていて、凹凸がはっきりしており、毛が密生している。佃煮や砂糖漬けなどの加工用として利用される場合が多い。

（執筆：成瀬裕久）

露地普通栽培

1　この作型の特徴と導入

(1)　作型の特徴と導入の注意点

春先に根株を植え付け、2年目の春から収穫する作型である。この作型は北関東以北や中山間地域に適しており、西南暖地では、夏季の高温によって根株の消耗が激しく、病害による根株の枯死などの障害が発生しやすいので、寒冷紗被覆などの高温対策が必要である。

一度根株を植え付ければ4～5年間連続して収穫できるため、単位面積当たりの収益性は低いが、収穫・調製を除けば栽培管理に要する労力は少なく済む利点がある。しかし、この作型のみでは収穫が一時期に集中するため、小型パイプハウスやトンネルなどによる

図3　フキの露地普通栽培　栽培暦例

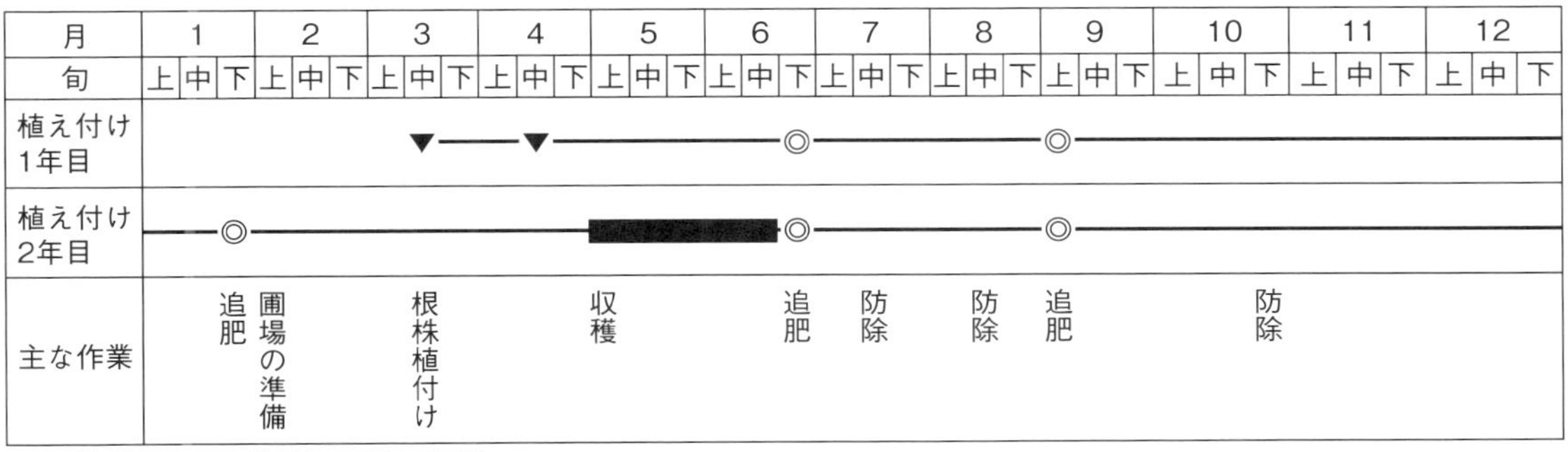

▼：植付け，◎：追肥，■：収穫

ビニール被覆によって保温を行ない、収穫時期の分散を図っている。

(2) 他の野菜・作物との組合せ方

植え替えをせず、フキが地上部を覆っているため他の作物との輪作・組合せによる栽培は難しい。

(3) 品種の選定

'愛知早生'や'水フキ'が多く使用されている。それぞれの地域で、独自に選抜した品種や、野生の品種も栽培されている。多くは結実しないが、結実する品種（2倍体）を交雑・品種改良して栽培に使用している事例もみられる。

2 栽培のおさえどころ

(1) どこで失敗しやすいか

一度植えると数年間栽培するため、この点が生産安定のポイントであり、失敗しやすいところでもある。まずは、栽培を始める前には、圃場の選定や土つくりに十分な注意を払う。『農業全書』には、「旱をおそるる物にて、日の当たるところに種ゆべからず」「9月によく耕（打返し）、土を和らげ」「水ごえ多く用ゆるにしかず」「熟地をかまえ（中略）糟の汁をかくれば、肥えたる陰地なれば甚だふとく長く」と記され、日の当たる乾燥地には植えない、9月によく耕す、肥料は多くしない、肥沃な圃場で栽培すると太く長い収穫物が得られるとある。

このことからもわかるように、栽培のポイントは、①高温にならない乾燥しない場所、深く耕作し膨軟で保肥力がある圃場を選定する、②根株や地下部の腐敗を防ぐ排水対策、③病害虫に侵されていない充実した根株の確保、④土壌伝染性病害を回避するため土壌消毒の実施、⑤白絹病などの病気の早期発見、防除、などである。

(2) おいしく安全につくるためのポイント

おいしいフキを栽培するポイントは、葉柄伸長期に土壌を乾燥させないことである。この時期の土壌水分に留意し、柔らかく、みずみずしいフキの生産に心がける。茎に光が当たりすぎると「赤フキ」と呼ばれる変色が発生し、商品性が著しく低下する。収穫は、茎が硬くなる前のやや若切りとし、収穫後は鮮度保持に努める。

フキは、使用できる農薬が少なく、茎葉が繁茂すると圃場に入ることができなくなる。根腐れを防ぐために圃場の排水性を良好にすることや、土壌消毒の徹底に加え、病害虫の早期発見に努め、初期防除を徹底する。

3 栽培の手順

(1) 根株の養成と掘り上げ

初めて栽培する場合、購入などで種株を準備する必要がある。この種株を専用の種場（栽培予定面積の20分の1程度の面積）に植え付けて1～2年間株を養成し、地下茎を十分に生育させて定植する根株の増殖に努める。種場における圃場準備、植付け方法、栽培管理については、表2に示した本圃管理に準じる。

根株の掘り上げ前には、葉柄を刈り取る。植付け直前に根株を掘り上げるとともに、長さを10cm程度に切り揃える。この時、病害虫の発生した株や、腐敗・変色が生じている株を取り除き、充実した根株を選別する。この作業は重要である。掘り上げた根株は乾燥やムレに弱いので、取り扱いに注意するとともに、できるだけ早く本圃に植え付ける。

(2) 圃場の準備

圃場の選定は、保水性・排水性がよく、連作とならない圃場を選定する。やむをえず連作する場合は、太陽熱消毒やクロルピクリンなどで土壌消毒を行なう。圃場の排水性が悪い場合、根株の生育不良や土壌病害発生の原因になるので、排水路を確保するなどの対策（明渠の設置や高ウネなど）を行なう。

植付け1カ月前までに、完熟堆肥と土壌改良資材を全面施用し、深く耕しておく。また、土壌診断結果などに基づき、元肥を施用

表2　露地普通栽培のポイント

		技術目標とポイント	技術内容
根株の準備		◎品種の選定	・‘愛知早生’や‘水フキ’が多いが，地域の品種を使用することもある
		◎種場の選定	・保水性・排水性がよく病害虫のない圃場を選ぶ
		◎根株養成	・高温乾燥に注意し，病害虫防除（白絹病やフキノメイガなど）を実施する。病害虫防除は早期発見・発生株の早期除去・早期防除が重要
		◎根株の掘り上げ	・葉柄刈り取り時は，心葉を刈り取らないようにする ・掘り上げは，日中の高温時を避け，涼しい時間に行なう ・病気や異常の見られる株は除去する ・掘り上げた根株の土を落とし，水洗いを実施，充実した芽が1つ以上確保できるように長さ10～15cm前後に切断する ・根株は乾燥に弱いので，速やかに植え付けるか覆いを掛けるなどして，高温にせず，乾かないようにする
圃場準備		◎圃場選定	・排水性，保水性がよく，耕土の深い圃場を選定する
		◎堆肥の施用	・植付け1カ月前までに完熟堆肥を施し，深耕する
		◎土壌改良資材施用	・土壌診断結果を基に土壌改良剤（苦土石灰など）を適量施用する
		◎元肥施用	・土壌診断結果を基に元肥を適量施用する
		◎ウネ立て	・ベッド幅120～130cm, 高さ15cmを基準にウネを立てる。排水が悪い圃場は20cm程度の高ウネにする
植付け		◎適期の植付け	・植付けは3月中旬に行なう。中山間地では保温した圃場に1月に植える事例もある
		◎植付けの注意点	・根株掘り上げ後乾燥しないよう速やかに植え付ける。冷蔵庫などに保管した場合は常温に1日程度慣らす ・定植本数は，4,500～5,300株/10a程度を目安として植え付ける
		◎乾燥防止	・植付け後は，薄く覆土し，敷ワラを行ない乾燥を防ぐ
		◎灌水	・土壌が乾燥しないように灌水を行なう。とくに定植直後は十分に灌水する
植付け後の管理	定植1年目の管理	◎適正な土壌水分の確保	・根株の充実を図ることを最優先する ・窒素肥料の多用は生育が旺盛になるが，根株の充実が不十分になりやすいので注意する ・乾燥防止と土壌水分過多に注意し，適宜灌水するとともに，大雨などに備えて明渠などの排水対策も行なう ・追肥は，一度にたくさん施用しないよう注意する ・肥効調節型肥料や緩効性肥料を利用すると追肥を省略できる ・‘水フキ’など柔らかい品種を栽培する場合には防風垣をつくっておくとよい
		◎病害虫防除	・初期・予防防除に努める。病気などの発生株は早期に除去する
	定植2年目以降の管理	◎収穫時の管理	・収量の確保と次に向けた根株の充実を両立させる ・適期に収穫する ・葉柄50～60cmで収穫する。早いと根株の充実が悪くなり，遅いとフキの品質に影響する ・収穫後は，速やかに追肥を施用する
		◎保温による収穫の前進	・保温により収穫期を前進させることができる（ベタがけ資材やビニール被覆など）
		◎病害虫防除	・初期・予防防除に努める。病気などの発生株は早めに除去する

表3　施肥例

（単位：kg/10a）

年次		肥料名	施用量	成分量		
				窒素	リン酸	カリ
1年目	元肥	完熟堆肥	2,000			
		元肥用配合肥料	300	30	30	30
	追肥	配合肥料（40kg，2回）	80	9.6	6.4	9.6
2年目以降	1回目（1月ごろ）	化成肥料	50	5	5	5
	2回目（1回目の刈り取り後）	化成肥料	50	5	5	5
	3回目注)（9月）	化成肥料	50	5	5	5

注）収穫を2回行なう場合には，2回目の収穫後に施肥を行なう

図4　根株の植付け方法

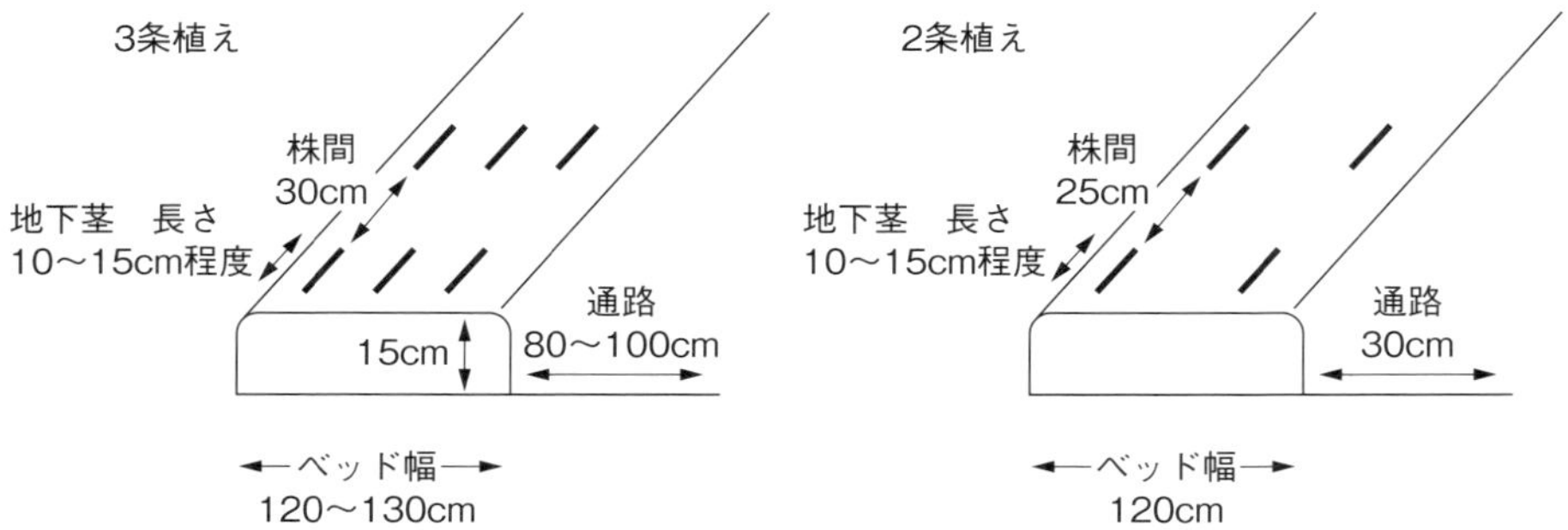

する（表3）。

(3) 植付け方法

根株に芽（2つ以上がよい）があることを確認し、5cm程度の植え溝をつくって植え付け、覆土する（図4）。覆土が浅すぎると、地下茎が地上部に出て傷むので、注意する。乾燥には十分注意し、植付け後は十分灌水するとともに、ウネ全面に敷ワラ・切りワラをして地温上昇、乾燥、雑草発生を防止する。

(4) 定植後の管理

①定植1年目の栽培管理

定植1年目は、根株（地下茎）の充実と病害虫対策を徹底する。フキは蒸散量が多く、多量の水を必要とし、乾燥に弱い。そのため、土壌水分が必要十分保たれるように適宜灌水を行なう。とくに梅雨後の盛夏期には水分不足になりやすいので注意する（図5）。

追肥は、茎葉が繁茂するまでの5～9月に、葉色や葉の大きさをみながら施用する。窒素が多いほど茎葉は繁茂するが、必ずしも根株の充実にはつながらないので、適正施用に心がける。元肥一発肥料を使用して追肥を行なわない事例も増えている。茎葉が枯れるころに必要に応じ、堆肥や追肥を施用する。この追肥時期が早いと萌芽し、霜害を受けることがあるので注意する。なお、この時期にもワラを敷くなどして乾燥防止に努める。

〝水フキ〟は、柔らかい茎とみずみずしい色合いが特徴である。強風に揺すられるとお互いの茎葉が擦れて、傷つき黒く変色してしまう。高品質を維持するためには、強風の少ない圃場を選定するか、周囲に防風ネットを設置する必要がある。

②その後の管理

2年目以降は、収量の確保とともに次年度に向けた株の充実を図ることがポイントになる。

収穫時にはできるだけ若芽を残して株の養成を図る。フキは、高温・乾燥に弱く、乾燥すると極端に生育不良になるので、夏期の高

温乾燥時には遮光する事例もある。収穫が終了したら速やかに株を掃除してから追肥を行なう。1回の施用量は三要素成分量で10a当たり5kg程度を目安とする。

(5) 収穫

葉柄が50～60cmくらいに伸長したら、収穫を開始する。この時期のフキは生育が早いのでとり遅れにならないように注意する。収穫作業は、早朝、気温が上がる前に開始し、午前中には終了する。とくに、初夏には気温が上昇する前に作業を終える。収穫は葉柄を株元から刈り取る。刈り取りの際、若い芽を残しておくと次の萌芽がよくなる。収穫後のフキは高温にならないように注意する。

収穫後は、葉柄の長さによる出荷規格に合わせて選別・調製し、鮮度保持ができるようなラップ包装を行なって出荷する。

4 病害虫防除

(1) 基本になる防除方法

露地普通栽培では、白絹病、フキノメイガ、ナメクジ類が主な病害虫となる。フキは登録農薬が少ないため、栽培環境の改善と土つくり、健全な根株の確保など、農薬を使わない工夫が大切である。良質な有機物資材の

図5　露地普通栽培の様子

表4　病害虫防除の方法

	病害虫名	主な防除法
病気	半身萎凋病	・根株からの持ち込みを防ぐため，根株の更新や種場の太陽熱消毒（夏場のビニール被覆）やクロルピクリンによる土壌消毒を実施する ・発生株は，速やかに地下部までていねいに取り除き，焼却するか地中深くに埋める ・健全な根株を選別して植え付ける ・発病が激しい場合は，圃場を変更する
	白絹病	・連作圃場や前作発生圃場は，太陽熱消毒（夏場のビニール被覆）やバスアミド微粒剤による土壌消毒を実施する ・健全な根株の植え付けを励行する ・密植を避けるとともに，株元が過湿にならないよう灌水量を調節する ・土つくりや排水路の設置など，圃場の排水性・保水性を改善する ・生育中，発生が見られた場合には速やかに除去するとともに登録農薬を散布する ・発病が激しい場合は，圃場を変更する
害虫	フキノメイガ	・フキノメイガに加害されていない根株を選んで植え付ける ・幼虫が地下茎に入るころに農薬（トレボン乳剤など）を散布する
	アブラムシ類	・ウイルス病を伝搬するので定期的に防除する ・圃場周辺の雑草を除去し，発生源をなくす ・初発を発見したら速やかに登録農薬（アドマイヤーフロアブル，パダンSG水溶剤，フーモンなど）を散布する
	ナメクジ類	・圃場の雑草を除去し，圃場衛生を改善する ・生育期に登録農薬を散布する

補給、過剰な施肥を控え、圃場に応じた適切な施肥管理、太陽熱消毒、適度な栽植密度、病害発生株の早期除去など、耕種的防除を主体とした対策を実施する。また、被害を広げないための早期発見と初期防除が重要である（表４）。

(2) 農薬を使わない工夫

排水対策、土つくり、土壌消毒などの徹底とともに、通路を広げて通気性を良好に保つ。また、圃場内および周辺の雑草防除に努める。早期発見と初期防除、被害株の除去が重要である。圃場周辺にソルゴーなどの障壁植物を作付けることによる害虫侵入防止を検討してもよい。

5 経営的特徴

この作型は一度植え付ければ数年間収穫できる省力的な作型であるが、出荷最盛期は、タケノコが出回って煮物需要が急増する４月中・下旬以降になるため、市場価格は低迷しやすい。そのため収益性は、ビニールハウスを利用した抑制栽培や促成栽培に比べてかなり劣る（表５）。フキは春先の季節商材としての位置づけが強く、６月以降に生食需要が極端に低くなる。このため、この時期の生産は契約出荷など販路の確保が重要になる。

（執筆：成瀬裕久）

表５　露地普通栽培の経営指標

項目	
収量（kg/10a）	3,500
粗収入（円 /10a）	700,000
生産費（円 /10a）	550,000
肥料・農薬費　（円 /10a）	70,000
資材費	330,000
雇用費などその他経費	150,000
農業所得（円 /10a）	150,000
労働時間（時間 /10a）	350

ハウス抑制栽培、促成栽培

1 この作型の特徴と導入

(1) 作型の特徴と導入の注意点

①抑制栽培

６月にフキの根株を掘り上げて60日ほど冷蔵処理を行ない、８月上旬から９月上旬に植え付け、10～12月と２～３月の２回収穫・出荷する。収量が多く、フキの需要期に出荷するため価格も高く、栽培が多い。

②促成栽培

６月中旬に抑制栽培と同様にフキの根株を掘り上げ、40日程度の短期間の根株冷蔵処理を行ない、８月上旬ごろに植え付けて翌年の１月ごろと３月に２回収穫・出荷する。

この２つの作型を組み合わせることで長期間出荷を可能にしている。栽培は、いずれもビニールハウスで行なわれ、温暖な地域では加温設備なしでも栽培できる。地域によって

図6　フキのハウス抑制栽培，促成栽培　栽培暦例

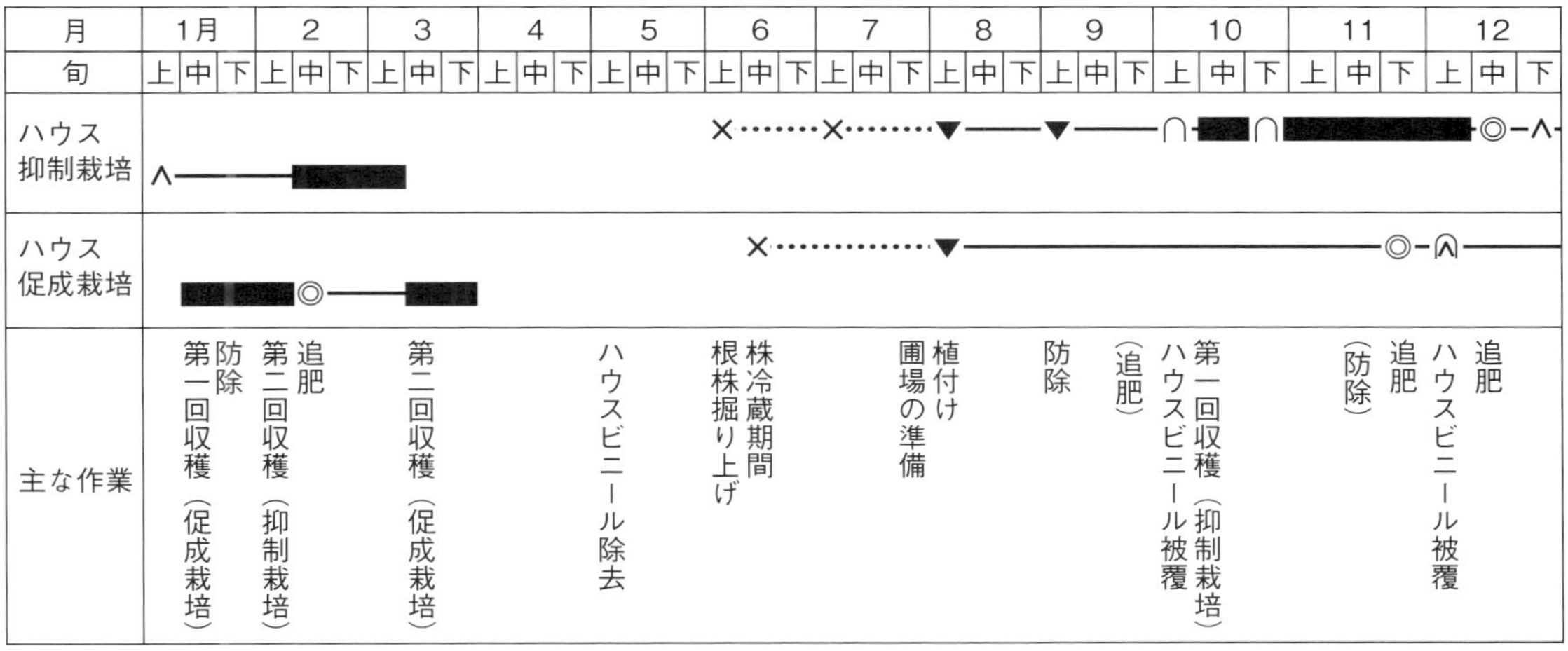

×：根株掘り上げ，▼：植付け，····：株冷蔵期間，◎：追肥，■：収穫，∩：ハウスビニール被覆，∧：内張りビニール被覆

は加温設備が必要となるが，いずれもハウスで保温されるため品質がよい。

これらの作型は，根株を夏季に一定期間冷蔵することで定植後の萌芽がよくなることで成立した作型である。フキの栽培地では経験や先進農家の事例からこの処理が有効であることが現場レベルでよく認知されていたことから始まった。

(2) 他の野菜・作物との組合せ方

フキは在圃期間が長いうえ，栽培ハウスが空く期間が2～3カ月程度と短く，他の野菜や作物と組み合わせることは難しい。このため，フキの専作としてハウスが空く期間は緑肥の栽培，太陽熱などの土壌消毒や堆肥投入などの病害虫防除，土つくりに努める。

2 栽培のおさえどころ

(1) どこで失敗しやすいか

フキの栽培において，もっとも重要なことは，充実した根株を養成・確保することと，栽培に適した圃場の選定である。

圃場の選定では，①病害虫が認められない，②排水性・保水性に優れ，耕土が深い，③灌水設備が整っていることに留意する。連作圃場や病害虫が認められた場合には，ビニール被覆による太陽熱消毒やクロルピクリン剤による土壌消毒を必ず実施しておく。

根株養成期間は，アブラムシ類や白絹病などの病害虫防除を徹底するとともに，葉柄を刈り取るまでに十分な生育を確保するため，適量の灌水と追肥を行ない，充実した根株の養成に努める。

(2) おいしく安全につくるためのポイント

おいしいフキを作るポイントは，ストレスなく生育させることである。そのために，ハウスの温度はフキの生育適温とされる10～23℃になるように換気などを行なって調節する。土壌水分が不足すると生育不良になるので適宜灌水を行なう。加えて，適切な追肥と根茎と根の発達を促す膨軟な土つくりを行なう。

農薬の散布回数を減らすためには，ハウスの空き期間を活用した太陽熱消毒や防虫ネッ

トの設置といった耕種的防除、病害虫の早期発見・早期防除を励行することが重要である。

(3) 品種の選び方

栽培されているフキは、不稔性で種子ができないものが多い。このため株分けで増殖・栽培されている。これらの作型で使用されている品種は、葉柄が太めで根元が赤く、収量性が高い〝愛知早生〟がほとんどである。

3 栽培の手順

(1) 根株の養成と準備

①根株の養成

フキの栽培では、よい根株を養成することが最も重要で、そのために種株は必ず毎年更新する。根株を確保するための種場は、専用圃場を設け、選定にはとくに注意を払う。選定のポイントは、①排水性・保水性に優れ、耕土が深い、②白絹病や半身萎凋病などの土壌病害やフキノメイガなどの害虫発生がない、③土壌水分を適度に保つために灌水設備が整っていることである。

種場は、作付け前に土壌消毒や有機物資材補給による病害虫防除や土つくりを実施する。種場は本圃1a当たり0.3aの面積を目安とする。種株は1年間かけて増殖し、本圃に植え付ける前に地下部を掘り上げて根株とする。

この掘り上げる時期は、後述する株冷蔵期間や定植時期から逆算して決めておく。また、掘り上げる前に地上部を刈り取っておく。

②根株の掘り上げ

掘り上げる時期は、定植する時期から逆算して決める。抑制栽培は60日程度冷蔵するため、8月中旬に定植する場合は6月中旬に掘り上げる。促成栽培は株冷蔵の期間が40日程度のため、8月上旬に定植する場合は6月中旬に掘り上げる。

根株は高温乾燥に弱いため、掘り上げ作業は日中の高温時を避け、朝夕などの涼しい時に実施する。掘り上げたら土を払ってコンテナなどに詰め、コモなどで遮光をしておく。圃場から持ち出したら水洗いを行ない、病害虫に侵された株や変色・腐敗した根株を選別し、健全な根株のみを残す（図7）。その後、充実した芽を1つ以上確保するように長さ20〜25cmに切断し、乾燥防止のための水分を含ませた新聞紙などを敷いた木箱に詰める。

③根株の冷蔵処理

木箱に箱詰めした根株を、1℃に設定した冷蔵庫で冷蔵処理する（図8）。温度が高すぎると、冷蔵中に萌芽して芽が伸びすぎたり、腐敗の原因となる。また、過湿や乾燥も根株の腐敗を助長するので、新聞紙を敷き、フィルムで覆うなどして水分の調整を行なう。冷蔵期間は抑制栽培で60日、促成栽培で40日を目安とする。

(2) 植付け方法

①圃場の準備

フキの収量は植付け後の根張り、地下茎の伸びに左右される。根張りをよくするには、有機物施用による土つくりが必要になる。植付け1カ月前までに有機物を施用し、深く耕しておく。また、植付け7〜10日前に土壌診断の結果に基づいて元肥を施用する（表7）。

②植付け方法

植付け時期は、抑制栽培で8月上旬から9月上旬、促成栽培では8月上旬である。近年、夏季の気温が高いため、植付け時期は産

表6－1　ハウス抑制栽培のポイント

	技術目標とポイント	技術内容
根株の準備	◎根株養成圃場の選定	・根株の養成圃場は，病害虫に汚染されていない，排水性・保水性に優れ，耕土の深いところを選定する
	◎根株の養成	・根株養成中には，アブラムシ類，フキノメイガ，白絹病などの病害虫防除を徹底する ・根株養成中は，高温乾燥に注意する ・葉柄刈り取り時は，心葉を刈り取らないようにする
	◎根株の掘り上げ	・掘り上げは，日中の高温時を避け，涼しい時間に行なう ・半身萎凋病や白絹病，異常の見られる株はあらかじめ抜き取っておく ・掘り上げた根株の土を落とし，水洗いした後，充実した芽が1つ以上確保できるように長さ20～25cm前後に切り揃え，新聞紙などを敷いた木箱に詰める
	◎冷蔵処理	・箱詰め後に冷蔵庫へ入庫し，冷蔵処理をする（温度は1℃程度） ・冷蔵期間は60日程度とする
圃場準備	◎圃場選定	・排水性，保水性のよい，耕土の深い圃場を選定する
	◎堆肥の施用	・植付け1カ月前までに完熟した良い堆肥を施し，深耕する
	◎土壌改良資材施用	・土壌診断結果を基に土壌改良剤（苦土石灰など）を適量施用する
	◎元肥施用	・土壌診断結果を基に元肥を適量施用する
	◎ウネ立て	・幅120～130cm，高さ15cmを基準にウネを立てる。排水が悪い圃場は，20cm程度の高ウネとする
植付け	◎適期の植付け	・植付けは8月上旬～9月上旬に行なう
	◎植付けの注意点	・冷蔵庫から出庫後，1日程度日陰に置き，常温にならしてから植え付ける ・根株は高温乾燥に弱いので，植え付けは高温時を避ける ・1ウネ当たり4～5条のたて溝をつくり，芽の方向を一定にして植え付ける
	◎適正な株量	・植付け株量は1a当たり90kg程度とする
	◎乾燥防止	・植付け後は，薄く覆土し，敷ワラを行ない地温上昇と乾燥を防ぐ
植付け後の管理	◎灌水	・日中の高温を避けて灌水をする。とくに定植直後は十分灌水する
	◎ビニール被覆	・10月ごろに外張りビニール被覆を行なう。気温によってビニール被覆時期を前後させる ・12月から1月上旬ころにビニールの内張り二重被覆を行ない，次の芽の発育を促す
	◎追肥	・1回目の収穫が終了したら，ハウス内の掃除と追肥を行なう。以後，収穫ごとに追肥する
	◎病害虫防除	・予防・初期防除に努める。換気を励行して病気の発生を防ぐとともに，防虫ネットをハウス開口部に設置して害虫の飛び込みを防ぐ
収穫	◎適期収穫	・1回目の収穫時は，地上部の生育が十分確保できていることを確認する
	◎作業時間	・作業は，温度が上昇する前の涼しい時間に行ない，しおれなどを防ぐ

表6－2　ハウス促成栽培のポイント

	技術目標とポイント	技術内容
根株の準備	◎根株の養成	・基本は抑制栽培に同じ ＊促成栽培は，根株の冷蔵期間が40日程度であるので，この期間を逆算して管理する
	◎根株の掘り取り	・掘り取りなどについては抑制栽培と同じ
	◎冷蔵処理	・冷蔵期間は40日とする
圃場の準備	◎圃場選定	・抑制栽培に準じる
	◎堆肥，元肥の施用	
	◎ウネ立て	
植付け	◎適期の植付け	・植付けは8月上旬ごろとする
	◎植付けの注意点	・植付け方法などは抑制栽培と同じ
	◎適正な株量	・植付け株量は，1a当たり70kg程度とする
植付け後の管理	◎乾燥防止	・灌水，追肥などの管理は抑制栽培に準じる
	◎灌水	
	◎ビニール被覆	・12月上旬に外張り，内張りビニール被覆を行なう ・ビニール被覆を行なう時に一度葉柄を刈り取り，掃除と追肥を行なう
	◎病害虫防除	・抑制栽培に準じる
収穫	◎作業時間	・作業は，温度が上昇する前の涼しい時間に行ない，しおれなどを防ぐ

地の事例を勘案して決定する。植付け前に元肥を施用し、ウネを作っておく。定植の前日、冷蔵庫から出庫した根株を箱ごと1日程度日陰において常温に慣らす。なお、急ぐ場合にはそのまま定植する事例もある。根株は高温や乾燥に弱いので、直射日光の当たる場所や高温になる場所には絶対に放置しない。

植付け株量は作型によって異なる。収穫時期の早い抑制栽培では1a当たり90kg程度とし、植付けから収穫までの期間が長い促成栽培では70kg程度とする。

植付けは、図9、10のようにして行なう。深さ5cm程度の植え溝をつくり、そこに根株を植え付け、覆土する。覆土は、根株が隠れる程度とする。

植付け後は、地温上昇や乾燥防止のために敷ワラをし、その後十分灌水する。

(3) 植付け後の管理

①灌水・追肥

植付け後は乾燥防止と地温上昇に努める。萌芽を揃えるために十分灌水をする。萌芽から活着までは涼しい時間に灌水し、土壌水分の確保に努める（図11）。

施肥は、元肥に肥効期間が長い肥効調節型肥料を使用する例が増えてきてはいるが、フ

図7　根株の洗浄

図8　冷蔵前の根株

表7　施肥例　　（単位：kg/10a）

肥料名	施用量	元肥	追肥		成分量		
			1回	2回	窒素	リン酸	カリ
完熟堆肥	2,000	2,000					
元肥用配合肥料	300	300			30	30	30
配合肥料	300		160	140	24	12	24
施肥成分量					54	42	54

キは肥切れすると著しい生育不良、収量低下を招くため、生育を見ながら計画的に追肥を実施する。追肥回数は2～3回をめどとし、1回目の収穫直後は必ず実施する（表7参照）。

②ジベレリン処理

早期収穫と気温が低く伸長が劣る時期は、伸長を促進するために緊急的にジベレリン処理を行なうことがある。ジベレリンの散布は、草丈30cm程度の生育旺盛な時期とする。あらかじめ十分灌水をしておき、よく晴れた日の夕方に散布する。使用濃度に注意する。

③ビニール被覆

抑制栽培、促成栽培ともにハウス外張りのビニール被覆時期が、収穫期や品質・収量に大きな影響を及ぼす。ビニール被覆が早すぎると高温時に葉焼けや生育ムラ、徒長による品質悪化を招く。逆に遅すぎると収穫期の遅れや低温による品質低下を招く。フキの生育適温を考慮して被覆時期を判断するが、近年は秋の気温が高い年が多いため、被覆時期は十分注意する。

抑制栽培では10月ごろに外張りの被覆を、12月から1月上旬に内張の被覆を行なう。外張り被覆は外気温が高い場合は遅めに行なう。促成栽培は12月上旬ごろに外張りと内張りの被覆を実施する。

図9　ハウス抑制・促成栽培の植え方

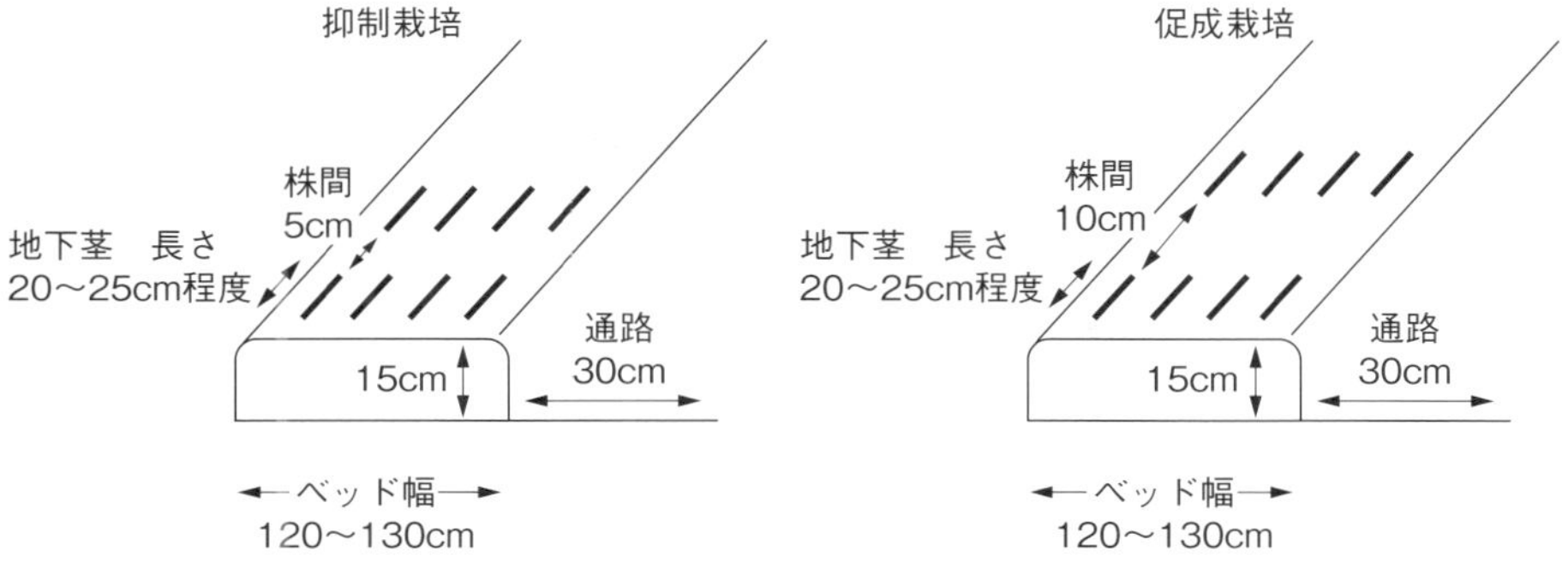

図10　根株の植付け例

図11　萌芽したフキ

図12　ハウス栽培の収穫期のフキ

④病害虫防除、換気、株の整理

フキの葉柄が生育してくると圃場に入って作業することが困難になるので、病害虫防除は葉柄が十分に生育するまでに行なう。

ビニール被覆後は、生育適温の10～23℃を目標に温度管理をするとともに、病害を予防するために晴天日には積極的に換気を行なう。保温を強くするために密閉管理をすると生育が促進されるが、病害も増えやすいので、注意する。

図13　収穫したフキ

萌芽や生育の揃いをよくするために、抑制栽培では1回目の収穫後、促成栽培ではビニール被覆時に地上部をすべて刈り取り、株の整理と掃除を行なう。この時に、新芽を刈り取らないように注意する。

12月ごろから花蕾（フキノトウ）が出てくるが、フキの草勢が弱るので花蕾を除去する。

図14　フキの包装（袋に詰める事例もある）

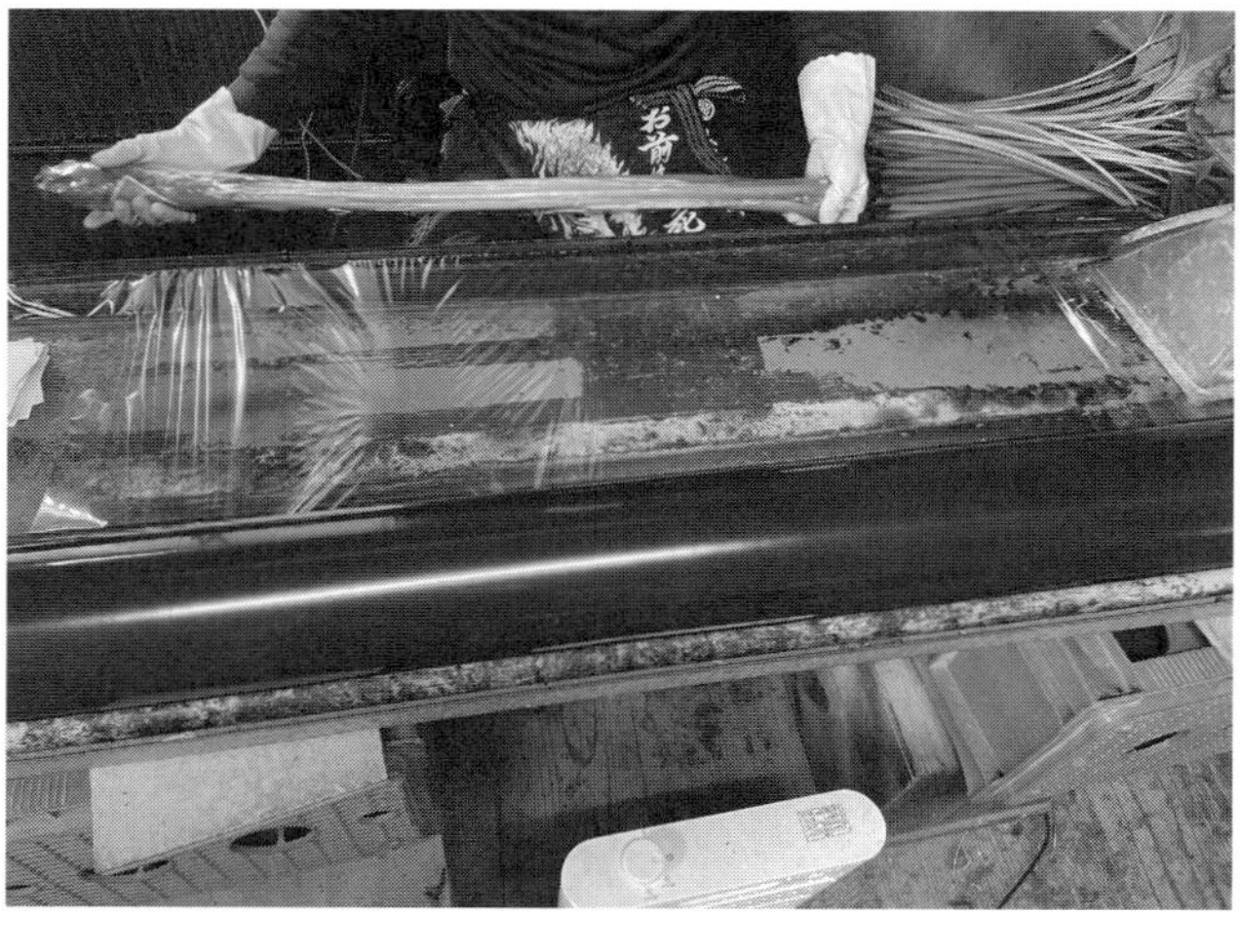

(4) 収穫

収穫は、水分の多い早朝から実施して、午前中で終了するようにし、温度が上昇する午後にはできる限り行なわない（図12）。収穫したフキが日光に当たるとフキが変色して「赤フキ」になったり、萎れるため、コモや黒いビニールなどで被覆をしておく。

収穫作業は、鎌などを使用して根元から切り取り、一定量切り取ったらウネ間にまとめ

表8　病害虫防除の方法

	病害虫名	主な防除法
病気	灰色かび病	・密植を避けるとともに，ハウス内が低温・多湿にならないように換気する ・通風がよくなるようハウス内環境の改善を図る ・生物農薬のボトキラー水和剤などを予防散布する ・発生の極初期に登録農薬（セイビアーフロアブル20など）を散布する
害虫	アブラムシ類	・アブラムシ類は，ウイルス病を伝染する ・ハウス内外の雑草を除去し，発生源をなくす ・初発を発見したら速やかに登録農薬（アドマイヤーフロアブル，パダンSG水溶剤，ボタニガード水和剤，フーモンなど）を散布する ・ハウスに成虫飛び込み防止の防虫ネットを設置する
	コナジラミ類	・ハウス内外の雑草を除去し，発生源をなくす ・ハウス開口部に成虫の飛び込みを防止する防虫ネットを設置する ・初発を発見したら速やかに登録農薬（スタークル顆粒水溶剤, アルバリン顆粒水溶剤, ボタニガード水和剤，フーモンなど）を散布する

注）半身萎凋病，白絹病，フキノメイガ，アブラムシ類，ナメクジ類の防除は，露地普通栽培に準じる

ておく。作業場に搬入後、葉柄長などで出荷規格に合わせて調製し、鮮度保持のためにラップなどで包装する（図13、14）。

抑制栽培の1回目収穫では若切りしないようにする。2回目の収量を確保するため、新芽の伸び具合をみて、地下茎が十分伸びているのを確認してから収穫する。1回目収穫を早くすると、地下茎の発育が不十分となり、2回目収穫量が減少する。逆に、抑制栽培の2回目収穫は早めにする。この時期は生育が速いので収穫適期を逃しやすく、遅れるとフキが固くなり品質が低下するので注意する。適期に早朝に収穫されたフキは、とてもみずみずしく香りがよい。

4　病害虫防除

(1)　基本になる防除方法

主な病害虫は、露地普通栽培で発生するものに加えて、灰色かび病とコナジラミ類が加わる（表8）。フキは生育が進むと圃場いっぱいに繁茂し、通路まで埋まってしまう。無理に圃場に入るとフキを傷つけてしまい、商品性を損なってしまうので、生育中期以降は薬剤防除ができない。

したがって、早期発見・早期防除に努め、予防散布を中心に防除する。また、登録農薬数が少ないので、耕種的防除を含めた総合防除に努める。環境にやさしい生物農薬や天然物質由来農薬も活用する。

栽培環境の改善と土つくり、健全な根株の確保など、農薬を使わない工夫が大切である。

(2)　農薬を使わない工夫

健全な根株を確保し、発病株は早期に抜き取り、ハウス内を清潔に保つ。灰色かび病に対しては適宜換気を行なって発生しにくいハウス内環境にすることが、害虫に対してはハウス開口部への防虫ネットの設置が、農薬の削減につながる。加えて、良質な有機物資材の補給、適正な施肥、太陽熱消毒、こまめな除草、適度な栽植密度など、耕種的防除を主体とした対策を実施する。

表9　ハウス抑制栽培，促成栽培の経営指標

項目	
収量（kg/10a）	6,000
粗収入（円 /10a）	2,000,000
生産費（円 /10a）	1,200,000
種苗・肥料・農薬費　（円 /10a）	100,000
資材費	820,000
雇用費などその他経費	280,000
農業所得（円 /10a）	800,000
労働時間（時間 /10a）	700

5 経営的特徴

フキの抑制栽培、促成栽培は、重装備な施設を必要とせず、簡易なパイプハウスで栽培できるので収益性は高い（表9）。しかし、高温期に行なう株の掘り上げ作業の労力負担が大きいこと、株を掘り上げた後の冷蔵処理が必要なことが、露地普通栽培と異なる。また、それぞれの作型は収穫期間が短いので、抑制栽培と促成栽培を組み合わせ、出荷の長期化と収穫労力分散を図る。

（執筆：成瀬裕久）

フキノトウの栽培

1 生理的な特徴と利用

(1) 用途と生産

独特のほろ苦さと香りをもつフキノトウは、春の季節感を表現する野菜として日本料理の欠くことのできない食材の一つになっている。現在、出荷されるフキノトウは、一部野生物の採取もあるが、大部分は葉柄を出荷する一般的なフキ栽培の副産物として生産される。したがって、フキノトウ自体の生産を主目的とした経済栽培の事例はあまりない。出荷量は、群馬県、新潟県、長野県が多い。

(2) 花芽分化・発育

野生のフキは、花蕾が出蕾したのち開花し、そのあとで萌芽が始まるものが多いが、栽培品種の多くは出蕾と萌芽が同時に発生するか、萌芽が出蕾より早い。この出蕾と萌芽の時期は品種によって異なり、‘愛知早生’の場合、萌芽が1月、開花は2月であるが、‘秋田フキ’や‘水フキ’では‘愛知早生’に比べて1カ月程度萌芽が遅い。

‘愛知早生’を自然条件で栽培すると、年内にフキノトウが出蕾し、2～3月に開花する。フキは自然環境下では、夏の生育中に地下茎の先端に花芽が分化し、それが秋に発達して翌年の早春に出蕾・開花すると一般に考えられている。しかし、花芽分化後には短日条件が必要なのか、抽台・開花には低温で経過することが必要なのかについては、不明な点が多い。

2 栽培のおさえどころ

フキノトウの栽培は、葉柄を収穫するフキの副産物として生産される。葉柄を収穫するフキに準じて栽培するため、健全な根株を選定し、植え付けることが重要である。フキノトウを収穫する時期は厳寒期なので病害虫は

あまり発生はないが、フキに発生する病害虫については防除を行なう。

品種は、地域で栽培されているフキに準じるが、ほかの品種より出蕾が早く豊産性の、〝愛知早生〟の利用が多い。また、フキノトウ収量が多い〝春いぶき〟を使用する地域もある（群馬県育成品種で、県外では栽培できない）。

フキノトウの収量は、盛夏期や初秋の天候が良好で、秋の冷え込みが大きい年に12月ごろから多くなるといわれている。また、充実した根株からフキノトウ発生が多く、露地普通栽培やハウス促成栽培では多く発生するのに対し、年内にフキを収穫するハウス抑制栽培では少ない。

図15　収穫期のフキノトウ（原図：大野栄子）

図16　収穫したフキノトウ（原図：大野栄子）

3　栽培の手順

栽培は葉柄を収穫するフキの栽培に準じる。露地普通栽培やハウス抑制栽培、ハウス促成栽培で春先や6月に根株を掘り上げ、直接もしくは株冷蔵後に植え付けて、厳寒期に出蕾してきたフキノトウを収穫しているが、秋口に根株を掘り上げて一定期間冷蔵し、その後冬に植え付けて出蕾させる作型も検討されている。

4　収穫、出荷

主な需要期は12月～3月である。12月ごろから花蕾が出てくるので苞《ほう》のよく締まった段階で、地際部から鎌などで切り取る（図15、16）。切り取ったフキノトウはただちに調製し、大きさをそろえ、出荷規格に合わせてポリ袋かトレイに詰める。調製後ただちに厚さ0・02㎜程度のポリエチレン袋に入れ（袋の口は織り込む程度とし、密閉しない）、1～2℃で冷蔵すれば1カ月ほど貯蔵できる。

収穫量の時期変動が大きいので、有利販売には冷蔵庫を利用した計画出荷が望ましい。なお、調製・袋詰めにはかなりの手間（1人1日100袋程度）がかかるため、ほかの作業と重ならないよう計画的な作業を行なう。

5 病害虫防除

フキの栽培に準じて防除を実施するが、フキノトウとフキでは使用できる農薬や収穫前日数が異なる場合がある。農薬を使用する際には、登録内容を十分に確認する。フキノトウに使用できる農薬は少ないので、害虫の侵入防止のためのハウス開口部へのネット設置や適正な栽植密度などの耕種的防除を徹底する。

6 収益性

収量は作型によって異なる。ハウス抑制栽培や促成栽培では、10a当たり60kg程度で、その他の作型では30〜40kgが目安である。販売単価は1kg当たり1000〜1500円であるが、変動が大きいので価格動向をみて出荷を行なうことが必要である。

（執筆：成瀬裕久）

ウド

表1　緑化ウドの作型，特徴と栽培のポイント

主な作型と適地

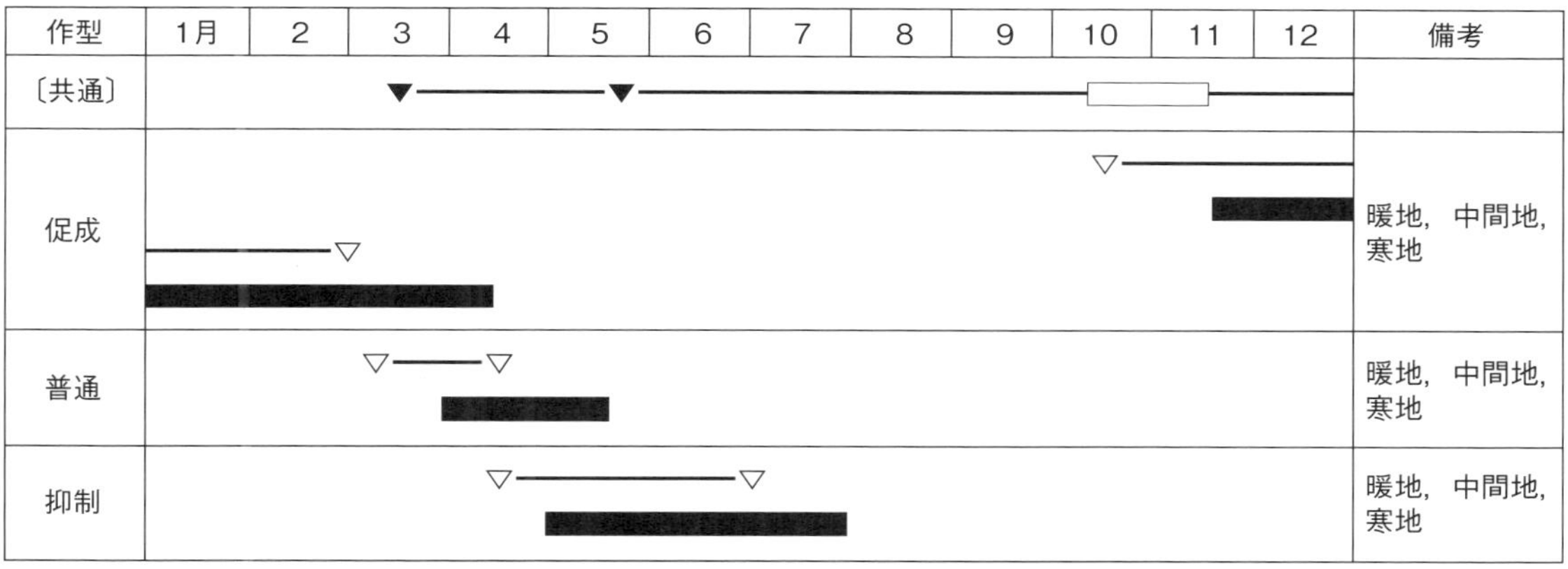

▼：植付け，▽：伏せ込み，□：掘取り，■：収穫

特徴	名称	ウド（独活，ウコギ科タラノキ属）
	原産地・来歴	東アジア原産，日本に自生
	栄養・機能性成分・薬効など	栄養：93％以上が水分で，カリウムや食物繊維が比較的多い 機能性成分：精油類（数種のジテルペン類）。緑の葉にはクロロゲン酸を含む 薬効：ジテルペン類が発汗，鎮痛，利尿，消炎作用
生理・生態的特徴	温度への反応	生育温度は15～25℃，生育適温は17～18℃
	土壌適応性	適応性は広く，砂質土壌～粘土質土壌で生育する。砂壌土か埴壌土が適する
	休眠	春ウド群品種では休眠があり，寒ウド群品種では休眠が浅い
栽培のポイント	品種	春ウド群品種：坊主，愛知紫，伊勢白，改良伊勢など 寒ウド群品種：白芽，赤芽
	土つくり	堆肥や土壌改良資材を投入する
	主な病害虫	病気：黒斑病，萎凋病，萎黄病，菌核病など 害虫：センノカミキリ，ヒメシロコブゾウムシ，アブラムシ類など
	他の作物との組合せ	ウドは連作すると病害虫の発生や収量が低下する。そのため水稲との輪作など萎凋病にかからない作物や野菜と輪作することが望ましい

この野菜の特徴と利用

(1) 野菜としての特徴と利用

ウドは、わが国原産で、ウコギ科タラノキ属に属する多年生の植物である。日本以外では朝鮮半島、中国、千島にも広く分布する。日本では古代から自生のウドを山菜として採取していたといわれ、栽培されるようになったのは西暦650年以降とされる。そのころから江戸時代まで、ウドは冬から春にかけて野菜が少ない時期に収穫できる、貴重な野菜であった。

現在のウド栽培には、室（ムロ）の中の暗黒下で栽培する軟化ウドと、ビニールハウス内の開放型の床で栽培する緑化ウド（山ウドともいわれる）がある（図1）。最近の消費動向をみると、軟化ウド、緑化ウドとも軟白部が白くきれいに仕上がり、葉柄部が短いものが好まれる。

また、短形の緑化ウドは、1980年代にそれまでの業務用中心の消費形態から一般家庭への普及を見込んで扱いやすい販売規格としてつくられた。山菜らしく手頃な長さであるため、一般消費に向いている。

一方で近年は、食生活の変化による消費の減少、価格の低迷、栽培者の減少などにより、既存産地の縮小傾向が見られる。

軟化ウド、緑化ウドとも93％以上が水分で、カリウムや食物繊維以外目立った成分はないが、緑色の葉には抗酸化作用をもつクロロゲン酸が含まれる。

ウドの茎と根は精油類（数種のジテルペン類）を含み、発汗、鎮痛、利尿、消炎作用があるといわれ、薬用として使われることもある。

ウドは独特な香りと歯ざわりが特徴で、軟化ウド、緑化ウドとも、生では酢の物、あえ物、サラダに、調理加工では天ぷら、煮物、漬物、油炒めなどに利用される。

ウドの生産形態には、軟化（軟白）ウドと山（緑化）ウドがある。

軟化ウドは、ウド室と呼ばれる地下穴もしくは半地下にウドの根株を伏せ込み、真っ白に伸長させた茎を収穫する。

一方、山ウドは、露地または日光のあたる施設に伏せ込んだ根株をモミガラなどで厚く被覆し、伸長してきた茎を収穫するもので、株元だけが白く軟化し、日光に当たった茎の

図1　軟化ウド（左）と緑化ウド（右）

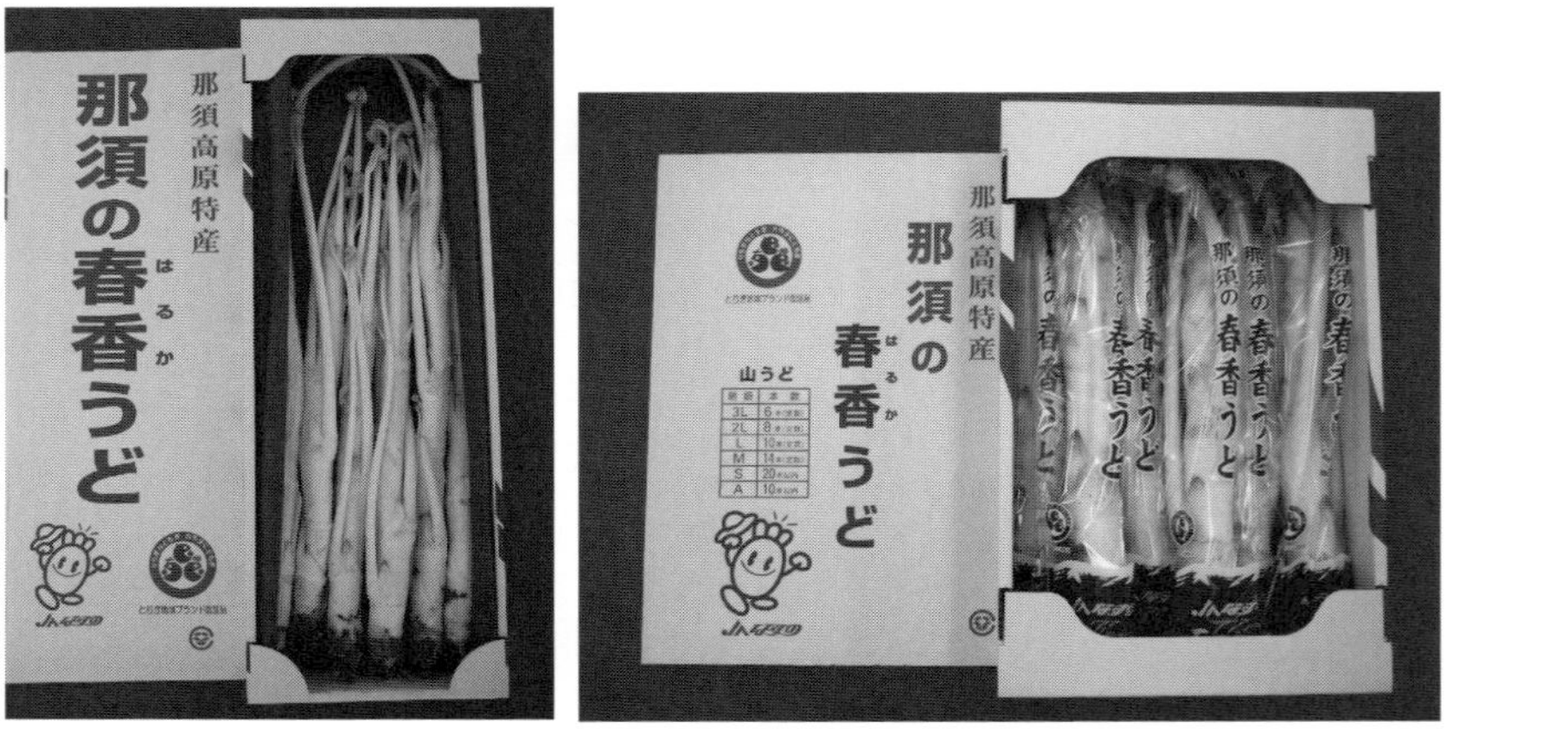

先端は緑色化している。一般的な出荷規格は、軟化ウドで80cm、山ウドで40～60cmである。

産地である栃木県の那須地域で生産されるウドは山ウドが中心で軟化ウドとの比率は概ね7対3であり、「那須の春香うど」として、主に東京都中央卸売市場に出荷されている。

(2) 生理的な特徴と適地

ウドの原産地は東アジアであり、わが国では北海道から九州まで自生し、それらが選抜され栽培されるようになった。そのため、暖地から寒地まで栽培が可能であり、それぞれの地域で促成、普通、抑制の作型が行なわれている。

ウドの生育温度は15～25℃、生育適温は17～18℃で、15℃以下、25℃以上では生育不良になる。土壌の適応性は広く、砂質土壌から粘土質土壌で生育するが、砂壌土か埴壌土が適する。根が深く伸びるため、耕土が深く、保水力があり、肥沃な土壌に適し、過湿や極端に乾燥する土壌には適さない。

春ウド群品種には休眠期があり、休眠時には加温して適湿を与えてもあまり萌芽しない。一般的に秋に休眠に入り、一定の低温に遭遇すると休眠が打破される。促成栽培では、休眠打破のためジベレリン処理を行なう。

（執筆：印南　毅）

緑化ウドの促成栽培

1 この作型の特徴と導入

(1) 作型の特徴と導入の注意点

中山間地や高冷地では、冬期間に雪に覆われてしまう地域が多く、この時期に導入できる野菜や作物が少ない。しかし、これらの地域は室（ムロ）で収穫できるウドの促成栽培には有利である。平坦地に比べて気温が低いことで休眠打破の時期が早まり、価格の高い時期に早期出荷ができる利点がある。

図2　緑化ウドの促成栽培　栽培暦例（基本作型）

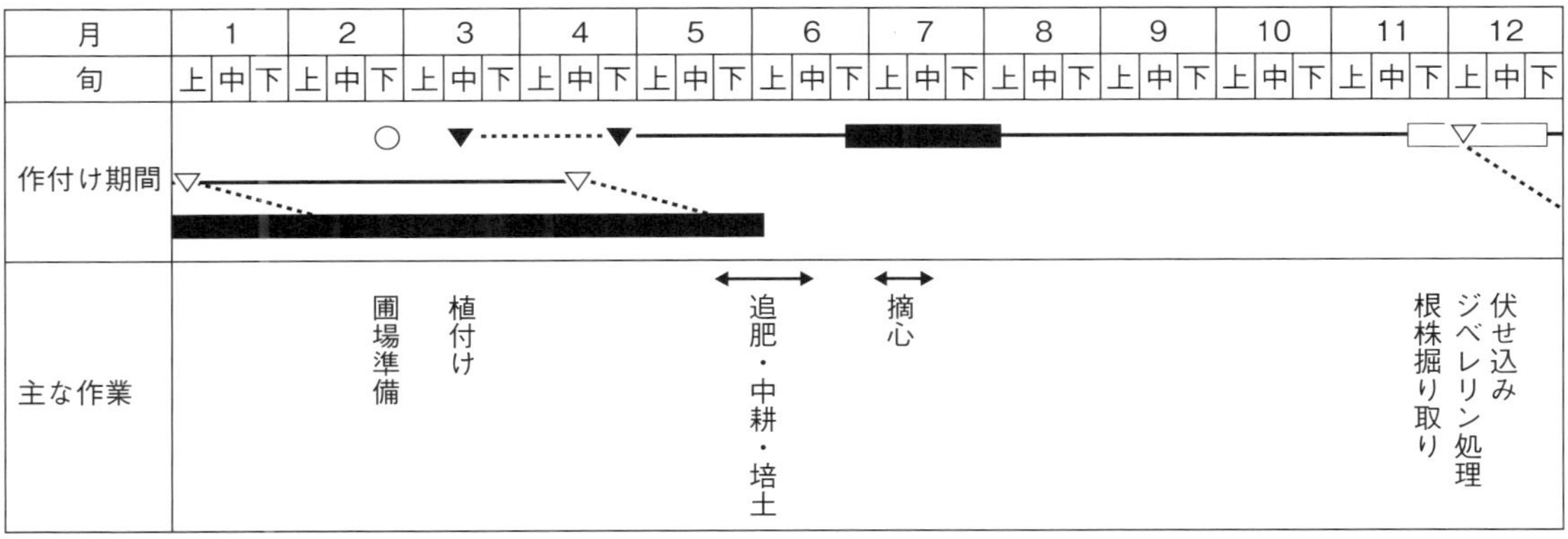

○：圃場準備，▼：植付け，▽：伏せ込み，□：掘取り，■：収穫

また、水田地帯においては水稲と労力競合が少なく、冬期の農閑期の収入源になる。ウドは春から秋の根株養成期の管理にあまり労力がかからず、主に冬期に収穫を迎えるため、冬季の労力の有効活用ができる。

(2) 他の野菜・作物との組合せ方

ウドは連作すると収量が落ち、黒斑病（アルタナリア菌）や萎凋病の発生が多くなるので、連作は2年までとする。畑地においては、萎凋病の病原菌であるバーティシリウム菌による病害にかからない野菜（ニンジン、サトイモ、ネギ、アスパラガス）や作物（オオムギ、トウモロコシ）を導入して輪作することが望ましく、水田であれば3～5年水稲を栽培する輪作体系が有効である。

2 栽培のおさえどころ

(1) どこで失敗しやすいか

ウド栽培において、高い収量を得るには根株の養成が重要である。そのため、優良な充実した種株の確保、堆肥などの有機物や土壌改良材による土つくりが必要である。施肥面では、病害の発生や倒伏を助長するので窒素過多とならないよう、栽培する圃場の肥沃度を考慮した施肥を行なう必要がある。

促成栽培では、伏せ込み床の温度管理が重要であり、20℃以上の高温管理では腐敗の発生リスクが高くなるので注意する。

(2) おいしく安全につくるためのポイント

ウドは、連作をしなければ病害虫の発生が少ない野菜といえる。

萎凋病の発生がない地域では、ほとんど無農薬で栽培している事例もある。また、輪作をすることで農薬の使用を抑制し、環境負荷を低減したウド生産も可能である。

ウドは93％以上が水分であり、みずみずしくおいしいウドを生産するには、伏せ込み床の水分管理が重要であり、伏せ込み床の土壌条件に合わせ、伏せ込みのときに十分灌水する。

(3) 品種の選び方

ウドの品種には、休眠のある春ウド群とほとんどない寒ウド群があるが、品質や収量性がよいため、主に春ウド群品種が栽培されている（表2）。春ウド群には〝坊主〟〝愛知紫〟〝伊勢白〟〝改良伊勢〟〝紫〟などの品種があり、〝坊主〟は強健で栽培しやすいが、節と節間に赤いカスリが入るため、市場出荷にはやや不向きの品種である。〝愛知紫〟は春ウドの代表的品種で、品質・収量性が高く、市場出荷に向く。

表2　ウドの品種

ウドの品種および系統		特性
春ウド	・坊主，愛知紫，伊勢白，改良伊勢，都，多摩など多くの栽培種	・休眠がある ・草勢は強く，強健で栽培しやすい ・品質・収量性が高い
寒ウド	・赤芽種：赤ウド，赤芽，早生赤 ・白芽種：早生ウド ・ローソク	・休眠がないか極めて浅い ・草丈はやや低く草勢が弱い ・極早生。収量性は低い

3 栽培の手順

(1) 根株の確保

ウド栽培では、まず種株の確保が重要である。通常は、販売されていないが、種苗メーカーで販売しているものがあれば入手する。それ以外の方法として自生する株を採取するか、栽培者から入手する。種株の導入時は、病害虫のない健全な根株を導入する。栽培者から株を入手する際は、品種育成者の知的財産権を侵害しないよう必要に応じて許諾を受ける。

通常、導入した初年度は増殖のみとなることが多い。翌年以降は、種株確保のため養成した根株の一部を伏せ込まず種株として残しておく。根株は10a当たり約300〜400株必要となる（3〜4芽／株で算出）。

(2) 根株の養成

① 圃場の準備

ウド栽培では根株を充実させることが重要であり、圃場つくりでは堆肥などの有機物や土壌改良材を施用し、深耕しておく。元肥の

表3　緑化ウドの促成栽培のポイント

	技術目標とポイント	技術内容
圃場の準備	◎土つくり	・堆肥などの有機物を10a当たり2tと土壌改良資材を施用する
	◎施肥基準	・元肥は，10a当たり成分で窒素10kg，リン酸20〜30kg，カリ20〜30kgを施用する
植付け	◎種株の準備	・種株は10a当たり約300〜400株必要となる
	・種専用株の準備	・1つの根株に大きな芽を1つ付け3〜4個に株分けする
	・芽の大きい良質な種株の確保	・小さな芽はあらかじめ削り取っておく
	◎植付け ・晩霜の影響を受けにくい時期の植付け	・管理機などで，植付けのための溝を深さ10cmに掘る ・栽植密度は10a当たり1,100〜1,400株を基準にする（ウネ間120〜130cm，株間60〜70cm）
植付け後の管理	◎追肥・培土	・追肥は5月下旬〜6月中旬，遅くとも8月上旬までに，10a当たり窒素成分で2〜3kg施用する
	・適期追肥	・追肥が遅れると根株の充実が悪くなるので注意する
	・除草や倒伏防止のための培土	・追肥と併せて除草と倒伏防止を兼ねた培土を行なう ・登り芽とならないよう培土量が多くなりすぎないようにする
	◎摘心 ・摘心は倒伏防止や根株充実のため実施	・草丈75〜80cmで摘心を行なう
	◎掘取り ・根をなるべく切らないようにする	・茎葉が霜で完全に枯死したら，地上部を20〜30cm残して刈り取り，根株を掘り取る
伏せ込み	◎伏せ込み準備	・伏せ込み床に電熱線を3.3㎡当たり約130〜150W設置する
	・ビニールハウス内に伏せ込み床を設置	・伏せ込み床は幅150〜180cm，深さ20cmで設置する（半地下） ・根株は付着した泥をよく落とし，休眠打破のためジベレリン処理を行なう
	◎伏せ込み	・伏せ込みの際，根株の芽の高さを揃えて並べる ・横に1列根株を並べたら目土を入れる
	・十分な灌水	・芽の上からも目土を入れ灌水とともに隙間に流し入れる
	・モミガラの充填による軟白部の確保	・表面が乾いたら1回目のモミガラを10cmの厚さに敷く ・3〜5日後に芽が伸長を始めたら2回目のモミガラを入れ30cmとなるようにモミガラを投入する
伏せ込み床の管理	◎伏せ込み床の管理 ・電熱線による温度管理 ・灌水	・芽付近の温度を発芽まで17〜18℃程度に管理する ・発芽後は15〜17℃を目安に管理する ・呼吸により温度が上昇するので最初に温度を上げすぎない ・伏せ込み床の上にトンネル状に支柱を設置し，ビニールや保温シートで保温する
	◎緑化 ・強光に当てないよう注意	・収穫10日前頃から日中弱い光に当てモミガラから出た部分を緑化する
収穫	◎適期収穫	・加温開始後約35〜40日で収穫の長さになるので，石づき（茎基部のはかま）をつけて収穫する

施肥量は10ａ当たり窒素10kg、リン酸20～30kg、カリ20～30kgが目安となる（表４）。なお、栃木県施肥基準では、窒素12kg、リン酸20kg、カリ14kgとなっている。堆肥の投入がある場合は、堆肥で施用される有効肥料成分量を元肥の成分量から減肥する。

萎凋病の発生が心配な場合は、輪作をする。

また、伏せ込み床が病害で汚染されている場合は、伏せ込み床を移すか、土壌消毒を行ない殺菌する。

表４　施肥例　（単位：kg/10a）

	肥料名	施肥量	成分量		
			窒素	リン酸	カリ
元肥	完熟堆肥	2,000			
	苦土石灰	80			
	熔成燐肥（0-20-0）	100		20	
	CDU たまご化成（15-15-15）	50	7.5	7.5	7.5
	硫酸加里（0-0-50）	30			15
追肥	BBNK606号化成（16-0-16）	15	2.4		2.4
施肥成分量			9.9	27.5	24.9

②植付けのやり方

通常、栽培初年度は、増殖のため出荷できないことが多い。また、翌年の種株確保のために前年養成した根株の一部を伏せ込まず種株として残しておくので10ａ当たり根株で約

図３　種株の株分けの方法

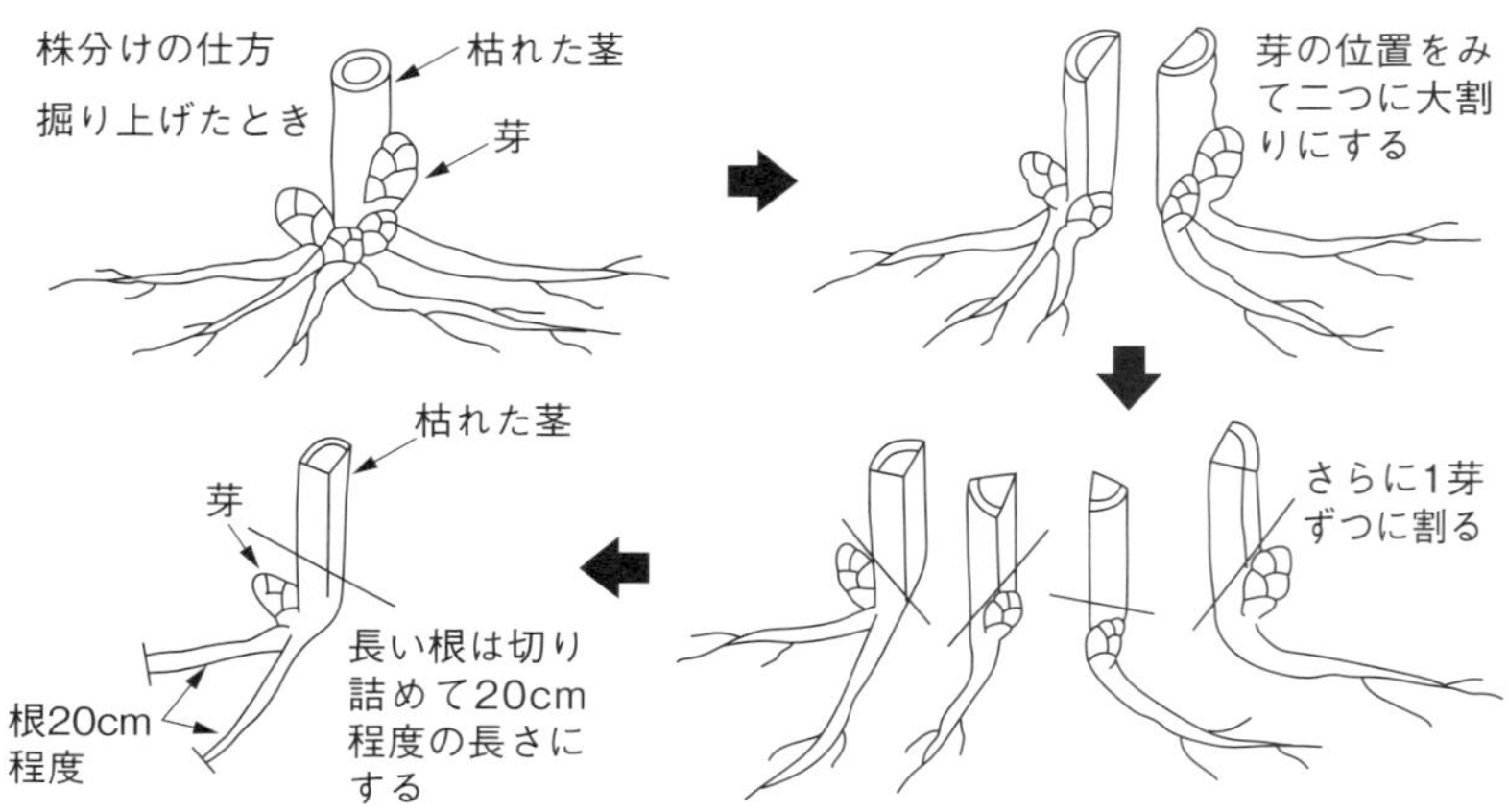

図４　切り分けた種株

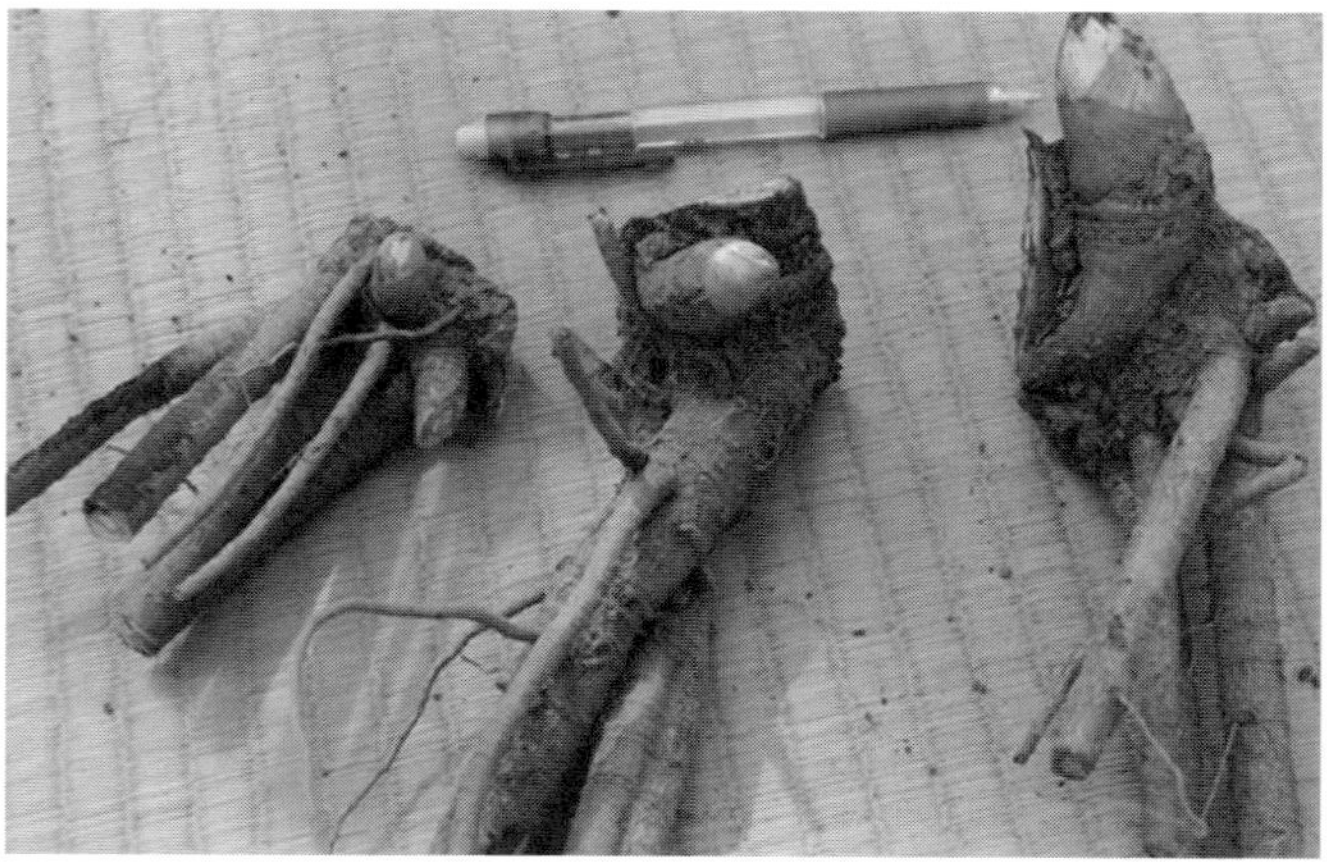
細い根の場合

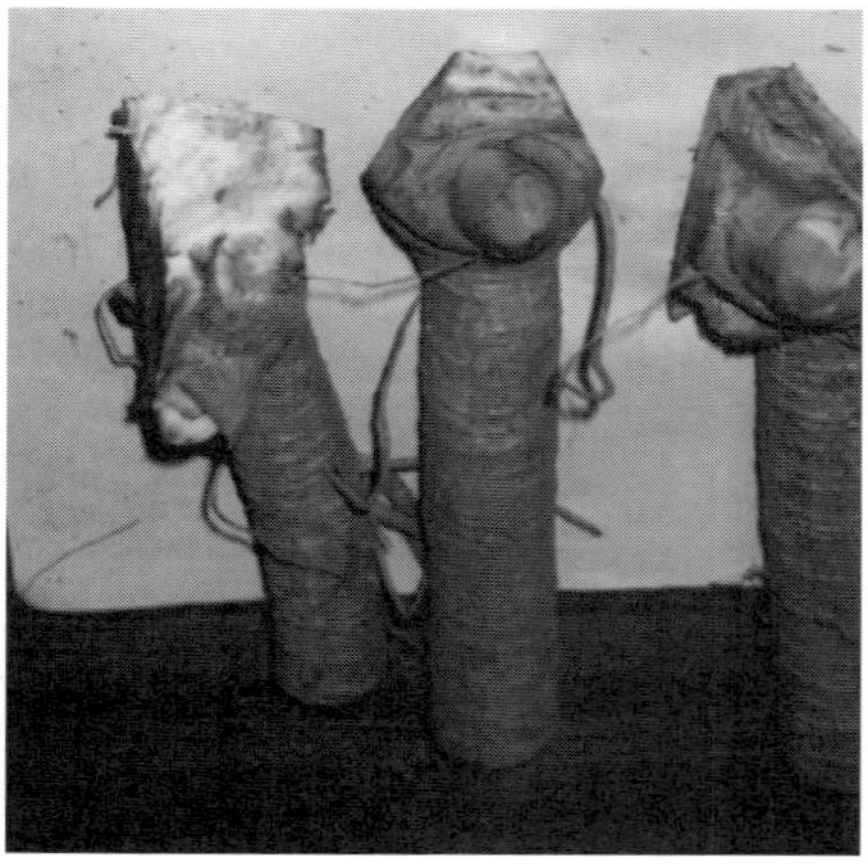
太い根の場合

300～400株必要である。

種株は、大きな芽が3～4芽程度付いた充実した優良株を選ぶ。

その根株を1芽ずつに押切りなどを使って切り分け、1芽に約10～15cmの長さの太根を1本つけ100g以上に調整する（図3、4）。芽が大きいほど根株が充実するので、できるだけ大きな芽を選ぶ。小さい芽を使用する場合は20cm程度の太根を付け、150～200g程度に調整する。

図5　植付け後の萌芽

植付けまでに2週間以上期間があるときは、種株を乾燥させないように傷口が乾いてからネットなどに入れ、病害虫の心配のない場所に仮り伏せする。

植付けは、栽培する地域で萌芽時に晩霜害を受けない時期（3月中旬～5月中下旬）を選ぶ。ウネ間120～130cm、株間60～70cmとし、管理機などで約10cmの深さの植付け溝をつくる。その溝に、芽が上を向くよう種株を置き、すぐに5cm程度覆土する。通常、植え付けるときにウネはつくらず、中耕・培土時にかまぼこ形の高ウネに成型する。湿害が懸念される圃場は、初めから高ウネにして植え付ける。初期生育を確保したい場合は、保温のため黒マルチで被覆する。

萎凋病対策として土壌消毒を行なう場合、高ウネに成型してマルチ展張後、マルチウネ内に薬剤を処理し、ガスが抜けてからポリマルチに穴をあけながら植え付ける。

どちらの方法とも栽植密度は10a当たり1100～1400株が基準で、必ずガスが抜けたことを確認してから植え付ける。

③植付け後の管理

葉色・草勢をみながら必要に応じて5月下旬から6月中旬までに追肥を行なう。2回目の追肥を行なう場合は8月上旬までに行なう（図5）。

10a当たり窒素とカリを成分で2～3kg施用する。追肥と同時に、除草や倒伏防止対策を兼ねて培土を行なう。このとき、培土量が多いと芽の着生位置が高く（登り芽）なり、伏せ込み時に軟白部の長さが揃わなくなるので培土量に注意する。

倒伏防止や受光態勢をよくするため、草丈約75～80cmで摘心を行なう。倒伏や地上部に障害を受けると芽が萌芽してしまう

図6　掘取り時の根株

ので注意する。

茎葉が霜などの低温で完全に枯れたら、地上部を刈払機などで20〜30cm残して刈り取り、地上部を取り除いた後、根株を掘取機で掘り上げる（図6）。掘り取った株は、早急に霜の当たらない場所に運搬し、シートやコモなどで覆い、寒さ除けを行なう。

図7　伏せ込み床のつくり方

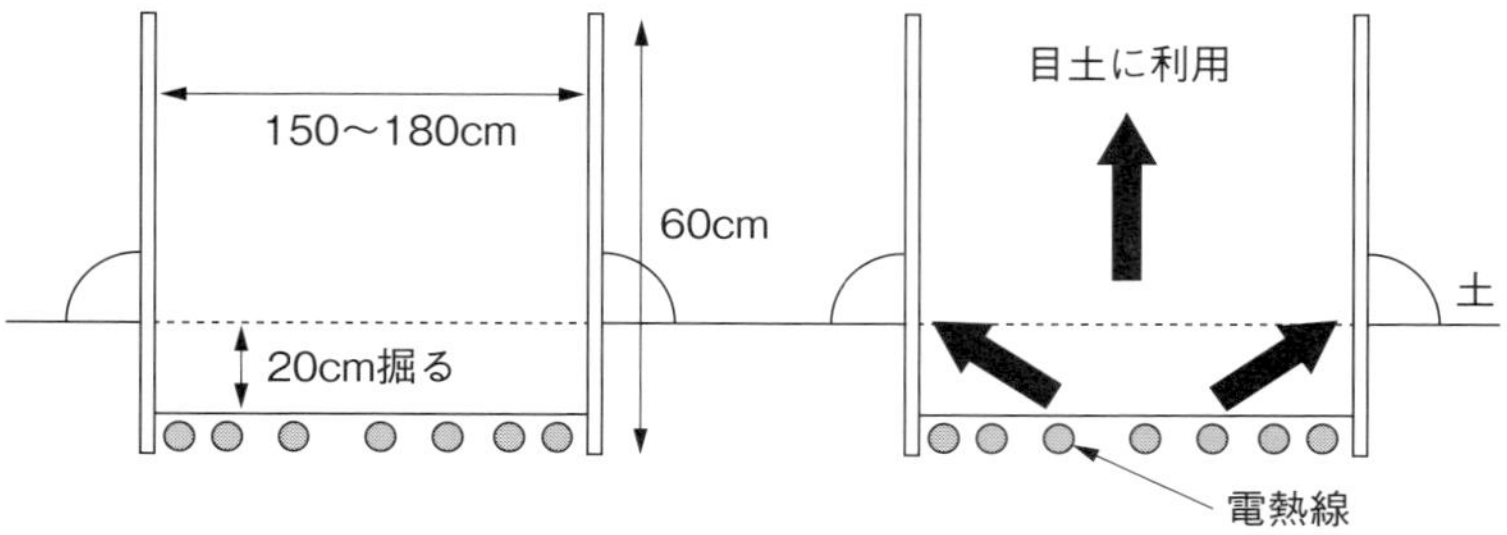

図8　電熱線の張り方

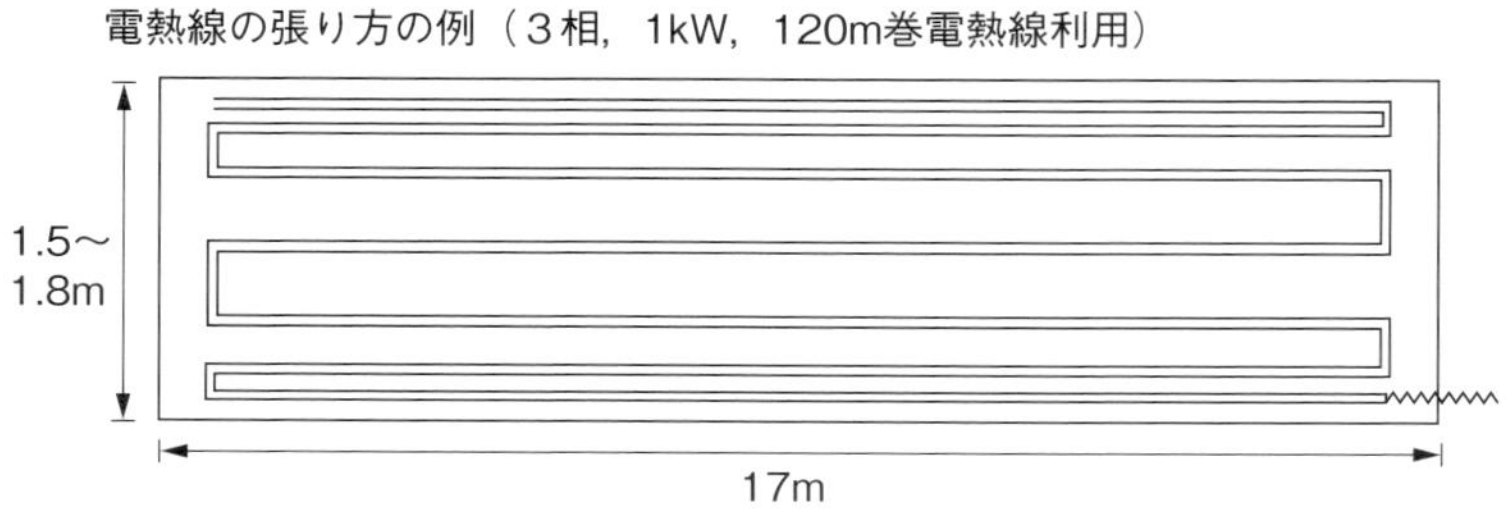

図9　ハウス内の設置イメージ

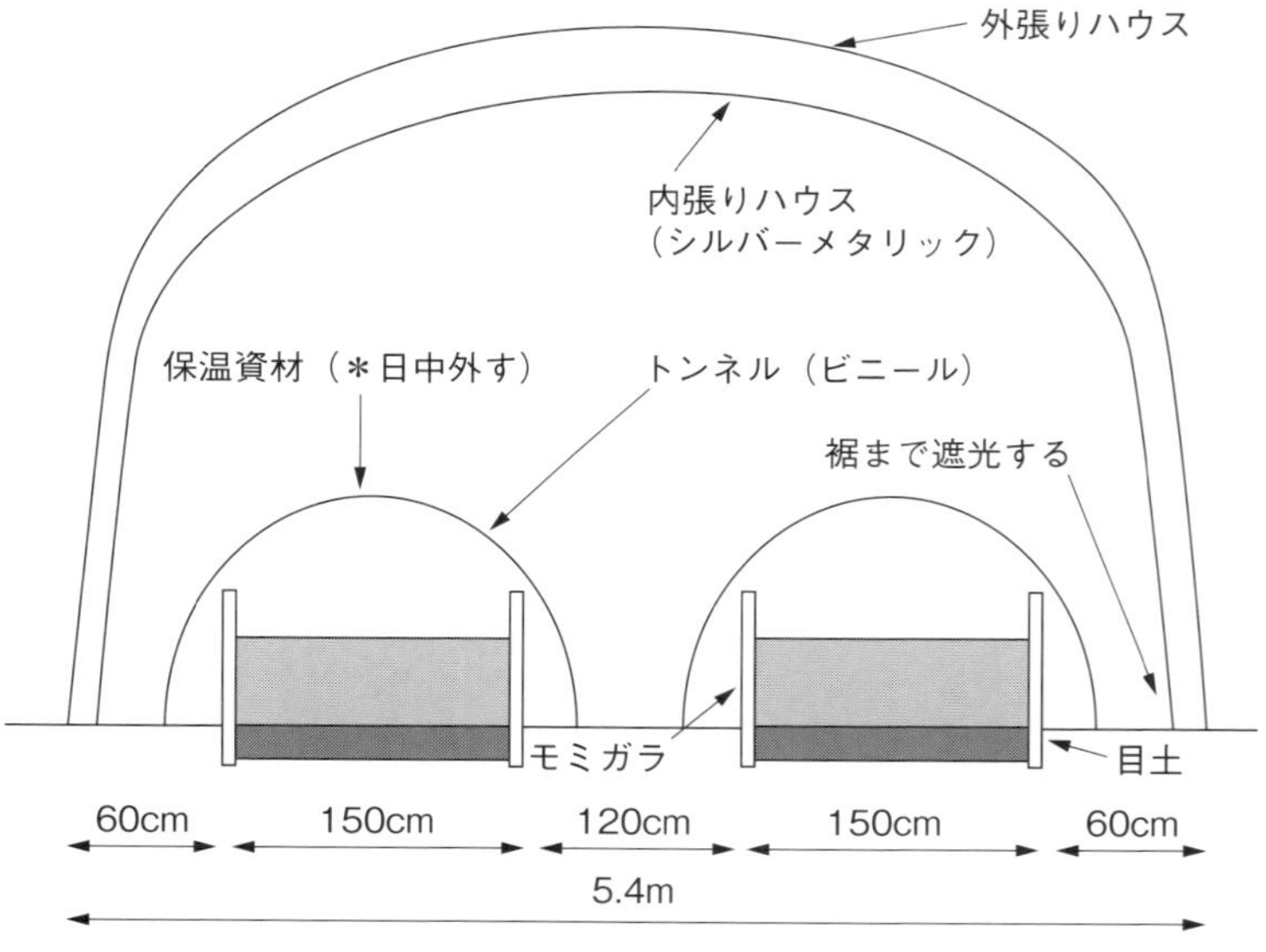

(3) 促成栽培の手順

① 根株の伏せ込み

伏せ込み床をビニールハウス内につくる（図7〜9）。10a分の根株を伏せ込むのに伏せ込み床は50〜60㎡必要である。

春ウド系の休眠打破には、品種による違いはあるが5℃以下の低温に300時間以上遭遇させる必要がある。なお、年内出荷（12月）など、ウドが休眠から覚醒していない時期に伏せ込み加温する場合は、休眠打破のためジベレリン処理（表5）が必要である。

伏せ込む時、根株の根が広がらないように根を絞り、芽の高さが揃うように横一列に並べる。一列終わったら目土を入れる（図10）。全て並べ終わったら芽の上に土をかけ、灌水によって土を根株の中まで十分流し込む。最終的には石づき（茎基部のはかま）の下まで目土を補充する。灌水量は100株で150〜200ℓが標準だが、土壌条件によって加減する（図11）。土壌表面が軽く乾いてきたら、軟白資材としてモミガラなどを厚さ10cmとなるよう投入し、芽が伸長し始めたら2回目を投入し約30cmにする（図12）。

図10　根株の伏せ込み方

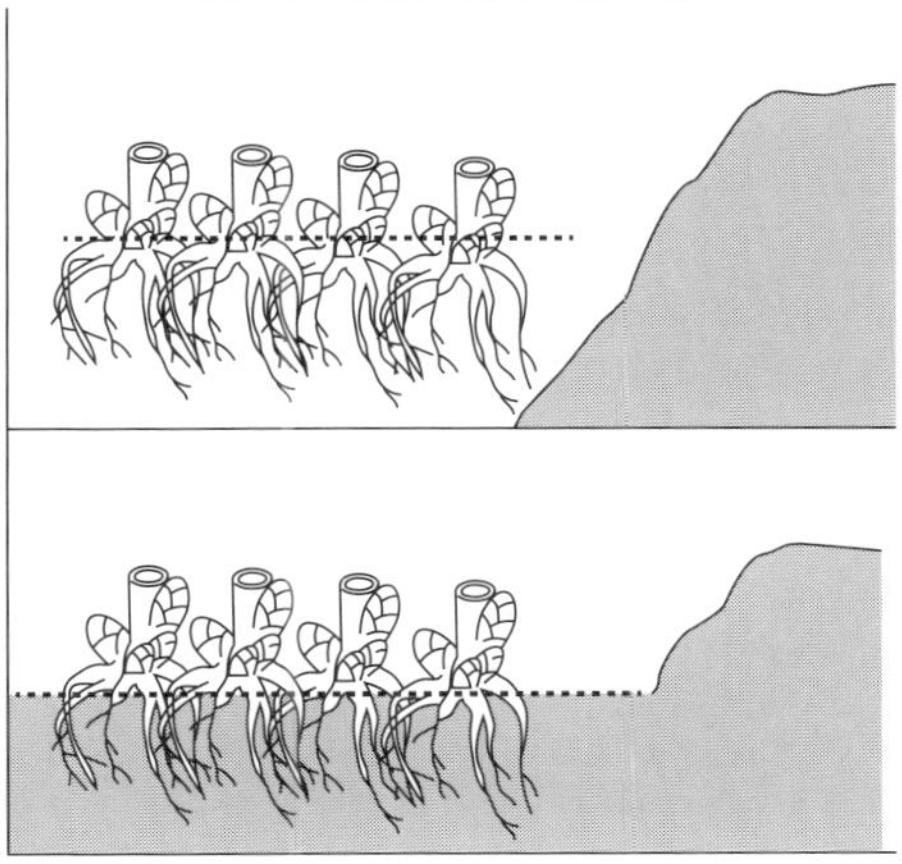

表5　ジベレリン処理基準

処理時期	処理方法	濃度
休眠明け前の伏せ込み	根株浸漬処理	50〜100ppm
休眠明け以降の伏せ込み	根株散布処理	50ppm
12〜1月	根株散布処理	50ppm
2月以降	基本的に処理の必要なし	

注1）ジベレリン処理する場合は，根株の土砂を十分落としてから処理する
注2）処理後シートなどで覆い1〜2日放置する
注3）十分な低温に遭遇していればジベレリン処理の必要はない
注4）農薬登録状況は2022年5月31日時点

図11　根株を伏せ込んだ伏せ込み床（左：灌水前，右：灌水後）

図12　モミガラ投入のやり方

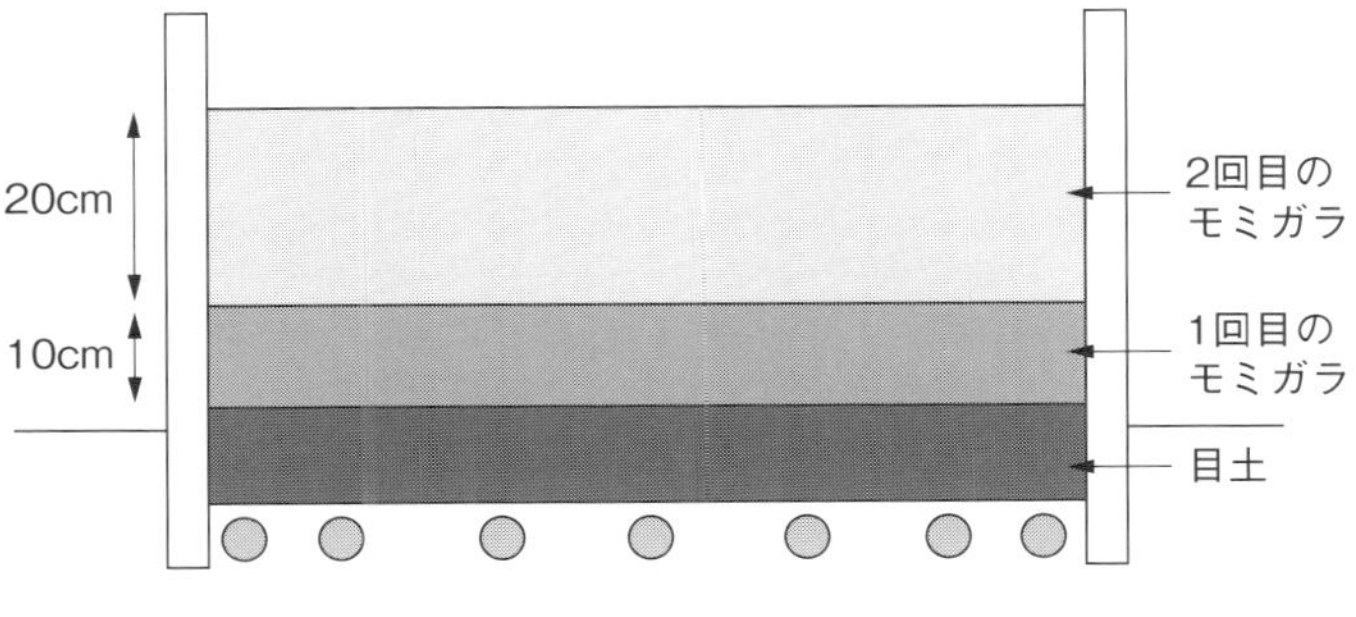

②伏せ込み床の管理

伏せ込み床管理のポイントは温度管理である。電熱線を使用し、芽付近の温度を発芽までは17〜18℃、発芽後は15〜17℃にサーモスタットで管理する。

温度が上昇し始め15℃になったら電熱線による保温をやめる。温度が下がってきたら再度電熱線に通電する。通常、ウドの呼吸により温度は徐々に上昇を続けるため、温度の上がりすぎに注意が必要である。

③収穫

加温後約35〜40日で草丈40〜45cmになったら収穫する（図13）。

芽の先がモミガラから出てくる収穫10日前ころからトンネル資材を日中約5〜6時間開放し、萌芽部分に光を当て緑化させる。このとき光が強いとヤケが発生するので注意する。

収穫は、モミガラを

図13　収穫期の緑化ウド（促成栽培）

かき分けて株元に収穫器具を入れ、石づきをつけて収穫する。このとき頭や石づきを持って収穫し、付着した土やモミガラを払い落とす。収穫時にウドの軟白部（産毛）を傷つけないように注意する。収穫したら、出荷形態・規格に合わせて直接箱詰めするか、鮮度保持のためにＦＧフィルムなどの袋に入れてから箱に詰める。

(4) 普通栽培、露地栽培のポイント

図14　普通栽培の緑化ウド

普通栽培は、電熱線による保温や休眠覚醒のためのジベレリン処理を行なわない作型である。3月上旬～4月上旬に根株を掘り上げ、すぐにビニールハウス内に伏せ込み、通常の露地栽培と同じ4月上旬～5月上旬に収穫する（図14）。

普通栽培では、ハウスの天井ビニール上に遮光資材を被覆し、萌芽後のトンネル資材の開放時間を早め、高温障害による腐敗や品質低下を防ぐ。

露地栽培は、ビニールハウスを使用せず、露地圃場の養成株に盛土するだけの簡易な方法である。

露地栽培では、凍霜害を受けることがあるため、被害が予想される時期にはベタがけ資材などを被覆し、保温する必要がある。

4 病害虫防除

根株養成畑では、萎凋病、黒斑病などの病気、センノカミキリ、ヒメシロコブゾウムシ、アブラムシ類などの害虫が発生する（表6）。

とくに萎凋病は一度発生すると防除が困難な土壌病害である。この病原菌はバーティシリウム菌で、種株伝染や土壌伝染をする。発生株（茎葉が黄化し、導管が褐変している株）は、見つけ次第抜き取り、嫌気的発酵処理（袋に入れて空気を抜き密封して日に当てる）や地中深くに埋却する。なお、一度萎凋病が発病した圃場では、数年水稲を作付けするか土壌消毒を行なってからウドを作付けする。

また、トラクターの車輪など農機具に付着して病原菌を拡散させないようよく洗浄してから次の圃場の作業を行なう。

表6　病害虫防除の方法

	病害虫名	症状	防除法
病気	萎凋病	・発病下位葉の葉脈間がまだらに淡黄色に変色し，発病葉の縁は上側に軽く巻く。病勢が進むと葉身全体が黄変し，葉柄の一部に長いすじ状の黄変が生じ，末期には茎にも黄色ないし褐色の条斑が生じ，最後は全体が枯れる ・地上部が枯死すると，地下部の芽は秋のうちに発芽する	・土壌消毒を実施し，萎凋病の発生した圃場の根株を種株にしない ・発病株は抜き取り，圃場外に搬出して，焼却などの処理を行なう ・多犯性の病原菌で数百種類の植物に寄生するため，前年に野菜を作付けした圃場は避ける ・前年発生した圃場は水田に戻し，3年以上ウドを作付けしない ・水稲やイネ科の飼料作物と輪作する
	萎黄病	・株養成圃場で，梅雨明け後から下葉が黄変し，次第に上葉に及び，株全体がわい小となり，早期に地上部が枯死する ・地下部は根の形成が不良となり，根の表面に大小の亀裂を生じる。切ると，茎や根の導管部が褐変している	・露地ナスの後作にウドを作付けしない
	菌核病	・根株養成畑で，4月下旬から6月上旬に発生する ・発病株は，萌芽時期に不発芽になり，生育期では発芽後に茎が地下部から軟腐して倒伏する ・発病部は白いカビが発生して腐り，後にネズミ糞状の菌核を形成する	・土壌，被害残渣，種株で伝染するため，病気の発生のない圃場から種株を採取する ・健全な種株を株養成に用いる ・発病株は抜き取り，圃場外に搬出して処分する
	白絹病	・養成畑では夏から秋に発生し，発病株はしだいに樹勢が衰えて，地上部は早期に枯死する ・発病株の地際を見ると，白い糸くず状の菌糸があり，粟粒状の菌核が多数確認できる	・病気の発生した圃場の根株を種株にしない ・発病株は抜き取り，圃場外に搬出し，適正に処分する ・前年発生した圃場は水田にし，3年以上ウドを作付けしない
	黒斑病	・葉にはじめ1～2mmの水浸状の小斑点が現れ，中央部から褐変しながら拡大し，褐色ないし暗褐色で周辺が濃い，径2～4cmの不整円形の病斑を作る。病斑が融合すると葉の全面が枯れるほどの大型病斑になる ・病斑には輪紋が見えることもある ・5～6月ころ，下位葉から発生し上位葉に伝染する ・夏までは下位葉の発病が激しく，初秋以降上位葉に広がり，ほとんどの葉が枯死する	・早い時期から予防のための薬散を心がける ・激発圃場では5月下旬から防除を行なう。多発してからでは効果が期待できないため，発病前～発病初期に薬剤散布する ・中耕培土など管理作業の後などに防除する ・南北ウネにし，ウネ間を広くして風通しをよくする ・掘り取り時に，残渣を集めて適切に処分する。圃場へのすき込みは行なわない
害虫	アブラムシ類	・葉が縮れ，光合成能力が著しく低下する	・薬剤による防除
	センノカミキリ	・6～7月に発生し10月頃くらいまで食害が見られる。周囲に山林がある圃場で発生しやすい ・1匹の成虫が多数の株に産卵するため被害が大きい	・成虫の捕殺 ・薬剤による防除
	ヒメシロコブゾウムシ	・6～7月に発生し11月頃くらいまで食害が見られる。周囲に山林がある圃場で発生しやすい ・1匹の成虫が多数の株に産卵するため被害が大きい	・成虫の捕殺
	ヨトウムシ類	・伏せ込み後のウドを食害する	・伏せ込み床のハウスで，晩秋まで野菜を作付けしない ・伏せ込みハウス周辺の野菜は早めに片づける

表7　緑化ウドの促成栽培の経営指標

項目		
粗収益	出荷量（kg/10a）	948
	単価（円 /kg）	486
	粗収入（円 /10a）	460,750
経営費	種苗費　（円 /10a）	0
	肥料費	14,148
	農業薬剤費	6,490
	小農具費	1,860
	農機具など修繕費	13,078
	諸材料費	4,000
	公課諸負担・物件税	12,358
	光熱動力費	6,464
	出荷資材費	79,806
	支払労賃	2,975
	減価償却	130,782
	小計（円 /10a）	271,961
所得（円 /10a）		188,789
所得率（%）		41.0
労働時間（時間 /10a）		177.8
1時間当たり所得（円）		1,062

注）2年目以降の指標。初年度種株購入時に30～60万円程度必要となる

伏せ込み中に発生する病害としては菌核病がある。この病害は、はじめ茎葉に水浸状の茶色の病斑を生じ、しだいに進展して株全体が腐り、菌糸塊やネズミ糞状の菌核を形成するのが特徴である。対策として無病な種株を確保し、伏せ込み時に根株に発病がみられないか確認し、罹病株や疑わしい株を伏せ込み床に持込まないことが重要である。

5 経営的特徴

一般的にウドの種株は高価で、栽培1年目の種株購入時に多くの経費がかかる。また、導入1年目は株養成のみとなるため、赤字となることが多い。

栽培面積の維持には、根株養成畑面積の約3分の1から4分の1の種株を確保しておく必要がある。

初年度は株養成のため収入はなく、2年目は所得率約30%と低めとなるが、一度導入して増殖すれば、その後親株を購入する必要がなく、栽培面積の拡大が終われば所得率は50%程度となる（表7）。

ウドは、他の作物が栽培しにくい冬季に収入を得られる。冬期の労力活用の面から、夏秋野菜産地や水田地帯など土地利用型経営に導入するのに好適な野菜である。

販売時の問題点として、直売所では、光や店内の照明にあたると表面が緑色化してしまうため、棚持ちが悪いことがあげられる。ウドの購入者層は、小売店、直売所ともに高齢者が多く、若年層はウドの調理方法を知らず、食経験も少ないため、若年層への消費拡大のPRが必要と考えられる。

（執筆：印南　毅）

軟化ウドの栽培

1 この作型の特徴と導入

(1) 作型の特徴と導入の注意点

①ウドの生理的な特徴と適地

土の中にある根株の芽が動き始めるのは平均気温8℃前後の時期で、南関東の平坦地では3月中下旬にあたる。萌芽が始まるのが気温14～16℃で、4月下旬～5月上旬であり、25℃前後（7～8月ころ）まで温度の上昇とともに旺盛な生育をする。なお、年平均気温が10℃、8月の平均気温が22～23℃の標高700～1000mの高冷地でも優れた根株

図15　軟化ウドの根株養成　栽培暦例

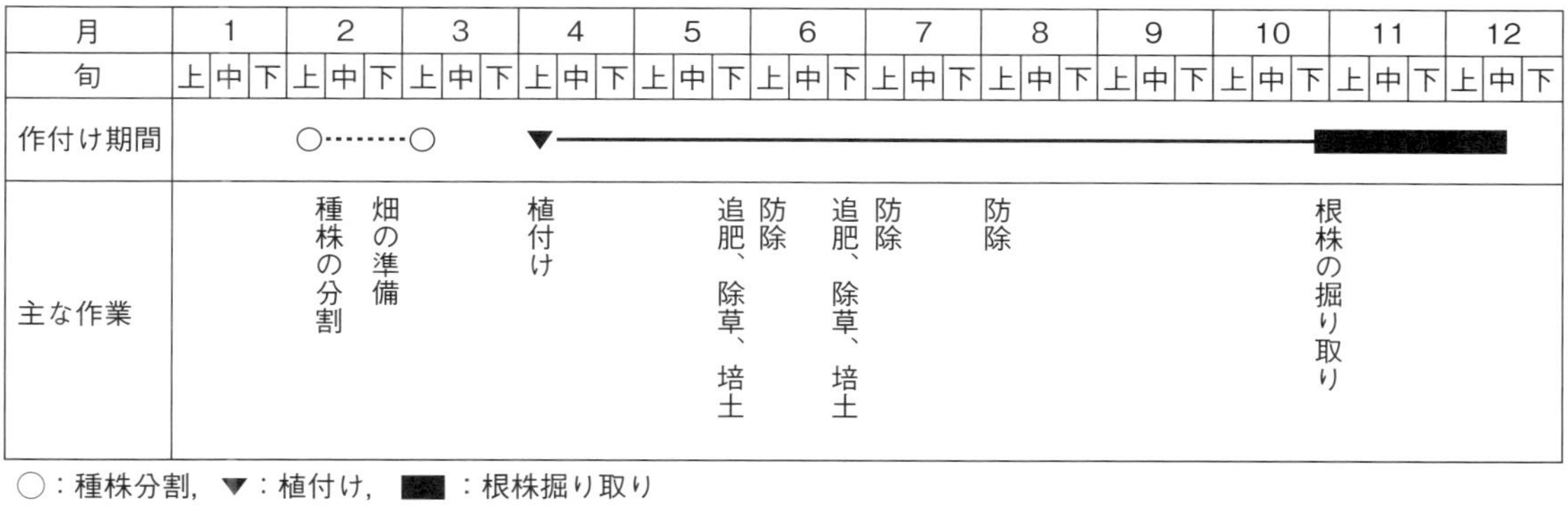

図16　軟化ウドの普通栽培　栽培暦例

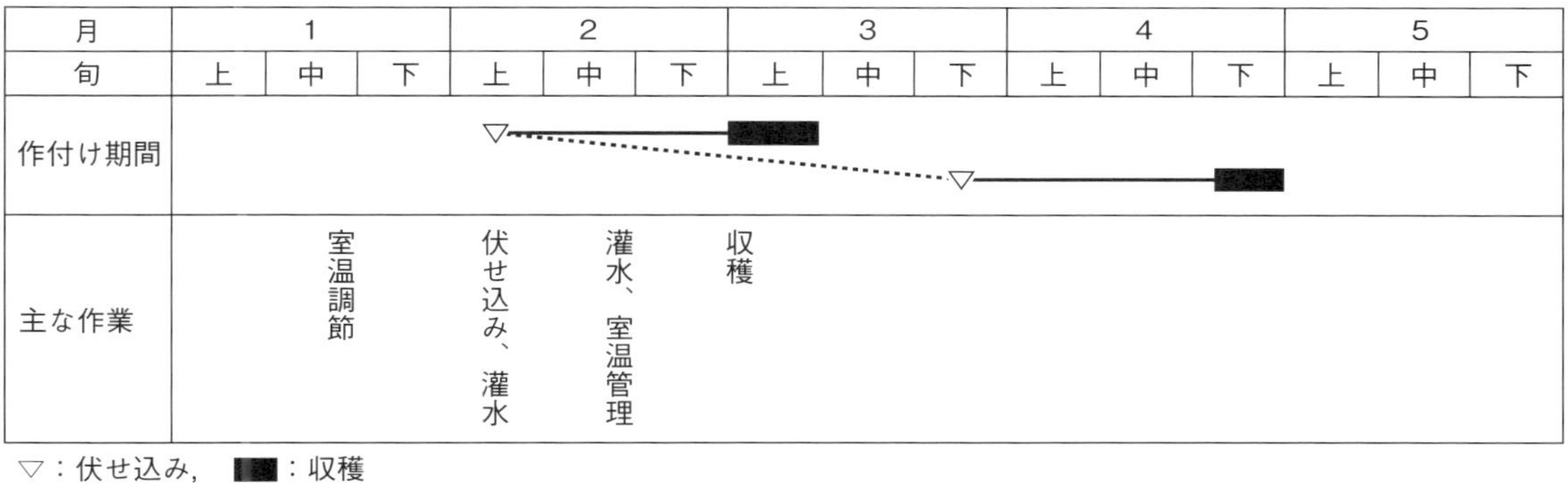

が養成できることから、生育適温の幅は比較的広いと考えられる。

一方、乾燥には弱く、降雨量の少ない年には、灌水の効果が高い。

根株の栽培地は、耕土が深く、夏季でも保水力のあるpH6～6.5の微酸性で肥沃な土壌が望ましい。砂壌土や壌土が適するが、乾燥しがちな砂土や土層の浅い粘質土は適さない。

②軟化ウド栽培の特徴

ウドの生産は、根株養成と軟化の2行程からなる。根株養成は、種株を植え付ける春から、降霜で地上部が枯死する晩秋まで、ほぼ半年間にわたって栽培する。一方、軟化栽培は、養成した根株を暗黒の室（ムロ）で萌芽、伸張させ、軟白させた茎を収穫する。

根株の養成には、地域によって管理作業の時期に多少の違いはあるが、作型の分化はない。軟化栽培では、栽培技術が進歩するとともに作期拡大が図られ、まず収穫期を早める促成作型が、次いで時期を遅らせて軟化する抑制作型が分化してきた。

③導入の注意点

根株養成では、連作による病害虫（萎凋病や菌核病、センノカミキリなど）の被害が大きな問題になる。また軟化栽培では、品質のよいウドを生産するための管理がポイントになる。なお、良品生産は品種の特性に大きく影響されるので、産地で栽培しやすく、出荷先の消費嗜好に合う品種の導入が重要になる。

経営的にみると根株養成は、広い圃場が必要で、経営面積が狭い都市地域では有利な品目といえない。一方、軟化栽培は、それほど広い面積を必要としない室があればよく、また鮮度が品質の大きな要素であることや、業務用の消費が比較的多いことなどの理由で都市地域に向く品目といえる。こうした特徴を持つため、根株養成を地方に委託し、都市地域では軟化栽培に経営を特化する工夫も行なわれている。

(2) 他の野菜・作物との組合せ方

軟化ウドの根株養成での主な作業は、種株の植え付け、除草、中耕、追肥、掘り取りなどであり、このうち植え付けと掘り取り以外の作業は、ある程度時期を融通でき労力もそれほど要しない。そこで、ウドの植え付けが終了してから掘り取りまでの期間に栽培が終了し、植え付けと掘り取りの時期に労力が競合しない作物となら組み合わせることが可能である。作付け規模にもよるが、ウドは多くの種類の農作物と組み合わせることができる。

2 栽培のおさえどころ

(1) どこで失敗しやすいか

充実した根株の養成には、茎葉の過繁茂を促すような多肥を避けるようにする。また、乾燥に比較的弱いので、降雨の少ない乾燥した年には灌水を行なう。掘り取り直前に強風の被害などで茎が折れると、芽が動いて、軟化根株に使えなくなるので注意する。

(2) おいしく安全につくるためのポイント

おいしいウドをつくるためには、軟化室に根株を伏せ込んでから収穫するまでの期間として約30〜35日を要する（伏せ込み＝室の中に根株を植え付けること）。これより短くても長くても、おいしいウドは得られない。芽を素直に伸長させることで、軟らかでみずみずしく香りの高い良品質のウドを収穫できる。

(3) 品種の選び方

現在都内で栽培されている主な品種は、'紫'と'都'である。'紫'は昭和10〜20年代に愛知県から都内に導入された'愛知紫'から選抜したもので、品質が優れ収穫数が多いなど、経済性に優れている。'都'は東京都農業試験場（現・東京都農林総合研究センター）が昭和58年に選抜した品種で、比較的休眠が浅く、促成から抑制まで高品質で太いサイズの軟化ウドを生産できる。

3 栽培の手順

(1) 根株の養成

安定した収量で品質のよい軟化ウドを生産するには、まず充実した健全な根株を養成することが必要となる。

①根株の繁殖方法と準備

ウドの根株の繁殖方法には「株分け法」「挿し木法」「実生法」などがあるが、一般的

表8　軟化ウドの根株養成のポイント

	技術目標とポイント	技術内容
植え付け準備	◎圃場の準備 ・圃場の選定 ・土づくり ◎施肥基準	 ・萎凋病，萎黄病を防ぐために連作を避ける ・肥沃で乾燥害・湿害の出ない清潔な圃場を選定する ・完熟堆肥を2t/10a施用する ・石灰を施用する（pH6〜6.5が目標） ・リン酸は全量元肥で，窒素，カリは半量を元肥，残りを追肥で2回に分施する ・窒素の多用は過繁茂を招き，根株の充実を損なうので注意する ・追肥は，中耕・培土・除草を兼ねて行なう。遅れると茎葉が繁茂して作業が困難になる
根株の準備	◎充実した根株の準備 ・種株用根株の選定 ・分割方法	 ・充実した芽がついた無病の根株を用いる ・1芽に根が1本つくように分割し，根を15〜20cmの長さに切って整える
植え付け	◎適正な植え付け ・栽植距離 ・植え付け時期 ・植え付け方法	 ・ウネ幅1〜1.5m，株間50〜60cm（1,100〜2,000株/10a） ・南関東地域では4月上旬〜5月上旬が植え付け適期 ・深さ15〜20cm程度の溝を掘り，株間を決めておき，その中に種株の芽が上を向くように植え付ける ・植え付けが終わったら，溝に土を戻し，覆土する
植え付け後の管理	◎欠株の補植 ◎雑草防除 ◎追肥 ◎培土 ◎病害虫防除	・萌芽しない根株や害虫の被害による欠株部分に早期に補植する ・本葉2〜3枚までの生育はゆっくりで，雑草による悪影響が大きい。生育初期の除草が効果的 ・過繁茂では根株の充実が劣る傾向にあるから，生育の様子をみて追肥の量を調整する（根株の充実を考えると7月上旬までに終える） ・培土は軽く，除草追肥とあわせて，2回行なう ・病害虫の早期発見，早期防除を心がける
根株の掘り取り	◎地上部の刈り取り ◎根切り ◎根株の掘り取り ◎根株の仮埋めによる貯蔵	・降霜後，地上部が枯れたら茎を地際から10cm残して植木鋏などで刈り取る（残った茎が，根株を取り扱うとき芽の損傷を防ぐ） ・トラクターでU字刃を牽引して根を切った後に掘り起こす ・鍬などでていねいに芽を傷めないように掘り取る ・圃場の隅に溝（深さ30〜40cm，幅1m）を掘り，根株を入れ厚く覆土して貯蔵する

には「株分け法」が行なわれている。

株分け法では，まず根株の株分け（分割）を行なう。根株には1株に大小合わせて7〜10芽がついているが，種株用に株を分割するさいには中〜大芽の1芽と長さ15〜20cmの根が1本つくようにする。株分け作業は，前年収穫して畑に仮埋めしておいた根株を取り出してきて，植え付け前の2〜3月ころに行なう。株分け後の種株は，乾燥しないようにポリフィルムに包んで，凍らないようにできるだけ低温で定植直前まで貯蔵する。

②圃場の準備と施肥

定植は4月上旬〜5月上旬ころに行なう。春先に，堆肥を10a当たり2000kgと石灰（圃場によって加減する）を施用しておく。植え付けの2週間ほど前に元肥を施用して耕うんし，圃場を整える。

元肥の施用量は土質や気候により異なるが，10a当たり成分量で窒素8kg，リン酸20kg，カリ8kgを目安とする（表9）。

なお，窒素が過剰だと草丈や節間が伸びすぎ過繁茂の状態になり，充実した根株ができない。事前に土壌診断を実施して適量を施用する。

③植え付け方法

栽植距離はウネ幅1～1.5m、株間50～60cmとする。根株の掘り取りにトラクターを使う場合は、それに合わせて条間を決めるようにする。

深さ15～20cm程度の溝を切ってから、種株を溝の中に、芽が上を向くようにして並べる（図17、18、19）。並べ終わったら覆土し、溝が平らになるようにする。

④植え付け後の管理

萌芽後に欠株を見つけたら、早めに補植を行なう。

追肥は中耕、培土、除草をかねて生育前半（南関東では7月上旬）までに2回実施する。遅れると茎葉が過繁茂になり、根株の充実が劣ってしまい、畑に入って作業をすることが困難になる。10a当たり成分量で窒素4kg、カリ4kgを目安とし、畑の肥沃度、気候、生育の状態などをみながら、量を調節する。

⑤根株の掘り取り

根株の掘り取りは、降霜後、地上部が枯れ始めたころ（南関東では10月下旬～12月中旬）に行なう。作業は、茎を地際部から10cm程度残して刈り取り（根株を取り扱う際、残した茎が芽の損傷を防ぐ役割を果たす）、根株を掘り上げる（図20）。U字形の根切り刃をトラクターで牽引して根を切断した後、掘

表9　施肥例（根株養成）

（単位：kg/10a）

	肥料名	施肥量	成分量		
			窒素	リン酸	カリ
元肥	堆肥	2,000			
	苦土石灰	100			
	化成８号[1)]	100	8	8	8
	熔成燐肥	60		12	
追肥１	NK 化成[2)]	57	4		4
追肥２	NK 化成[2)]	57	4		4
施肥成分量			16	20	16

注１）化成８号…８・８・８
注２）有機入りNK配合707…７・０・７，有機72％

図17　萌芽したウドの種株

注）写真提供：東京都農林総合研究センター

図18　ウドの根株養成での植え付け方法

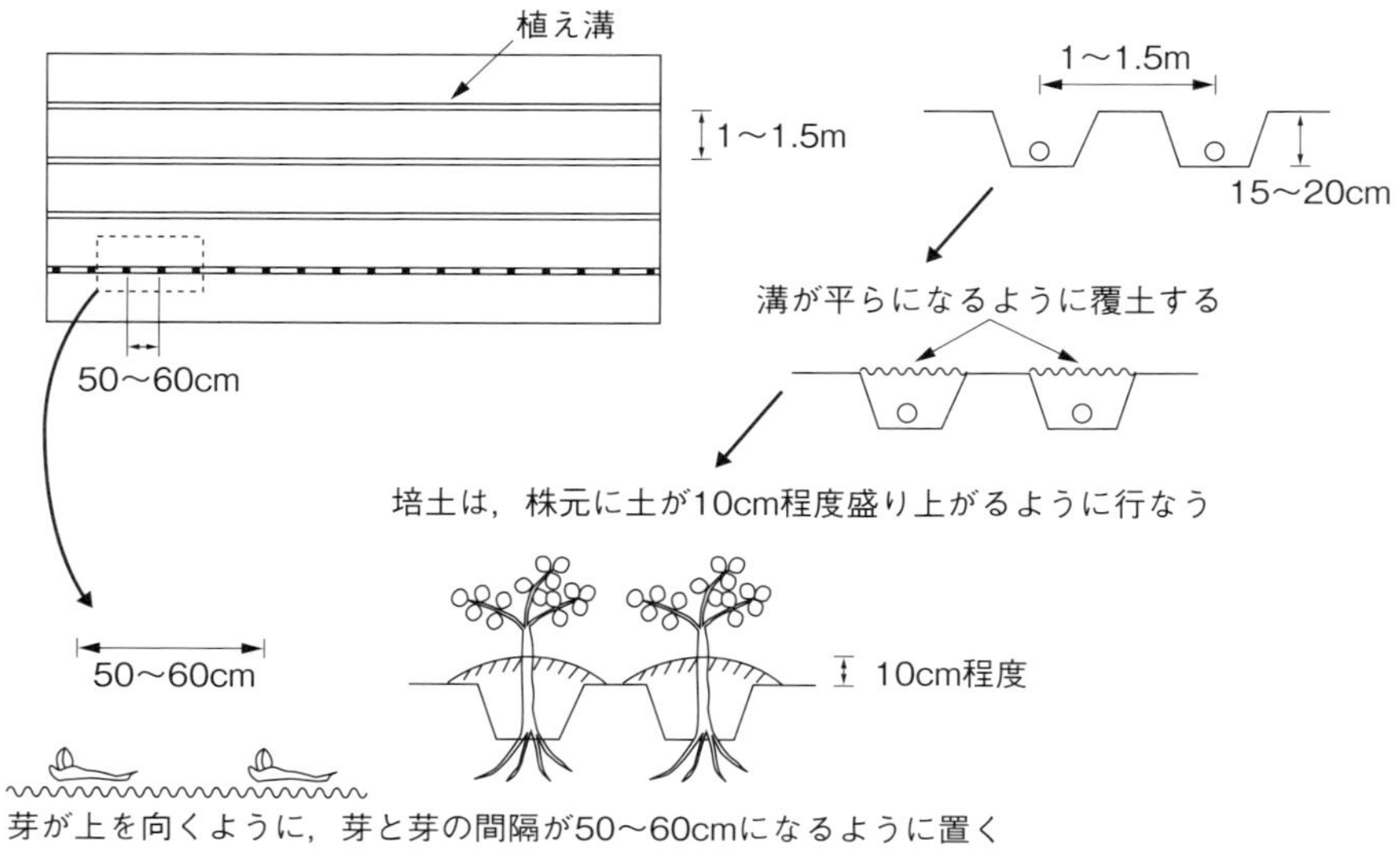

図19　根株養成中のウド

注）写真提供：東京都農林総合研究センター

図20　掘り取ったウドの根株

注）写真提供：東京都農林総合研究センター

表10　軟化栽培のポイント

	技術目標とポイント	技術内容
軟化の準備	◎根株の休眠と打破 ◎目土 ◎根株の調製	・4月以降の伏せ込みでは休眠打破の必要はないが，それ以前では50ppmのジベレリンでスプレーかドブ漬け処理すると萌芽が安定する ・伏せ込んだ根株の隙間に土を詰める。目土には保水と通気性のよい無病の土を準備する ・収穫の際，10cm切り残した茎や形の悪い芽などを切除し，根株を整える
伏せ込み	◎伏せ込み ・目土入れ ・灌水 ◎室温管理 ◎軟化日数	・根株の根をしぼるように直立させ，株と株が密着するように並べる ・芽の高さを揃え，芽が見える程度に目土を入れる ・目土を入れ終わったら灌水し，窪みができた箇所は目土を補いながら整える ・電熱線などで20℃程度の室温を確保する ・軟化日数は伏せ込み後30～35日を目標とし，これより早くても遅くても収量や品質が低下する
軟化中の管理	◎灌水 ◎遮光	・目土が乾かないよう，軟化中に適宜灌水する（伏せ込み後10～20日の茎の伸長が盛んな頃には，大量の水分を必要とする） ・灌水作業時，ウドに光が当たると緑化など品質の低下を招くので，十分に注意する
収穫・出荷	◎収穫 ・適期収穫 ・適正な収穫方法 ◎調製 ◎出荷 ・規格	・伏せ込み後35日前後，草丈80cm，茎の長さ60～70cmを目安に収穫する ・軟化茎の基部の石づきをつけて切り取る（石づきをつけると持ちがよくなる） ・石づきに付着した土などの汚れを落とす ・軟化茎には微小な毛茸が密生しており，接触すると褐変し質を劣化させるので，取り扱いはていねいに行なう ・室から軟化ウドを搬出するさい，日よけの布を掛けるなど直射日光に当てないようにする（緑化させない） ・ダンボール容器に詰めて出荷する。規格は量目4kgで，3Lが6本以内，2Lが7～10本，Lが11～12本，Mが14～16本，Sが17本以上

り上げる方法が一般的に行なわれている。その際、芽をつぶしたり、傷つけたりすると、軟化した後の収量や品質が低下するので十分注意する。

掘り上げた根株は、畑の空いている場所に溝を掘って、株分けするまで仮埋めしておく。寒害を受けないように溝の深さ、覆土の厚さに注意する。

(2) 軟化栽培の手順

① 軟化栽培の作型と伏せ込み時期

晩秋に収穫した根株は、一部を翌年の種株として残し、他は軟化栽培に用いる。

軟化栽培は、促成、普通、抑制の3作型に分化している。

促成軟化は10月下旬～

1月下旬に根株を伏せ込み、11月下旬〜2月下旬に収穫する作型で、ジベレリン処理による根株の休眠打破や加温など高度な技術を必要とする。なお休眠とは、温度などの外界の環境条件が整っても萌芽しない状態で、ウドは9月中旬ころから休眠に入り、10〜12月が最も深く、1月に入ると浅くなっていくと考えられている。

普通軟化は2月上旬〜3月下旬に根株を伏せ込み、3月上旬〜4月下旬に収穫する作型である。この時期には根株の休眠が自然に覚醒するためジベレリン処理が不要である。また気温も上昇するため加温の必要が少ないなど軟化が最も容易に行なえ、品質がよく、収量も多い。

抑制軟化は、4月上旬〜9月下旬に根株を伏せ込み、5月上旬〜10月下旬に収穫する作型である。根株の萌芽を低温で抑えるために大型冷蔵庫が必要であり、設備のない初心者には促成と同様に導入がむずかしい。

② 軟化室の準備

ウドを軟化させるためには、まず軟化室を準備する（図21）。軟化室は、地下室（たて穴や横穴）、または施設内に溝を掘って遮光資材で覆ったものが多い。これ以降は、東京において最も一般的な、地下室を使った方法について紹介する。

温度が低すぎる場合は、伏せ込み前に火力で室温を20℃程度に高めておく。

③ 伏せ込みのやり方

根株を伏せ込むときは、畑から掘り上げた根株の根をしぼるように直立させ、株と株が密着するように並べる。その際、芽の高さを揃えるようにする。列ごとに芽が露出する程

図21　軟化ウド用の軟化室

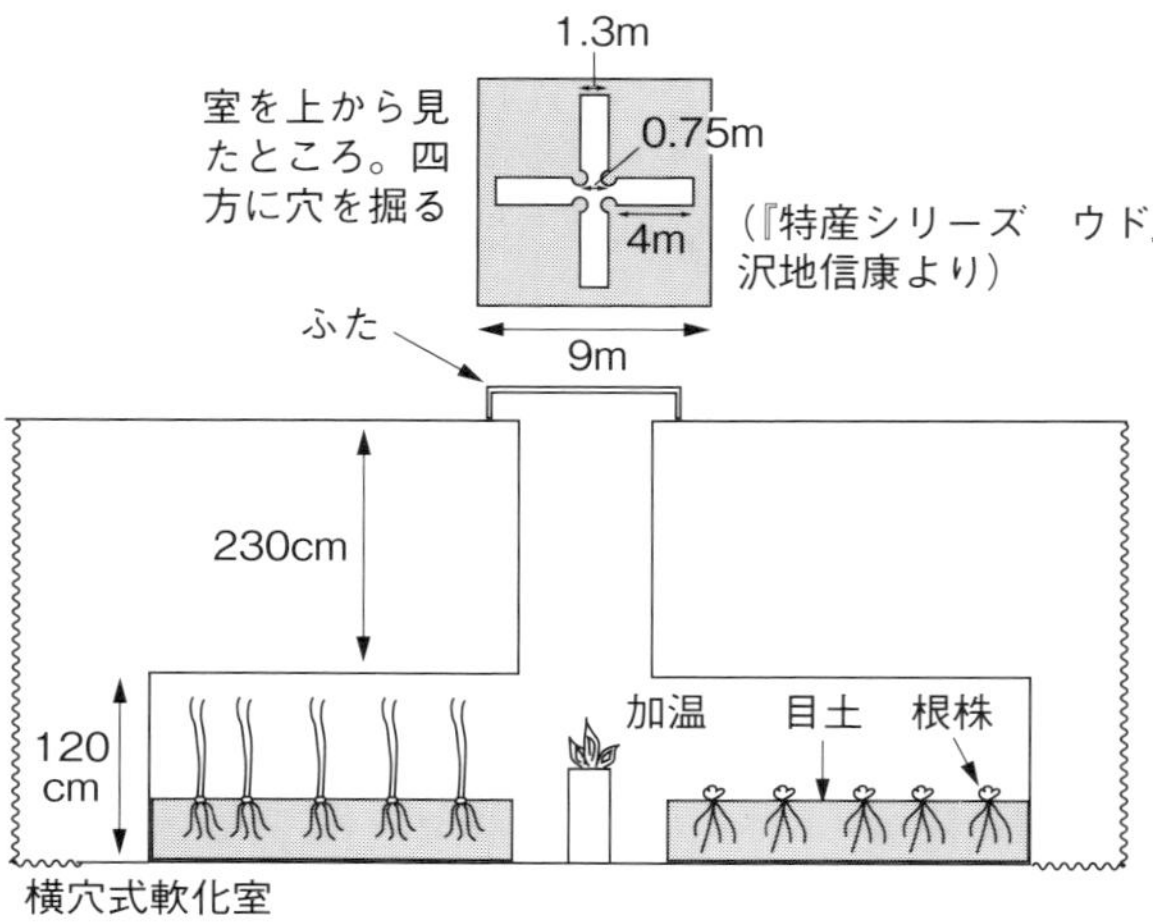

横穴式軟化室

地下水の低い関東ローム層は，1mも掘ると赤土で固く安定しており，崩れることがほとんどない

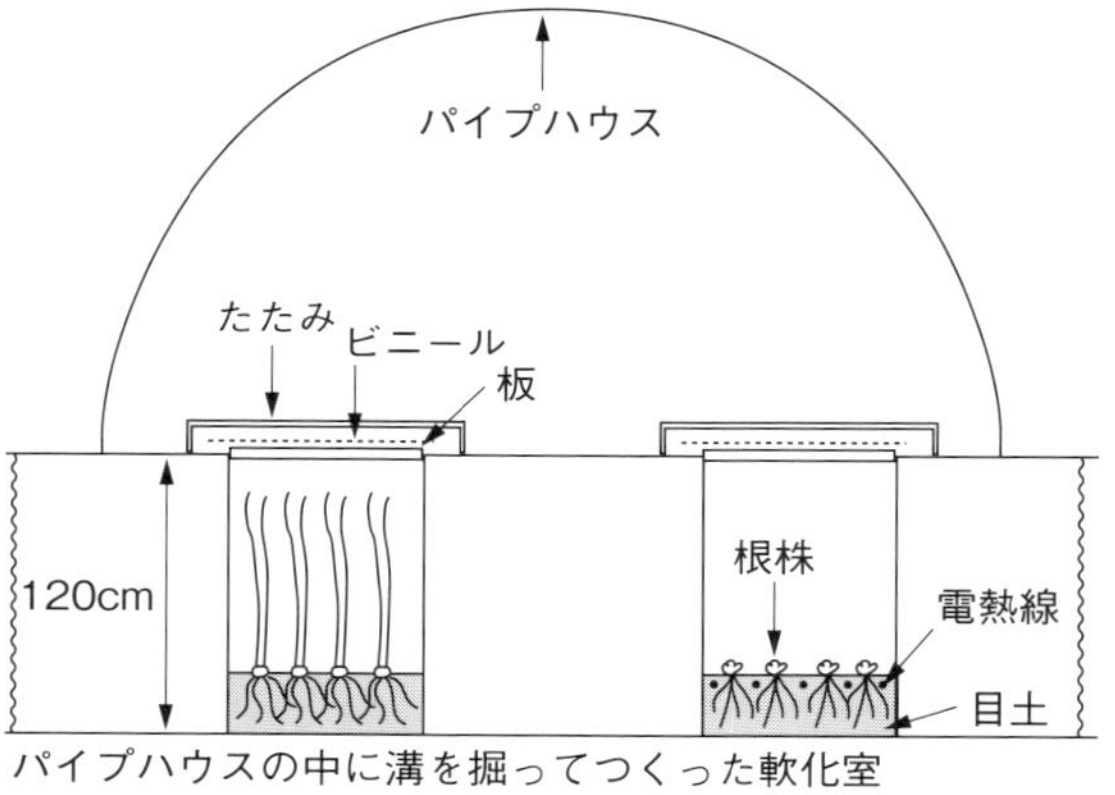

パイプハウスの中に溝を掘ってつくった軟化室

図22　根株の伏せ込み方

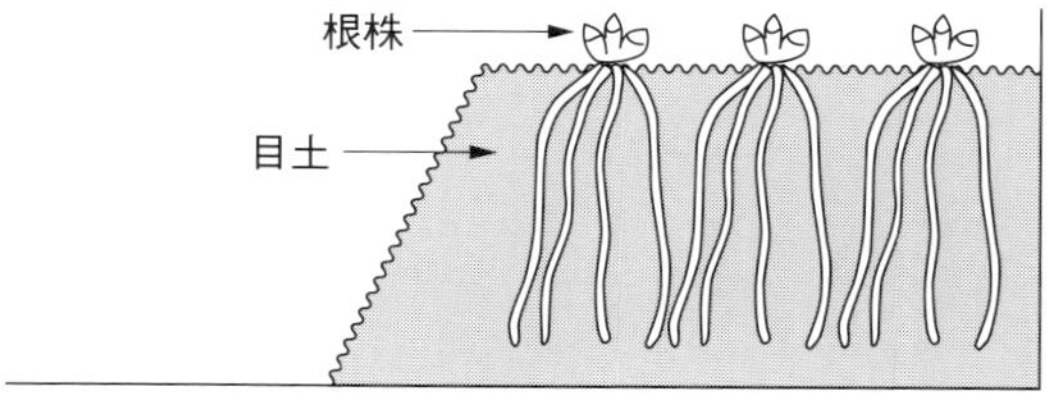

まず目土を置いてからウドを並べる。次に目土を置き，またウドを並べる。これをくり返していく。なお，芽の高さがそろうようにする。根株を並べ終えたら灌水するが，目土に窪みができたら補充して整える

度に「目土」を入れる。これをくり返して伏せ込んでいく（図22）。目土には保水・通気性がよく、肥料分のない、病害虫の心配がない土を用いる。必要な根株数は、株の大きさにもよるが、3・3㎡当たり80～100株が目安となる。

伏せ込みが終了したら灌水する。目土が不足していて灌水で窪みができた部分は、目土を補いながら整える。

図23　軟化中のウド

注）写真提供：東京都農林総合研究センター

④伏せ込み後の管理

萌芽や軟化茎の伸長を揃えたり、節間長を均一にしたりするため、伏せ込み時から萌芽が終わる期間まで適温よりやや高めの23℃程度で管理する。その後、やや低い18～20℃に管理する。伏せ込み期間を通して湿度を95％程度に保つようにすると、みずみずしい高品質のウドが生産できる（図23）。

伏せ込んでから35日前後で草丈80㎝程度、茎の長さ60～70㎝となり、収穫できる。

(3) 収穫

軟化茎の基部から石づきをつけて切り取るようにする。石づきをつけると日持ちがよくなる。収穫後、手早く調製し、荷造りをする（図24）。軟化茎に光が当たると緑化し品質が低下するので、注意する。収穫量の目標は、10aの圃場で養成した根株当たり1600～2000㎏である。

図24　出荷用に箱詰めされたウド

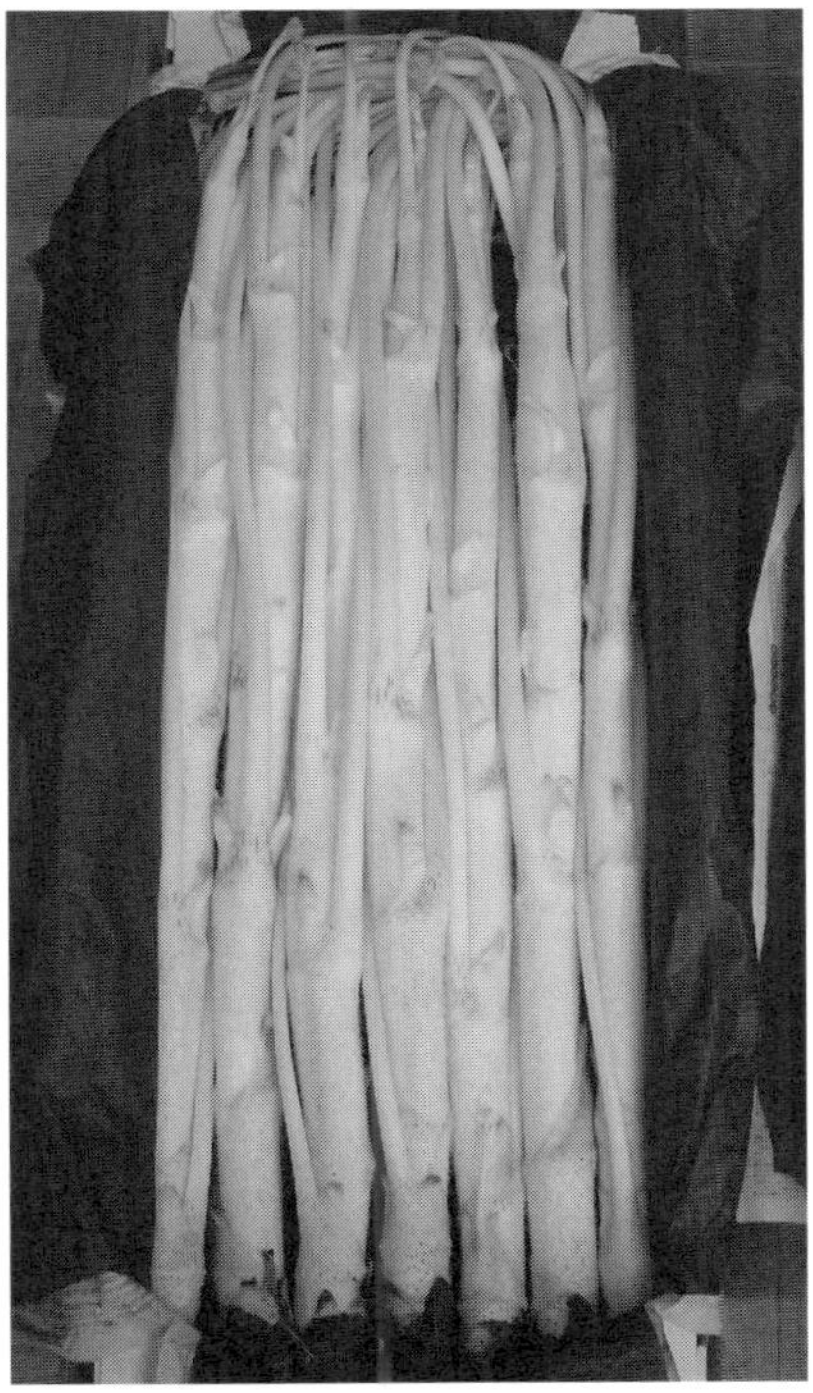

注）写真提供：東京都農林総合研究センター

4 病害虫防除

(1) 基本になる防除方法

①根株養成栽培で問題になる病害虫

萎凋病、白絹病、菌核病、黒斑病、アブラムシ類、センノカミキリ、センチュウ類などがある。

病気の基本的な防除方法は、(1)連作を避ける、(2)無病の種株を使う、(3)発病株を早期に見つけて抜き取るなどである。

萎凋病対策としてはクロルピクリンによる土壌消毒を行なう。本剤は一年生雑草にも登録がある。

白絹病に対しては、

表11　病害虫防除の方法

	病害虫名	防除法
病気	病気共通	・連作を避け，無病畑で栽培する ・根株養成用の種株に無病のものを選んで植え付ける ・発病株を早期発見し，抜き取り処分する ・軟化根株には無病のものを厳選する ・前作で病気が発生した目土は更新する
	萎凋病	・根株養成では，クロルピクリンくん蒸剤による土壌消毒を行なう
	白絹病	・根株定植前にリゾレックス粉剤（3g/株）を根株粉衣する ・発病を見たら，リゾレックス水和剤（1,000倍）を散布する
	菌核病	・根株分割後の種株を，ベンレート水和剤（500倍）に30分間浸漬する（収穫を目的とする軟化株用の根株には使用不可）
	黒斑病	・発生を見たらドイツボルドーA水和剤（500倍），ダコニール1000（1,000倍）を散布する
	疫病	・伏せ込み時に根株をフォリオゴールド（800倍）に瞬間浸漬する
害虫	アブラムシ類	・発生を見たらアドマイヤーフロアブル（2,000倍）またはトレボン乳剤かEW（いずれも1,000倍）を散布する
	センノカミキリ	・株分け時に幼虫を取り出して捕殺する ・成虫の発生を見たらカルホス粉剤（6kg/10a）を散布する ・成虫発生初期に，バイオリサ・カミキリを2株当たり1本，葉柄基部または茎などにかける
	センチュウ類	・前作に寄生があった作付け予定地はD-D剤により土壌消毒する

注1）本表は，2023年4月末時点の農薬登録に基づいている
注2）農薬の使用に当たっては，最新の登録内容を参照すること

(1)根株定植前にリゾレックス粉剤を根株粉衣し、(2)発病を見たらリゾレックス水和剤を散布する。

菌核病対策のため、根株分割後の種株をベンレート水和剤に30分間浸漬し、圃場への菌の持ち込みを予防する。

黒斑病の発病を見たらドイツボルドーA水和剤やダコニール1000、またはロブラール水和剤を散布する。

アブラムシ類が発生したらアドマイヤーフロアブル、またはトレボン乳剤かEWを散布する。

センノカミキリは、(1)成虫の発生を見たらカルホス粉剤を散布する、(2)成虫発生初期に微生物農薬である「バイオリサ・カミキリ」を2株あたり1本、葉柄基部または茎などにかける。

センチュウ類の発生圃場では、定植前にD−D剤（D−D、DC油剤、テロン）で土壌消毒を行なう。

②軟化栽培で問題になる病気

軟化栽培で問題となる病気には菌核病や疫病などがある。(1)軟化に使用する根株は無病のものを厳選し、(2)前作で病気が発生した目土は更新する。

菌核病では、伏せ込み時にロブラール水和剤を目土に灌注する。

疫病対策としては、伏せ込み時にフォリオゴールドに瞬間浸漬する。

(2) 農薬を使わない工夫

センノカミキリは、根株の株分け時に幼虫を取り出して捕殺する。

5 経営的特徴

ウド栽培の労働時間は10a当たり142時間程度（根株養成に57時間、軟化栽培に85時間）で、他の農産物と比較して少なく、集約度が低い。そのため、ウド専作では広い面積を耕作することができ、専作でなければほかの野菜と組み合わせることができる。

軟化ウド栽培の経営費は，10a当たり40万円前後になる（表12）。

販売方法は，以前は市場出荷が主であったが，近年は贈答品や自家消費用としてJA直売所での直販の割合が高い。また，通常より茎の短い丈約60cmに育てたウドを「短茎ウド」として販売したり，キャラクターを使ったPRレシピ集を配布したり，キャラクターを使ったPRを行なったりといった，消費拡大を図る取り組みも行なわれている。

（執筆：川村眞次，改訂：吉田滋実）

表12　軟化ウド栽培の経営指標

項目			備考
軟化ウド収量（kg/10a注））		1,800	
単価（円/kg）		442	
粗収益（円/10a）		795,600	
経営費（円/10a）		395,100	
経営費内訳	肥料費（円/10a）	37,600	
	農薬費	52,200	ジベレリン含む
	光熱水費	59,800	冷蔵庫ほか
	材料費	12,200	マルチ
	出荷経費	60,100	出荷箱，手数料
	農機具など	68,400	減価償却
	委託費	104,800	運搬費を含む
農業所得（円/10a）		400,500	
労働時間（時間/10a）		142（根株養成 57，軟化栽培 85）	

注）根株養成圃場10a当たり（以下同様）

ワラビ

表1　ワラビの作型，特徴と栽培のポイント

主な作型と適地

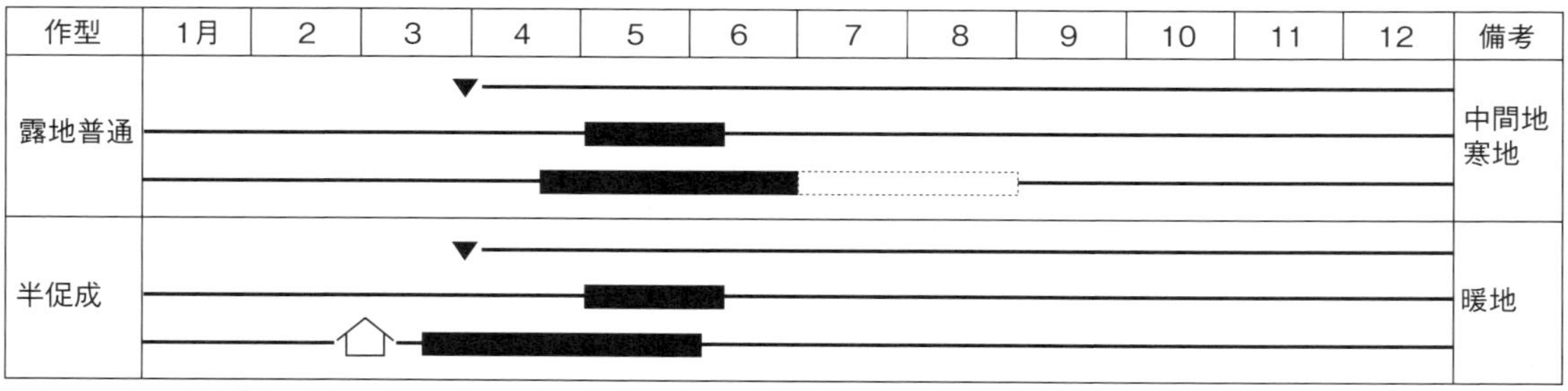

▼：植え付け，⌂：ハウス，■：収穫，□：長期どり

特徴	名称	ワラビ（コバノイシカグマ科ワラビ属）
	分布	日本全土，世界中に広く分布
	生育地	平地から高冷地にかけての山野や草地
	形状	地下を這う根茎部と，萌芽・展葉する地上部からなる。高さは60～120cm程度。シダ植物のため，葉裏に胞子のうをもつ
	栄養・機能性成分	こぶし状の若芽はぬめりをもち，糖質，タンパク質，繊維を含む。根茎はデンプンを多く含む
生理・生態的特徴	日照・温度への反応	日当たりがよく，排水がよいところを好む
	土壌適応性	肥沃な酸性土壌に適する
	休眠	晩秋～冬季に浅い休眠がある
	主な病害虫	とくに問題になる病害虫はない
栽培のポイント	他の作物との組合せ	部分的な根株の更新のほかは，輪作の必要はとくにない。一度作付けしたら，枯れるまで半永久的に栽培できる
	種苗の養成	本圃植え付け前の1年間，種苗（根茎）の養成が必要

この野菜の特徴と利用

（1）野菜としての特徴と利用

ワラビはコバノイシカグマ科の多年生シダ植物である。日本全土、世界中に広く分布しており、平地から高冷地にかけて山野や草地に群生している。

外観上の特徴は、萌芽時にはこぶし状の若芽を30cmほど伸ばし、その後三角形の葉を3枚開く。高さは60～120cm程度で、秋に葉裏の縁にそって胞子のうを着生する（図1）。

野菜としては、1970年代後半ころの比較的早くから栽培が試みられている。栽培は、地下の根茎を増殖させて栄養繁殖させ、その根株を植え付けることによって行なう。

ワラビの若芽は、アク抜きをしてから煮付け、あえ物、お浸し、塩漬けなどにする。また、地下の根茎はデンプンを多く含んでいることから、これを採取して利用できる。

図1　春，萌芽し始めたワラビ

（2）生理的な特徴と適地

ワラビは日当たりと排水のよい場所を好み、肥沃な酸性土壌での栽培に適している。

生育は、夏場の7～8月が最も旺盛で、地下茎（根茎）を分枝させせながら伸長し、同時に地上部にも新芽を萌芽させて展葉する。晩秋期には葉が枯れ、およそ11月末まで浅い休眠に入る。低温遭遇をへて年明けにはほぼ休眠からさめる。

作型には4月中旬ころから収穫できる露地普通栽培と、無加温ハウスを用いて早出しする半促成栽培がある。また、市場出荷向けの栽培のほかに、耕作放棄地対策のための栽培や観光直売向けの栽培も増えている。

なお、ワラビの品種については表2を参照していただきたい。

（執筆：赤池一彦）

表2　品種のタイプ，用途と品種例

品種のタイプ	用途	品種例
露地栽培用	煮付け，あえ物，お浸し，塩漬け	大開系，あくなし系
半促成栽培用	〃	〃

露地普通栽培

1 この作型の特徴と導入

(1) 作型の特徴と導入の注意点

露地普通栽培は、春に新芽が出たところを収穫する作型（図3）。早いところで4月中旬ころから収穫が始まり、おおよそ6月いっぱいまで収穫する。また、この作型で8月末まで長期間にわたって収穫することもできる（露地の長期どり栽培）。

(2) 他の野菜・作物との組合せ方

ワラビ栽培では植付け後の除草作業と収穫作業が中心で、あまり手間を要しない。そのため、水稲や野菜、ほかの山菜類などと組み合わせた作付けが比較的容易である。野菜なら、トマト、キュウリなどの収穫が夏～秋になる品目、山菜ならタラノキ、コゴミなどと組み合わせるとよい。

2 栽培のおさえどころ

(1) どこで失敗しやすいか

① 雑草防除

ワラビはもともと野山に自生しているものだが、畑で栽培しようとなると雑草防除が最も大切な管理作業となり、ここが失敗しないためのポイントになる。

とくに植付けから夏場までの期間はワラビの生育が緩やかなため、この時期の除草管理が重要である。

② 地下茎の早期繁殖

ワラビを早期に繁殖させ成園化するためには、地下部の根茎を旺盛に繁殖させることが早道。そのためには、土つくりや種苗の養成、植付け方がポイントになってくる。

図2　ワラビの露地普通栽培　栽培暦例

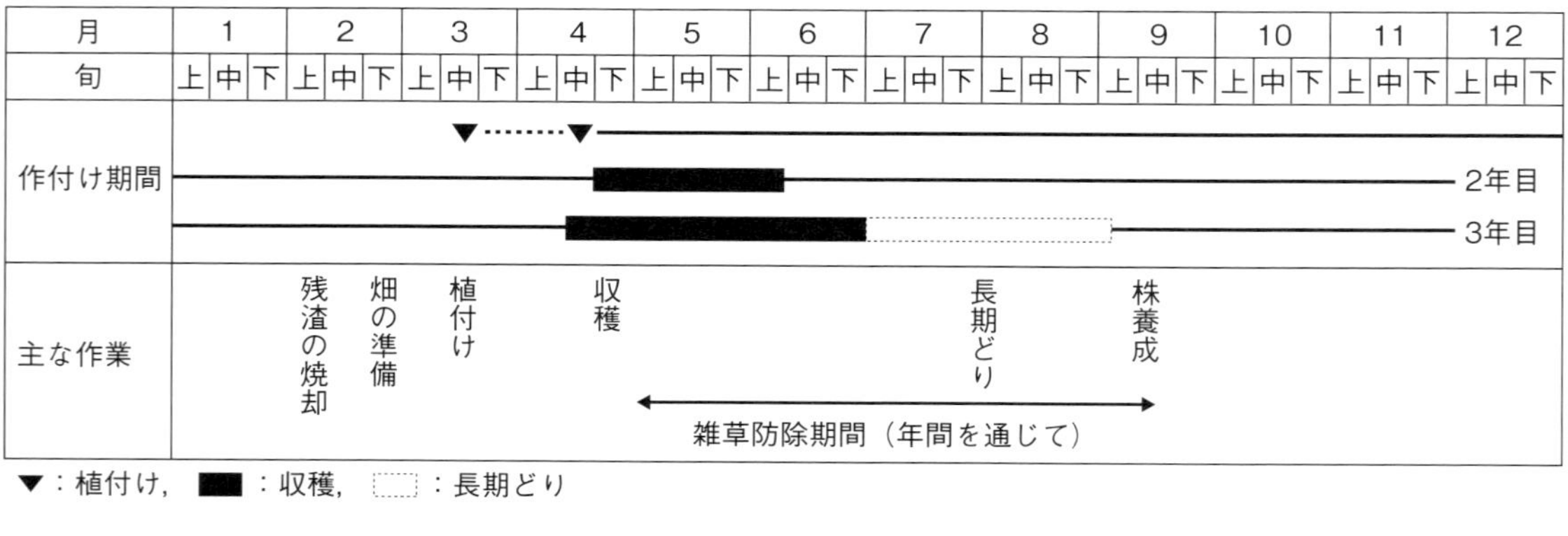

(2) おいしく安全につくるためのポイント

野菜をつくる場合と同様に、畑の土つくりをしっかり行なうことが、安定生産への近道である。ワラビの生育が旺盛な夏場（7～8月）に肥効が持続するような肥培管理を行なう。また、この時期に翌年に向け、株養成をしっかり行なう。除草作業をめんどうがらずに、年間を通じて行なうことが大切である。なお、病害虫はほとんど発生しないので、無農薬で栽培できる。

図3　露地普通栽培，春に新芽が出た様子

(3) 品種の選び方

畑地で早期に成園化するには、繁殖力が旺盛な品種（系統）を利用したい。山梨県で選抜し、県内で栽培されている〝大開系〟は、根茎の増殖が旺盛で若芽が大きく萌芽数も多い多収系統である。本系統は土質を選ばず、茎葉も植付け年次から広がりやすいことから、雑草管理が容易で栽培しやすい点が特徴である。同じく同県選抜の〝あくなしワラビ〟はアクが全くなく強い粘りと鮮緑色を保持できるという長所を持つが、繁殖力が弱く収量性が〝大開系〟に劣り、酸性土壌を好むなど土質を選ぶことから栽培が難しい系統である（表3）。

栽培に用いる品種（系統）は、それぞれの地域に自生するワラビの中から、形状や繁殖力の強さなどの特性を持つ有望な株を見つけ、根茎を増殖しながら広げていくことが望ましい。

表3　ワラビの主要品種（系統）の特性

品種（系統）名	特性
大開系	山梨県で選抜した品種（系統）。繁殖力が旺盛で，萌芽してくる若芽が大きく発生本数も多い多収系品種（系統）。あくが強いのが特徴である。比較的土質を選ばない。生育旺盛で早期に茎葉が繁茂するため，雑草管理が容易で栽培しやすい
あくなしワラビ（アマワラビ八ヶ岳系）	山梨県で選抜した品種（系統）。繁殖力が弱く，萌芽してくる若芽もやや小ぶり。発生本数も‘大開系’より少ない。土質を選び酸性土壌を好む。繁殖しにくいため多肥栽培が必要。あくが全くないのが特徴である。あく抜きの必要がなく茹で時間が短いため，強いねばりと鮮緑色を保持したまま食することができる

3 栽培の手順

(1) 植付けの準備

① 圃場の選定と土つくり

ワラビは、排水がよく日当たりのよい畑を選んで植える。自生地と同様に酸性の土壌を好む。

土壌が肥沃なほどワラビは旺盛に生育する

表4　露地普通栽培のポイント

	技術目標とポイント	技術内容
植付け準備	◎圃場の選定と土つくり ・圃場の選定	・排水がよく，日当たりのよい畑を選ぶ。酸性土壌が理想
	・土つくり	・堆肥を2t/10a以上投入する
	◎種苗の養成	・種苗が大量にない場合は，1年かけて養成する
	◎施肥基準	・肥効が持続する緩効性被覆肥料を用いる
	・元肥の施用	・施肥量は3要素を20kg/10aとする
	◎ウネつくり ・広めの植え溝つくり	・植え溝は深さ15cm程度で，80～100cm間隔につくる ・圃場が準備できてから種苗を掘り上げる
植付け方法	◎種苗の準備	・種苗（根茎）は約300kg/10a必要になる
	・根茎の掘り上げと調整 ・根の乾燥防止	・種苗にする根茎をバックホーで植付け直前に掘り上げる。掘り上げ後に細根を乾燥させないようにする
	◎種苗の植付け ・部位を確認しながら植付け	・根茎のうち種苗に適しているのは，先端の新芽を多数着生した部分
	・適期の植付け	・植付け時期は萌芽直前の3～4月とする。降雪地域では秋植えとする
	◎栽植密度 ・やや密植気味の植付け	・80～100cm間隔の植え溝に，種苗が重なる程度にやや密に植える
	・十分な灌水	・植付け時に灌水し，覆土する
植付け後の管理	◎雑草防除	・除草作業は，立ちガンナによる手作業とする
	・管理機を使わない除草作業	・植付け初年度の雑草防除が大切
	◎株養成（初年度は収穫しない）	・植付け初年度は，収穫せずに株養成に努める ・地下部の根茎を旺盛に育てることが大切
	◎残渣の焼却 ・萌芽前の焼き払い	・植付け翌春のワラビ萌芽前に，残渣の茎葉を焼き払う
	◎施肥 ・萌芽直前に全面散布	・萌芽直前に肥料を全面散布する
	◎早期の成園化 ・早ければ2年目から収穫	・早ければ植付け2年目の春から収穫できる。3年目には完全な成園化を図ることができる
収穫	◎収穫と調製（収穫時期は4月以降，長期どりは8月いっぱいまで）	・収穫期の目安は4月下旬～6月下旬（標高700m） ・長期どりの場合は8月いっぱいまで収穫できる ・長さ25cmに切りそろえ，200g束に調製する

ため、土つくりとして牛糞堆肥などを10a当たり2t以上投入する。

②種苗の養成

畑一面にワラビを植え付けるだけの種苗が確保できない場合は、1年間種苗を養成してから本圃に植えるとよい。1年間養成すれば、約10倍に種苗（根茎）を増殖することができる。

種苗養成の方法は、基本的に本圃の管理と同様である。堆肥や肥料を十分に施した畑で1年間養成し、翌春に畑一面を掘り上げる。掘り上げた根茎は種苗としてすべて使うことができる。

表5　施肥例　（単位：kg/10a）

	肥料名	施肥量	成分量		
			窒素	リン酸	カリ
元肥	牛糞堆肥	2,000			
	エコロング413（140日タイプ）	143	20	16	19

③植付け年の施肥

施肥は堆肥投入後の3月上旬までに行なう。肥効が秋口まで持続する緩効性被覆肥料のエコロング413（140日タイプ）などを用い、圃場に全面散布して耕うんする。施肥量は3要素とも10a当たり20kg（エコロング413なら10aで143kg）で、全量を元肥施用する（表5）。生育が不良な場合には、追肥を7、8月に施用すると効果が高い。

④ウネづくり

施肥・耕うん後に、植え溝を幅80~100cmの間隔、15cmほどの深さにつくる。ウネ間（植え溝の間隔）を80cmほどにすれば、除草作業のときに人が余裕をもって通れる。圃場の準備が完了した後、種苗を掘り上げる。

(2) 植付けのやり方

① 種苗の準備

種苗として必要な根茎の量は、10aで約300kgになる。植付け直前にバックホーで根茎を掘り上げ、細根が乾かないようただちに植える。掘り上げ後しばらく放置する場合は、たっぷり水を与えてビニールシートなどで覆っておく。

根茎はできるだけ切断されていないものがよい。ただし、掘り上げ時に切れてしまっても、種苗として使える。

図4　掘り上げたワラビの根茎（種苗に用いる）

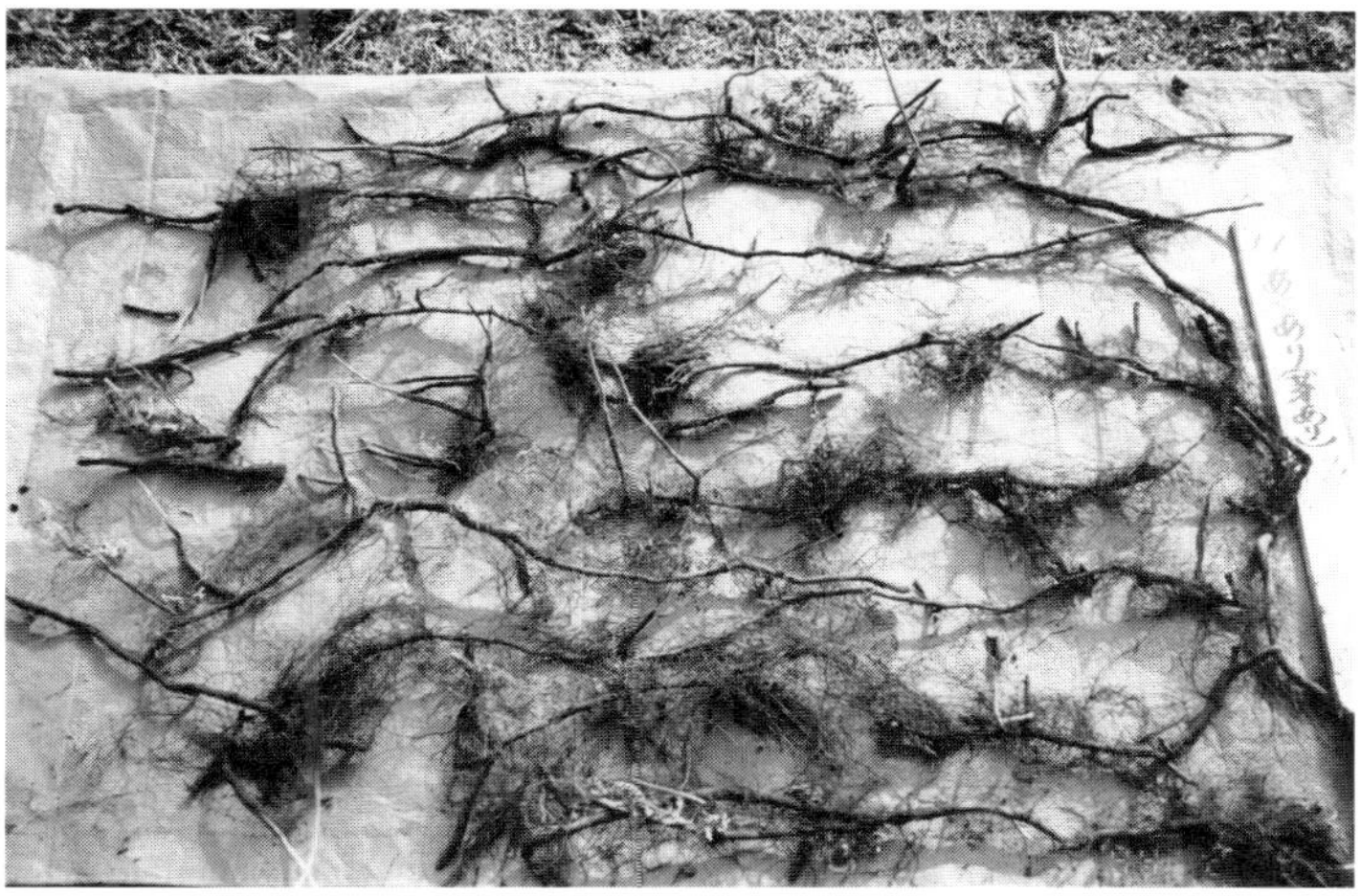

図5　ワラビの根茎（地下茎）

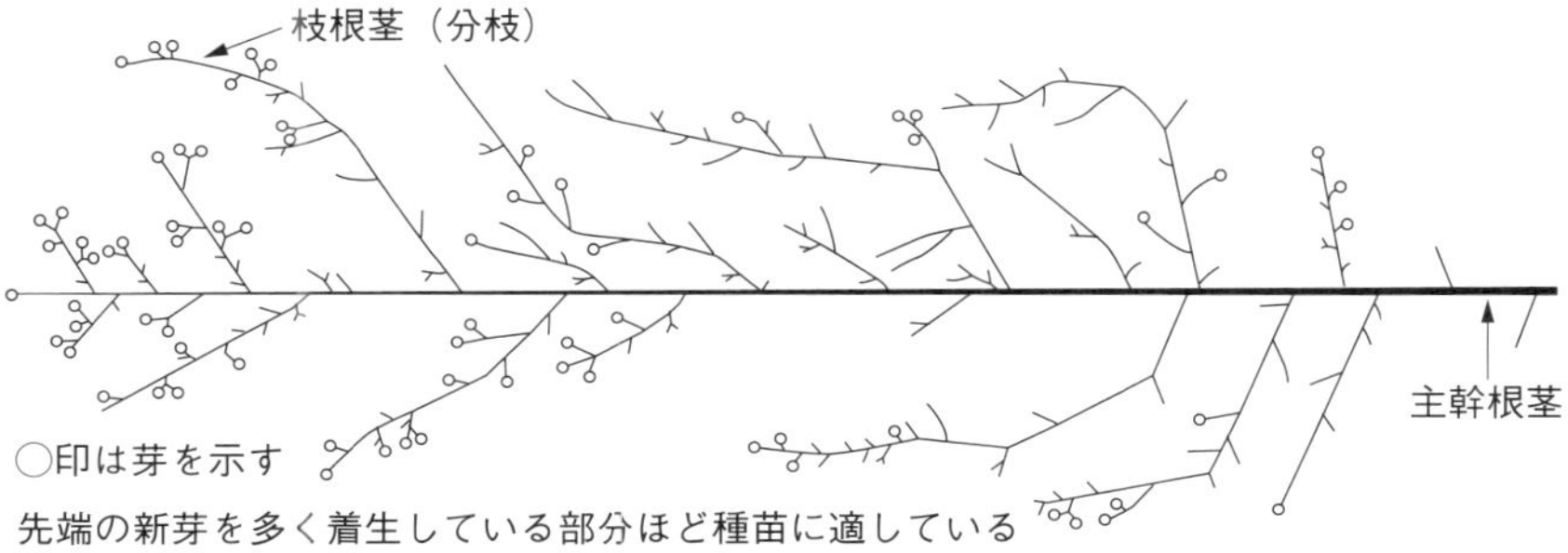

先端の新芽を多く着生している部分ほど種苗に適している

表6　ワラビのよい種苗（根茎）の見分け方

	良質苗	不良苗
苗齢	1～2年もの	4～5年以上経過したもの
部位	根茎の先端部分	根茎の主幹部分
特徴	分枝と新芽の着生が多い	分枝と新芽の着生が少ない
太さ・色	細めだが，白味を帯びている	太いが，黒ずんでいる
細根量	多い	少ない

② 種苗の植付け

種苗に適した根茎は、先端の新芽を多数着生した部分（図4、5、表6）。1～2年ものの種苗なら選別しないまますべて植え付けることができる。植付け時期は、冬季に畑が乾燥・凍結しやすい地域では新芽が動き出す直前の3～4月とするが、降雪地域では10～11月の秋植えとする。

③ 栽植密度

ウネ間80～100cmの植え溝に、ワラビの根茎を並べて覆土する。覆土前に灌水すると活着がよい。植付けは、根茎を植え溝に沿って一列ごとに並べる（図6）。この際、根茎が二重に重なるようにする。植え溝のいずれの部分を見ても、数センチ間隔に芽が見られることを確認して植える。これによって、萌芽したワラビが夏季に列ごとに展葉して地表を覆うので（図7）、地面の乾燥防止と雑草防止の効果も高くなる。

(3) 植付け後の管理

①雑草防除

除草作業は立ちガンナ（草けずり）を用いた手作業で行なう。ウネ間の通路部分に沿って除草する。

②株養成

植付け初年度は収穫せず、ワラビの根茎（地下茎）を分枝・伸長させるとともに、地上部の茎葉も繁茂させる。夏場に十分な日光と肥料養分を吸収させ、ワラビの生長を促す。

図6　ワラビの植付け

1列ずつ溝をつくり，種苗を植えていく。たっぷり灌水し，覆土する

③残渣の焼却

秋に枯れた茎葉をそのままにして冬を越し、翌春のワラビ萌芽前に茎葉の残渣を焼却する。焼却の目的は、翌年ワラビが萌芽するときじゃまにならないようにするため、また、圃場を裸地状態にすることで、地温を上昇させ、ワラビの萌芽をよくするためである。

図7　植付け1年目のワラビの展葉

1年目は1列ごとに展葉する。除草作業でウネ間に入ることができる

④植付け2年目以降の施肥

夏場になるとワラビが通路部分まで繁茂して畑に入りにくくなるため（図8）、4月の萌芽前に肥効の長い緩効性肥料を全面散布する。このとき、表面だけを軽く耕うんするとよい。施肥量は、年次を追って成園化が進むにつれて減らすようにするが、長期どりの場合は初年度と同じ程度の量を継続散布する。

⑤早期の成園化

生育が順調に進めば、早くて植付け2年目

図8　植付け2～3年で圃場全体を覆うようになる

から収穫ができる。ただし、2年目の収穫期間は、株の養成を進めるために1カ月程度と短めにしておく。植付け3年目には、完全な成園化を図ることができる。なお、根株の更新の必要性はなく、15年以上収穫できる。

(4) 収穫

収穫期の目安は4月下旬~6月下旬（標高700m）だが、長期どりの場合は8月いっぱいまで収穫できる。

若芽が萌芽してくる順に収穫していく。手で、長さ30cm程度で摘み取る。短いままで展葉しているワラビは、収穫せずにそのままにしておく。収穫作業は、週に2~3回行なう。

調製は、こぶし状の先端部分をそろえ、長さ25cmに包丁で切断し、1束200gにして箱詰めする。

表7　露地普通栽培の経営指標

項目	
収量（kg/10a）	400
単価（円/kg）	742
粗収入（円/10a）	296,720
経営費（円/10a）	
種苗費[1]	14,000
肥料費[1]	20,900
薬剤費[1]	0
諸材料費[1]	1,000
動力・光熱費[1]	4,597
小農具費[1]	2,146
修繕費	12,643
償却費	45,279
出荷経費	47,957
農業所得（円/10a）	148,198
所得率（%）	49.9
労働時間（時間/10a）	140

注1）使用年数5年
注2）「山梨県農業経営指標」2014年度版より抜粋

4 病害虫防除

ワラビには病害虫がほとんど発生しないため、栽培上問題になることはないだろう。

5 経営的特徴

露地普通栽培では、収量が10a当たり350~400kg、単価がkg当たり742円で、粗収入が10a当たり26~29・7万円になる。経費などを除いた所得は10a当たり14・8万円で、所得率は49・9%である（表7）。

販売方法には市場出荷のほかに朝市や観光直売、山菜まつりなどが考えられる。また、加工品としての販売もできる。

（執筆：赤池一彦）

半促成栽培

1 この作型の特徴と導入

(1) 作型の特徴と導入の注意点

半促成栽培は、露地栽培の圃場を利用し、パイプハウスやトンネル被覆で無加温栽培する作型（図10）。収穫期は露地普通栽培より1~1・5カ月ほど早い。収穫期間は、露地普通栽培と同程度からやや長い。無加温ハウスによる早出しの作型であるため、温暖な地域に向いている。

図9　ワラビの半促成栽培　栽培暦例

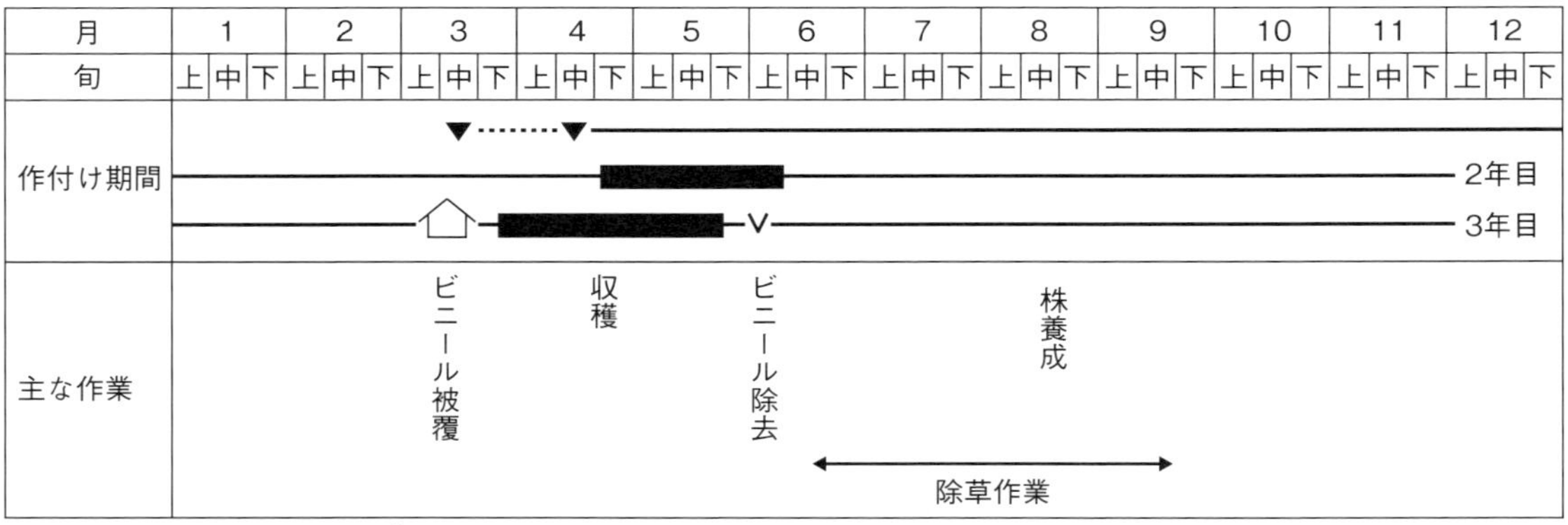

▼：植付け，■：収穫，⌂：ハウス，V：ビニール除去

図10　ハウスを利用した半促成栽培（秋の様子）

(2) 他の野菜・作物との組合せ方

露地普通栽培の場合と同様に、水稲や野菜などとの組合せが考えられる。

2 栽培のおさえどころ

(1) どこで失敗しやすいか

①ハウスの被覆時期

ワラビは浅い休眠があるため、11月の早い時期からハウスを被覆しても萌芽しないことがある。暖地では低温遭遇期間を考慮して、年明け後のハウス被覆が望ましい。

②収穫後の株養成をしっかりと

半促成栽培は露地普通栽培にくらべて収穫時期がやや長くなる場合もあり、ワラビの根茎に負担がかかる。そのため、収穫打ち切り後に十分な施肥を行ない、残った株を夏場にたっぷり日光に当て、株養成をしっかり行なうようにする。

(2) おいしく安全につくるためのポイント

露地普通栽培に準じる。

(3) 品種の選び方

栽培に用いる品種（系統）は、露地栽培と同様である。ワラビの形状や早晩性、繁殖力

表8　半促成栽培のポイント

	技術目標とポイント	技術内容
	【植付け2年目までは，露地普通栽培の管理法に準ずる】	
半促成栽培の管理	◎ハウスの被覆	・半促成栽培は，圃場がほぼ成園化する植付け3年目の年あけから開始する ・年あけにワラビは休眠から覚めるが，無加温栽培のためビニール被覆は3月上旬以降に行なう
	◎温度管理 ・無加温による保温 ・日中の温度確保 ・4月以降の換気	・ハウス内の温度確保のため，ビニールはサイドまで被覆し，出入り口も密閉する ・外気温が上昇し始める4月以降は，ビニールの開閉などの換気に留意する
	◎収穫終了後の管理 ・ビニール除去 ・施肥 ・株の養成	・収穫終了後はただちにビニールを除去し，圃場全面に肥料を施す ・晩秋期まで日光がしっかり当たるよう管理し，翌年に備えて株養成に努める ・翌年のビニール被覆前までに茎葉残渣を焼却する
収穫	◎収穫（収穫時期は3月20日ころ～5月下旬）	・露地普通栽培とくらべて収穫開始期が1～1.5カ月ほど早く，収穫期間も長い

や収量性などを判断しながら、それぞれの地域に合った系統を見つけ、根茎を増殖しながら成園化していくことが望ましい（露地普通栽培の表3を参照）。

3 栽培の手順

半促成栽培では、作付け2年目まで露地で普通栽培と同じように栽培し、3年目の3月以降にビニールを被覆する。

(1) 植付け方法と成園化までの管理

作付け方法は露地普通栽培と同様である。栽植密度や施肥量は露地普通栽培に準ずる。植付け2年目まで、つまり成園化するまでの管理も露地普通栽培と同じように行なう。

図11　半促成栽培のハウスの様子

図12　半促成栽培のハウス内でワラビが萌芽した様子

(2) ハウスによる保温

ワラビが成園化した植付け3年目の春から半促成栽培にとりかかる。

まず、圃場にハウスやトンネルを設置し、ビニールがけをして密閉する。ハウスは無加温のため、ビニール被覆はサイドおよび出入り口も行なう（図11、12）。被覆開始期は3月上旬以降を目安とする。

外気温が上昇し始める4月以降は、ハウス内の温度が上がりすぎないよう、ビニールの開閉による換気を行なう。

(3) 収穫打ち切り後の管理

収穫がすべて終了したら、ただちにビニールを除去して施肥を行ない、翌年に向けた株養成に努める。

4 経営的特徴

半促成栽培では、収量が10a当たり350～400kgで、単価がkg当たり1200円として、粗収入は10a当たり42～48万円となる。

（執筆：赤池一彦）

タラノキ（タラノメ）

表1　タラノキの作型，特徴と栽培のポイント

主な作型と適地

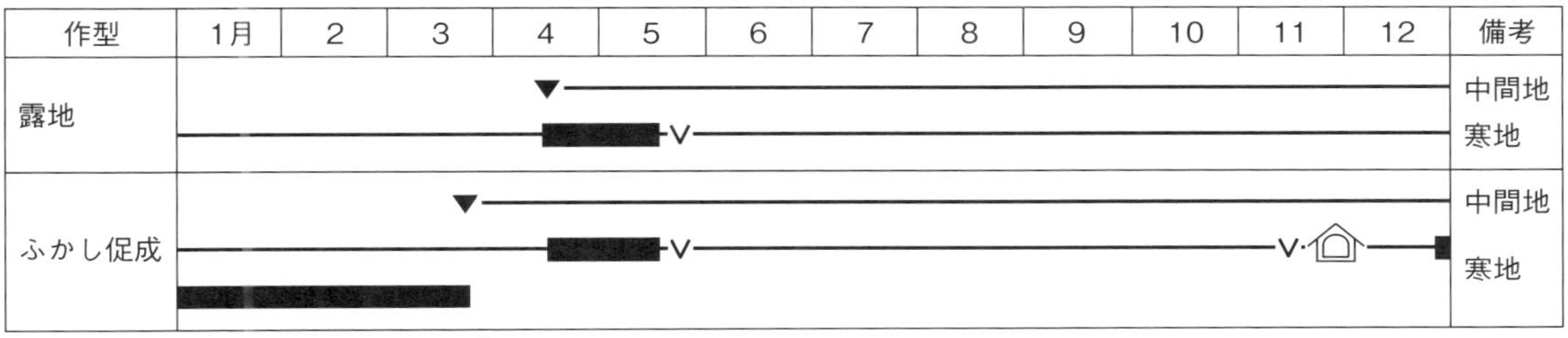

▼：植付け，V：切り房し剪定，（ビニールハウス記号）：ビニールハウス＋小トンネル，■：収穫

特徴	名称	タラノキ（ウコギ科タラノキ属）
	分布	日本全土，東アジア北部，ロシア東部
	生育地	平地から高冷地にかけての原野，森林伐採地など
	形状	高さ2～5mの落葉低木。幹は直立し，分岐は少ない。全体に多くのトゲをもつ
	栄養・機能性成分	特有の香りと苦味をもつ。タンパク質，糖質を多く含み，油っぽい食味で栄養価に優れる
	薬効など	強壮効果など。樹皮は血糖値降下作用など
生理・生態的特徴	日照・温度への反応	光を好む陽樹。比較的冷涼な場所を好む
	土壌適応性	排水がよく肥沃な弱酸性土壌が適する
	休眠	落葉後2カ月ほど休眠がある
栽培のポイント	主な病害虫	タラノキ立枯疫病，そうか病，センノカミキリ
	他の作物との組合せ	3～5年ごとの改植，イネ科作物との輪作
	種苗の養成	種苗養成圃場と本圃との分離

この野菜の特徴と利用

(1) 野菜としての特徴と利用

タラノキはウコギ科の落葉性低木で、高さが2～5mほどになる。分布は日本全土で、平地から高冷地にかけての原野や森林伐採地などに多く群生している。外観上の特徴は、幹が直立し、分枝が比較的少ない。幹や葉に多くのトゲを持つ。

元来タラノキは、春先に山野でとれる若芽が山菜として人気が高い（図1）。油っぽい食味と栄養の高さから、天ぷら、あえ物、お浸しなどの食べ方が一般的で、塩漬けなど加工用にも多く利用されている。また、幹や根の樹皮は古くから漢方として利用されており、食用とともに薬用としてもタラノキは珍重されている。

野菜としては、タラノキを圃場で栽培できるようになった1980年代の前半ころから、「タラの芽」として市場に流通するようになった。以降、タラノメは需要が伸び、全国的に作付けが増えている。とくに、ふかし促成栽培が普及してからの生産量は関東や東北地方を中心に増えており、全国各地で作付けが拡大・定着している。

(2) 生理的な特徴と適地

タラノキは日当たりのよいところを好む陽樹で、比較的冷涼な場所が適地である。全国各地の中山間地で栽培できるが、立地的に排水がよく、土壌が肥沃な場所が適している。

タラノキの生育は、春に新芽が伸長しながら展葉し、同時に幹が直立方向に伸びていく。6～8月にかけて最も旺盛に生育し、畑で栽培されたタラノキの樹高は2mを超える。秋の降霜とともに落葉し、しばらく休眠に入る。低温遭遇を経て2月ころにはほぼ休眠から覚める。

タラノキ栽培で使われている主要な品種には、'駒みどり''新駒''蔵王系'などがあるが、作型ごとに使い分ける（表2）。露地栽培には'駒みどり'が、ふかし促成栽培では'新駒'が適している。'蔵王系'は、どちらの作型にも適している。そのほか、最近では地域のオリジナル品種（系統）がでてきている。

（執筆：赤池一彦）

図1　タラノキの頂芽。露地栽培ではこれを収穫する

表2　品種のタイプ，用途と品種例

品種のタイプ	用途	品種例
露地栽培用	天ぷら，あえ物，煮つけ，塩漬け	駒みどり
ふかし促成用	〃	新駒，蔵王系

露地栽培

1 この作型の特徴と導入

(1) 作型の特徴と導入の注意点

露地栽培は、タラノメを山採りする場合と同じ作型で、春に新芽が出たところを収穫するもの。平坦地の早いところで4月上旬から、高冷地の遅いところで4月下旬ころには若芽を収穫できる。若芽は、幹の先端部の頂芽と上から3番目ほどの側芽までを収穫できる。

露地栽培の管理作業は、収穫・剪定・仕立てなどで少なく、栽培も容易なため、初めてタラノキ栽培に取り組む人に向いた作型である。

導入時の注意点として、以前にタラノキ栽培していなかった圃場を選ぶ。タラノキ立枯疫病など土壌病害を回避するために連作を避ける。タラノキ栽培が普及し始めた1980年代は、桑園跡地が多く利用されたこともあり、紋羽病が問題となることもあった。

(2) 他の野菜・作物との組合せ方

タラノキの露地栽培では、春先の収穫とその後1カ月ほどの仕立て、肥培管理、除草というように作業が短期間に集中しているが、これを終えると、翌春まであまり管理作業を必要としない。そのため、水稲や野菜、他の山菜類などと組み合わせた作付けが比較的容易にできる。

2 栽培のおさえどころ

(1) どこで失敗しやすいか

雑草防除　タラノキはもともと野山に自生しているものだが、それを畑で栽培しようとすれば雑草防除が最も大切な管理作業となる。タラノキは春の植付けから萌芽・展葉まで1～2カ月を要し、初期生育がゆったりし

図2　タラノキの露地栽培　栽培暦例

月	1			2			3			4			5			6			7			8			9			10			11			12		
旬	上	中	下	上	中	下	上	中	下	上	中	下	上	中	下	上	中	下	上	中	下	上	中	下	上	中	下	上	中	下	上	中	下	上	中	下
作付け期間										▼	‥‥	‥‥	▼―	―	―	―	―	―	―	―	―	―	―	―	―	―	―	―	―	―	―	―	―	―	―	―
	―	―	―	―	―	―	―	―	―	―	■	■	■	V	―	―	―	―	―	―	―	―	―	―	―	―	―	―	―	―	―	―	―	―	―	―
主な作業									畑の準備	植付け		収穫		剪定		仕立て		間引き																		

▼：植付け，■：収穫，V：切り戻し剪定

表3　タラノキの主要品種（系統）の特性

品種（系統）名	特性
駒みどり	山梨県で選抜した露地向き品種（系統）。枝（幹）のトゲが少なく，若芽は鮮やかな緑色。頂芽が大きく多収系。生育旺盛で，剪定後に発生する枝の本数が多く太い。また，枝の揃いが良くトゲが少ないため栽培管理しやすい
新駒	山梨県で育成したふかし促成栽培向き品種（系統）。‘駒みどり’の突然変異種で，枝（幹）や新芽にトゲがほとんどなく側芽が大きい。剪定後に発生する枝の本数が多く，揃いも良い。土壌病害のタラノキ立枯疫病に弱いため，同一圃場での連作は避け輪作を行なう必要がある
蔵王系	山形県の民間育成品種（系統）。露地・ふかし促成いずれの栽培にも適する。枝（幹）や枝のトゲは，植付け年次はやや多いが，2年目以降少なくなる。剪定後に発生する枝の数は‘駒みどり’や‘新駒’と比べて多く，生育は旺盛である。若芽はやや赤味を帯びた緑色。頂芽は大きく，側芽は小ぶりだが，ふかし促成時は袴が大きくなる。根張りが良く繁殖力が旺盛で，タラノキ立枯疫病に強い

ているため、雑草に負けやすい梅雨期までの除草管理が重要になる。

(2) おいしく安全につくるためのポイント

タラノキを畑で上手に育てるためには、野菜を育てるのと同じように細かい目配りが必要である。山野草だからといって手を抜かず、しっかりとした土つくりやこまめな管理作業を行なうことで、タラノキはしっかりした幹になり、春には大きくておいしく、安全な若芽が収穫できる。

(3) 品種の選び方

露地栽培は、山採りと同様に春先に収穫するため、自然に近い若芽の形状や色を持ち、栽培しやすい品種（系統）が望ましい。‘駒みどり’や‘蔵王系’は、頂芽が大きく側芽も連続して収穫でき、トゲも少ないため扱いやすく露地栽培に適している。若芽の色は‘駒みどり’が鮮やかな緑色、‘蔵王系’がやや赤味を帯びた緑色。いずれの品種（系統）とも剪定後に発生する幹（枝）の本数が多く、枝の揃いもよい。‘蔵王系’は生育や繁殖力がとくに旺盛で根張りがよいのが特徴である。このため、連作によって発生しやすい土壌病害のタラノキ立枯疫病に比較的強い（表3）。これらの品種のほかに、各地域で有する在来系統や育成品種を露地栽培に利用することもできる。

3 栽培の手順

(1) 植付けの準備

① 圃場の選定と土つくり

タラノキは、長年同じ場所に作付けしたり排水不良地に作付けしたりすると土壌病害性の病気、タラノキ立枯疫病の被害にあい、致命的なダメージを受けやすい。そこで、これまでタラノキを栽培していない排水のよい畑を選ぶようにする。軽い傾斜がある畑なら理想的。水田は排水がよくなく、好ましくない。また、肥沃な土壌をつくるために、牛糞堆肥などを10a当たり2t以上投入する。

② 本圃と種苗養成圃の設置

タラノメを収穫するための本圃のほかに、翌年以降の作付けに必要な種苗を得るための種苗養成圃を設ける。種苗養成圃は本圃の50分の1ほどの規模でよい。

種苗は毎年くり返し更新する。毎年更新するのは、根部による栄養繁殖のため、1年ものの根が最も活力があり、根部のいずれの部分を切断して利用しても、芽がよく出て生育が旺盛であるからである。また、1年ものの

表4　露地栽培のポイント

	技術目標とポイント	技術内容
植付け準備	◎圃場の選定と土つくり	・タラノキ立枯疫病の回避のため，タラノキ栽培の処女地を選定する
	・圃場の選定	・排水のよい畑を選ぶ。軽い傾斜地が理想的
	・土つくり	・堆肥を2t/10a以上投入する
	◎本圃と種苗養成圃の設置	・本圃のほかに小さな種苗養成圃を設ける
	◎施肥基準	・肥効の長い緩効性肥料を用いる ・本圃では3要素とも15kg/10a，種苗養成圃では5～10kg/10aの施肥量とする
	◎ウネつくり（排水を考慮する。広めのウネ幅にする）	・排水を考慮し，高めの平ウネをつくる ・本圃はウネ幅200cm（床幅100cm），種苗養成圃はウネ幅160cm（床幅80cm）とする
植付け	◎植付け（根挿し）の準備	・約700本/10aの種苗（種根）が必要
	・種苗の調整	・種苗を長さ10～15cmにそろえて調整する
	・芽出し処理	・ネットなどに入れ，土中（約2週間）で芽出しを行なう
	◎種苗（種根）の植付け ・適正な大きさの種苗の植付け	・植付けに用いる種苗の大きさは，長さ10～15cm（太さ8mm以上）とする
	・補植用苗の準備	・15cmポットに補植用の苗を養成しておく
	◎栽植密度 ・本圃と種苗養成圃で異なる栽植株数	・栽植密度は，本圃で630～710株/10a（株間70～80cm），種苗養成圃で1,250株/10a（株間50cm） ・植付け時に灌水し，床にワラを敷く
植付け後の管理	◎雑草防除 ・管理機を使わない除草作業	・除草作業は立ちガンナによる手作業とする
	◎間引き ・初年度は1本立て	・植付け初年度は1本立てにするため，2芽以上出た場合は間引いて1本にする
	◎剪定（露地栽培では毎年春の収穫直後に剪定）	・植付けの翌春に頂芽・側芽を収穫し，ただちに地際で3～4芽残して剪定する ・剪定後に生じた腋芽はすべて間引く
	◎施肥 ・剪定直後の施肥	・植付け2年目以降の施肥では，剪定・仕立て作業直後に肥料を全面散布する
	◎排水対策	・6月と9月の長雨期には，排水溝の設置などの排水対策を励行し，立枯疫病を未然に回避する
収穫	◎露地どり（収穫時期は4月以降）	・収穫期の目安は4月中旬～5月中旬（標高700m）
	・頂芽と側芽の収穫	・頂芽と第2～3側芽までを収穫する

種苗は土壌病害に汚染される心配が少なく、無病に近く、栽培上安全である。本圃のタラノキが仮に枯死しても、種苗が確保できればいつでも改植でき、ほぼ永続的にタラノキの栽培が可能になる。

更新用種苗の確保は、たとえば種苗を1000本購入したら、700～800本を本圃用に利用し、50～100本程度を補植用に準備し、残りの100本程度を種苗更新用にする（入手した苗を全部使わず、少しだけ更新用に回すことが大切）。

③植付け年の施肥

堆肥投入後の4月上・中旬までに、緩効性肥料のIB化成やCDU化成などを圃場に全面散布し、耕うんする。

施肥量は、本圃は3要素とも10a当たり15kg（IB化成なら10aで150kg）、種苗養成圃は10a当たり5～10kgとする（表5）。追肥は、生育が不良の場合に補足的に行なう。

表5　施肥例　（単位：kg/10a）

	肥料名	施肥量	成分量		
			窒素	リン酸	カリ
元肥	牛糞堆肥	2,000			
	IB化成	150	15	15	15

図3　種根にするために掘り上げられたタラノキの1年株

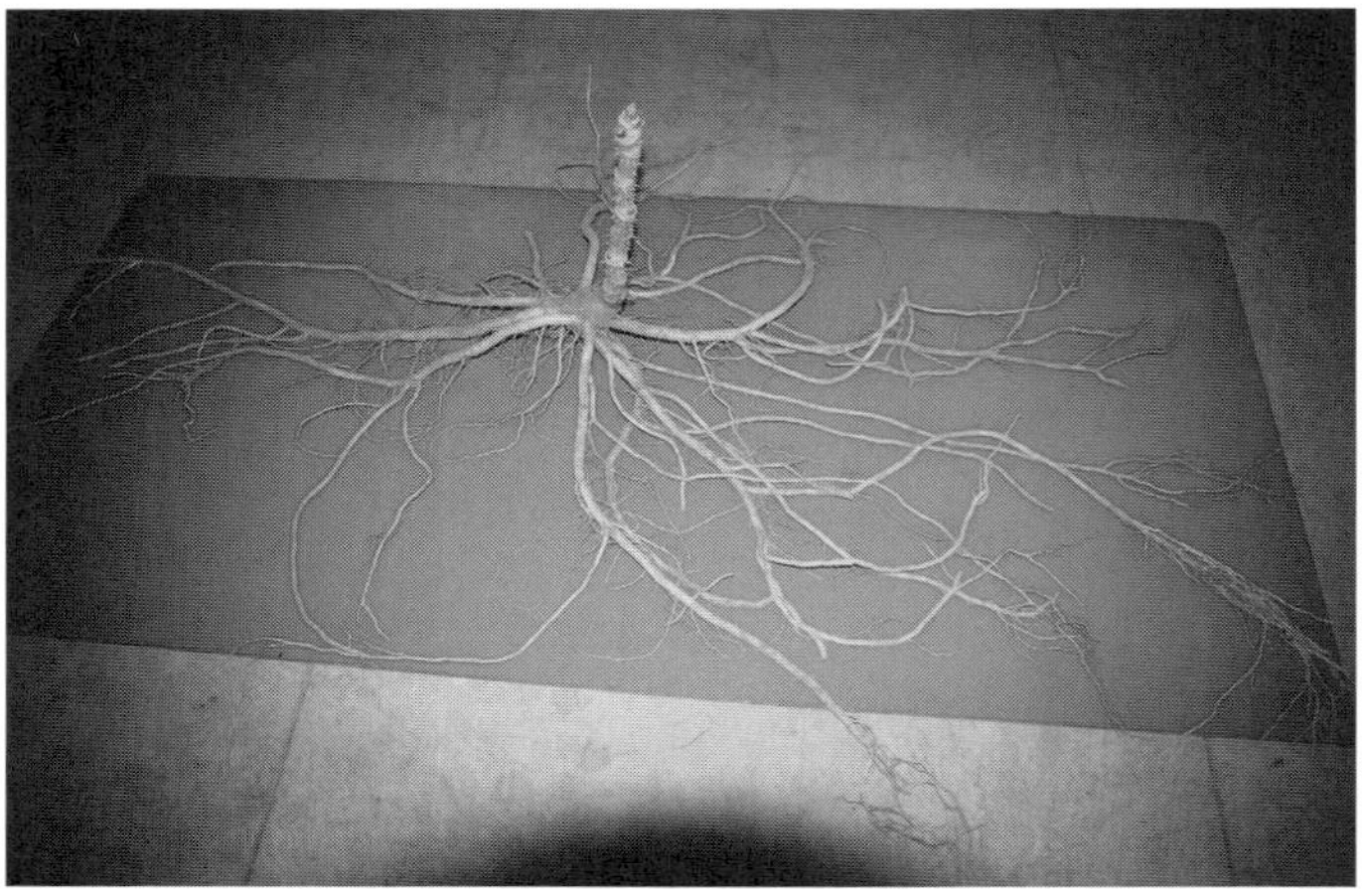

1株の根部から50～70本の種根（種苗）が得られる

④ウネづくり

平坦な畑の場合には、排水を考慮してやや高め（7～10㎝）の平ウネをつくる。本圃ではウネ幅を200㎝（床幅100㎝、通路100㎝）と広めにとる。種苗養成圃では、1年で株を掘り上げるため、ウネ幅を160㎝（床幅80㎝、通路80㎝）と本圃より狭くする。

図4　土中で芽出し処理をするために切断してネットに入れたタラノキの種根

(2) 植付けのやり方

①植付けの準備

タラノキは根部を細かく切断したもの（種根）を種苗として用いる栄養繁殖で増やすため、植付けはこの種根を直接根挿しして行なう。本圃10a分に必要な種根（種苗）は約700本。

タラノキを1年間養成して掘り上げると、1株の根部から約50本の種根を得ることができる。そこで、タラノキを10a栽培するために約15株の1年株を掘り上げる（図3）。掘り上げた根部を長さ10～15㎝（太さ8㎜以上）の種根（種苗）として調整する。種苗が準備できたら芽出し処理を行なう。種根をネットなどに入れ、10～14日間、土中で芽出しをする（図4）。

②種根（種苗）の植付け

4～5月上旬に植付けを行なう。調整した種根を、1ウネ1条植えとし、植え溝はつくらず、70～80㎝ごとに植穴を軽く掘り、5㎝程度の深さで植え付け（根挿し）、覆土する（図5）。植付け時に植穴ごとにホースで灌水すると活着がよい。床に乾燥防止、雑草防除のためにワラを敷く。

また、植付け後に苗が腐敗したり、ヨトウムシ類に食害されて欠株が生じたときのために、あらかじめ15㎝ポットで補植用苗を養成しておく。補植は6月上旬までに行なう。

③栽植密度

本圃の栽植本数は、ウネ幅200㎝、株間70～80㎝として、10a当たり630～710株になる。種苗養成圃ではウネ幅160㎝、株間50cmで10a当たり1250株植えとする。

(3) 植付け後の管理

① 雑草防除

除草作業は、立ちガンナを用いた手作業で行なう。タラノキは浅く広く根を張るため、管理機を通路部分に入れると根を切るので用いない。

② 間引き、剪定・仕立て

植付け初年度に、1本立てにするため2芽以上出た場合は1本に間引きする。植付けの翌春に頂芽・側芽を収穫した後（図7）、ただちに地際で幹を切り戻す（図8）。このとき、地際で新芽が3～4芽残るように剪定し、この芽を伸長させて3～4本に仕立てる。株の周りから発生する腋芽はすべて除去する。なお、切り戻しは毎年必ず行なう。

③ 植付け2年目以降の施肥

切り戻し剪定・仕立て作業の直後に肥料を、通路部分を中心に散布する。施肥量は初年度と同量とする。このときも管理機を用いない。

④ 排水対策

6月と9月の長雨の時期に注意する。水が畑に停滞しないよう、排水溝を設置するなど工夫し、排水対策を講じる。これにより、タラノキ立枯疫病を未然に回避することもできる。

(4) 収穫

収穫期は、標高700m地点で4月中旬（頂芽）～5月中旬（側芽）が目安になる。頂芽と第2～3側芽までを収穫する。収穫は、若芽が伸びて展開し始める直前を目安に摘み取る。頂芽の摘み取り後、2週間ほどで第2側芽が収穫でき

図5　ウネのとり方と根挿しの方法

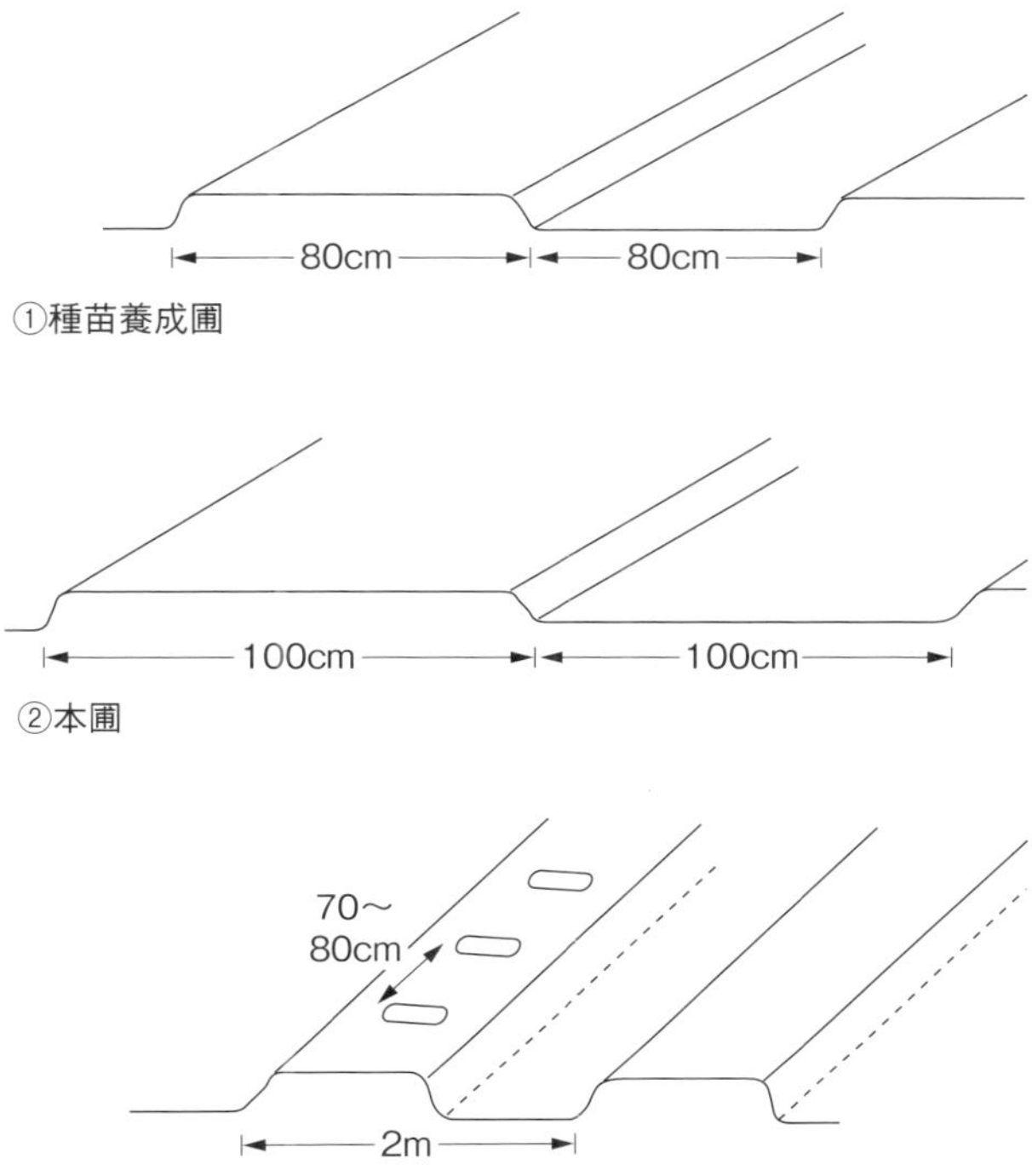

③根挿しの方法（本圃）

（1本ずつ水平に根挿しする。根の方向は，タテ，ヨコどちらでもよい）

図6　草丈40～50cmに伸びた1年生のタラノキ

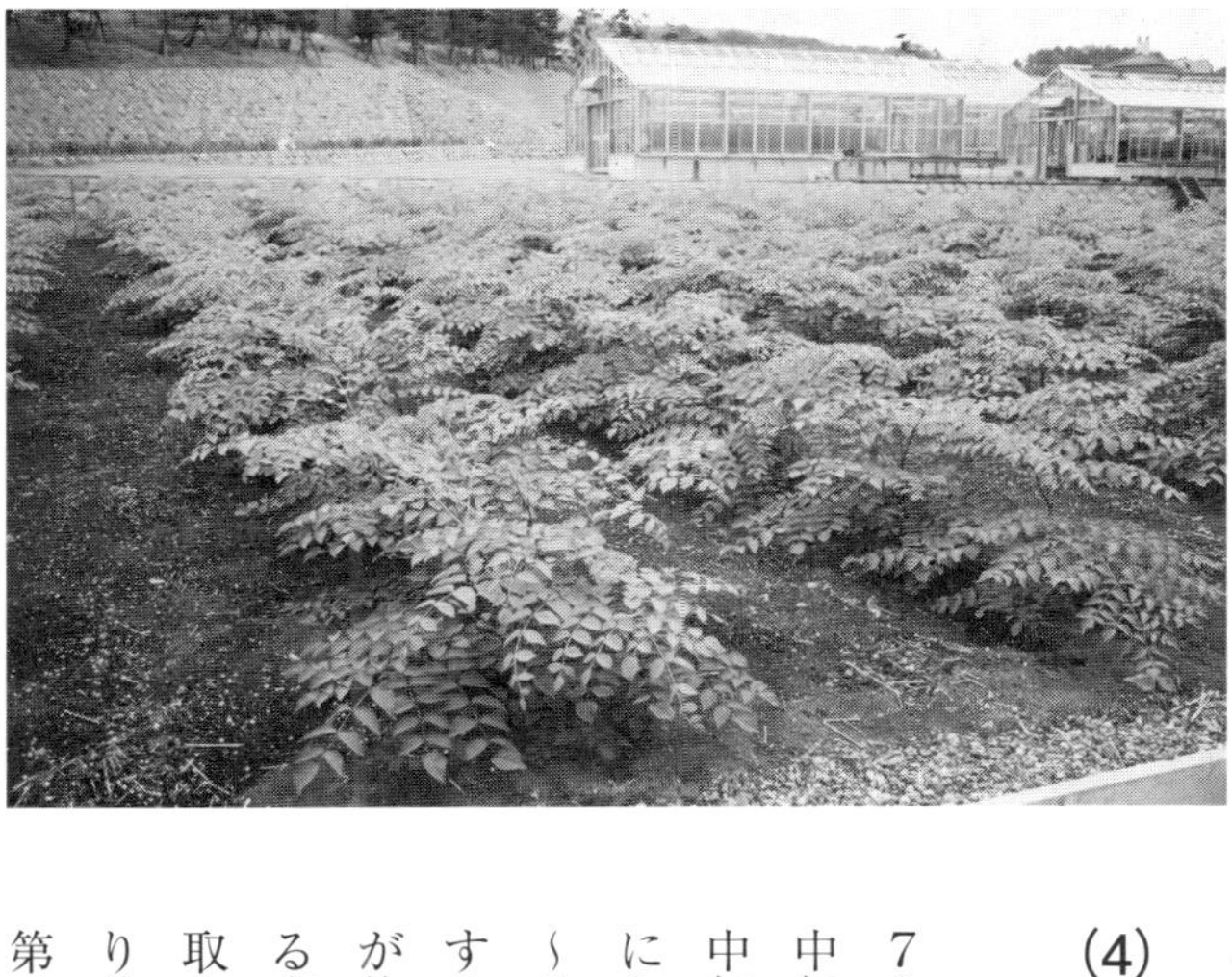

る。調製は、大きさをそろえ、1パック50～100gの重量に合わせ、パック詰めにする。

4 病害虫防除

タラノキを栽培するうえで最も致命的な病害はタラノキ立枯疫病。この病害は土壌伝染性で、幹や根がドロドロに溶けるような症状を示す。いったん発生すると防除がむずかしいため、病気を出さないための対策を行なう。

具体的な予防策は、(1)排水のよい場所を選ぶ、(2)タラノキ栽培の処女地で栽培する、(3)やや高めのウネを立てる、(4)ポリマルチをしない、(5)種苗の養成圃を毎年替える、(6)健全な種苗のみを使う、(7)ほかから土を持ち込まない、(8)農機具をよく洗う、(9)管理機などで根を切らない、(10)多肥栽培しない、など。

5 経営的特徴

露地栽培では、収量が10a当たり約1000kg、単価がkg当たり455円で、粗収入が45・5万円となる。経費を除いた所得は10a当たり27・9万円で、所得率は61・3％であ

図7　植付け2年目の収穫

図8　切り戻し剪定をしたタラノキ

表6　病害虫防除の方法

	病害虫名	防除法
病気	タラノキ立枯疫病	・無病の種苗を用いる。畑の排水をよくしておく
	そうか病	・罹病枝を切り取る
	軟腐病	・樹勢管理をしっかり行ない，畑の通風をよくしておく
害虫	センノカミキリ	・剪定後，株元にスミチオンをスポット散布する ・微生物農薬バイオリサ・カミキリを6月ころに2年目以降の主幹に巻き付ける

る（表7）。

販売方法として、市場出荷のほかに朝市や観光直売、山菜まつりなどが考えられる。また、加工品としての販売もできる。

（執筆：赤池一彦）

表7　タラノキ栽培の経営指標

項目	露地栽培	ふかし促成栽培
収量（kg/10a）	100	200
単価（円 /kg）	4,550	3,919
粗収入（円 /10a）	454,972	783,816
経営費（円 /10a）		
種苗費 1)	22,100	22,100
肥料費 1)	4,180	4,180
薬剤費 1)	24,842	26,898
諸材料費 1)	1,500	27,641
動力・光熱費 1)	3,597	76,837
小農具費 1)	2,479	5,019
修繕費	13,096	38,426
償却費	46,250	140,427
出荷経費	58,017	99,982
農業所得（円 /10a）	278,911	342,306
所得率（%）	61.3	43.6
労働時間（時間 /10a）	140	239

注1）使用年数５年
注2）「山梨県農業経営指標」2014年度版より

ふかし促成栽培

1 この作型の特徴と導入

(1) 作型の特徴と導入の注意点

ふかし促成栽培は、本圃で育成したタラノキの幹（穂木）を利用して、12月から3月にかけてハウス内の温床で若芽を出させて早出しする作型。

この作型には、冬の農閑期を上手に利用してタラノメの生産ができること、採集した幹（穂木）の各節に着生する側芽をすべて利用できることなどの利点がある。温床は無加温が基本だが、寒冷地では補助的に電熱線を用いる。ふかし促成栽培は露地栽培にくらべて収益性が高いため、営利栽培に向いた作型でもある。

この作型は、全国どこでもできるため、とくに地理的な条件や地域を選ばない。冬季に栽培する品目がないような寒冷地での栽培に

図9　タラノキのふかし促成栽培　栽培暦例

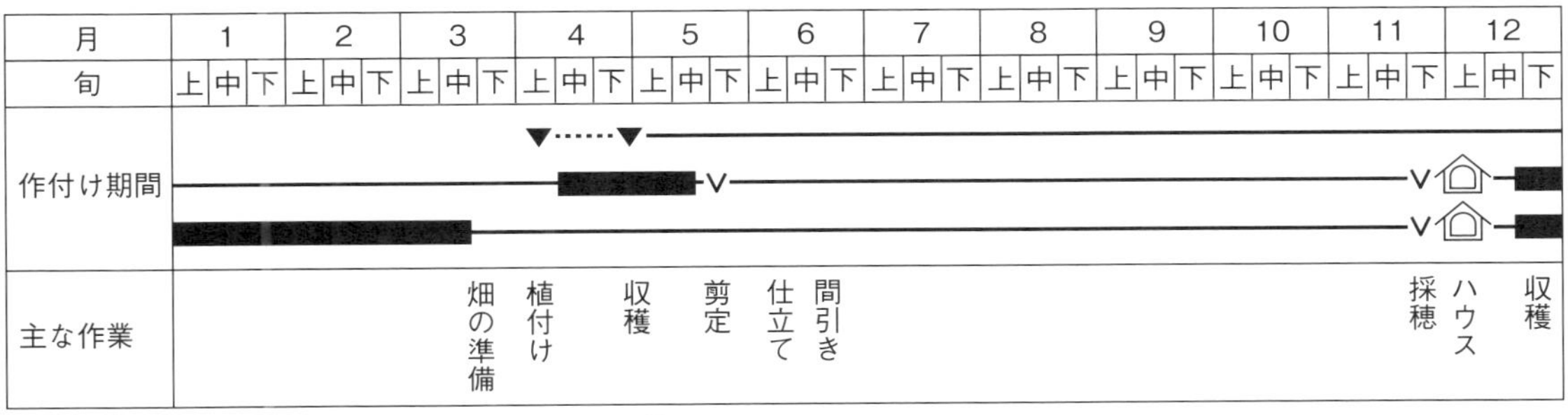

▼：植付け，■：収穫，V：切り戻し剪定，⌂：ハウス＋小トンネル

とくに向いている。

　ふかし促成栽培のために、本圃のほかに簡易なパイプハウス（幅4・5m、長さ20m程度）が1棟必要になる。

(2) 他の野菜・作物との組合せ方

　露地栽培の場合と同じように、水稲や野菜などとの組み合わせが考えられる。とくに高冷地では冬期間の労力を有効活用できることから、ふかし促成栽培の作型が適している。

2 栽培のおさえどころ

(1) どこで失敗しやすいか

温床内の温度・湿度管理　ふかし促成栽培では温床内の温度と湿度の管理が最も大切で、トンネル内の温度を上げすぎたり下げすぎたりしないことが上手につくるコツ。また、ハウスやトンネル内の湿度が上がりすぎると、軟腐病という芽が腐敗する病害が出やすくなるため、まめな換気が必要になる。

(2) おいしく安全につくるためのポイント

　ふかし促成栽培では、収穫直前に日光を当てて若芽を緑化する。芽が軟弱にならないよう、じっくり時間をかけて育て、最後に十分な光を与えて緑色をつけることが大切なポイントである。なお、病害との関連で、おいしく安全につくるポイントは、病害虫防除の項を参照していただきたい。

(3) 品種の選び方

　ふかし促成栽培は、ハウス内の温床を利用して側芽を一斉に出させて収穫するため、側芽が大きい、あるいは萌芽揃いがよい品種（系統）が望ましい。〝新駒〟や〝蔵王系〟は、側芽の揃いがよく、挿し穂（枝）にトゲがほとんどない、あるいは少ないことから作業がしやすく、ふかし促成栽培に適している。

　〝蔵王系〟の側芽はもともと小さいが、ふかし促成時はゆっくり低温気味に管理することではかま部分がふくらみ大きくなる。また、〝蔵王系〟は〝新駒〟と比べて根張りがよく繁殖力が旺盛で、タラノキ立枯疫病に比較的強いのが特徴である（露地栽培の表3を参照）。

3 栽培の手順

　ふかし促成栽培の場合、作付け2年目の春に頂芽を収穫するところまでは露地栽培と同じ管理を行なう。

(1) ふかし促成栽培の管理

①タラノキの圃場での育成
　ふかし促成栽培に用いる幹（穂木）の育成は、露地栽培と同様に行なう。栽植密度や施肥量も露地栽培に準ずる。

②仕立て
　植付け2年目の春に頂芽を収穫し、その後ふかし促成栽培用の幹（穂木）をつくるための仕立てを行なう（図10）。その際、露地栽培と同様に株元で切り戻すが、新芽を2～3芽と少なめに残す。以降、この芽を伸ばして2～3本に仕立てる。腋芽はすべて除去する。

③落葉後の採穂と剪定
　植付け2年目の秋（11月ころ）に、落葉した幹を順次株元で切断し、穂木を採集する（図11）。1株につき2～3本の穂木が得られる。このときの切り戻しでも翌年にそなえて

2～3芽残し、地際で剪定する。

④挿し穂と温床の準備

採穂した後、芽（節）ごとに穂を切断し、ふかし促成栽培用の挿し穂を多数確保する（図12）。穂木1本からおおよそ10～15芽（挿し穂10～15本）を得ることができるため、2本仕立ての株では、1株から20～30芽（挿し穂20～30本）を得ることができる。10ａに700株植えれば、2本仕立てで10ａ当たり1万4000～2万1000本の挿し穂を確保し利用できる。

ふかし促成栽培は厳冬期の栽培になるた

表8　タラノキのふかし促成栽培のポイント

	技術目標とポイント	技術内容
	【植付け翌春露地どり（収穫）までは，露地栽培の管理法に準ずる】	
ふかし促成栽培の管理	◎植付け2年目株の採穂，剪定	
	・剪定作業と採穂（穂木の採取）	・11月の落葉の後，順次採穂していく
	・芽を2～3芽残して剪定	・剪定は，2～3芽残して地際で切り戻す
	◎ふかし促成用挿し穂の準備 ・芽（節）ごとに穂を切断	・採穂した後，芽（節）ごとに穂を切断し，ふかし促成栽培用の挿し穂を多数確保する
	◎伏せ込みと温床の準備 ・枠づくり	・ハウス内に幅100～120cmの温床をつくり，トンネル掛けができるよう準備しておく
	◎伏せ込みと温床管理	・パーライトやオガクズを温床内に敷く（深さ5～7cm） ・切断した穂を温床内に太さ・長さ別に伏せ込む ・たっぷり灌水し，ビニールを遮光資材とともにトンネル被覆する
	・適切な温度設定	・温床内の気温は5（夜間）～22（日中）℃に保つ
	・保温と換気	・灌水と換気に気を配る
	・2～3回の伏せ込み	・12月から3月まで2～3回の伏せ込みができる
収穫	◎収穫と調製（収穫時期は12月末～3月下旬）	・収穫期は最も早くて12月末。以降3月下旬まで収穫できる
	・主に側芽を用いた生産と収穫	・採穂した幹のすべての側芽を収穫できる
		・調製は，芽の大きさごとにそろえ，1トレイ55gのパック詰めにする

図11　タラノキ2年目株の落葉後の様子。これを穂木としてふかし促成栽培に用いる

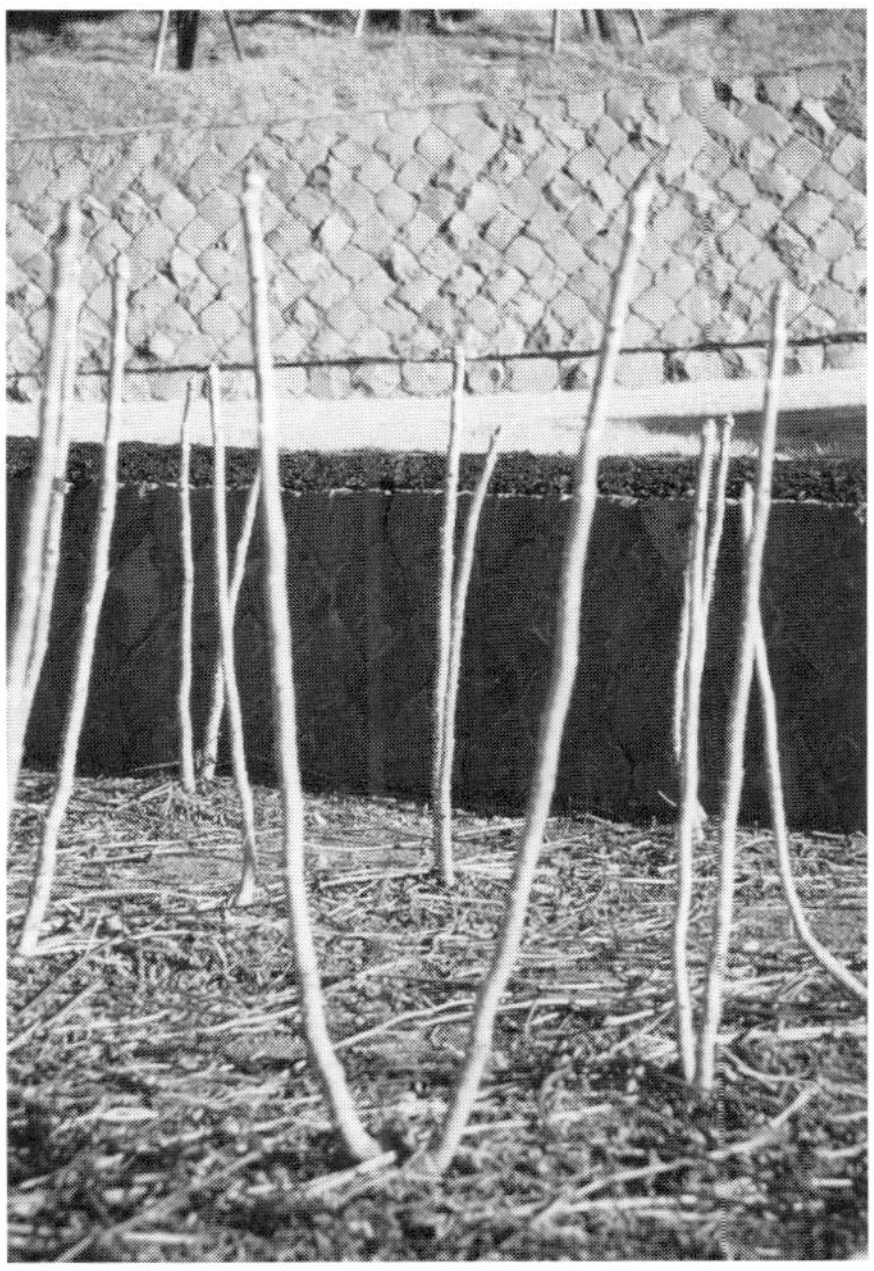

図10　タラノキ2年目株の様子（手前は水田）

め、パイプハウスを利用する。ハウス内に二重カーテンを張り、さらに内側に小トンネルをつくって梨地フィルム、保温マットをかける（図13）。また、遮光用に黒寒冷紗などを用いる。伏せ込み床として幅１００～１２０cm、深さ10cm程度の温床をつくり、厚めの貫板で囲んで固定する。透水性・通気性のある遮根シートを敷き、パーライト（細粒）やオガクズを厚さ5～7cmに敷き詰める。

図12　ふかし促成栽培用の挿し穂の準備

⑤萌芽促進処理、伏せ込み

早期（12月）からふかし促成栽培を開始する場合は、休眠を破り萌芽をそろえるために、切断した挿し穂をジベレリン50ppm液に浸漬してから床に挿す。

挿し穂は生育速度が異なるため、その後の管理や収穫時の若芽の切断のしやすさから頂芽と側芽、太さと長さ別に仕分け、少し間隔に余裕をもちながら5～7cmの深さで床に伏せ込む（図14）。たっぷり灌水してからトンネルを被覆する。

図13　ふかし促成栽培用の温床と挿し穂（穂木）の伏せ込み方

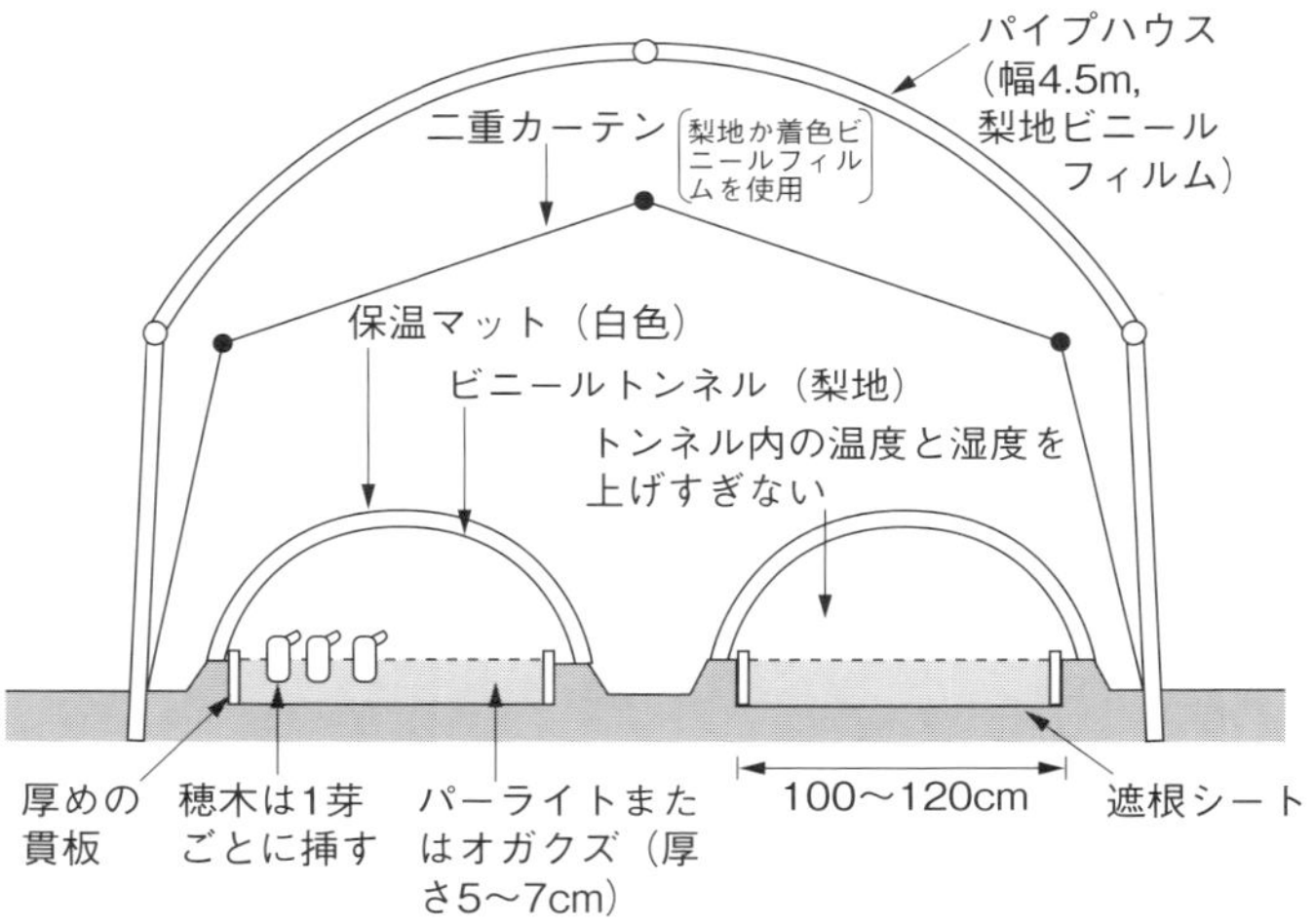

⑥温床管理

トンネル内の温度が5（夜間）～22（日中）℃、平均13～14℃になるような温度管理に努める。日中温度が上がりすぎないよう気

図14　温床に伏せ込んだタラノキの挿し穂

をつける。また、トンネル内を蒸れた状態にしない。夜間に凍結のおそれがある場合は、電熱線を敷設し、5〜10℃に設定する。灌水は、少し乾燥ぎみになった時点で行ない、適度に湿っているような状態に保つ。

(2) 収穫

伏せ込みは12月から3月にかけて2〜3回できる。伏せ込み後、生育日数30〜45日で緑化したら、ハサミを用いて収穫する。収穫後タラノメの大きさを揃え、1パック55gになるよう、等・階級ごとに調製しパック詰めする（図15）。

図15　等・階級ごとに調製し，パック詰めしたタラノメ

4 病害虫防除

ふかし促成栽培の温床で発生しやすい病害には軟腐病がある。この病気にやられると穂木と若芽が溶けるように腐り、異臭を放つ。

軟腐病は、温床内の温度・湿度が高いと発生しやすいため、温度の上昇を防ぐことと通気を図ることが大切な管理になる。また、病原菌が夏場に過繁茂になったタラノキの枝や幹から侵入するため、本圃で樹が過繁茂にならないよう仕立て・整枝をしっかり行ない、通気をよくする。これによって軟腐病を未然に防ぐことができる。

5 経営的特徴

ふかし促成栽培では、10a当たり収量が約200kg、単価がkg当たり3919円で、粗収入が78・4万円になる。経費などを除いた所得は10a当たり34・2万円で、所得率は43・6%である（「山梨県農業経営指標」、2014年度版より）。

経営指標は露地栽培の表7を参照していただきたい。

販売方法は市場出荷が主となるが、朝市や観光直売という販路も考えられる。

（執筆：赤池一彦）

クサソテツ（コゴミ）

表1　コゴミの作型，特徴と栽培のポイント

主な作型（東北地域の例）と適地

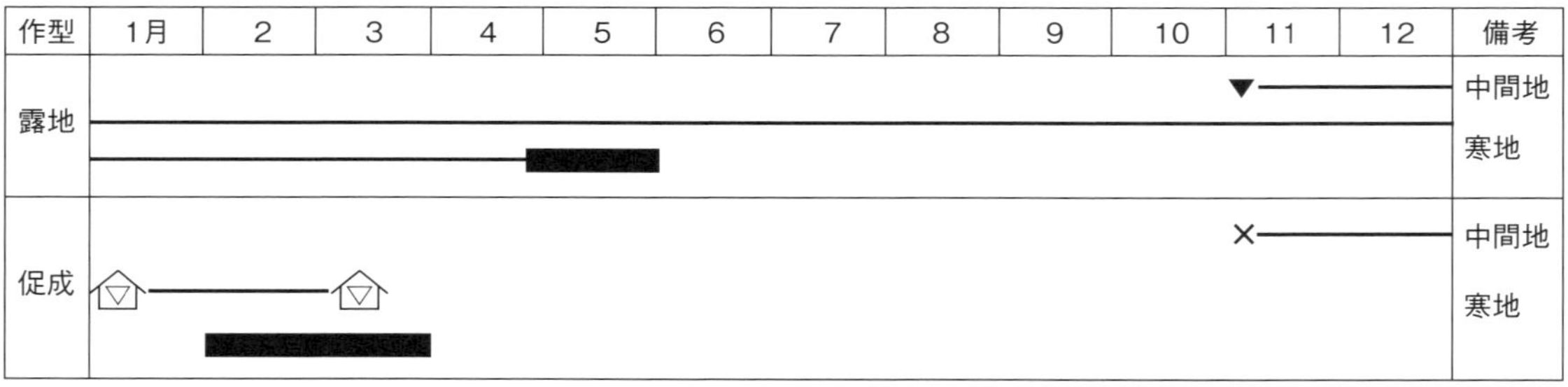

▼：子株植付け，×：根株掘り取り，▽：根株伏せ込み，⌂：ハウス，■：収穫

特徴	名称	クサソテツ（コウヤワラビ科クサソテツ属），別名：コゴミ，コゴメなど
	原産地・来歴	山野に自生
	栄養・機能性成分	植物性タンパク質
生理・生態的特徴	温度への反応	高温に弱く，葉焼けが発生
	日照への反応	半日陰地を好む
	土壌適応性	腐植が多く通気性のよい土壌が適する。酸性には強い
	休眠	根株に休眠があるが，不明な点が多い
栽培のポイント	主な病害虫	ほとんど問題がない
	他の作物との組合せ	促成栽培では，トマト，キュウリ，メロンなどの果菜類や葉菜類との組合せが可能

この野菜の特徴と利用

(1) 野菜としての特徴と利用

クサソテツ（コゴミ）はコウヤワラビ科クサソテツ属の多年生のシダ植物である。植物名はクサソテツで、山菜となる若芽はコゴミ、アオコゴミ、コゴメなどと呼ばれている。日本では各地の山野に自生している。

クサソテツは、古くから山菜として、まだ葉が開かない若茎を採取し、食べられてきた。若茎は植物性タンパク質を含み、柔らかく、鮮やかな緑色で、特有の香りといくぶんのぬめりがあり、ほかの山菜に比較するとくせがない。あくがないので調理も簡単で、お浸しや胡麻あえなどにして食べられ、旬を感じとることができる食材である。

表2　クサソテツ（コゴミ）の用途

食用	・あくがないので簡易に調理できる ・お浸し，胡麻あえ，クルミあえ，酢味噌あえ，天ぷらなど ・保存は塩漬け
観賞用	・根株を鉢植えにし，室内のインテリアにする ・庭の下草

(2) 生理的な特徴と適地

クサソテツは一般に半日陰の湿度のやや高い山野に自生し、融雪後、根株の上部から葉を出す。

葉数は、株の大きさにもよるが、6～15枚程度。根株からランナー（ほふく枝）を出し、その先端に子株をつくって繁殖する。葉は、シダ植物特有の羽状で、栄養葉と胞子葉がある（図2）。栄養葉は、条件にもよるが、大きいもので1mにもなる。胞子葉は秋に栄養葉の中心部から出て、葉の内部に胞子のう群を形成する。

クサソテツは、耕土が深く腐植の多い保水・排水のよい場所に適する。酸性には強く、一般的に酸度矯正の必要はない。

（執筆：北川　守）

図1　クサソテツの観葉植物としての利用

図2　クサソテツの栄養葉と胞子葉

露地栽培、促成栽培

1 この作型の特徴と導入

(1) 作型の特徴と導入の注意点

コゴミ栽培の作型は少なく、大きく分けて露地栽培と促成栽培がある。

露地栽培は、設備投資が少なく、農地や林床などで幅広く栽培できる作型。春先にトンネル被覆をすれば、収穫期を早める栽培もできる。

促成栽培は、ハウスなどの設備が必要だが、価格の高い時期に収穫できる作型。この作型で栽培するためには、促成に適する大きな株を大量に計画的に準備しておく必要がある。

(2) 他の野菜・作物との組合せ方

露地栽培での組合せは、株養成に数年を要するので、1年での組合せはできない。しかし促成は、冬期間のハウス利用だけなので、トマト、キュウリ、メロンなどの果菜類、そのほか葉菜類との組合せは可能。

2 栽培のおさえどころ

(1) どこで失敗しやすいか

高温対策　平地で栽培する場合は、夏季の高温対策として遮光資材などを利用し、生育の促進を図る。

防風対策　強風地帯では葉が折損しやすいので、防風対策を講じる。

計画的な根株の養成　収穫までの根株養成期間が長いので、計画的に根株の養成を図る必要がある。

(2) おいしく安全につくるためのポイント

病害虫の心配はほとんどなく、無農薬栽培が可能である。

3 栽培の手順

(1) 露地栽培

①根株の増殖

コゴミ栽培では、露地栽培でも促成栽培でも、まず根株を養成・増殖しなければならない。根株を増殖するためには、ランナーで行なう方法と、胞子葉から採取した胞子から苗を育成する方法があるが、一般的にはランナーによる増殖が行なわれる（図4）。

ランナーの採取は、早春の芽が動き出す前に行なう。ランナーを植え付ける圃場に10a当たり堆肥2～3t、窒素、リン酸、カリとも成分で10kgほどを施用する（表3）。ベッドの幅を120cm、条間を20cmとし、溝を切る。この溝にランナーを15cmほどに切断して植え付ける。このとき、ランナーの頂部は萌芽が早く、生育が旺盛なので、頂部を含むランナーと含まないランナーでは萌芽時期がちがうので、別々に分けて植え付ける。3～5cmほど覆土を行なう。さらに、モミガラを敷き、乾燥を防ぐ。

図3　コゴミ栽培　栽培暦例

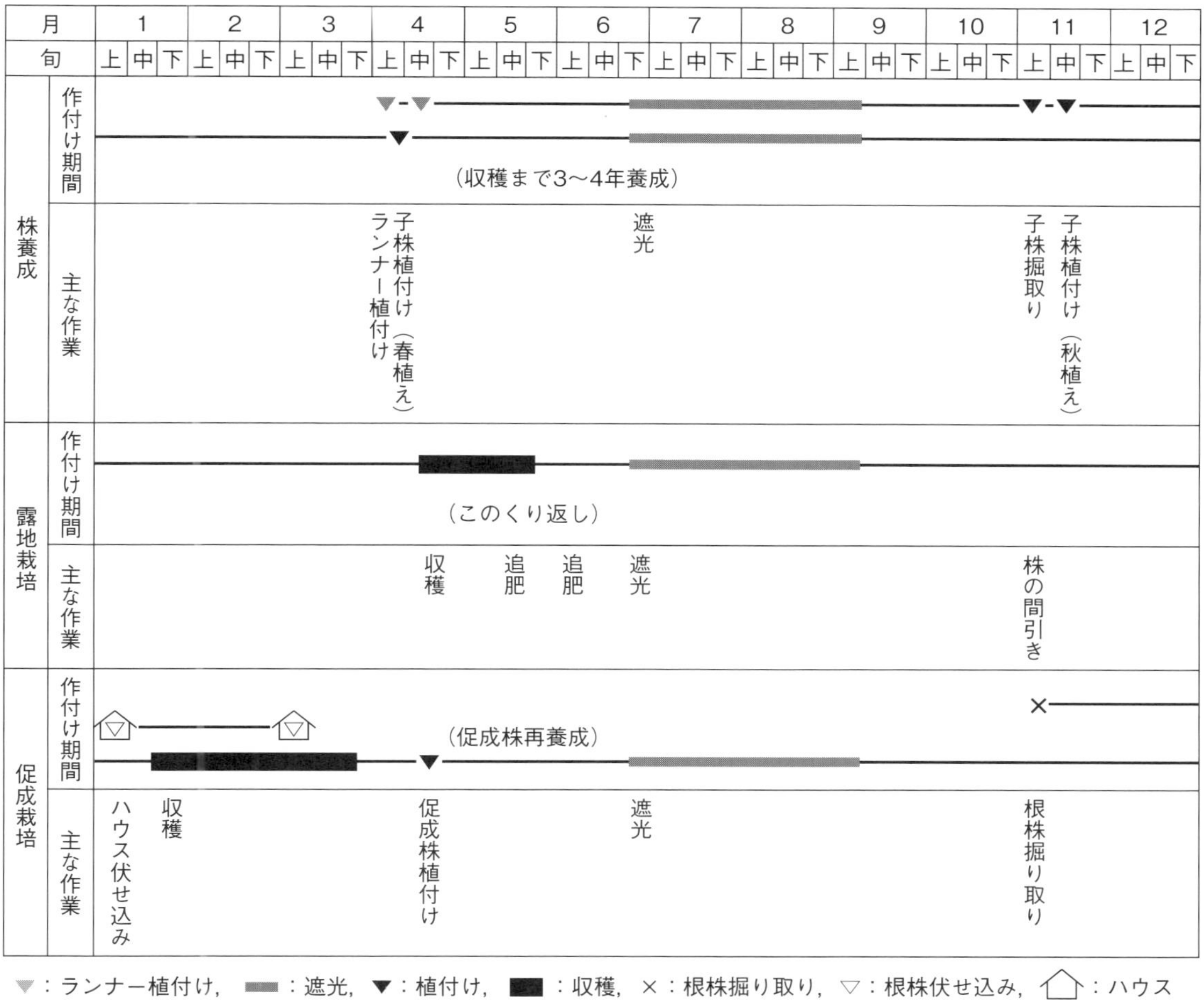

表3　元肥の施肥例　（単位：kg/10a）

肥料名	施肥量	成分量		
		窒素	リン酸	カリ
堆肥	2,000～3,000			
CDU 複合燐加安	60	9.6	4.8	7.2
苦土重焼燐	16		5.6	
塩化加里	5			3.0
施肥成分量		9.6	10.4	10.2

図4　クサソテツのランナーによる増殖

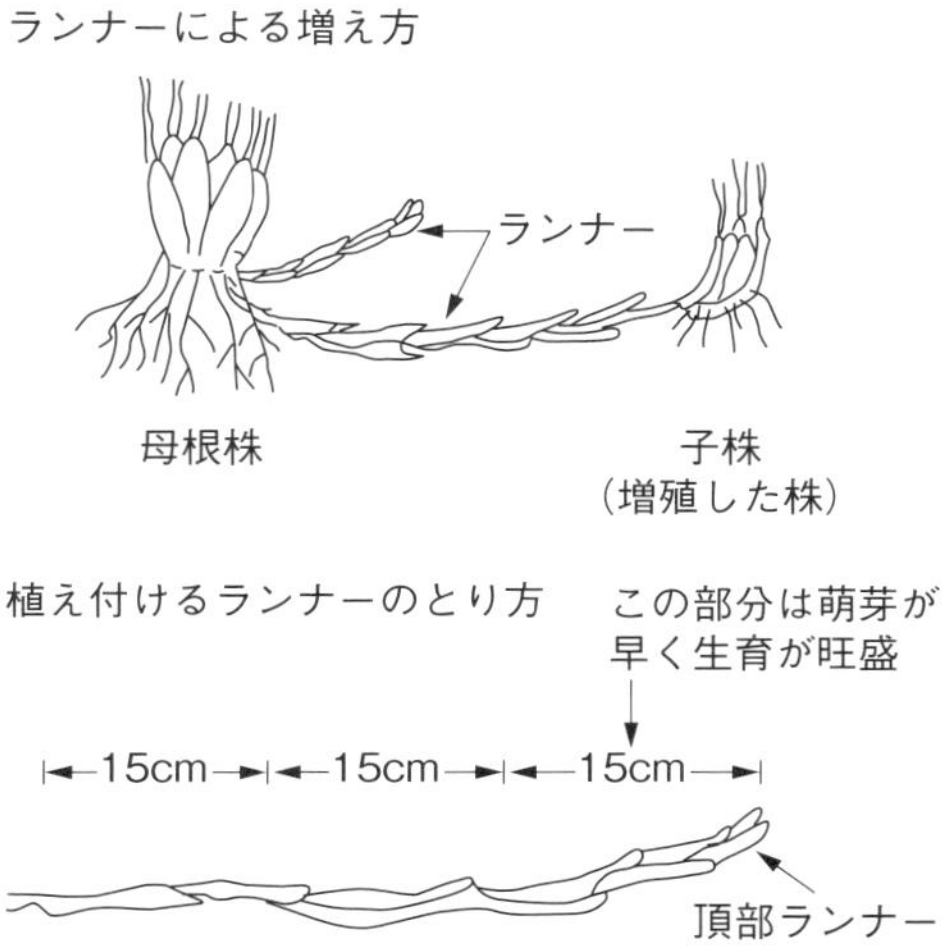

表4　2年目以降の施肥例

（単位：kg /10a）

肥料名	施肥量		成分量		
	5月下旬	7月上旬	窒素	リン酸	カリ
CDU 複合燐加安	30	30	9.6	4.8	7.2
苦土重焼燐	8	8		5.6	
塩化加里	2	3			3.0
施肥成分量			9.6	10.4	10.2

図5　遮光のやり方

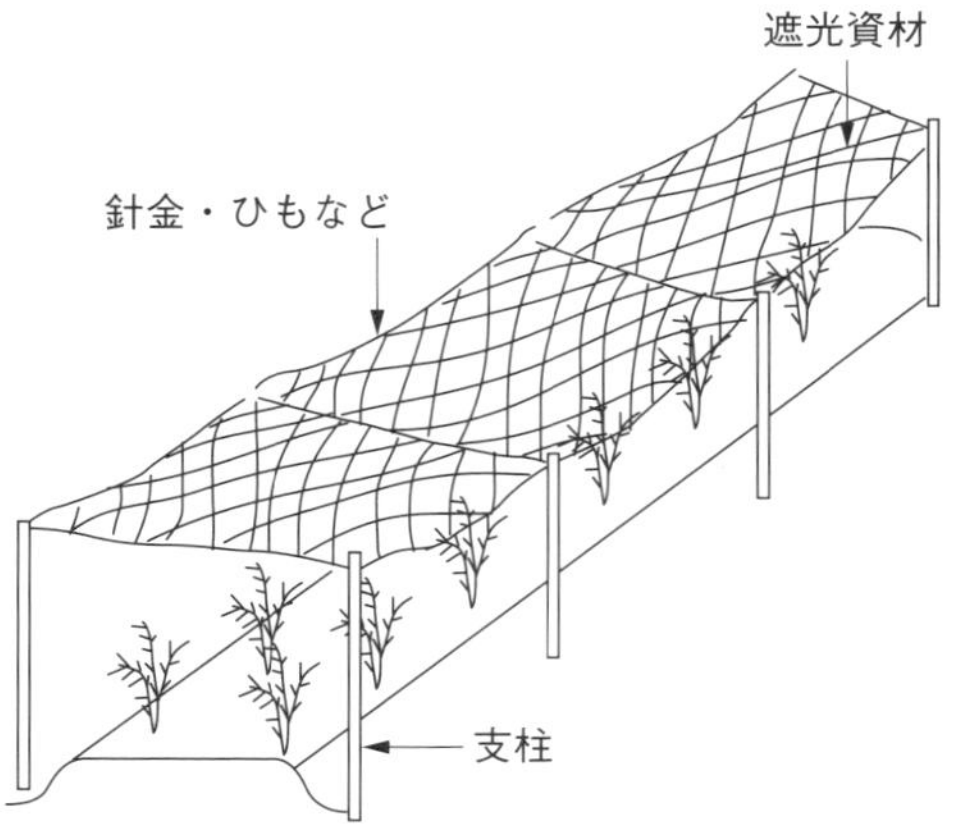

通気性がよい遮光資材を上部に展張する
強風地帯では飛ばされることがあるので，要注意

②子株の管理

6月ころにランナー1本から1〜2本が萌芽し、子株になる。夏の高温対策として遮光資材（遮光率30〜40％）で遮光し、生育の促進を図る（図5）。

子株を当年の秋か翌春に移植し、株の養成に入る。ウネ幅を80〜100cmとし、株間を20〜30cmにして移植する。なお、養成修了時の根株の掘り取りを機械で行なう場合には、ウネ幅160cm、ベッド幅100cm、株間20cmの2条植えにすると効率的。植付け圃場の施肥はランナー植付け時に準じる。

2年目以降は春と初夏に10a当たり窒素、リン酸、カリとも成分で5kgほどを施用する（表4）。また、夏季に遮光資材を利用し、葉焼けを防止して生育の促進を図る。

③収穫

根株の株径が5cm以上になった時点から収穫を行なう。春先に若茎が15cmほどに伸びたときが収穫時期。根株が小さいと細い若茎になるので、収穫せずに株の養成に努める。ランナーの養成から収穫までに3〜4年ほどかかる。大株では2回ほど収穫を行ない、その後収穫を打ち切って葉を伸ばし、次年度の株養成を図る。

④収穫後の管理

収穫打ち切り後と初夏に施肥を行なう。施肥量は窒素、リン酸、カリとも成分で10a当たり5kgほど。

植付け後数年経過すると株が込みあい、品質も低下するので、間引きを行なう。込みあった部分の株を稲刈り鎌などで切り取り、順次株を更新していく。間引いた大株は促成栽培などに利用するとよい。

図6　収穫期のコゴミ

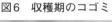

(2) 促成栽培

根株の増殖、子株の管理は露地栽培と同じである。

①根株の準備

促成栽培に利用できる根株は株径5cm以上の大きな株。小さい株は若茎の開きが早く、細くて品質が劣るので、用いない。

茎葉が枯れこんだ晩秋から初冬に根株を掘り取り、伏せ込むまで乾燥しないように野積みして保管する。

図7　促成栽培用に掘り取ったクサソテツの根株

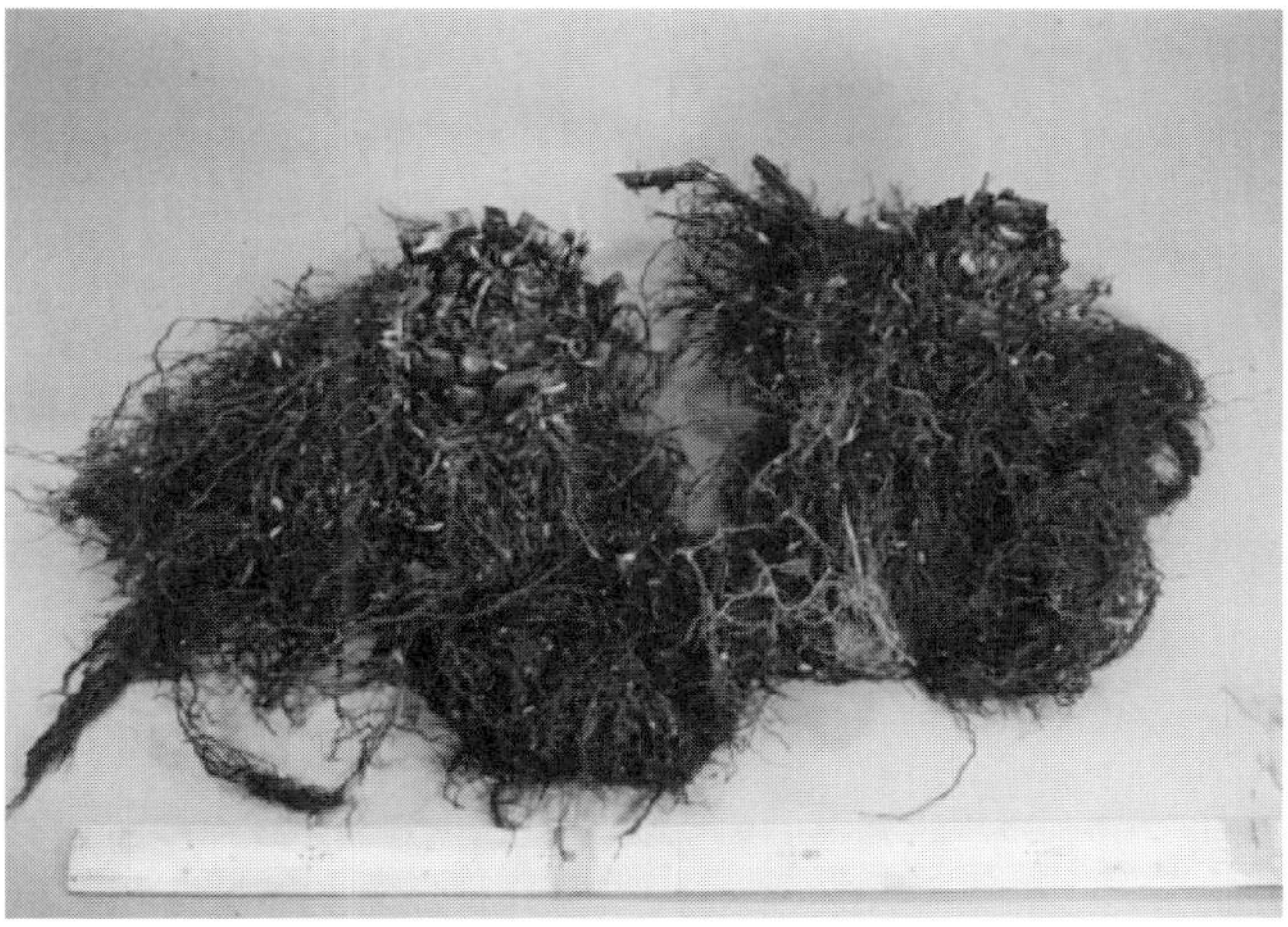

②促成床の準備と根株の伏せ込み

促成床つくり　ハウス内を床幅120～150cm、深さ30cmほど掘り下げる。最下部に断熱材（ワラかモミガラ）を敷き、その上に土を入れて固め、電熱線を3・3㎡当たり200～250Wに配線する。その上にさらに土を入れ、均平にする（図8）。

伏せ込み　根株を隙間なく順次密に伏せ込み、目土を入れて十分灌水し、その上にモミガラを入れる。伏せ込みのとき、株の大きさによって萌芽に遅速があるので、できるだけ大きさ別に伏せ込むと収穫などがやりやすくなる。伏せ込み株数は、1㎡当たり80～100株ほどにする。

根株の伏せ込み時期は、休眠のために年内伏せ込みでは収穫までの日数が長く、揃いが劣るので、年あけの伏せ込みが安定している。伏せ込みから収穫まで20日ほどかかるので、収穫時期を想定して作業を進めたい。

図8　伏せ込み床のつくり方

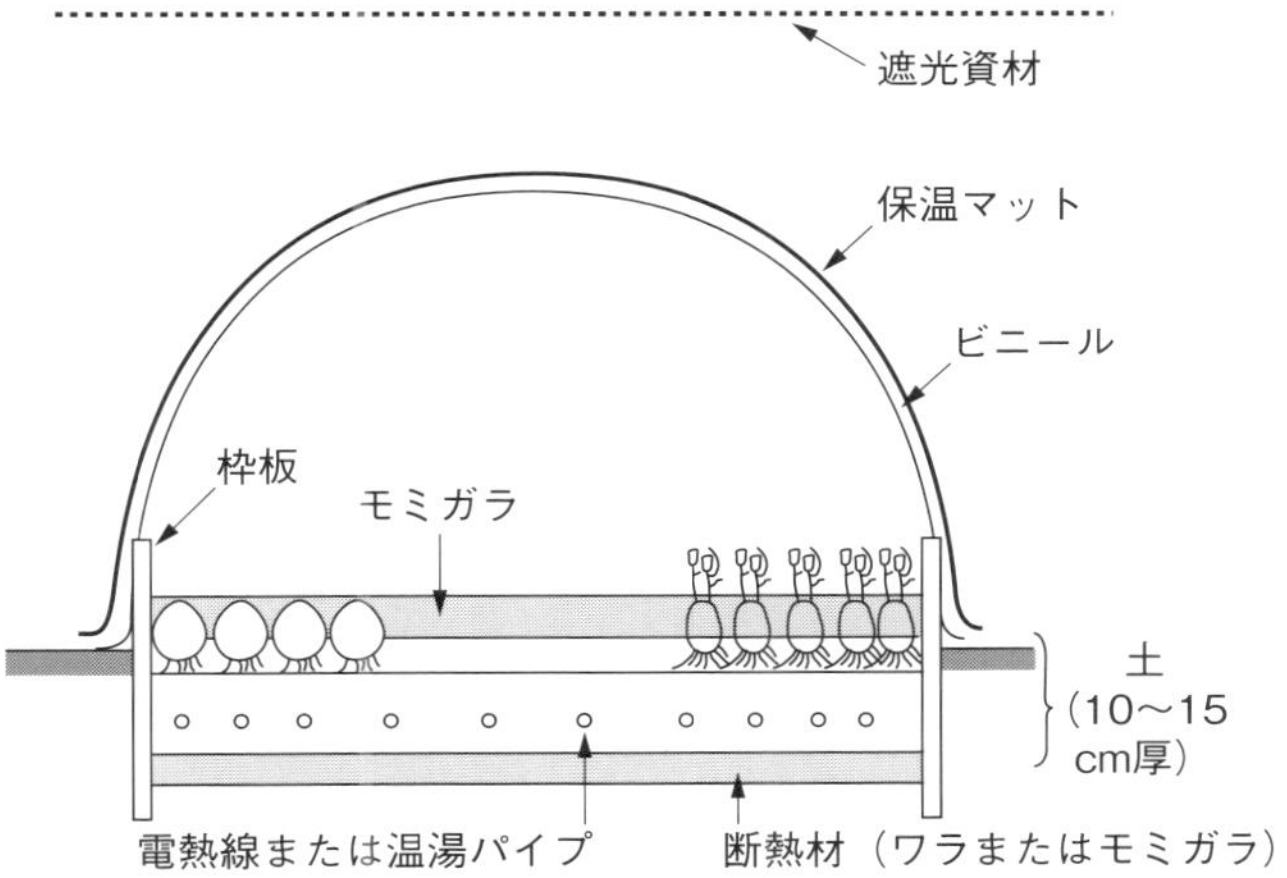

③促成管理

萌芽までの温度管理は18～20℃を目標にし、トンネルを密閉して湿度を保つ。晴天日にはトンネル内が高温になるので、トンネル上部に昇温防止のため遮光資材を張る。乾燥したり高温になりすぎると萌芽が悪く、生育の揃いが劣るので注意する。

④収穫

伏せ込み後15日ほどで萌芽し、その後5～7日で若茎が15cmほどに伸びる。先端が巻いているうちに順次収穫する。収穫回数が進み、若茎が淡緑色になり、細くなってきたら、収穫を打ち切る。収量は株の大きさによって異なるが、1株当たり10～20本、30～100g程度が見込まれる。伏せ込みから収

図9　トンネル状の遮光による根株の養成

穫終了まで、ほぼ50日程度かかる。

⑤収穫後の株の管理

収穫後の根株を再利用する場合は、根株を掘り上げ、乾燥しないように管理して、春先に露地栽培の子株の管理に準じて植え付ける。2～3年養成すると利用できるようになる。

4　病害虫防除

病害虫の発生はほとんどみられない。

5　経営的特徴

経営のポイントは株の養成をいかに効率よく、しかも計画的に行なうかにある。そこで、株の養成に遊休地などをうまく利用することも考えられる。また、林床や遮光植物（ブドウやアケビなどのつる性植物）を利用すると、遮光の省力化にもつながる。

促成栽培から露地栽培までうまく組み合わせることにより、さらに収益性の高い経営が成り立つと考えられる。

（執筆：北川　守）

山形県庄内地方での栽培

山形県庄内地方におけるクサソテツ（コゴミ）の生産は、大半が株を北海道から購入して冬期間に出荷する促成栽培（図10）が中心で、一部、露地栽培もある。促成栽培は、ハウス内にベッドを設置して、11月下旬から株の伏せ込みを始め、出荷は12月上旬頃から4月下旬頃まで行なわれている。促成栽培の主な管理は、ベッド内温度を20℃前後に保つため、電熱線で加温し被覆資材で二重に覆って保温し、乾燥しないように適宜灌水を行なうことである。栽培のポイントは、天候によってハウス内が急激に高温（40℃以上）になると障害が発生しやすいので、温度管理に細心の注意を払うことである。

収穫は、加温開始後1～2週間頃から始まり（休眠の影響で年内は期間が長い）、出荷規格（10～15cm）に伸びたら収穫する（図11）。一度収穫した後も、新しい芽が順次伸び1株から5～8本程度収穫できる。また、1シーズンにベッドが4回転するように計画的にずらして伏せ込んでいる。出荷調製は、新鮮さを保持するために、水洗いしてから葉

図10　山形県庄内地方での促成栽培暦

月	11	12			1			2			3			4		
旬	下	上	中	下	上	中	下	上	中	下	上	中	下	上	中	下
	根株の伏せ込み	収穫・出荷 ⟷														

図12　出荷時の姿

図11　収穫中のコゴミ

の下処理を行なう。その後、50gにパック包装し、京浜市場を中心に関西や地元市場へ出荷されている（図12）。

（執筆：齋藤克哉、取材協力：JA全農山形園芸部園芸庄内推進室）

エシャレット

表1　エシャレットの作型，特徴と栽培のポイント

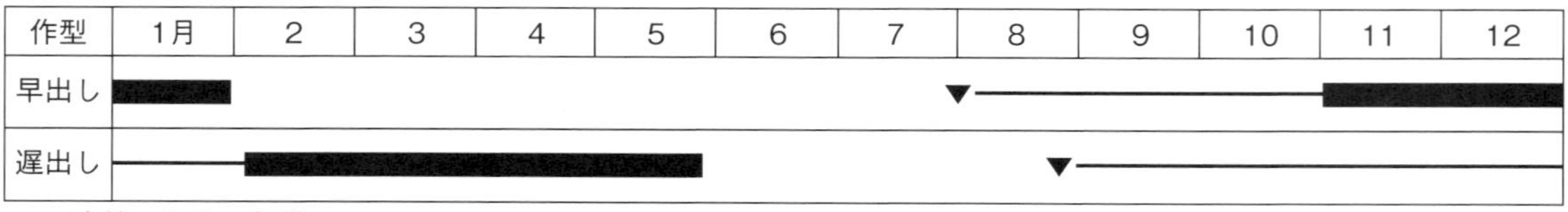

▼：定植，■：収穫

特徴	名称	エシャレット（ヒガンバナ科ネギ属）
	原産地	中国
	栄養・機能性成分	硫化アリルを含み，これは酵素によって強い殺菌作用，ビタミンB_1増強作用をもつアリシンになる
生理・生態的特徴	日長・温度への反応	日長13時間以上，気温12℃以上で球肥大が始まる 30℃以上の高温時に浅い休眠がある
	土壌適応性	良品生産には砂質土壌がよい
栽培のポイント	主な病害虫	軟腐病，白色疫病，さび病，アザミウマ類，ネダニ，シロイチモジヨトウ，ネギコガ，ネギハモグリバエ
	他の作物との組合せ	サツマイモ，サトイモ，トウガンなど

図2　エシャレットの塩昆布和え

図1　エシャレット（島《しま》田《だ》髷《まげ》姿に束ねた荷姿）

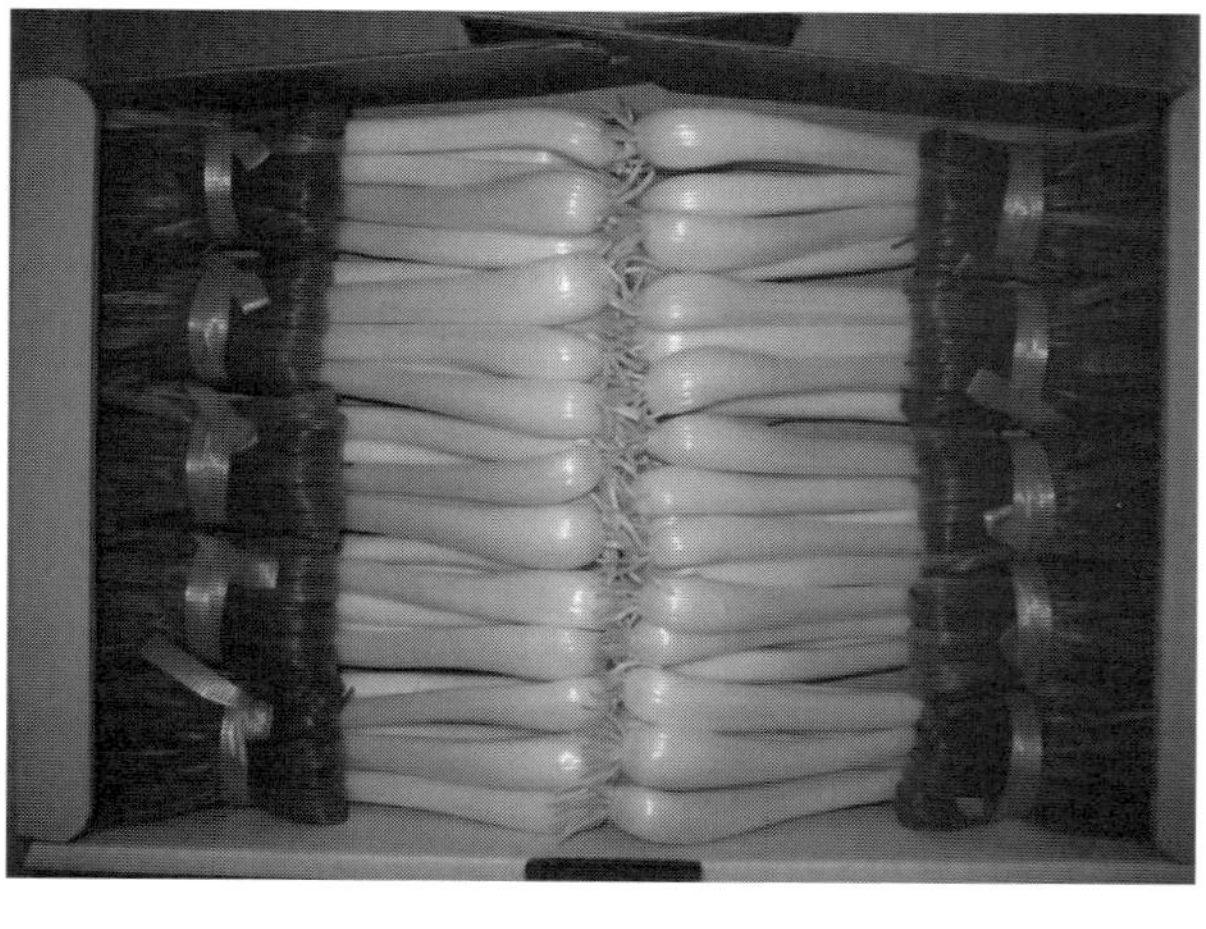

この野菜の特徴と利用

(1) 野菜としての特徴と利用

ラッキョウを土寄せして軟白化したものがエシャレットである（図1）。昭和30年ごろに浜松市南部海岸地域で漬物用に栽培していたラッキョウを生食用として軟白栽培したことに始まる。西洋野菜「シャロット」のフランス語「échalote」から名前がつけられたといわれている。現在エシャレットは、静岡県のほか、茨城県が主要な産地となっている。

ラッキョウは中国が原産地とされ、日本での栽培種は「ラクダ系」「八つ房」「玉ラッキョウ」「晩生系」の4系統であるとされている。エシャレット用としてはラクダ系、晩生系の2系統が利用されている。

エシャレットは生で食べられることが多いが、加熱してもおいしく食べることができる。生では、味噌やマヨネーズをつけて食べたり、塩漬けなどにして食べることができる（図2）。また、天ぷらや炒め物にするとホクホク感が出て生とは違った食感を楽しめる。

(2) 生理的な特徴と適地

エシャレットの生育適温は20℃前後と冷涼な気候を好む。30℃以上の高温時には休眠するが、この休眠はごく浅く、球の肥大終了後の約1カ月間で終わる。

11月ころに花茎が伸び、その先に紫色の花をつける（図3）。小さな種子は稔るが、栽培に使用するには手間がかかる。そのため、繁殖は分球した球根を利用する。秋と春の2回分球する。

球の肥大は、葉から転流する養分に加え、日長（13時間以上）、温度（12℃以上）の条件がそろうと始まる。多肥条件などで球内の窒素と水分が多いと遅れぎみになる。

現在、産地では11月から収穫を開始し、葉が枯れ始める5～6月までに掘り取り、冷蔵庫に貯蔵して10月まで順次出荷している。

土壌適応性は広く、乾燥には比較的強いが、湿害には弱く、栽培にあたっては排水のよい圃場が適する。とくに色、ツヤ、締まり、歯切れのよいものを生産するためには砂質土壌が望ましい。

（執筆：坂口優子）

図3　花茎の先に紫色の花

マルチ栽培

1 この作型の特徴と導入

(1) 作型の特徴と導入の注意点

かつては露地栽培が主体であったが、早期出荷、除草・土寄せ労力の軽減、土壌水分や地温の安定を目的に、現在、マルチ栽培が一般的になっている（図５）。

マルチ栽培では、出荷時期に応じてマルチを使い分ける。産地では、11月から収穫する早出し型は8月上旬ころに定植するため、マルチ内が高温になるのを防げる銀黒ダブルマルチを使用し、2月以降収穫する作型では地温確保のため黒マルチを使用している。マルチを張る場合は、植穴の内部の土が崩れないよう事前に灌水をしておく。

(2) 他の野菜・作物との組合せ方

エシャレットは、ほぼ周年で栽培され、専作が多い。ただし、年内収穫の圃場では早掘りのサツマイモや、トウガンなどの作付けもみられる。近年、風による土壌の飛散防止や地力向上を目的に作付け終了後の緑肥作物の栽培が増えている。土壌病害の回避のため、輪作体系を確立することが必要である。

2 栽培のおさえどころ

(1) どこで失敗しやすいか

エシャレットの栽培では、圃場の選定、健全な種球の確保、病害虫防除がポイントとなる。

土質は選ばないが、砂質土壌の方が形状や色沢に優れる。砂質土は乾燥しやすいので、灌水設備のあるところを選定する。種球は、ウイルス、腐敗病などに侵されていないものを確保する。

図4　エシャレットのマルチ栽培　栽培暦例

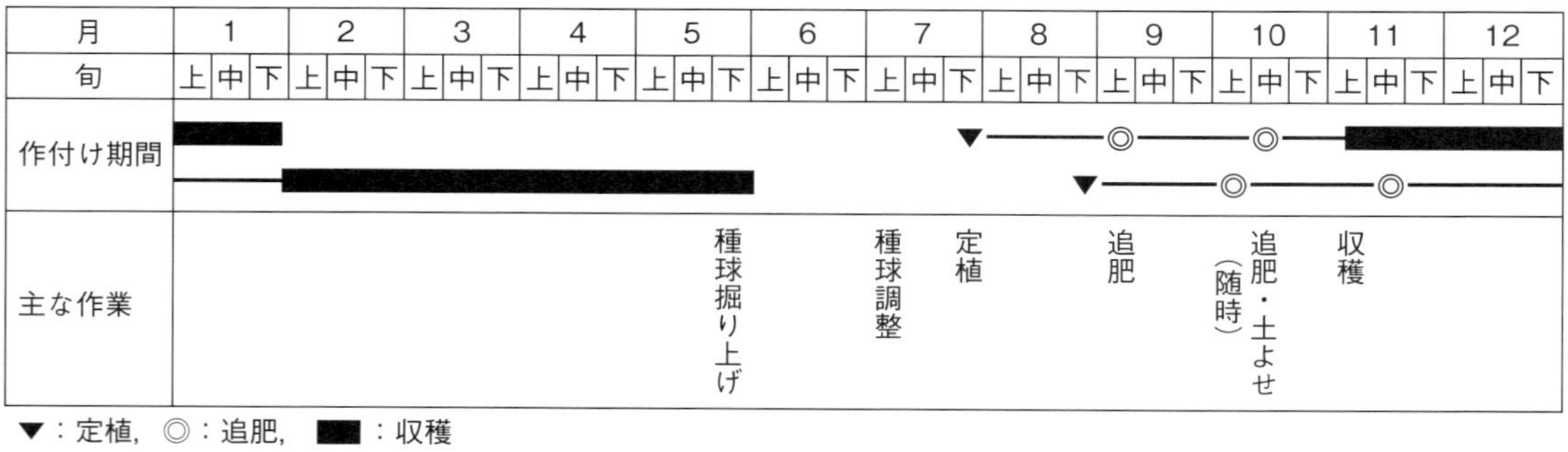

(2) おいしく安全につくるためのポイント

良質で健全な種球の確保と、水はけのよい圃場で適湿を保って栽培し、適期に土寄せを行なうことが、おいしくて安全に作るためのポイントである。なお、エシャレットは、収穫直後のほうが苦み、辛みにクセがなく、おいしく食べられる。

図5　栽培圃場風景

3 栽培の手順

(1) 種球の準備

①種球の栽培方法と必要量

種球の栽培は通常の出荷用の栽培と変わらない。種球用の圃場に、健全で形状の優れるものを選抜し、9月中下旬に植え付ける。翌年の5月下旬から6月上旬の天気のよい日に、傷をつけないように、ていねいに掘り上げる。

種球の必要量は10a当たり1万2000～2万6000球。夏の貯蔵中の腐敗による損失を見込んで、1割程度余分に確保しておく。

②種球の貯蔵と選定

形状や色などのよさそうなものを選び、根

表2　エシャレット栽培のポイント

	技術目標とポイント	技術内容
定植準備	◎必要な種球量の確保	・圃場10a当たり280kgの種球を確保する
	◎健全球の確保	・殺菌剤，殺虫剤で乾腐病，ネダニを防除しておく ・種球保存は高温・乾燥下で行なう
定植方法	◎圃場の選定と土つくり	・砂質土壌で排水のよい圃場を選定する ・連作すると病害虫が出やすいので，土壌消毒を行なう ・石灰を施用し，酸度を矯正する ・完熟堆肥を施用して混和しておく
	◎適期定植	・収穫期に合わせて，7月下旬～9月上旬に定植する
	◎適正な定植方法	・定植直前に薬剤に浸漬し種球の消毒を行なう ・肥料，農薬を施してウネを立てて植穴をあける ・ウネ幅60cm，2～4条，株間11～13cmとする
定植後の管理	◎追肥	・定植後は，数回に分けて追肥する
	◎土寄せ	・土の入れすぎに注意して植穴に土を入れる
	◎防除	・病害虫発生予察情報や作物の生育状況により農薬を使用する
収穫	◎収穫	・軟白部が10cm以上となったら収穫する
	◎調製	・水洗いし，皮をむいて球を揃え，束ねる

や葉はそのままの状態で数株を紐で束ねて直管パイプなどに吊るし、倉庫内やハウス内で乾燥させる。直射日光を避け、風通しのよい状態とする。

植付け前に、貯蔵していたものの中から、再度、病気や害虫に侵されていない健全なものを選ぶ。

種球は、球から首元まで硬く締まっており、直径1・5〜2㎝くらいのものを選ぶ。

種球は根盤を削らないように調整する。長さは15㎝以上とし、薄皮は軽く手でこすって落とす。種球は定植直前に薬剤に浸漬し消毒を行なうことが望ましい。

(2) 圃場の準備

好適土壌pHは6〜6・5なので、土壌分析結果などを元に苦土石灰などを施用する。

土壌の腐植を増やし、保肥力を高めるとともに、土壌物理性を改善するため完熟した堆肥を施用する（表3）。

(3) 定植のやり方

植付け後に植穴の中に土が入らないよう事前に灌水を行なってからマルチを張る。

専用の穴あけ機などを利用して、直径6㎝程度の穴を深さが13〜15㎝になるようにあける（図6）。そこへ、根が下になるように種球を落とす。このとき、土は入れなくてもよいが、入れても3㎝までとする。

栽植密度は、早出し栽培の場合、株間11㎝、条間15㎝、4条植え、遅出し栽培では、株間13㎝、条間39㎝、2条植えとする。

表3　施肥例（砂質土）　（単位：kg/10a）

施用時期		施用量	成分量		
			窒素	リン酸	カリ
堆肥	完熟堆肥	2,000			
元肥（植付け時）	緩効性肥料	使用する肥料の成分量により計算	22.0	19.0	20.0
追肥 9月下旬 10月下旬	配合または化成肥料		4.0 4.0	4.0 4.0	4.0 4.0
施肥成分量			30.0	27.0	28.0

注）出典：「静岡県土壌肥料ハンドブック」

図6　植付けの方法

定植後のウネの状態（左）と専用の穴あけ機（右）

(4) 定植後の管理

①追肥

エシャレットは栽培期間が長く、しかも砂質土での栽培となるため肥料を多く要するが、一度に多量に施用すると濃度障害を起こすので栽培方式に応じて数回に分けて施す。

1回目の追肥は、定植1カ月後に行ない、さらに、その1カ月後に2回目の追肥を行なう。遅出し栽培などでは2月下旬ころにも生育を見て施用する。マルチの上に置き、土寄せしながら穴に落とす。

マルチの場合、基本的に植付け後には灌水は必要ないが、土壌の状態を見て乾燥が続くようなら灌水を行ない、水分供給とともに肥効を高めるようにする。

②土寄せ

軟白部分をつくるために定植1カ月以上経過したら、土寄せをする。管理機で通路の土を株元へ飛ばし、手で押さえて土の形を整える。新芽（生長点）が土に覆われると生育不良になるので土の入れすぎに注意する。

土寄せによる軟白部形成には冬期で30〜40日、3月以降で30日前後を要するので収穫時期に合わせて計画的に行なうようにする。

(5) 収穫

産地の出荷規格にもよるが軟白部が10cm以上となったら収穫する。

マルチ栽培の場合、収穫当日に、その日に収穫する部分のマルチを剥がす。

手掘りの場合、鍬やスコップなどを使いウネの端から土を崩してエシャレットの球部を傷つけないように掘り取る。

近年、トラクターに鋤を装着して掘り取りを行なうことが増えている。

10ａ当たりの収量目標は、年内どりで１０００〜１５００kg、1〜3月で１５００〜２３００kg、4月以降に収穫するものは２５００kg以上である。

掘り取り後、砂を落とし、水洗いをする。

収穫後のエシャレットが長時間にわたって直射日光に当たると、軟白部が変色するなど品質が低下するので注意する。

根と葉を産地の出荷規格に合わせて切る。これまでは1束１００gで球を揃えて、島田髷姿に束ねていたが、現在は島田髷にせず、５cm程度に葉を付け、束ねたものを袋詰めする出荷が多くなっている（図7）。

4 病害虫防除

(1) 基本になる防除方法

エシャレットの主な病害虫はネダニ類やさび病などである（表4）。

ネダニは連作すると土壌中の生息密度が高まるので、可能なかぎり連作を避ける。また、種球の貯蔵中、十分に乾燥させて寄生し

図7　エシャレットの荷姿（袋詰め）

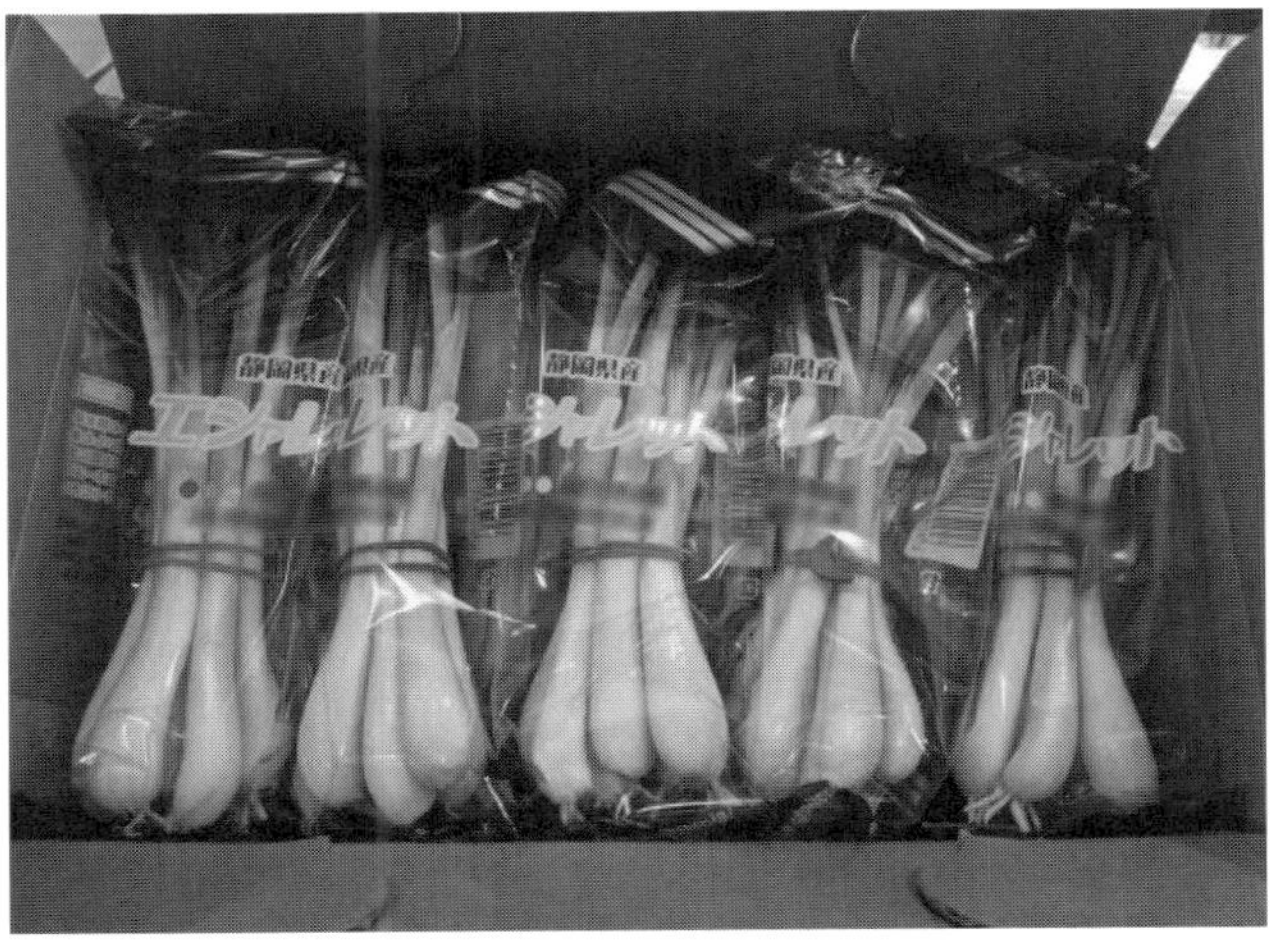

表4　主な病害虫

	病害虫名	特徴
病気	ウイルス病	数種類のウイルスが病原と推定されているが，アザミウマ類などにより伝搬される
	さび病	気温が15～20℃のとき，夏胞子の空気伝染で感染し，約10日間の潜伏期間で発病する
	黒腐菌核病	地温が5～20℃のとき病原菌の活動が活発となり，土壌pHが低いと（6未満）発病を助長する
害虫	アザミウマ類	春と秋に発生。乾燥条件下で発生が多くなる。風通しの悪い圃場で発生が多い傾向にある
	ネダニ類	高温，多湿下で繁殖が旺盛で，年に十数世代を繰り返す。被害作物を連作すると，土壌中の生息密度が高まり，被害はますます増大する
	ネギハモグリバエ	春から秋にかけて発生。食害が激しいと葉が枯死し，生育が阻害される

注）出典：「農作物病害虫診断ガイドブック」（静岡県植物防疫協会）

たネダニ類を死滅させる。圃場での防除だけでなく種球消毒を行ない、圃場内にネダニ類を入れないようにする。

ウイルス病については、媒介するアザミウマ類の防除を徹底する（図8）。

図8　ウイルス病に侵されたエシャレット

薬剤防除にあたっては、登録農薬であることを確認し、病害虫発生予察情報や作物の生育状況により適正に農薬を使用する。

(2) 農薬の使用を減らす工夫

エシャレットの場合、圃場占有期間が長いことから輪作体系を組むことが困難である。そのため連作がほとんどであるが、可能であればネギ類以外の作物を作付けすることが望ましい。

近年、砂の飛散防止に緑肥作物が栽培されることが増えているが、地力の増進や土壌病害の抑制にもつながるので、こうした取り組みを増やすとともに、土壌病害抑制に有効な作物の選定など積極的な取り組みを行なう（図9）。

図9　緑肥栽培の様子

5 経営的特徴

エシャレット栽培では収穫、出荷調製作業に要する時間が非常に多く、この結果、1戸当たりの栽培面積は限られていたが、近年袋詰め出荷が導入され、従来よりは栽培可能な面積が増加した。しかし、他の作物に比べまだまだ機械化が進んでおらず、手作業による部分が多いので、大面積での作付けは困難である（表5）。

国内でも産地が限られ、高級食材として利用されてきたが、一般家庭での利用が増え日常的に消費されることで価格が安定することが望まれる。

ラッキョウと並ぶ砂地地帯の特産品として、今後も生産が維持されるよう関係機関の取り組みに期待したい。

（執筆：坂口優子）

表5　マルチ栽培の経営指標

項目	
収量（kg/10a）	1,800
単価（円 /kg）	930
粗収入（円 /10a）	1,674,000
経営費（円 /10a）	1,311,850
農業所得（円 /10a）	362,150
労働時間（時間 /10a）	1,216

注）出典：「静岡県農業技術原単位2010」

付録

農薬を減らすための防除の工夫

1 各種防除法の工夫

(1) 完熟堆肥の施用

完熟した堆肥の施用は土壌の物理性や化学性を改善するだけでなく、有用な微生物が多数繁殖し、土壌病原菌の増殖を抑える働きがある。ただし、十分に腐熟していない堆肥を使用すると、作物の生育に障害が出る場合があるので注意する。

(2) 輪作

同一作物を同一圃場で連続して栽培すると土壌病原菌の密度が高まり、作物の生育に障害がでる。そのためいくつかの作物を順番に回して栽培する必要がある。この場合、できるだけ科の違う作物を組み合わせる。

(3) 栽培管理、圃場衛生、雑草の除去

密植や過度の窒素肥料のやりすぎ、換気不足、過湿は病気の発生を助長する。雨よけや適切な施肥に心がけ、可能であればウネ面にマルチ、敷ワラなどを実施し、降雨時に土壌の跳ね上がりを防ぐことが大切である。

圃場およびその周辺に作物の残渣があると病害虫の発生源となるので、すみやかに処分する。

アブラムシ類、アザミウマ類、ハモグリバエ類などの微小な害虫は作物だけでなく、雑草にも寄生しているので除草を心がける。

(4) 物理的防除、対抗植物の利用

表1参照。

(5) 農薬利用のかんどころ

表2参照。

2 合成性フェロモン剤の利用

合成性フェロモンとは性的興奮や交尾行動

を起こさせる物質で、雌の匂いを化学的に合成したものが特殊なチューブに封入され販売されている。

合成性フェロモン利用による防除には、(1)大量誘殺法（合成性フェロモンによって大量に雄成虫を捕獲し、交尾率を低下させる方法）、(2)交信かく乱法（合成性フェロモンを一定の空間に充満することにより、雌雄の交

表1　物理的防除法と対抗植物の利用

近紫外線除去フィルムの利用	・ハウスを近紫外線除去フィルムで覆うと，アブラムシ類やコナジラミ類のハウス内への侵入や，灰色かび病・菌核病などの増殖を抑制できる
有色粘着テープ	・アブラムシ類やコナジラミ類は黄色に（金竜），ミナミキイロアザミウマは青色に（青竜），ミカンキイロアザミウマはピンク色に（桃竜）集まる性質があるため，これを利用して捕獲することができる ・これらのテープは降雨や薬剤散布による濡れには強いが，砂ぼこりにより粘着力が低下する
シルバーマルチ	・アブラムシ類は銀白色を忌避する性質があるので，ウネ面にシルバーマルチを張ると寄生を抑制できる。ただし，作物が繁茂してくるとその効果は徐々に低下してくるので，生育初期のアブラムシ類の抑制に活用する
防虫ネット，寒冷紗	・ハウスの入口や換気部に防虫ネットや寒冷紗を張ることにより害虫の侵入を遮断できる ・確実にハウス内への害虫を軽減できるが，ハウス内の気温がやや上昇する。ハウス内の気温をさほど上昇させず，害虫の侵入を軽減できるダイオミラー410ME3の利用も効果的である ・赤色の防虫ネットは，微小害虫のハウス内への侵入を減らすことができる
ベタがけ，浮きがけ	・露地栽培ではパスライトやパオパオなどの被覆資材や寒冷紗で害虫の被害を軽減できる。直接作物にかける「ベタがけ」か，支柱を使いトンネル状に覆う「浮きがけ」で利用する。「ベタがけ」は手軽に利用できるが，作物と被覆資材が直接触れるとコナガなどが被覆内に侵入する ・被覆栽培では，コマツナやホウレンソウなどの葉物はやや軟弱に育つため，収穫予定の1週間程度前に被覆をはがすほうががっちりとなる
マルチの利用	・マルチや敷ワラでウネ面を覆うことにより，地上部への病原菌の侵入を抑制でき，黒マルチを利用することで雑草の発生も抑えられるが，早春期に利用すると若干地温が低下する
対抗植物の利用	・土壌線虫類などの防除に効果がある植物で，前作に60～90日栽培して，その後土つくりを兼ねてすき込み，十分に腐熟してから野菜を作付けする ・マリーゴールド（アフリカントール，他）：ネグサレセンチュウに効果 ・クロタラリア（コブトリソウ，ネマコロリ，他）：ネコブセンチュウに効果

表2　農薬使用のかんどころ

散布薬剤の調合の順番	①展着剤→②乳剤→③水和剤（フロアブル剤）の順で水に入れ混合する
濃度より散布量が大切	ラベルに記載されている範囲であれば薄くても効果があるのでたっぷりと散布する
無駄な混用を避ける	・同一成分が含まれる場合（例：リドミルMZ水和剤＋ジマンダイセン水和剤） ・同じ種類の成分が含まれる場合（例：トレボン乳剤＋ロディー乳剤） ・同じ作用の薬剤どうしの混用の場合（例：ジマンダイセン水和剤＋ダコニール1000）
新しい噴口を使う	噴口が古くなると散布された液が均一に付着しにくくなる。とくに葉裏
病害虫の発生を予測	長雨→病気に注意 高温乾燥→害虫が増殖
薬剤散布の記録をつける	翌年の作付けや農薬選びの参考になる

表3　野菜用のフェロモン剤

商品名	対象害虫	適用作物
〈交信かく乱剤〉		
コナガコン	コナガ	アブラナ科野菜など加害作物
	オオタバコガ	加害作物全般
ヨトウコン	シロイチモジヨトウ	ネギ・エンドウなど，各種野菜など加害作物全般
〈大量誘殺剤〉		
フェロディンSL	ハスモンヨトウ	アブラナ科野菜，ナス科野菜，イチゴ，ニンジン，レタス，レンコン，マメ類，イモ類，ネギ類など
アリモドキコール	アリモドキゾウムシ	サツマイモ

信をかく乱させ、雄が雌を発見できなくなる交尾阻害方法）がある（表3）。合成性フェロモンは作物に直接散布するものではなく、天敵や生態系への影響もない防除手段であり、注目されているが、いずれの方法も数ヘクタール規模で使用しないとその効果は期待できない。

（執筆：加藤浩生）

各種土壌消毒の方法

土壌消毒を実施するかどうかの判断は非常にむずかしい。作物の生育期間中に土壌病害や線虫の寄生に気がついても手のほどこしようがないので、前作で病気や線虫による株の萎れや根の異常があれば実施するのが賢明である。

(1) 太陽熱利用による土壌消毒

太陽の熱でビニール被覆した土壌を高温にし、各種病害・ネコブセンチュウ・雑草の種子を死滅させる方法である。冷夏で日射量が少ないと効果が不十分となる。

処理は梅雨明け後から約1カ月間に行なうのがよい。処理手順は、図1、2のように行なう。

近年、有機物を施用して太陽熱消毒を行なう土壌還元消毒が施設栽培を中心に実施されている。有機物を餌に微生物が急増してその呼吸で酸素が消費されて土壌が還元化することで、これまでの太陽熱消毒に比べて、より低温で短期間に安定した効果が得られる。

有機物がフスマや米ぬか、糖蜜の場合、10a当たり1t施用してから土壌に混和し、十分な水を与えて農業用の透明フィルムで被覆し、ハウスを密閉する。エタノールを使用する場合、処理前日ないし当日、圃場全体に灌水チューブなどで50㎜程度灌水する。その後、液肥混入器などで0・25～0・5％に希釈したエタノールを50㎝程度の間隔で設置した灌水チューブで黒ボク土では1㎡当たり150ℓ、砂質土では濃度を2倍にして半量散布後、フィルムで被覆する。

図1　露地畑での太陽熱土壌消毒法

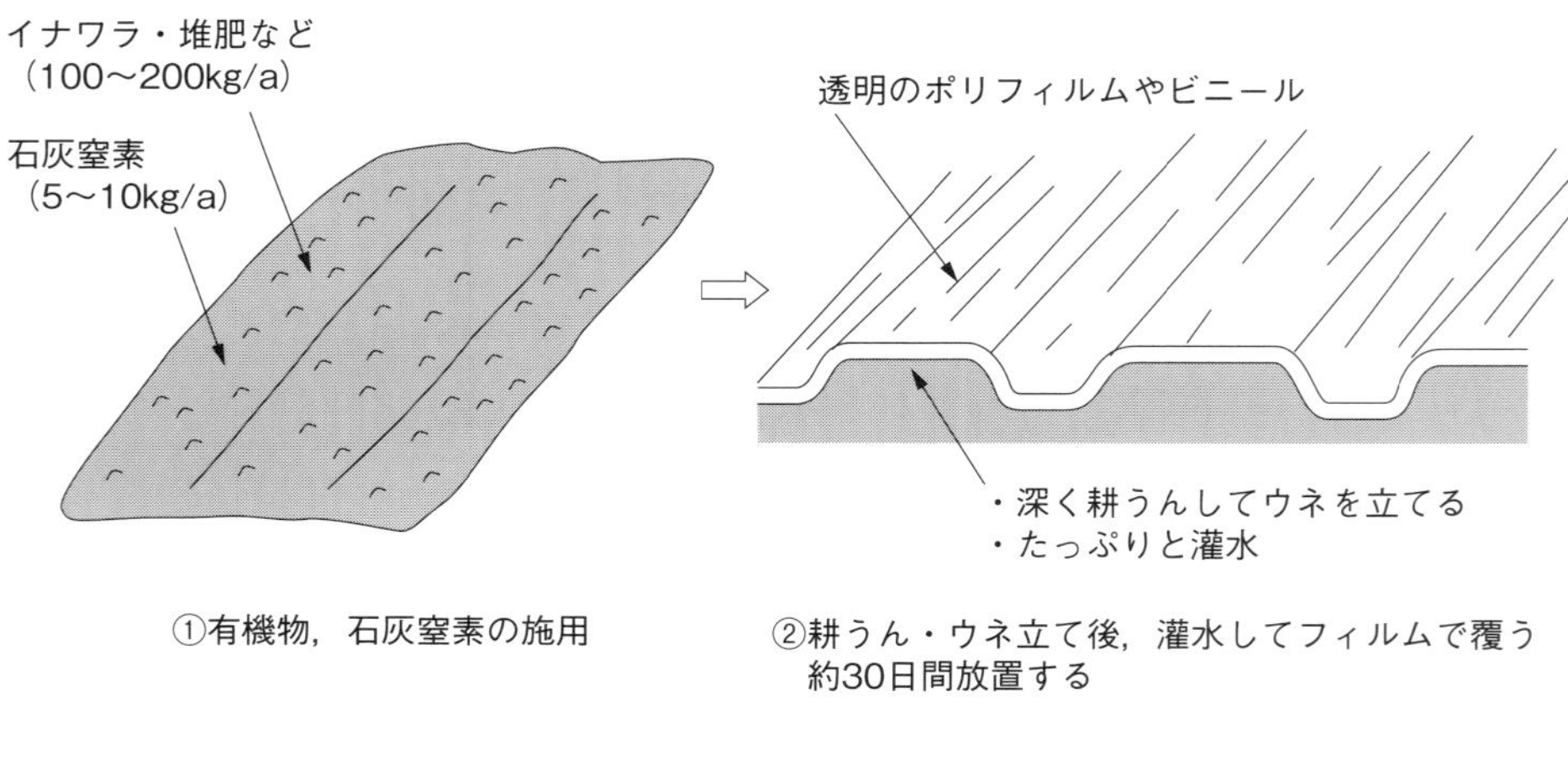

①有機物，石灰窒素の施用
②耕うん・ウネ立て後，灌水してフィルムで覆う
約30日間放置する

いずれの方法もハウスを2〜3週間密閉後、フィルムを除去してロータリーで耕うんし、土壌を下層まで酸化状態に戻し、3〜4日後に播種・定植ができる。

土壌消毒効果は、有機物を混和した部分までに限定され、低濃度エタノールは処理費用が高いが、深層まで処理効果を示す。

図2　施設での太陽熱土壌消毒法

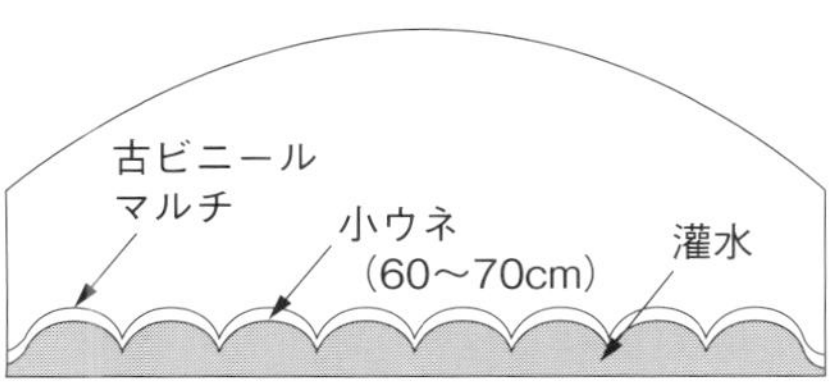

処理期間は20〜30日間

表1　主なくん蒸剤

種類／対象	線虫類	土壌病害	雑草種子	主な商品名
D-D剤	○	–	–	DC，テロン
クロルピクリン剤	○	○	○	クロルピクリン
ダゾメット剤	○	○	○	ガスタード微粒剤

(2) 石灰窒素利用による土壌消毒

作付け予定の5〜7日以上前に、石灰窒素を100㎡当たり5〜10kg施用し、ていねいに土壌混和する。土壌が乾燥している場合は灌水をする。

太陽熱利用による土壌消毒や化学農薬による土壌消毒より防除効果は低いが、手軽に利用できる。

(3) 農薬による土壌消毒

① くん蒸剤による土壌消毒

土壌病害と線虫類、雑草の種子を防除対象とするものと、線虫類だけを対象とするものがある（表1）。

くん蒸剤を施用してから作物を作付けできるまでの最短の必要日数は、使用する薬剤によって異なり、D‐D剤やクロルピクリン剤では約2週間、ガスタード微粒剤では約3週間程度である。気温が低い場合はこの日数よりも長く必要となる。

くん蒸剤は土壌病害・線虫害を回避する一つの方法であるが、その使用方法は非常にむずかしいので、表示されている注意事項に十分留意して行なう。

〈くん蒸剤使用の留意点〉

(1) D‐D剤やクロルピクリン剤を使用するときには、専用の注入器が必要である。

(2) くん蒸剤全体に薬剤の臭いがするが、とくにクロルピクリン剤は非常に臭いが強いので、その取り扱いには注意が必要。

(3) テープ状のクロルピクリン剤は、使用時の臭いが少なく使用しやすい。

(4) くん蒸剤注入後は、ポリフィルムやビニールで土壌表面を覆う。

(5) ダゾメット剤は、処理時の土壌水分を多めにする。

② 粒状線虫剤

粒状線虫剤はくん蒸剤と異なり、手軽に使用できる。植付け直前にていねいに土壌に混和する。植付け前の施肥時の使用が合理的である。100㎡当たり200〜400gを土壌表面に均一に散粒し、ていねいに土壌混和するのが効果を高めるポイントである。植付け時の植穴使用は効果がない。また、生育中の追加使用も同様に効果がない。

果菜類のネコブセンチュウ対策としての実施が主である。キャベツなどのアブラナ科に発生する根こぶ病とは使用薬剤が異なるので注意する。

（執筆：加藤浩生）

被覆資材の種類と特徴

ハウスやトンネル、ベタがけやマルチに使用する被覆資材にはいろいろな材質、特性のものがある。野菜の種類や作期などに応じて最適なものを選びたい。

(1) ハウス外張り用被覆資材（表1）

①資材の種類と動向

ハウス外張り用被覆資材は、ポリ塩化ビニール（農ビ）が主に使用されてきたが、保温性を農ビ並みに強化し、長期展張できるポリオレフィン系特殊フィルム（農ＰＯ）が開発されて、そのシェアを伸ばしてきた。２０１８年の調査によるハウス外張り用被覆資材は、農ＰＯが全体の52％を占め、次いで農ビが36％、農業用フッ素フィルム（フッ素系）が６％である。

ハウス外張り用被覆資材に求められる特性としては、第一に保温性、光線透過性が優れることで、防曇性（流滴性）、防霧性なども重要である。

②主な被覆資材の特徴

農ビ　柔軟性、弾力性、透明性が高く、防曇効果が長期間持続し、赤外線透過率が低いので保温性の優れることなどが特長である。一方、資材が重くてべたつきやすく、汚れの付着による光線透過率低下が早いのが欠点である。

べたつきを少なくして作業性をよくする、チリやホコリを付着しにくくして汚れにくくする、３～４年展張可能といったこれまでの農ビの欠点を改善する資材も開発されている。

農ＰＯ　ポリオレフィン系樹脂を３～５層にし、赤外線吸収剤を配合するなどして保温性を農ビ並みに強化したもので、軽量でべたつきなく透明性が高い。こすれに弱いが、破れた部分からの傷口が広がりにくく、温度による伸縮が少ないので展張した資材を固定するテープなどが不要で、バンドレスで展張できる。厚みのあるものは長期間展張できるといった特徴がある。

硬質フィルム　近年、硬質フィルムで増えているのが、フッ素系フィルムである。エチレンと四フッ化エチレンを主原料とし、光線透過率が高く、透過性が長期間維持される。強度・耐衝撃性が優れ、耐用年数は10～30年と長い。粘着性が小さく、広い温度帯での耐性も優れる。表面反射がきわめて低いので室内が明るく、赤外線透過率が低いため保温性も優れる。使用済みの資材は、メーカーが回収する。

③用途に対応した商品の開発

各種類は、光線透過率を波長別に変える、散乱光にするなど、さまざまな用途に対応する製品が開発されている。近紫外線除去フィルムは、害虫侵入抑制、灰色かび病などの病原胞子の発芽を抑制する利点があるが、ナスでは果皮色が発色不良になり、ミツバチの活動低下、マルハナバチも紫外線のカット率などによって活動が抑制されることがあるので注意する（表２）。光散乱フィルムは、骨材や作物の葉などによる影ができにくく、急激な温度変化が少ないので葉焼けや果実の日焼けを抑制し、作業環境もよくなる。

そのほか、外気温に反応して透明性が変化し、低温時は透明で直達光を多く取り込み、高温時は梨地調に変化して散乱光にすると

表1　ハウス外張り用被覆資材の種類と特性

種類	素材名	商品名	光線透過率（%）	近紫外線透過程度注)	厚さ（mm）	耐用年数（年）	備考
硬質フィルム	ポリエステル系	シクスライトクリーン・ムテキLなど	92	△～×	0.15～0.165	6～10	強度・耐候性・透明性優れる。紫外線の透過率が低いため，ミツバチを利用する野菜やナスには使えない
硬質フィルム	フッ素系	エフクリーン自然光，エフクリーンGRUV，エフクリーン自然光ナシジなど	92～94	○～×	0.06～0.1	10～30	光線透過率高く，フィルムが汚れにくくて室内が明るい。長期展張可能。防曇剤を定期的に散布する必要がある。ハウス内のカーテンやテープなどの劣化が早い。キュウリやピーマンは保湿が必要。近紫外線除去タイプ（エフクリーンGRUVなど）や光散乱タイプ（エフクリーン自然光ナシジ）もある。使用済み資材はメーカーが回収する
軟質フィルム	ポリ塩化ビニール（農ビ） 一般	ノービエースみらい，ソラクリーン，スカイ8防霧，ハイヒッット21など	90～	○～×	0.075～0.15	1～2	透明性高く，防曇効果が長期間持続し，保温性がよい。資材が重くてべたつきやすく，汚れによる光線透過率低下がやや早い。厚さ0.13mm以上のものはミツバチやマルハナバチを利用する野菜には使用できないものがある
軟質フィルム	ポリ塩化ビニール（農ビ） 防塵・耐久	クリーンエースだいち，ソラクリーン，シャインアップ，クリーンヒットなど	90～	○～×	0.075～0.15	2～4	チリやホコリを付着しにくくし，耐久農ビは3～4年展張可能。厚さ0.13mm以上のものはミツバチを利用する野菜に使用できないものがある
軟質フィルム	ポリ塩化ビニール（農ビ） 近紫外線除去	カットエースON，ノンキリとおしま線，紫外線カットスカイ8防霧，ノービエースみらい	90～	×	0.075～0.15	1～2	害虫侵入抑制，灰色かび病などの病原胞子の発芽を抑制する。ミツバチを利用する野菜やナスには使えない
軟質フィルム	ポリ塩化ビニール（農ビ） 光散乱	無滴，SUNRUN，パールメイトST，ノンキリー梨地など	90～	○	0.075～0.1	1～2	骨材や葉による影ができにくい。急激な温度変化が緩和し，葉焼けや果実の日焼けを抑制し，作業環境もよくなる。商品によって散乱光率が異なる
軟質フィルム	ポリオレフィン系特殊フィルム（農PO） 一般	スーパーソーラーBD，花野果強靭，スーパーダイヤスター，アグリスター，クリンテートEX，トーカンエースとびきり，バツグン5，アグリトップなど	90～	○	0.1～0.15	3～8	フィルムが汚れにくく，伸びにくい。パイプハウスではハウスバンド不要。保温性は農ビとほぼ同等。資材の厚さなどで耐用年数が異なる
軟質フィルム	ポリオレフィン系特殊フィルム（農PO） 近紫外線除去	UVソーラーBD，アグリスカット，ダイヤスターUVカット，クリンテートGMなど	90～	×	0.1～0.15	3～5	害虫侵入抑制，灰色かび病などの病原胞子の発芽を抑制する。ミツバチを利用する野菜やナスには使えない
軟質フィルム	ポリオレフィン系特殊フィルム（農PO） 光散乱	美サンランダイヤスター，美サンランイースターなど	89～	○	0.075～0.15	3～8	骨材や葉による影ができにくい。急激な温度変化が緩和し，葉焼けや果実の日焼けを抑制し，作業環境もよくなる

注）近紫外線の透過程度により，○：280nm付近の波長まで透過する，△：波長310nm付近以下を透過しない，×：波長360nm付近以下を透過しない，の3段階

表2　被覆資材の近紫外線透過タイプとその利用

タイプ	透過波長域	近紫外線透過率	適用場面	適用作物
近紫外線強調型	300nm 以上	70% 以上	アントシアニン色素による発色促進	ナス，イチゴなど
			ミツバチの行動促進	イチゴ，メロン，スイカなど
紫外線透過型	300nm 以上	50% ± 10	一般的被覆利用	ほとんどの作物
近紫外線透過抑制型	340 ± 10nm	25% ± 10	葉茎菜類の生育促進	ニラ，ホウレンソウ，コカブ，レタスなど
近紫外線不透過型	380nm 以上	0%	病虫害抑制 ・ミナミキイロアザミウマ，ハモグリバエ類，ネギコガ，アブラムシ類など ・灰色かび病，萎凋病，黒斑病など	 トマト，キュウリ，ピーマンなど ホウレンソウ，ネギなど
			ミツバチの行動抑制	イチゴ，メロン，スイカなど

いった資材も開発されている。

(2) トンネル被覆資材（表3）

① 資材の種類

野菜の栽培用トンネルは，アーチ型支柱に被覆資材を被せたもので，保温が主な目的である。保温性を高めるために二重被覆も行なわれる。保温を目的とする場合は，一般に軟質フィルムが使用されるが，虫害や鳥害，風害を防止するために寒冷紗や防虫ネット，割繊維不織布をトンネル被覆することもある。換気を省略するためにフィルムに穴をあけた有孔フィルムもある。

② 各資材の特徴

農ビ　保温性が最も優れるので，保温効果を最優先する厳寒期の栽培や寒さに弱い野菜に向く。裂けやすいので穴あけ換気はむずかしい。

農PO　農ビに近い保温性があり，べたつきが少なく，汚れにくいので，作業性や耐久性を重視する場合に向く。裂けにくいので穴あけ換気ができる。

農ポリ　軽くて扱いやすく，安価だが，保温性が劣るので，気温が上がってくる春の栽培やマルチで利用される。

穴のあいた有孔フィルム　昼夜の温度格差が小さく，換気作業を省略できる。開口率の違うものがあり，野菜の種類や栽培時期によって使い分ける。

防虫ネット　防虫ネットと寒冷紗は，べたがけも行なわれるがトンネル被覆で利用することが多い。防虫ネットは，対象となる害虫によって目合いが異なる（表4）。目が細かいほど幅広い害虫に対応できるが，通気性が悪くなり，蒸れたり気温が高くなるので，被害が予想される害虫に合った目合いのものを選ぶ。アブラムシ類に忌避効果があるアルミ糸を織り込んだものなどもある。

寒冷紗　目の粗い平織の布で，主な用途は遮光である。黒色と白色があり，遮光率は黒が50%，白が20%程度のものが使われる。主に夏の播種や育苗に利用する。遮光率が高いほうが暑さを緩和する効果は高いが，発芽後もかけておくと徒長しやすいので発芽後に取り除くことが必要である。

(3) べたがけ資材

べたがけとは，光透過性と通気性を兼ね備えた資材を作物や種播き後のウネに直接かける方法である。支柱がいらず手軽にかけら

表3　トンネル被覆資材の種類と特性

種類	素材名		商品名	光線透過率（%）	近紫外線透過程度注1）	厚さ（mm）	保温性注2）	耐用年数（年）	備考
軟質フィルム	ポリ塩化ビニール（農ビ）	一般	トンネルエース，ニューロジスター，ロジーナ，ベタレスなど	92	○	0.05～0.075	○	1～2	最も保温性が高いので，保温効果を最優先する厳寒期の栽培や寒さに弱い野菜に向く。裂けやすいので穴あけ換気はむずかしい。農ビはべたつきやすいが，べたつきを少なくしたもの，保温力を強化したものもある
		近紫外線除去	カットエーストンネル用など	92	×	0.05～0.075	○	1～2	害虫の飛来を抑制する。ミツバチを利用する野菜には使用できない
	ポリオレフィン系特殊フィルム（農PO）	一般	透明ユーラック，クリンテート，ゴリラなど	90	○	0.05～0.075	△	1～2	農ビに近い保温性がある。べたつきが少なく，汚れにくいので，作業性や耐久性を重視する場合に向く。裂けにくいので穴あけ換気ができる
		有孔	ユーラックカンキ，ベジタロンアナトンなど	90	○	0.05～0.075	△	1～2	昼夜の温度格差が小さく，換気作業を省略できる。開口率の違うものがあり，野菜の種類や栽培時期によって使い分ける
	ポリエチレン（農ポリ）	一般	農ポリ	88	○	0.05～0.075	×	1～2	軽くて扱いやすく，安価だが，保温性が劣る。無滴と有滴がある
		有孔	有孔農ポリ	88	○	0.05～0.075	×	1～2	換気作業を省略できる。保温性が劣る。無滴と有滴がある
	ポリオレフィン系特殊フィルム（農PO）＋アルミ		シルバーポリトウ保温用	0	×	0.05～0.07	◎	5～7	ポリエチレン2層とアルミ層の3層。夜間の保温用で，発芽後は朝夕開閉する

注1）近紫外線の透過程度により，○：280nm付近の波長まで透過する，△：波長310nm付近以下を透過しない，×：波長360nm付近以下を透過しない，の3段階
注2）保温性　◎かなり高い，○：高い，△：やや高い，×：低い

れ、通気性があるために換気も不要で、主に不織布が利用される（表5）。

不織布は、繊維を織らず、接着剤や熱処理によって布状に加工したものである。隙間があるため、通気性がよく、隙間に空気を含むため保温性もある。ベタがけのほか、トンネルにも使われる。長繊維不織布は保温性を重視し、発芽や生育促進、寒害防止を目的として秋から春に使う。割繊維不織布は、通気性がよいので年間を通じて使うことができ、防虫目的で使用することが多い。近年、省力化と低コスト化をねらってトンネル被覆を行なっていた時期にベタがけで代替することも行なわれるようになっている。

表4　害虫の種類と防虫ネット目合いの目安

対象害虫	目合い（mm）
コナジラミ類，アザミウマ類	0.4
ハモグリバエ類	0.6
アブラムシ類，キスジノミハムシ	0.8
コナガ，カブラハバチ	1
シロイチモジヨトウ，ハイマダラノメイガ，ヨトウガ，ハスモンヨトウ，オオタバコガ	2～4

注）赤色ネットは0.8mm目合いでもアザミウマ類の侵入を抑制できる

表5　ベタがけ・防虫・遮光資材の種類と特性

種類	素材名	商品名	耐用年数（年）	備考
長繊維不織布	ポリプロピレン（PP）	パオパオ90，テクテクネオなど	1～2	主に保温を目的としてベタがけで使用
	ポリエステル（PET）	パスライト，パスライトブルーなど	1～2	吸湿性があり，保温性がよい。主に保温を目的としてベタがけで使用
割繊維不織布	ポリエチレン（PE）	農業用ワリフ	3～5	保温性は劣るが通気性がよいので防虫，防寒目的にベタがけやトンネルで使用
	ビニロン（PVA）	ベタロン，バロン愛菜	5	割高だが，吸湿性があり他の不織布より保温性が優れる。主に保温，寒害防止，防虫を目的にベタがけやトンネルで使用
長繊維不織布＋織り布タイプ	ポリエステル＋ポリエチレン	スーパーパスライト	5	割高だが，吸湿性があり他の不織布より保温性が優れる。主に保温，寒害防止，防虫を目的にベタがけやトンネルで使用
ネット	ポリエチレン，ポリプロピレンなど	ダイオサンシャイン，サンサンネットソフライト，サンサンネットe-レッドなど	5	防虫を主な目的としてトンネル，ハウス開口部に使用。害虫の種類に応じて目合いを選択する
寒冷紗	ビニロン（PVA）	クレモナ寒冷紗	7～10	色や目合いの異なるものがあり，防虫，遮光などの用途によって使い分ける。アブラムシ類の侵入防止には♯300（白）を使用する
織り布タイプ	ポリエチレン，ポリオレフィン系特殊フィルムなど	ダイオクールホワイト，スリムホワイトなど	5	夏の昇温抑制を目的とした遮光・遮熱ネット。色や目合いなどで遮光率が異なり，用途によって使い分ける。ハウス開口部に防虫ネットを設置した場合は，遮光率35％程度を使用する。遮光率が同じ場合，一般的に遮熱性は黒＜シルバー＜白，耐久性は白＜シルバー＜黒となる

(4) マルチ資材（表6）

土壌表面をなんらかの資材で覆うことをマルチまたはマルチングという。地温調節、降雨による肥料の流亡抑制、土壌侵食防止、土の跳ね上がり抑制による病害予防、土壌水分・土壌物理性の保持、アブラムシ類忌避、抑草などの効果があり、さまざまな特性を備えたマルチ資材が開発されている。コーンスターチなどを原料とし、栽培終了後、畑にそのまますき込めば微生物によって分解されてしまう生分解性フィルムの利用も進んでいる。

栽培時期や目的に応じて適切な資材を使い分ける。マルチ張りの作業は、土壌水分が適度なときに行ない、土壌表面とフィルムを密着させる。低温期には播種、定植の数日～1週間前にマルチをして地温を高めておくと発芽や活着とその後の生育が早まる。

（執筆：川城英夫）

表6　マルチ資材の種類と特性

種類	素材		商品名	資材の色	厚さ（mm）	使用時期	備考
軟質フィルム	ポリエチレン（農ポリ）	透明	透明マルチ，KO透明など	透明	0.02～0.03	春，秋，冬	地温上昇効果が最も高い。KOマルチはアブラムシ類やアザミウマ類の忌避効果もある
		有色	KOグリーン，KOチョコ，ダークグリーンなど	緑，茶，紫など	0.02～0.03	春，秋，冬	地温上昇効果と抑草効果がある
		黒	黒マルチ，KOブラックなど	黒	0.02～0.03	春，秋，冬	地温上昇効果が有色フィルムに次いで高い。マルチ下の雑草を完全に防除できる
		反射	白黒ダブル，ツインマルチ，パンダ白黒，ツインホワイトクール，銀黒ダブル，シルバーポリなど	白黒，白，銀黒，銀	0.02～0.03	周年	地温が上がりにくい。地温上昇抑制効果は白黒ダブル＞銀黒ダブル。銀黒，白黒は黒い面を下にする
		有孔	ホーリーシート，有孔マルチ，穴あきマルチなど	透明，緑，黒，白，銀など	0.02～0.03	周年	穴径，株間，条間が異なるいろいろな種類がある。野菜の種類，作期などに応じて適切なものを選ぶ
	生分解性		キエ丸，キエール，カエルーチ，ビオフレックスマルチなど	透明，乳白，黒，白黒など	0.02～0.03	周年	価格が高いが，微生物により分解されるのでそのまま畑にすき込め，省力的で廃棄コストを低減できる。分解速度の異なる種類がある。置いておくと分解が進むので購入後速やかに使用する
不織布	高密度ポリエチレン		タイベック	白	–	夏	通気性があり，白黒マルチより地温が上がりにくい。光の反射率が高く，アブラムシ類やアザミウマ類の飛来を抑制する。耐用年数は型番によって異なる
有機物	古紙		畑用カミマルチ	ベージュ，黒	–	春，夏，秋	通気性があり，地温が上がりにくい。雑草を抑制する。地中部分の分解が早いので，露地栽培では風対策が必要。微生物によって分解される
	イナワラ，ムギワラ			–	–	夏	通気性と断熱性が優れ，地温を裸地より下げることができる

主な肥料の特徴

(1) 単肥と有機質肥料

（単位：%）

肥料名	窒素	リン酸	カリ	苦土	アルカリ分	特性と使い方[注]
硫酸アンモニア	21					速効性。土壌を酸性化。吸湿性が小さい（③）
尿素	46					速効性。葉面散布も可。吸湿性が大きい（③）
石灰窒素	21				55	やや緩効性。殺菌・殺草力あり。有毒（①）
過燐酸石灰		17				速効性。土に吸着されやすい（①）
熔成燐肥（ようりん）		20		15	50	緩効性。土壌改良に適する（①）
BM ようりん		20		13	45	ホウ素とマンガン入りの熔成燐肥（①）
苦土重焼燐		35		4.5		効果が持続する。苦土を含む（①）
リンスター		30		8		速効性と緩効性の両方を含む。黒ボク土に向く（①）
硫酸加里			50			速効性。土壌を酸性化。吸湿性が小さい（③）
塩化加里			60			速効性。土壌を酸性化。吸湿性が大きい（③）
ケイ酸カリ			20			緩効性。ケイ酸は根張りをよくする（③）
苦土石灰				15	55	土壌の酸性を矯正する。苦土を含む（①）
硫酸マグネシウム				25		速効性。土壌を酸性化（③）
なたね油粕	5～6	2	1			施用2～3週間後に播種・定植（①）
魚粕	5～8	4～9				施用1～2週間後に播種・定植（①）
蒸製骨粉	2～5.5	14～26				緩効性。黒ボク土に向く（①）
米ぬか油粕	2～3	2～6	1～2			なたね油粕より緩効性で，肥効が劣る（①）
鶏糞堆肥	3	6	3			施用1～2週間後に播種・定植（①）

(2) 複合肥料

（単位：%）

肥料名（略称）	窒素	リン酸	カリ	苦土	特性と使い方[注]
化成13号	3	10	10		窒素が少なくリン酸，カリが多い，上り平型肥料（①）
有機アグレット S400	4	10	10		有機質80％入りの化成（①）
化成8号	8	8	8		成分が水平型の普通肥料（③）
レオユーキL	8	8	8		有機質20％入りの化成（①）
ジシアン有機特806	8	10	6		有機質50％入りの化成。硝酸化成抑制材入り（①）
エコレット808	8	10	8		有機質19％入りの有機化成。堆肥入り（①）
MMB 有機020	10	12	10	3	有機質40％，苦土，マンガン，ホウ素入り（①）
UF30	10	10	10	4	緩効性のホルム窒素入り。苦土，ホウ素入り（①）
ダブルパワー1号	10	13	10	2	緩効性の窒素入り。苦土，マンガン，ホウ素入り（①）
IB 化成 S1	10	10	10		緩効性の IB 入り化成（①）
IB1号	10	10	10		水稲（レンコン）用の緩効性肥料（①）
有機入り化成280	12	8	10		有機質20％入りの化成（①）
MMB 燐加安262	12	16	12	4	苦土，マンガン，ホウ素入り（①）
CDU 燐加安 S222	12	12	12		窒素の約60％が緩効性（①）
燐硝安加里 S226	12	12	16		速効性。窒素の40％が硝酸性（主に①）
ロング424	14	12	14		肥効期間を調節した被覆肥料（①）
エコロング413	14	11	13		肥効期間を調節した被覆肥料。被膜が分解しやすい（①）
スーパーエコロング413	14	11	13		肥効期間を調節した被覆肥料。初期の肥効を抑制（溶出がシグモイド型）（①）
ジシアン555	15	15	15		硝酸化成抑制材入りの肥料（①）
燐硝安1号	15	15	12		速効性。窒素の60％が硝酸性（主に②）
CDU・S555	15	15	15		窒素の50％が緩効性（①）
高度16	16	16	16		速効性。高成分で水平型（③）
燐硝安 S604号	16	10	14		速効性。窒素の60％が硝酸性（主に②）
燐硝安加里 S646	16	4	16		速効性。窒素の47％が硝酸性（主に②）
NK 化成2号	16		16		速効性（主に②）
CDU 燐加安 S682	16	8	12		窒素の50％が緩効性（①）
NK 化成 C6号	17		17		速効性（主に②）
追肥用 S842	18	4	12		速効性。窒素の44％が硝酸性（②）
トミー液肥ブラック	10	4	6		尿素，有機入り液肥（②）
複合液肥2号	10	4	8		尿素入り液肥（②）
FTE	マンガン19％，ホウ素9％				ク溶性の微量要素肥料。そのほかに鉄，亜鉛，銅など含む（①）

注）使い方は以下の①～③を参照。①元肥として使用，②追肥として使用，③元肥と追肥に使用

（執筆：齋藤研二）

◉著者一覧　＊執筆順（所属は執筆時）

宮原　秀一（千葉県安房農業事務所）
田中　良幸（福岡県農林業総合試験場豊前分場）
酒井　浩晃（長野県野菜花き試験場）
重松　　武（長崎県県央振興局）
村永順一郎（群馬県利根沼田農業事務所普及指導課園芸指導係）
地子　　立（道総研　花・野菜技術センター）
成松　　靖（元北海道後志農業改良普及センター）
中村　智哉（香川県農業試験場）
鈴木　健司（千葉県農林総合研究センター水稲・畑地園芸研究所）
原澤　幸二（群馬県吾妻農業事務所）
小野寺康子（宮城県亘理農業改良普及センター）
安藤　利夫（千葉県農林総合研究センター水稲・畑地園芸研究所）
成瀬　裕久（愛知県海部農林水産事務所農業改良普及課）
印南　　毅（栃木県那須農業振興事務所経営普及部園芸課）
川村　眞次（元東京都農業試験場八丈島園芸技術センター）
吉田　滋実（東京都中央農業改良普及センター）
赤池　一彦（山梨県総合農業技術センター）
北川　　守（元山形県村山農業改良普及センター）
齋藤　克哉（山形県村山総合支庁　北村山農業技術普及課）
坂口　優子（静岡県西部農林事務所産地育成班）
加藤　浩生（JA 全農千葉県本部）
川城　英夫（JA 全農耕種総合対策部）
齋藤　研二（JA 全農東日本営農資材事業所）

編者略歴

川城英夫（かわしろ・ひでお）

1954年、千葉県生まれ。東京農業大学農学部卒。千葉大学大学院園芸学研究科博士課程修了。農学博士。千葉県において試験研究、農業専門技術員、行政職に従事し、千葉県農林総合研究センター育種研究所長などを経て、2012年からJA全農 耕種総合対策部 主席技術主管、2023年から同部テクニカルアドバイザー。農林水産省「野菜安定供給対策研究会」専門委員、農林水産祭中央審査委員会園芸部門主査、野菜流通カット協議会生産技術検討委員など数々の役職を歴任。

主な著書は『作型を生かす ニンジンのつくり方』『新 野菜つくりの実際』『家庭菜園レベルアップ教室 根菜①』『新版 野菜栽培の基礎』『ニンジンの絵本』『農作業の絵本』『野菜園芸学の基礎』（共編著含む、農文協）、『激増する輸入野菜と産地再編強化戦略』『野菜づくり 畑の教科書』『いまさら聞けない野菜づくりQ＆A 300』『畑と野菜づくりのしくみとコツ』（監修含む、家の光協会）など。

新 野菜つくりの実際 第2版

軟化・芽物 ナバナ類・アスパラガス・ショウガ科・山菜など

誰でもできる露地・トンネル・無加温ハウス栽培

2024年4月15日 第1刷発行

編 者 川城 英夫

発行所 一般社団法人 農山漁村文化協会

〒335-0022 埼玉県戸田市上戸田2丁目2-2

電話 048(233)9351（営業） 048(233)9355（編集）

FAX 048(299)2812 振替 00120-3-144478

URL https://www.ruralnet.or.jp/

ISBN978-4-540-23110-0 DTP制作／ふきの編集事務所

〈検印廃止〉 印刷・製本／TOPPAN(株)

今さら聞けない農薬の話　きほんのき

農文協 編

1500円＋税

農薬の成分から選び方、混ぜ方までQ&A方式でよくわかる。農薬のビンや袋に貼られたラベルでわかること、ラベルに書いてない大事なことに分けて解説。農薬の効かせ上手になって減農薬につながる。

今さら聞けない除草剤の話　きほんのき

農文協 編

1500円＋税

除草剤の成分から使い方、まき方までQ&A方式でわかる。除草剤のボトルや袋のラベルから読み取れること、ラベルには書いていない大事な話に分けて解説。除草剤使い上手になってうまく雑草を叩きながら除草剤削減。

今さら聞けないタネと品種の話　きほんのき

農文協 編

1500円＋税

タネや品種の「きほんのき」がわかる一冊。タネ袋の情報の見方をQ&Aで紹介。人気の野菜15種の原産地や系統、品種の選び方などを図解。ベテラン農家や種苗メーカーの育種家による品種の生かし方の解説も。

今さら聞けない農業・農村用語事典

農文協 編

1600円＋税

ボカシ肥って何？　出穂って、どう読むの？　集落営農って何だ？　今さら聞けない農業農村用語を384語収録。写真イラスト付きでよくわかる。便利な絵目次、さくいん付き。

今さら聞けない肥料の話　きほんのき

農文協 編

1500円＋税

おもに化学肥料の種類や性質など、きほんのきをQ&Aで紹介。チッソ・リン酸・カリ・カルシウム・マグネシウムの役割と効かせ方を図解に。シンプルで安い単肥の使いこなし方も。肥料選びのガイドブックに。

今さら聞けない有機肥料の話　きほんのき

農文協 編

1500円＋税

身近な有機物の使い方がわかる。米ヌカやモミガラ、鶏糞の使い方の他、それらを材料とするボカシ肥や堆肥のつくり方使い方まで解説。有機物を使うときに知っておきたい発酵、微生物のことも徹底解説。

（価格は改定になることがあります）

アスパラガス大事典

農文協 編

20000円＋税

原産と来歴、形態と生理生態、品種特性、作型と栽培技術、病害虫・連作障害対策、加工・流通などアスパラガスの基礎情報を網羅。病害や温暖化への対応、安定多収・端境期出荷・省力技術を詳解。精農家15事例を収録。

地力アップ大事典

有機物資源の活用で土づくり

農文協 編

22000円＋税

持続可能な農業のために、有機物資源の活用による土づくりが欠かせない。地力＝土の生産力が上がれば生育が安定、異常気象対策にもなる。身近な有機物や有機質肥料の選び方使い方の大百科。

原色 野菜の病害虫診断事典

農文協 編

16000円＋税

旧版になかった作目や、近年話題の病害虫を新たに収録するほか、診断写真も充実。必要とする病気・害虫の情報に素早くたどりつける「絵目次」「索引」も設けて、より新たに・より引きやすくなった増補大改訂版。

天敵活用大事典

農文協 編

23000円＋税

天敵280余種を網羅し、1000点超の貴重な写真を掲載。第一線の研究者約120名が各種の生態と利用法を徹底解説。「天敵温存植物」「バンカー法」など天敵の保護・強化法、野菜・果樹11品目20地域の天敵活用事例も充実。

原色 雑草診断・防除事典

森田弘彦／浅井元朗 編

10000円＋税

農耕地の雑草189種を収録。生育初期から識別できる原寸大幼植物写真一覧、生育各段階の写真を揃えた口絵で迅速診断。用語図解、形態・生態・防除法の解説、全般的理解を助ける「雑草防除の基礎知識」、索引も充実！

新版 要素障害診断事典

清水武・JA全農肥料農薬部 著

5700円＋税

73作物の障害について、症状を再現した616のカラー写真とわかりやすいイラスト127点の組み合わせで的確に診断。要素別の発生特徴、診断・調査法、現地での発生状況なども詳述。葉面散布材などの対策資材リスト付。

アスパラガスの作業便利帳
株づくりと長期多収のポイント

元木　悟 著

1900円＋税

春どり～夏秋どりまで長期連続収穫の新しい生育像を明らかにしながら、減肥でも多収できる道筋をわかりやすく解説。活性炭を使った改植の工夫や、紫、ホワイト、グリーン三色アスパラガスの販売提案も。

アスパラガス採りっきり栽培
小さく稼ぐ新技術

元木悟 著

1800円＋税

定植～株養成の翌年、春先から高品質若茎を収穫しきる新作型。病気知らず、低コスト・省力で多品目少量生産志向、直売所向けに最適。初心者にも取り組める。1年でいかに力のある株をつくるか、そのポイントを解説。

そだててあそぼう アスパラガスの絵本

元木悟 編／山福アケミ 絵

2500円＋税

1日に10㎝も伸びるパワーの秘密は根に。それでは葉はどこにあるのかな？　昔は薬として食べられていたアスパラの秘密と、グリーン、ホワイト、紫といろんな栽培にチャレンジだ。1回のタネまきで10年も収穫できる。

新特産シリーズ
ヤマウド（オンデマンド版）
栽培から加工・販売・経営まで

小泉丈晴 著

1700円＋税

独特の食感と旬の香りが人気の山菜野菜。促成・半促成・露地での栽培法と、栽培の要となる株の増殖や養成方法、病害虫防除、栽培の歴史、売り方にあわせた品種の選び方などを詳解。おいしい食べ方や漬物の加工も。

新特産シリーズ
タラノメ
ふかし栽培と調整・販売の実際

藤嶋勇 著

1600円＋税

手のすく冬場に稼げるふかし促成は暖かいハウスの中での軽作業。春～秋の穂木養成も根挿しによる容易な植付けの後はほとんど畑に入らないラクラク管理。問題となるタラノキ立枯れ疫病を省力的に防ぐ栽培体系を詳説。

そだててあそぼう 山菜の絵本

藤嶋勇 編／アヤ井アキコ 絵

2500円＋税

山菜の王様タラノメにワラビ、コゴミ、ウルイ、ギョウジャニンニク…待ち遠しい「春の味」をプランターや畑で育てよう！　植え付けから養成、株を疲れさせない収穫法、楽しみ方まで。タラノメのふかし栽培も紹介。

（価格は改定になることがあります）